高等学校计算机教材建设立项项目

教育部大学计算机课程改革项目规划教材

丛书主编 卢湘鸿

3ds Max 2015 三维动画设计

陈世红 主编

周爱华 黄静仪 久子 侯爽 编著

清华大学出版社

北京

内容简介

本书以3ds Max 2015为软件平台，全面系统地介绍使用三维动画设计软件3ds Max制作动画的主要技术。全书分为9章，第1章介绍3ds Max的图形用户界面以及相关的使用，第2～第4章介绍三维动画设计的建模技术，第5章介绍材质和贴图，第6章介绍动画和动画技术，第7和第8章讲述摄像机、灯光和渲染，第9章以一个综合实例介绍三维技术的综合应用。

本书注重讲述三维动画设计与制作的原理、思路和方法，并提供大量的制作实例，将三维的思想和方法融入实例制作的过程中，便于读者学习和掌握。

本书可作为高等院校动画专业、数学媒体专业、广告等专业的教学用书，同时也可作为动画制作爱好者的自学参考书。

图书在版编目（CIP）数据

3ds Max 2015三维动画设计/陈世红主编. —北京：清华大学出版社，2016（2017.2重印）
教育部大学计算机课程改革项目规划教材
ISBN 978-7-302-43260-9

Ⅰ. ①3…　Ⅱ. ①陈…　Ⅲ. ①三维动画软件－高等学校－教材　Ⅳ. ①TP391.41

中国版本图书馆CIP数据核字(2016)第044190号

责任编辑：谢　琛　赵晓宁
封面设计：常雪影
责任校对：李建庄
责任印制：杨　艳

出版发行：清华大学出版社
　网　　址：http://www.tup.com.cn，http://www.wqbook.com
　地　　址：北京清华大学学研大厦A座　　**邮　　编**：100084
　社 总 机：010-62770175　　**邮　　购**：010-62786544
　投稿与读者服务：010-62776969，c-service@tup.tsinghua.edu.cn
　质 量 反 馈：010-62772015，zhiliang@tup.tsinghua.edu.cn
　课 件 下 载：http://www.tup.com.cn,010-62795954
印 装 者：北京密云胶印厂
经　　销：全国新华书店
开　　本：185mm×260mm　　**印　　张**：18　　**字　　数**：446千字
版　　次：2016年6月第1版　　**印　　次**：2017年2月第2次印刷
印　　数：2001～3000
定　　价：39.00元

产品编号：059069-01

序

以计算机为核心的信息技术的应用能力已成为衡量一个人文化素质高低的重要标志之一。

大学非计算机专业开设计算机课程的主要目的是掌握计算机应用的能力以及在应用计算机过程中自然形成的包括计算思维意识在内的科学思维意识，以满足社会就业需要、专业需要与创新创业人才培养的需要。

根据《教育部关于全面提高高等教育质量的若干意见》（教高[2012]4 号）精神，着力提升大学生信息素养和应用能力，推动计算机在面向应用的过程中培养文科学生的计算思维能力的文科大学计算机课程改革、落实由教育部高等教育司组织制订、教育部高等学校文科计算机基础教学指导委员会编写的高等学校文科类专业《大学计算机教学要求（第 6 版——2011 年版）》（下面简称《教学要求》），在建立大学计算机知识体系结构的基础上，清华大学出版社依据教高司函[2012]188 号文件中的部级项目 1-3（基于计算思维培养的文科类大学计算机课程研究）、2-14（基于计算思维的人文类大学计算机系列课程及教材建设）、2-17（计算机艺术设计课程与教材创新研究）、2-18（音乐类院校计算机应用专业课程与专业基础课程系列化教材建设）的要求，组织编写、出版了本系列教材。

信息技术与文科类专业的相互结合、交叉、渗透，是现代科学技术发展趋势的重要方面，是新学科的一个不可忽视的生长点。加强文科类专业（包括文史法教类、经济管理类与艺术类）专业的计算机教育、开设具有专业特色的计算机课程是培养能够满足信息化社会对文科人才要求的重要举措，是培养跨学科、复合型、应用型的文科通才的重要环节。

《教学要求》把大文科的计算机教学，按专业门类分为文史法教类（人文类）、经济管理类与艺术类三个系列。大文科计算机教学知识体系由计算机软硬件基础、办公信息处理、多媒体技术、计算机网络、数据库技术、程序设计、美术与设计类计算机应用以及音乐类计算机应用 8 个知识领域组成。知识领域分为若干知识单元，知识单元再分为若干知识点。

大文科各专业对计算机知识点的需求是相对稳定、相对有限的。由属于一个或多个知识领域的知识点构成的课程则是不稳定、相对活跃、难以穷尽的。课程若按教学层次可分为计算机大公共课程（也就是大学计算机公共基础课程）、计算机小公共课程和计算机背景专业课程三个层次。

第一层次的教学内容是文科各专业学生应知应会的。这些内容可为文科学生在与专业紧密结合的信息技术应用方面进一步深入学习打下基础。这一层次的教学内容是对文科大学生信息素质培养的基本保证，起着基础性与先导性的作用。

第二层次是在第一层次之上，为满足同一系列某些专业共同需要（包括与专业相结合而不是某个专业所特有的）而开设的计算机课程。其教学内容，或者在深度上超过第一层次的教学内容中的某一相应模块，或者拓展到第一层次中没有涉及的领域。这是满足大文科不同专业对计算机应用需要的课程。这部分教学内容在更大程度上决定了学生在其专业中应用计算机解决问题的能力与水平。

第三层次，也就是使用计算机工具，以计算机软硬件为背景而开设的为某一专业所特有的课程。其教学内容就是专业课。如果没有计算机作为工具支撑，这门课就开不起来。这部分教学内容显示了学校开设特色专业课的能力与水平。

这些课程，除了大学计算机应用基础，还涉及数字媒体、数据库、程序设计以及与文史哲法教类、经济管理类与艺术类相关的许多课程。通过这些课程的开设，是让学生掌握更多的计算机应用能力，在计算机面向应用过程中培养学生的计算思维及更加宽泛的科学思维能力。

清华大学出版社出版的这套教育部部级项目规划教材，就是根据教高司函[2012]188号文件及《教学要求》的基本精神编写而成的。它可以满足当前大文科各类专业计算机各层次教学的基本需要。

对教材中的不足或错误，敬请同行和读者批评指正。

卢湘鸿

2014年10月于北京中关村科技园

卢湘鸿 北京语言大学信息科学学院计算机科学与技术系教授，原教育部高等学校文科计算机基础教学指导分委员会副主任、秘书长，现任教育部高等学校文科计算机基础教学指导分委员会顾问、全国高等院校计算机基础教育研究会文科专业委员会常务副主任兼秘书长，30多年来一直从事非计算机专业的计算机教育研究。

前言

随着信息技术的飞速发展，三维建模和三维动画技术在数字媒体技术和工程建筑中的使用越来越广泛。从简单的几何模型到复杂的人物模型；从静态、单个的模型到动态、复杂的场景展示，如三维漫游、三维虚拟城市等，都能使用三维动画技术来实现。由于三维动画比平面图更直观，能给人以身临其境的感觉，三维动画技术也被越来越多地应用于影视、广告、建筑和游戏等行业，有着广泛的市场前景，因此深受广大用户的喜爱，成为很多从事数字媒体专业、游戏设计和影视制作专业人士的首选。

3ds Max 是一款由 Discreet 公司开发的基于 PC 系统的三维动画渲染和制作软件。具有强大的角色动画能力和建模功能。广泛应用于影视、广告、工业设计、建筑设计、多媒体制作、游戏、辅助教学以及工程可视化等领域。

本书深入浅出地介绍使用三维动画设计软件 3ds Max 制作动画的主要技术。全书共 9 章，内容包括 3ds Max 的图形用户界面以及相关的使用；三维动画设计的建模技术，包含二维、三维模型的创建和利用复合对象建模的方法；材质和贴图包括材质编辑器的使用、制作和修改材质、创建使用材质库以及位图和程序贴图的使用；动画和动画技术重点介绍关键帧动画、轨迹视图和动画控制器；摄像机和灯光、渲染和后期合成；最后以一个综合实例讲解三维技术的综合应用。通过学习读者对三维动画技术有一定的了解，逐步掌握和提高相关技术，能够运用相关知识设计出赏心悦目的作品。

本书由有丰富教学经验的老师编写，结构清晰，实例知识点明确，将知识点融于实例讲解之中，易于理解，便于掌握；书中提供了大量的案例，在案例讲解过得中，注意提示应用技巧，让读者学习更轻松。

本书提供案例源文件、素材文件以及多媒体教学课件（可从清华大学出版社网站本书的链接处下载），方便教师教学和读者自学。

编　者

2016 年 3 月

目录

第 1 章

3ds Max 2015的用户界面

3ds Max 2015 是一个功能强大的，面向对象的三维建模、动画和渲染程序。它提供了一个非常易用的用户界面。本章将介绍 3ds Max 2015 用户界面的基本功能。

学习目标

- 熟悉 3ds Max 2015 的用户界面。
- 调整视口大小和布局。
- 使用命令(Command)面板。
- 定制用户界面。
- 了解动画制作流程。

1.1 用户界面

当启动 3ds Max 2015 后，显示的主界面如图 1.1 所示。相对来说，3ds Max 属于比较复杂的软件。下面讨论一下软件界面的各个部分，逐步熟悉它的工作界面。工作界面主要包括以下几个区域：标题栏、菜单栏、主工具栏、视图区、命令面板、视口控制区、动画控制区、时间控制、状态栏和提示行。

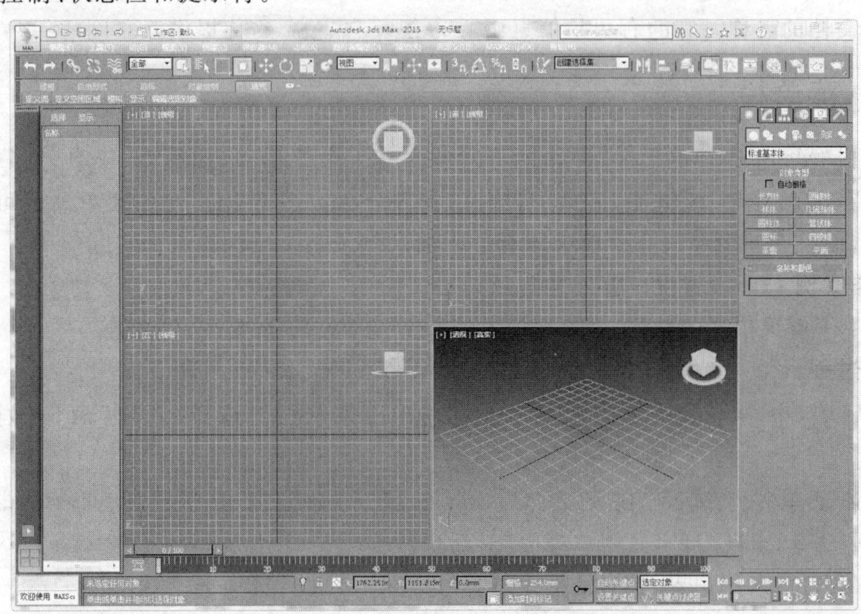

图 1.1 3ds Max 2015 的界面

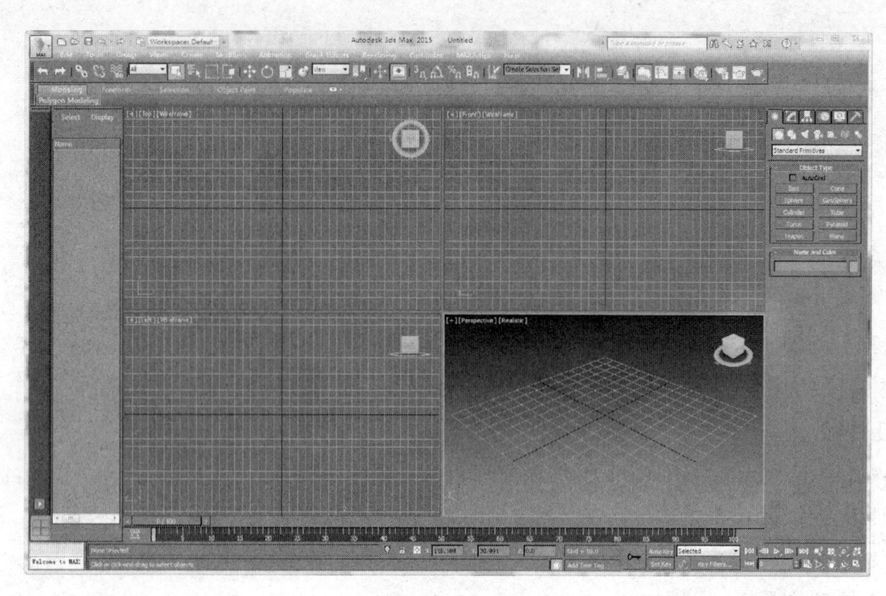

图 1.1 (续)

1.1.1 标题栏

标题栏(The Title Bar)位于整个窗口的最上方,用于管理文件和查找信息。包含应用程序按钮、快速访问工具栏、文档标题栏和信息中心。

在屏幕左上角的按钮是应用程序按钮,单击后会出现新建(New)、重置(Reset)、打开(Open)、另存为(Save As)等命令。在应用程序按钮的右边是快速访问工具栏,快速访问工具栏的位置是可以调整的。文档标题栏显示的是文档的名称。它的右边是信息中心,提供互联网的一些工具。

1.1.2 菜单栏

菜单栏(Menu Bar)位于标题栏的下方,包含若干个菜单项,如编辑、工具、组、视图、创建、修改器、动画、图形编辑器、渲染、自定义、MAXScript 和帮助。使用菜单命令可以完成很多操作,而且有些命令只有菜单中才有。下面的例子是菜单栏的一个实际应用。

【操作实例 1】 设置视口背景为蓝色。

目标: 了解菜单栏的使用。

操作过程:

(1) 启动 3ds Max。单击应用程序按钮,在菜单栏上选择"新建"命令,创建一个文件。

(2) 在菜单栏上选择"自定义(Customize)"→"自定义用户界面(Customize User Interface)"命令,出现"自定义用户界面"对话框。

(3) 在"自定义用户界面"对话框中选择"颜色(Colors)"选项卡。

(4) 在"元素(Elements)"下拉列表中选择"视口(Viewports)"选项,然后在列表框中选择"视口背景(Viewport Background)"选项,如图 1.2 所示。

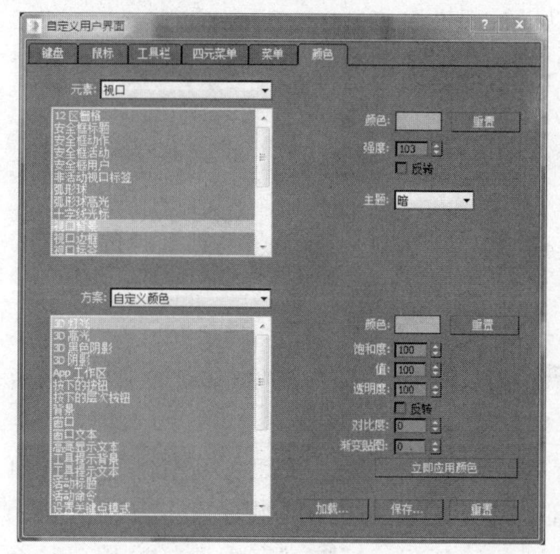

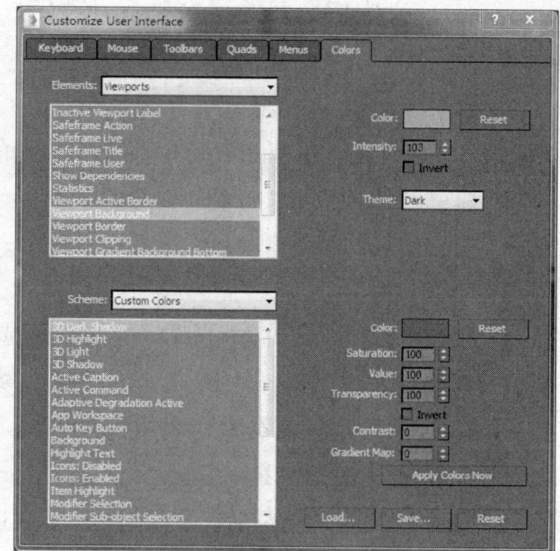

图 1.2　“自定义用户界面”对话框

(5) 单击对话框顶部的颜色样本，出现“颜色选择器(Color Selector)”对话框。在“颜色选择器”对话框中，使用颜色滑动块选取一个蓝色，如图 1.3 所示。

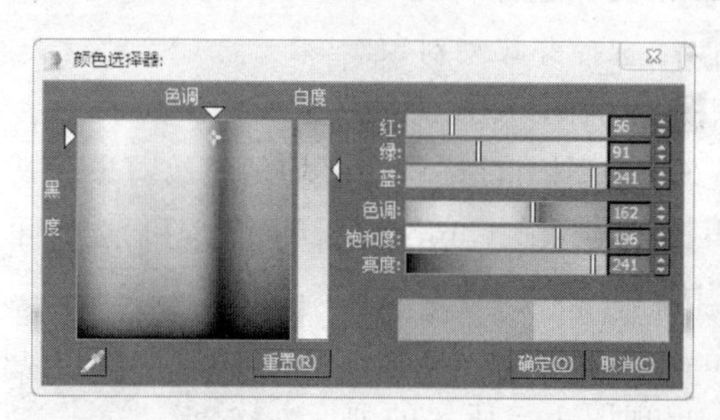

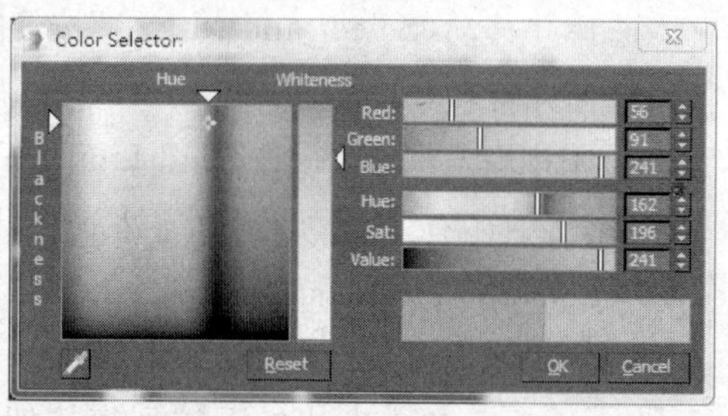

图 1.3　“颜色选择器”对话框

(6) 在“颜色选择器”对话框中单击“关闭”按钮。

(7) 在“自定义用户界面”对话框中单击“立即应用颜色(Apply Colors Now)”按钮，视口背景变成了蓝色。

(8) 关闭“自定义用户界面”对话框。

1.1.3　主工具栏

菜单栏下面是主工具栏(Main Toolbar)(如图 1.4 所示)。主工具栏中包含一些使用频率较高的调节工具，例如变换对象的工具、选择对象的工具和渲染工具等。

图 1.4　主工具栏

- “撤销(Undo)”按钮：可取消上一次操作，快捷键为 Ctrl+Z。
- “重做(Redo)”按钮：可取消由“撤销”命令执行的上一次操作，快捷键为 Ctrl+Y。
- “选择并链接(Select and Link)”按钮：将两个对象作为父对象和子对象链接起

来，定义它们之间的层次关系，使之可以进行连接运动。

- “断开当前选择链接(Unlink Selection)”按钮：取消对象之间的层次关系，从而将子对象与其父对象分离开来。
- “绑定到空间扭曲(Bind to Space Warp)”按钮：单击一次把当前选择的对象绑定到空间扭曲，再次单击则取消绑定。
- “选择过滤器(Selection Filter)”列表全部：限定可供选择工具选择的对象的类型和组合。
- “选择对象(Select Object)”按钮：选择对象。
- “按名称选择(Select By Name)”按钮：单击后弹出“选择对象”对话框，可以从当前场景中所有对象的列表中选择对象。
- “矩形选择区域(Rectangular Selection Region)”按钮：按钮下面有一个小三角形，用鼠标按住它后，其扩展按钮中还包含了“圆形选择区域(Circular Selection Region)”、“围栏选择区域(Fence Selection Region)”、“套索选择区域(Lasso Selection Region)”和“绘制选择区域(Paint Selection Region)”的几种选择方式。
- “窗口/交叉(Window/Crossing)”按钮：窗口选择和交叉选择的切换按钮。
- “选择并移动(Select and Move)”按钮：选择并移动对象。
- “选择并旋转(Select and Rotate)”按钮：选择并旋转对象。
- “选择并均匀缩放(Select and Uniform Scale)”按钮：选择并均匀缩放对象。其扩展按钮中还有“选择并非均匀缩放(Select and Non-Uniform Scale)”和“选择并挤压(Select and Squash)”两个缩放工具。
- “参考坐标系(Reference Coordinate System)”列表视图：单击右边的下拉列表按钮，出现图 1.5 所示的列表，在列表中可以指定变换(移动、旋转和缩放)所用的坐标系。选项包括“视图(View)”、“屏幕(Screen)”、“世界(World)”、“父对象(Parent)”、“局部(Local)”、“万向(Gimbal)”、“栅格(Grid)”和“拾取(Pick)”。

图 1.5 参考坐标系

- “使用轴点中心(Use Pivot Point Center)”按钮：把对象的轴心点作为变换中心，它也有两个扩展按钮：“使用选择中心(Use Selection Center)”，即将选择对象的公共轴心作为变换中心；“使用变换坐标中心(Use Transform Coordinate Center)”，即将当前坐标系轴心作为变换中心。
- “选择并操纵(Select and Manipulate)”按钮：可以通过在视口中拖动“操纵器”，编辑某些对象、修改器和控制器的参数。
- “键盘快捷键覆盖切换(Keyboard Shortcut Override Toggle)”按钮：可在使用“主用户界面”快捷键和同时使用主快捷键和组快捷键之间进行切换。
- “捕捉开关(Snap)”按钮：用于捕捉现有对象的特定部分，也可以捕捉栅格，捕捉切换、轴点、中点、面中心和其他选项，分别有“2D 捕捉(2D Snap)”、“2.5D 捕捉(2.5D Snap)”、“3D 捕捉(3D Snap)”三种捕捉方式。

- “角度捕捉切换(Angle Snap Toggle)”按钮：使对象以指定的角度增量围绕指定轴旋转。
- “百分比捕捉切换(Percent Snap Toggle)”按钮：使对象按指定的百分比增量进行缩放。
- “微调器捕捉切换(Spinner Snap Toggle)”按钮：用于设置 3ds Max 中所有微调器。
- “编辑命名选择集”按钮：单击该按钮后会显示“命名选择集”对话框，在此对话框中可命名选择集。
- “命名选择集(Named Selection Sets)”列表创建选择集：可以命名选择集，也可以调用选择集。
- “镜像(Mirror)”按钮：单击“镜像”按钮将显示“镜像”对话框。使用“镜像”对话框可以在镜像对象的同时移动或复制这些对象。
- “对齐(Align)”按钮：“对齐”按钮提供了用于对齐对象的 6 种不同工具。这些工具依次为“对齐(Align)”、“快速对齐(Quick Align)”、“法线对齐(Normal Align)”、“放置高光(Place Highlight)”、“对齐摄影机(Align Camera)”和“对齐到视图(Align to View)”。
- “层管理器(Layer Manager)”按钮：单击后打开“层属性”对话框。
- “切换功能区(Toggle Ribbon)”按钮：单击可以显示或隐藏功能区。
- “曲线编辑器(打开)(Curve Editor)”按钮：单击后打开轨迹视图——曲线编辑器。
- “图解视图(打开)(Schematic View)”按钮：单击后打开图解视图。
- “材质编辑器(Material Editor)”按钮：单击后打开“材质编辑器”，以便创建和编辑材质及贴图。
- “渲染设置(Render Setting)”按钮：单击后打开“渲染设置”对话框。
- “渲染帧窗口(Render View)”按钮：单击后会显示渲染输出。
- “渲染产品(Render Production)”按钮：使用渲染产品来渲染场景，不显示“渲染场景”对话框。其下还包含“渲染迭代(Render Iterative)”按钮和 ActiveShade 按钮。

1.1.4　视口区

用户界面的最大区域分割成 4 个矩形区域，被称为视口(Viewports)或者视图(Views)。视口是 3ds Max 主要的工作区域。

启动 3ds Max 后默认的 4 个视口的标签是顶视口(Top)、前视口(Front)、左视口(Left)和透视视口(Perspective)。

每个视口都包含垂直和水平线，这些线组成了 3ds Max 的主栅格。顶视口、前视口和左视口显示的场景没有透视效果。透视视口类似于人的眼睛看到的效果。在默认状态下，4 个视口的大小是相等的。可以改变某个视口的大小，但是无论如何缩放，所有视口的总大小是保持不变的。

在每个视口的左上角有一个由三个标签组成的标签栏。每个标签是一个可单击的快捷菜单,用于控制视口显示,它们分别是"常规视口标签"菜单、"观察点视口标签"菜单和"明暗处理视口标签"菜单。视口菜单上的明暗显示选项将决定观察三维场景的方式。

在默认情况下,正交视口的明暗选项设置为"线框(Wireframe)",这对节省系统资源非常重要,"线框"方式需要的系统资源比其他方式要求的系统资源要少。透视视口的默认设置是"真实",这将在场景中增加灯光并使观察对象上的高光变得非常容易。这些选项的更改可以通过右击视口标签菜单中的选项进行明暗类型的更改。

【操作实例2】 改变视口的大小,将透视视图的显示占据视口的大半,并以线框的形式显示。

目标:学会改变视口的大小、布局和显示方式。

操作过程:

(1) 启动3ds Max。单击应用程序按钮,在菜单栏上选择"打开"命令,从本书配套光盘上打开Samples-01-01.max文件,如图1.6所示。

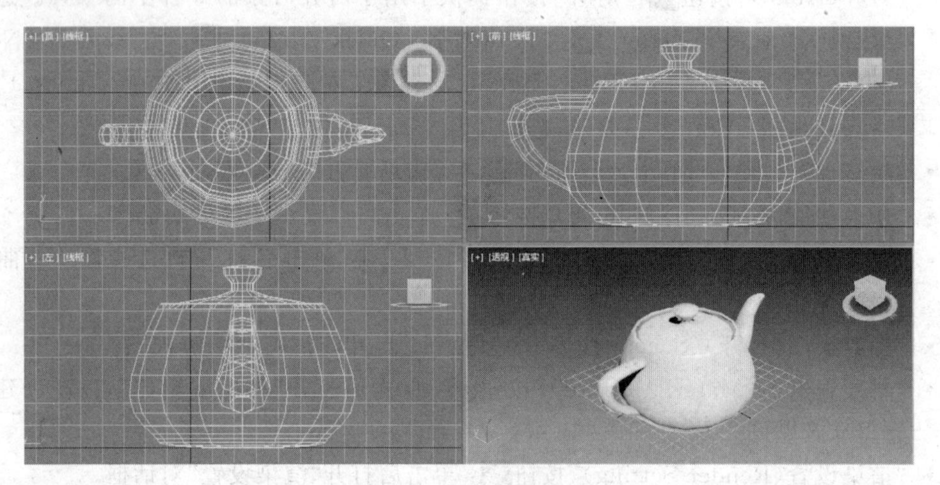

图1.6 场景原图

(2) 将光标移动到透视视口和前视口的中间,这时出现一个双箭头光标。

(3) 单击并向上拖曳光标,然后释放鼠标,观察改变了大小的视口,如图1.7所示。

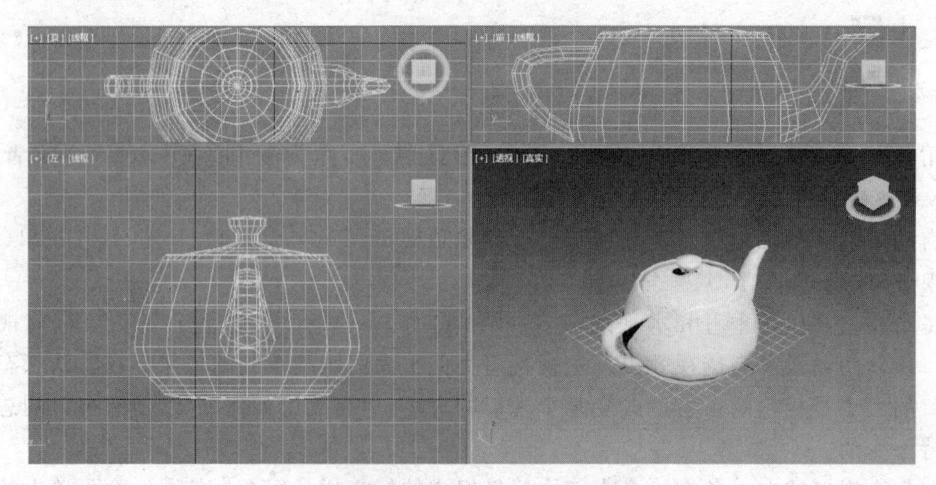

图1.7 改变视口大小后的图

提示：可以通过移动视口的垂直或水平分割线来改变视口的大小。

(4) 在缩放视口的地方单击鼠标右键，出现一个右键快捷菜单，如图 1.8 所示。

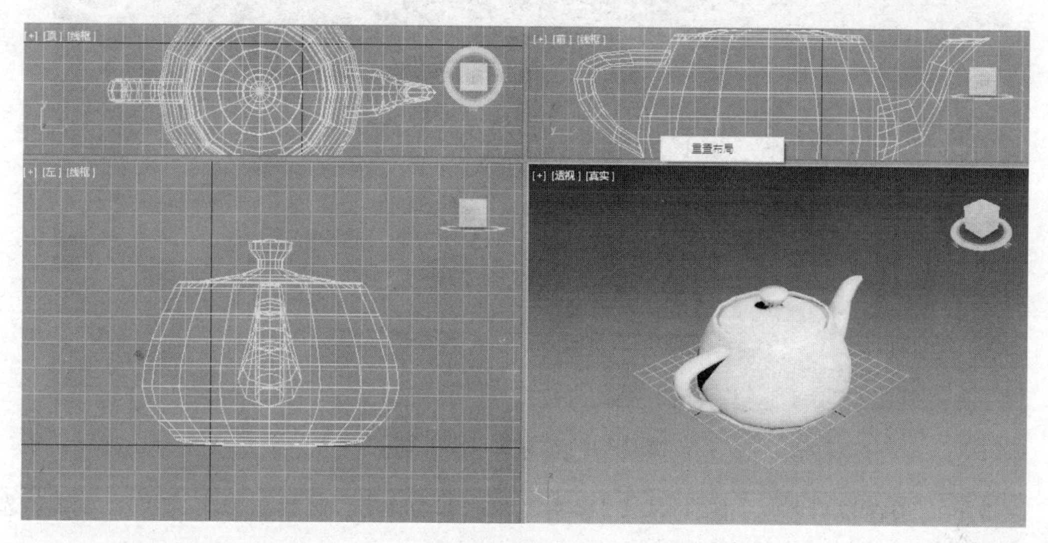

图 1.8 显示“重置布局”菜单

(5) 在弹出的右键快捷菜单中选择“重置布局(Reset Layout)”命令，视口恢复到它的原始大小。

(6) 在菜单栏中选择“视图(Views)”→“视口配置(Viewport Configuration)”命令，出现“视口配置(Viewport Configuration)”对话框，在该对话框中选择“布局(Layout)”选项卡。

(7) 在“布局”选项卡中选取第 2 行第 3 个布局，如图 1.9 所示。然后单击“确定”按钮，视口布局发生改变，结果如图 1.10 所示。

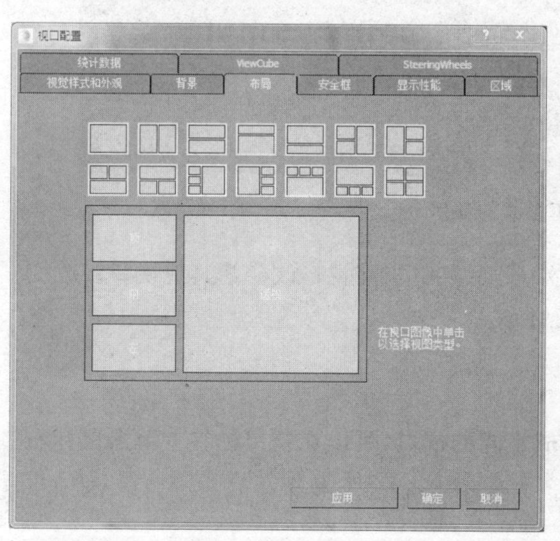

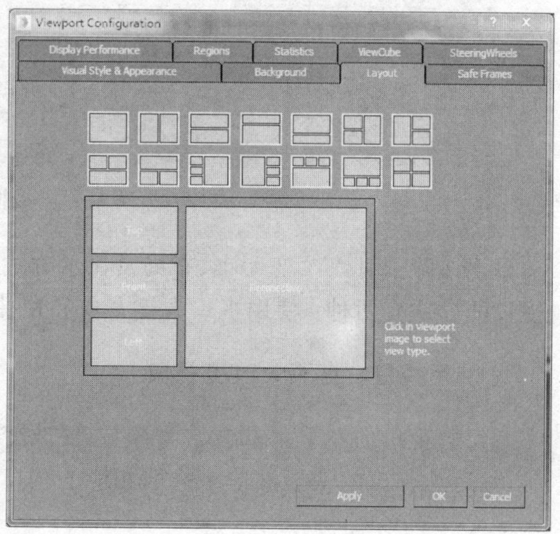

图 1.9 “视口配置”对话框

提示：在视口导航控制区域的任何地方单击鼠标右键也可以访问“视口配置”对话框。

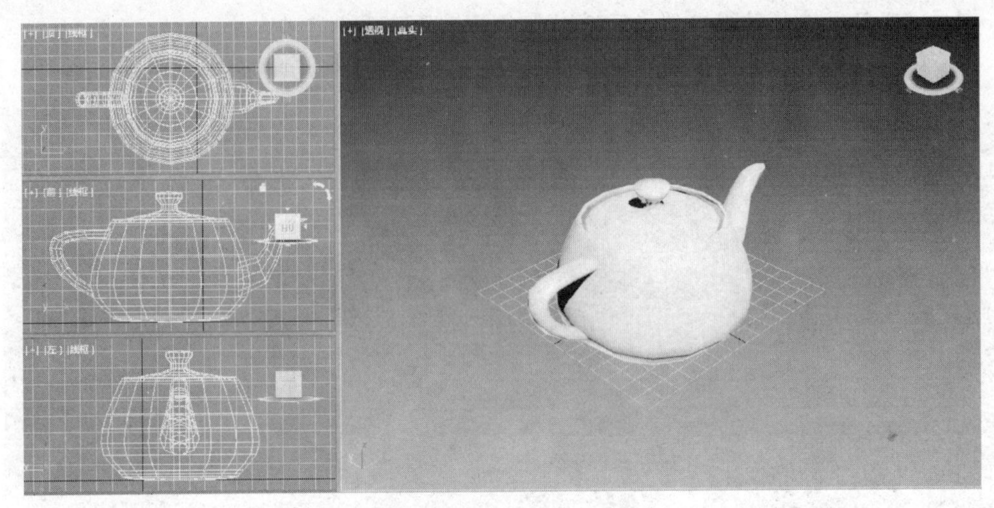

图 1.10　改变视口配置后

(8) 在"透视视口"对话框的"真实"标签上单击鼠标右键,然后从弹出的快捷菜单中选择"线框"命令,这样就按线框显示模型了,如图 1.11 所示。

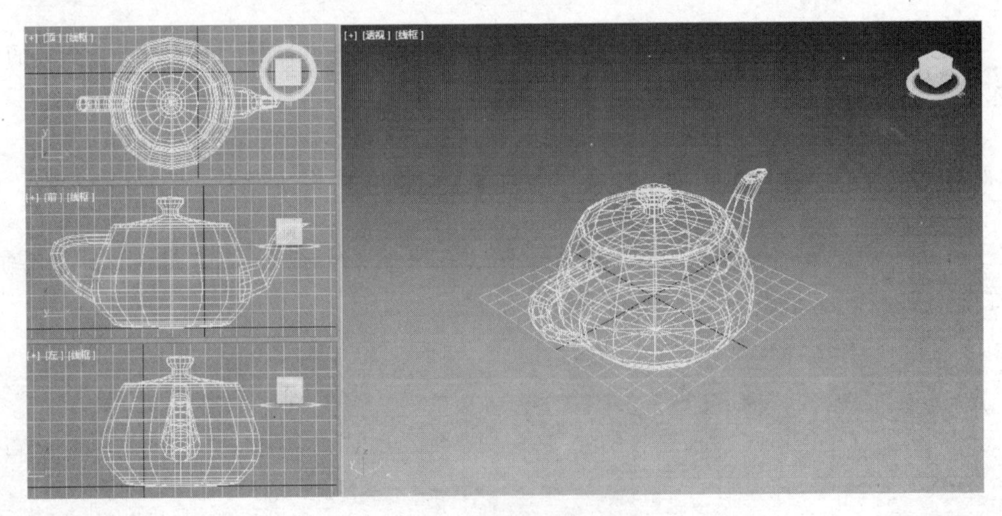

图 1.11　线框模式的显示

视口除了可以改变大小、布局及显示方式外,还可以将当前视口改变为其他视口。改变视口的方式有两种:使用视口右键菜单和快捷键。

1. 用视口右键菜单改变视口

每个视口的左上角都有一个标签,要改变成不同的视口,可以在视口标签上单击鼠标右键,然后从弹出的快捷菜单中选取相应的视口名称,如图 1.12 所示。

2. 使用快捷键改变视口

使用快捷键也可以改变当前视口。要使用快捷键改变视口,需要先在要改变的视口上单击鼠标右键来激活它,然后再按快捷键。读者可以使用"自定义"→"自定义用户界面"命

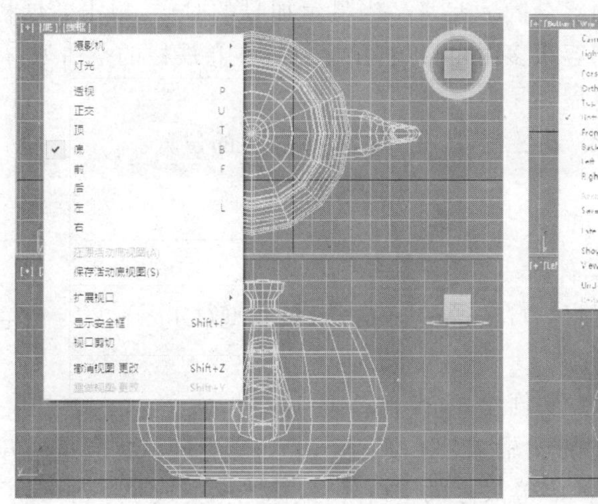

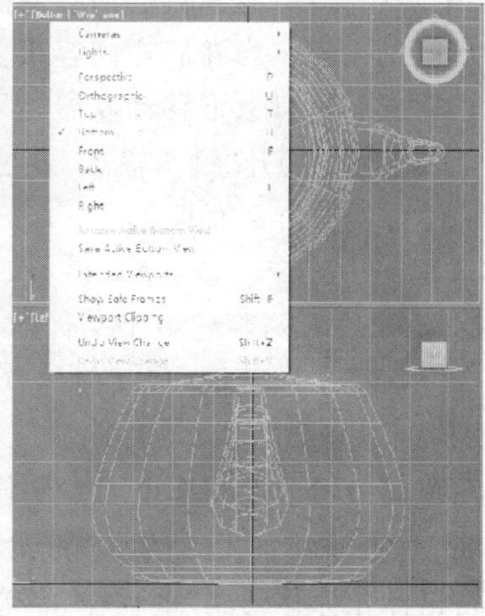

图 1.12　视口的右键菜单

令查看常用的快捷键。

常用快捷键如下所示：

顶视口(Top)：T　　底视口(Bottom)：B

左视口(Left)：L　　右视口(Right)：R

前视口(Front)：F　　透视视口(Perspective)：P

摄影机视口(Camera)：C　　用户视口(User)：U

1.1.5　命令面板

命令面板(Command Panels)位于界面的右侧，它包含创建对象、处理几何体和创建动画需要的所有命令。命令面板包含"创建(Create)"、"修改(Modify)"、"层次(Hierarchy)"、"运动(Motion)"、"显示(Display)"和"实用程序(Utilities)"6 个面板，不同的命令面板有其对应的命令选项和参数，如图 1.13 所示

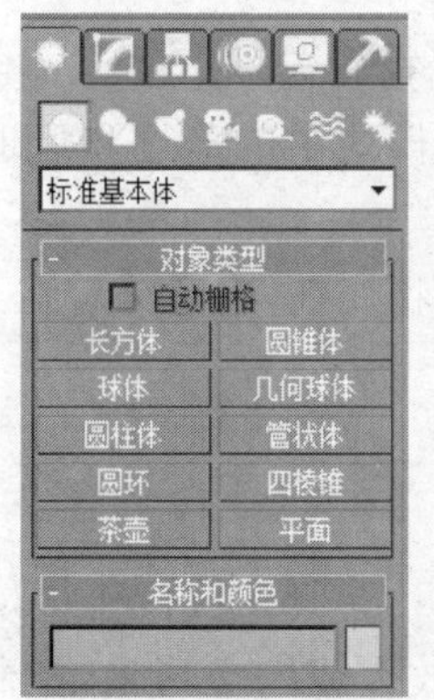

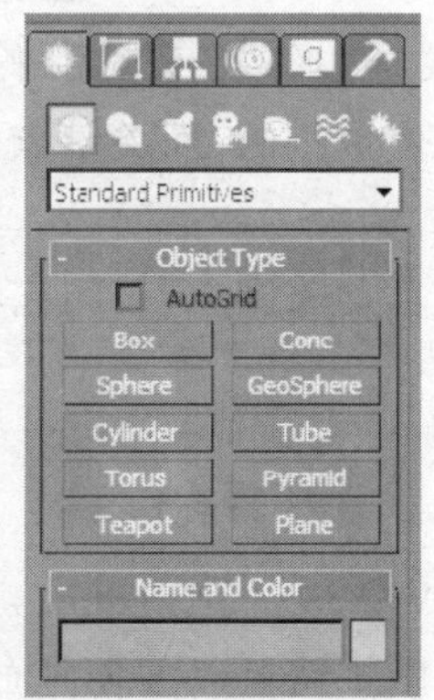

图 1.13　命令面板

有些命令面板按各参数和选项功能的不同，分别显示在不同的卷展栏中。卷展栏实际上是一个有标题的参数组，在卷展栏标题的左侧有加号(＋)或者减号(－)。当显示减号的

时候，单击卷展栏标题，卷展栏的内容会隐藏起来。当显示加号的时候，单击卷展栏标题可以显示卷展栏的内容。当卷展栏内容很多时，可以将鼠标放置在卷展栏的空白处，待光标变成手形状的时候就可以上下移动卷展栏了。

【操作实例 3】 展开“键盘输入”卷展栏，改变“参数”卷展栏的位置。

目标：学习使用命令面板。

操作过程：

(1) 启动 3ds Max，新建一个文件。

(2) 在“创建”命令面板中“几何体(Geometry)”的“对象类型(Object Type)”卷展栏中单击“圆柱体(Cylinder)”。

(3) 在顶视口用单击并拖曳的方法创建一个圆柱。

(4) 在“创建”命令面板中单击“键盘输入(Keyboard Entry)”卷展栏标题来展开它。

(5) 将鼠标光标移动到“键盘输入”卷展栏的空白处，鼠标光标变成了手的形状。

(6) 单击并向上拖曳，可以观察“创建”面板的更多内容。

(7) 将“参数(Parameters)”卷展栏标题拖曳到“名称和颜色(Name and Colors)”卷展栏标题的下面，然后释放鼠标。在移动过程中，蓝线指明“参数”卷展栏被移动到的位置。

(8) 将鼠标光标放置在透视视口和命令面板的中间，直到出现双箭头为止。

(9) 单击并向左拖曳来改变命令面板的大小。

1.1.6 动画和时间控制

动画和时间控制按钮(Animation and Time Controls)(如图 1.14 所示)有些类似于录像机上的按键，可以使用这些按钮在屏幕上连续播放动画，也可以一帧一帧地观察动画。

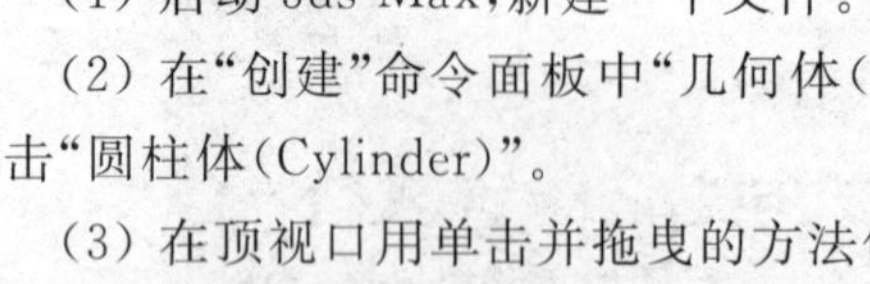

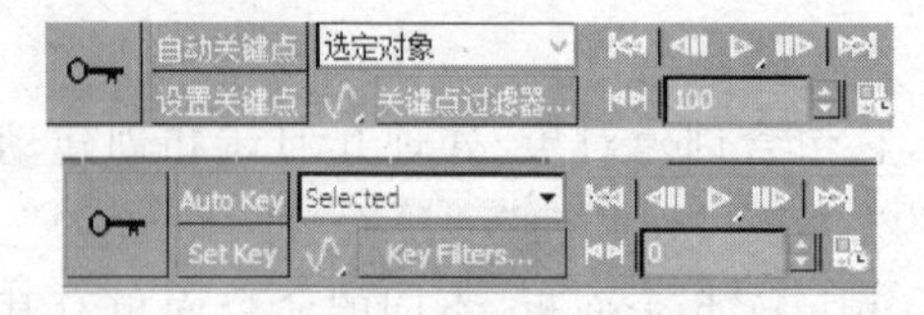

图 1.14 动画和时间控制按钮

“自动关键点(Auto Key)”按钮用来打开或者关闭动画模式。时间控制按钮中的输入数据框用来将动画移动到指定的帧。单击按钮可以在屏幕上播放动画，单击或按钮每次前进或者后退一帧。关键点模式选择按钮用来设置关键点的显示模式。关键帧模式中前进与后退都是以关键帧为单位进行的，而关键点模式中的前进和后退都是在有记录信息的关键点之间切换。

在设置动画时，按下“自动关键点”按钮它将变红，这意味着在当前帧进行的任何修改操作将被记录成动画。

1.1.7 视口导航

视口导航控制按钮(Viewport Navigation Controls)位于 3ds Max 界面的右下角，如图 1.15 所示。使用视口导航按钮可以方便地放大或缩小场景，控制视口中的对象显示，以便对场景中的对象进行细节的调整。

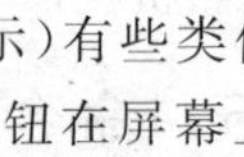

图 1.15 “视口导航”按钮

“缩放(Zoom)”按钮：放大或者缩小激活的视口。

“缩放所有视图(Zoom All)”按钮：放大或者缩小所有视口。

“最大化显示(Zoom Extents)”和“最大化显示选定对象(Zoom

Extents Selected)”按钮：选择第一个按钮，会将激活的视口中的所有对象以最大的方式显示；选择第二个按钮，只将激活视口中的选择对象以最大的方式显示。

“所有视图最大化显示(Zoom Extents All)”和“所有视图最大化显示选定对象(Zoom Extents Selected All)”按钮：选择第一个按钮，会将所有视口中的所有对象以最大的方式显示；选择第二个按钮，只将所有视口中的选择对象以最大的方式显示。

“视野(Area)”和“缩放区域(Region Zoom)”按钮、：缩放视口中的指定区域。

“平移视图(Pan)”、“2D 平移缩放模式(2D Pan Zoom Mode)”和“穿行(Walk Through)”按钮、、：选择第一个按钮，沿着任意方向移动视口；选择第二个按钮，沿着 2D 方向移动视口；选择第三个按钮，任意方向穿行。

“环绕(Arc Rotate)”、“选定的环绕(Arc Rotate Selected)”和“环绕子对象(Arc Rotate SubObject)”按钮、、：选择第一个按钮，围绕场景旋转视图；选择第二个按钮，围绕选择的对象旋转视图；选择第三个按钮，围绕次对象旋转视图。

“最大化视口切换(Min/Max Toggle)”按钮：在满屏和分割屏幕之间切换选定的视口。

【操作实例 4】 缩放、旋转场景对象。

目标：掌握视口导航控制按钮的使用。

操作过程：

(1) 启动 3ds Max。单击应用程序按钮，在菜单栏中选择“打开”命令，从本书配套光盘中打开 Samples-01-02. max 文件，如图 1.16 所示。

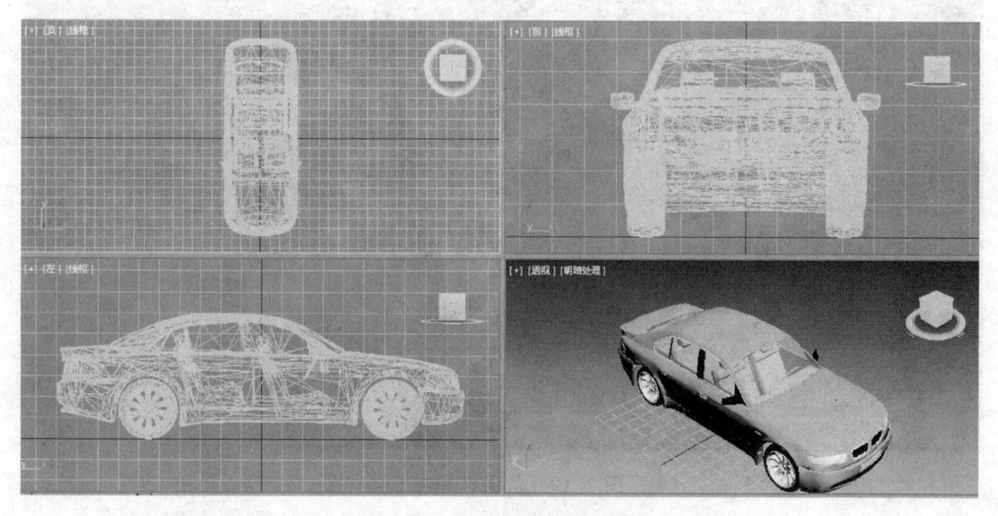

图 1.16　汽车场景图

(2) 单击视口导航控制区域的“缩放”按钮。

(3) 单击左视口的中心并向上拖曳鼠标，前视口的显示被放大了，如图 1.17 所示。

(4) 在左视口中单击并向下拖曳鼠标，前视口的显示被缩小了，如图 1.18 所示。

(5) 单击视口导航控制区域的“缩放所有视图”按钮。

(6) 在前视口单击并向上拖曳，所有视口的显示都被放大了，如图 1.19 所示。

(7) 在透视视口单击鼠标右键，激活透视视口。

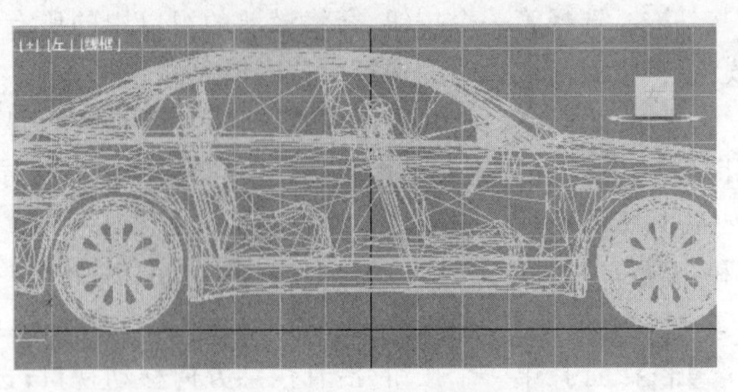

图 1.17 放大的前视口

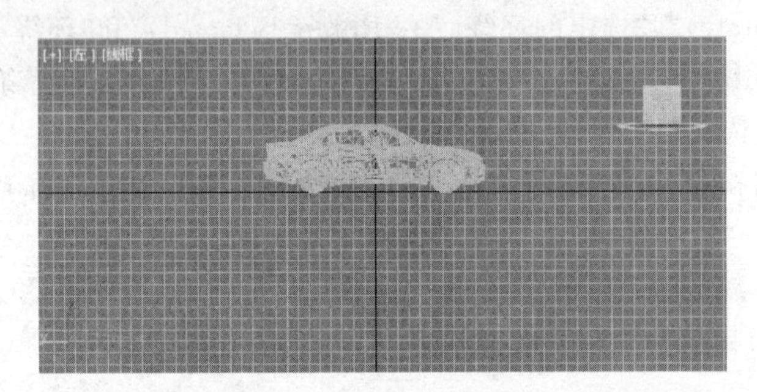

图 1.18 缩小的前视口

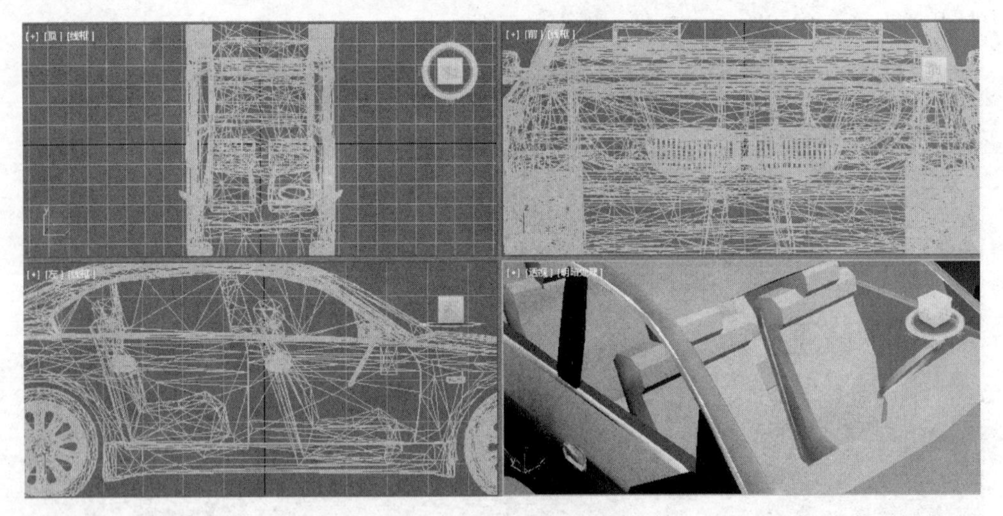

图 1.19 放大所有视口

(8) 单击视口导航控制中的“环绕(Arc Rotate)”按钮，在透视视口中出现了圆，表明激活了弧形旋转模式。

(9) 单击透视视口的中心并拖曳，透视视口被旋转了，如图 1.20 所示。

1.1.8 状态栏和提示行

界面底部时间控制按钮的左边是状态栏(Status Bar)，显示与场景相关的活动信息，有许多参数可以帮助用户创建和处理对象。

- "侦听器"窗口：显示创建脚本时的宏记录。当宏记录被打开后，将在粉色的区域中显示文字，如图1.21所示。

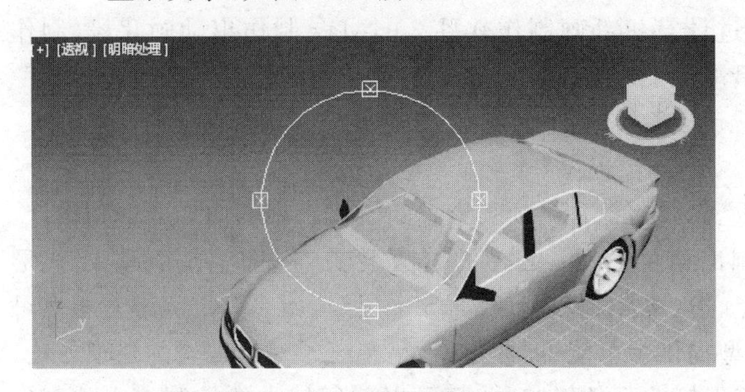

图1.20 旋转后的透视视口

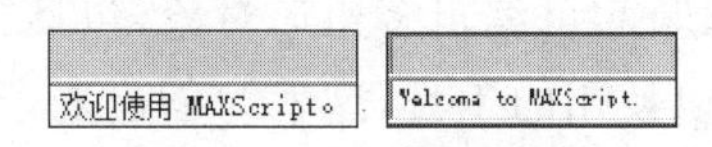

图1.21 "侦听器"窗口

- 提示行：显示当前场景对象的状态信息，提示行的顶部显示选择的对象数目。提示行的底部根据当前的命令和下一步的工作给出操作的提示，如图1.22所示。
- X、Y和Z显示区：也是变换输入区，提示用户当前选择对象的位置，或者当前对象被移动、旋转和缩放的值。也可以使用这个区域变换对象，如图1.23所示。

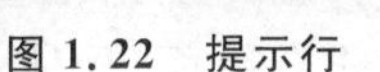

图1.22 提示行

图1.23 X、Y和Z显示区

- "孤立当前选择切换(Isolate Selection Toggle)"按钮：单击该按钮后，孤立当前的对象或退出孤立模式。
- "选择锁定切换(Selection Lock Toggle)"按钮：单击该按钮后，锁定当前对象的选择或取消锁定。
- "绝对/偏移模式变换输入(Absolute Mode Transfer Type-In)"按钮：单击该按钮后，在绝对和相对键盘输入模式之间进行切换。

1.2 三维动画作品制作的一般流程

根据实际制作流程，一个完整的影视类三维动画的制作总体上可分为前期制作、动画片段制作与后期合成三个部分。

1.2.1 前期制作

前期制作是指在使用计算机制作前对动画片进行的规划与设计，主要包括剧本创作、分镜头设计、造型设计、场景设计。文学剧本的创作是动画片制作的基础，在此阶段需要将文学作品的内容用生动的画面来表现。分镜头是根据文字内容进行实际制作分镜头的再创作，包括确定镜头的类别、构图、光影、运动方式、时间、音乐与音效等。造型设计包括多种造型设计，包括人物造型、动物造型、器物造型等设计，而设计的内容包括角色的外形设计和动作设计。场景设计包括平面图、结构分解图、色彩气氛图等，通常用一幅图来表达。

1.2.2 动画片制作

根据前期设计,在计算机中通过计算机动画制作软件 3ds Max 制作出动画片段,制作流程经过建模、材质、灯光、动画、摄影机控制、渲染等,这是三维动画制作的一般过程。

1. 建立模型

建立模型是三维动画制作的重要一步,也是一项很繁重的工作。根据前期的造型设计,通过三维建模软件在计算机中绘制出角色模型。建模的方法很多,常用的方式有:多边形建模,可编辑多边形对象,包括顶点、边、边界、多边形和面 5 个层级,而每个层级都有很多可以使用的工具,这就为创建复杂模型提供了可能;面片建模,是基于子对象编辑的建模方法,可以使用编辑贝塞尔曲线的方法来编辑曲面的形状,并且可以使用较少的控制点来控制很大的区域,因此常用于创建较大的平滑对象;样条曲线建模,用几条样条曲线定义一个光滑的曲面,平滑过渡,不会产生陡边或皱纹,非常适合有机物体或角色的建模和动画。

2. 材质贴图

一件精美的实木家具做好了,往往需要用油漆进行修饰。我们制作完成三维模型以后,也需要为它赋予材质贴图来表现它的效果。材质就是材料的质地,具体体现在物体的颜色、透明度、反光度、反光强度、自发光及粗糙程度等特性上。贴图是指把二维图像通过计算贴到三维模型上,使它具有表面细节和结构。一般贴图方式有平面、柱体和球体等。3ds Max 软件使用了贴图坐标的概念,能够帮助我们将图片贴到特定的位置。通过给模型赋予材质贴图,使它具有生动的表面特性,模型看起来更真实。

3. 设置灯光

为了最大限度地模拟自然界的光线,合理地设置光源是完成动画作品的重要环节。3ds Max 中的灯光一般有泛光灯、聚光灯和平行光等。灯光可以照亮场景,投射阴影,影响场景中物体的质感及整个场景中物体的空间感和层次感。通常采用三点布光法:主体光、辅助光和背光。主体光是基本光源,其亮度最高,主体光决定光线的方向,角色的阴影主要由主体光产生。辅助光是柔和主体光产生的阴影,调和明暗区域之间的反差,形成景深与层次。背光的作用是加强主体角色及显现其轮廓,使主体与背景分离,帮助凸显空间的形状和深度感。

4. 设置摄像机

设置摄像机是为了模拟现实中是从何种方向和角度展现对象的特征,即设置一个观察的视角。摄像机的设置非常简单,但是只有在了解摄像机的各项参数与设置技巧的基础上才容易得到一个最佳的观察角度。使用摄影机的要点是要保持画面的稳定、流畅。摄像机的位置变化也能使画面产生动态效果。

5. 动画

根据前期设计,在 3ds Max 中设置动画片段可以使用关键帧动画完成。动画要表现运动或变化，至少要给出两个不同的关键状态，而中间状态的变化由计算机来完成。3ds Max 将动画信息以动画曲线来表示。动画曲线的横轴是时间(帧)，竖轴是动画值，可以从动画曲线上看出动画设置的快慢。对于人的动作变化，系统提供了骨骼工具，通过蒙皮技术将模型与骨骼绑定，易产生合乎人的运动规律的动作。

6. 渲染

前面的模型制作、赋予材质和贴图，设置好灯光以后，需要通过渲染来预览制作的效果是否满意。渲染是由渲染器完成的，渲染器有线扫描方式、光线跟踪方式及辐射度渲染方式等，其渲染质量依次递增，但所需时间也相应增加。通常渲染后输出为 AVI 类的视频文件。

1.2.3　后期制作合成

后期合成主要是指利用软件将前面制作的动画片段、声音等素材，按照剧本的设计，添加配音和特效等，例如加入一些烟、雾、火、光效等效果。通过非线性编辑软件的编辑，最终生成影视动画文件。

习题 1

1. 选择题

(1) 在 3ds Max 中，工作的第一步就是要创建(　　)。

A. 类　　B. 面板　　C. 对象　　D. 事件

(2) 要在所有视口中以明暗方式显示选择的对象，需要使用(　　)命令。

A. “视图”→“明暗处理选定对象”　　B. “视图”→“显示变换”

C. “视图”→“显示背景”　　D. “视图”→“显示关键点时间”

(3) (　　)是对视图进行显示操作的按钮区域。

A. 视图　　B. 工具栏　　C. 命令面板　　D. 视图导航

(4) 能够实现放大和缩小一个视图的视图工具为(　　)。

A.　　B.　　C.　　D.

(5) 在场景中不同的对象类型非常多的情况下，用(　　)可以方便地选取需要的对象类型。

A. 选择过滤器　　B. 选取范围控制　　C. 选取操作　　D. 移动对象

2. 判断题

(1) 透视视口的默认设置为线框模式，这对节省系统资源非常重要。(　　)

(2) 当“自动关键点”按钮按下后，在任何关键帧上为对象设置的变化都将被记录成动画。(　　)

(3) 3ds Max 默认的坐标系是屏幕坐标系。(　　)

(4) 撤销命令的快捷键是 Ctrl+Z。(　　)

(5) 用来放大/缩小所有视口。(　　)

(6) 在默认的情况下,正交视口的明暗选项设置为“线框”。( )
(7) 视口可以改变大小,但不能改变布局。( )
(8) 使用视口导航按钮仅可以放大场景中的对象。( )

3. 简答题

(1) 用户是否可以定制用户界面?
(2) 视图的导航控制按钮有哪些?如何合理使用各个按钮?
(3) 如何最大化所有的视图?
(4) 动画控制按钮有哪些?如何设置动画时间长短?
(5) 主工具栏的位置可以移动吗?如何将它设置成浮动工具栏?

4. 答案

选择题:(1) C (2) A (3) D (4) D (5) A
判断题:(1) F (2) F (3) F (4) T (5) F (6) T (7) F (8) F

第 2 章 创建三维模型

建模是三维动画制作流程中的基础，模型对于动画来说，就好像电影里面的演员和道具。因此，建模在整个三维动画制作中占有非常重要的地位。学习三维模型的创建是掌握整个建模体系的基础。本章主要讲解标准基本几何体和扩展基本几何体的创建方法及相应参数的修改。

学习目标

- 掌握创建对象的基本流程。
- 熟悉修改面板。
- 掌握标准基本几何体的创建方法。
- 掌握扩展基本几何体的创建方法。
- 掌握修改对象参数的方法。
- 理解编辑修改器堆栈的显示。

2.1 创建对象

在 3ds Max 中建立模型，通常使用界面右侧的“创建(Create)”命令面板。在“创建”命令面板中有 7 个图标，分别用来创建“几何体(Geometry)”、“图形(Shapes)”、“灯光(Lights)”、“摄影机(Cameras)”、“辅助对象(Helpers)”、“空间扭曲(Space Warps)”、“系统(System)”。

每个图标的下面都有不同的命令集合，每个选项都有下拉式列表。在默认的情况下，启动 3ds Max 后显示的是“创建”命令面板中“几何体”图标下拉列表中的“标准(Standard Primitives)”选项及其参数卷展栏，如图 2.1 所示。

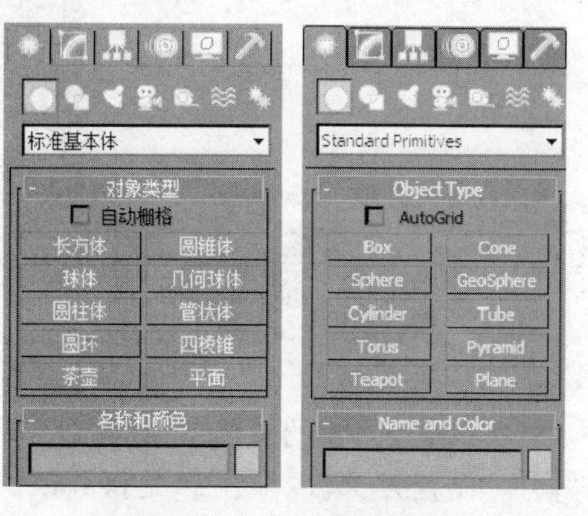

图 2.1 “创建”命令面板

2.1.1 创建对象的基本流程

在 3ds Max 中创建对象非常简单，下面以创建一个圆锥体为例来说明创建对象的基本方法。

【操作实例 1】 创建圆锥体。

目标：掌握对象的创建方法。

操作过程：

(1) 选择对象类型。在“创建”命令面板中的“几何体”下拉列表中选择“标准基本体

(Standard Primitives)”。

(2) 创建圆锥体。单击“命令”面板中的“圆锥体”命令，在“透视”视图中拖动鼠标定义圆锥体底部的半径，释放鼠标即可设置半径；上下移动鼠标定义高度，正数或负数均可，单击设置高度；再移动鼠标定义圆锥体另一端半径(对于尖顶圆锥体，将该半径减小为0)，单击设置第二个半径，完成圆锥体的创建，如图2.2所示。

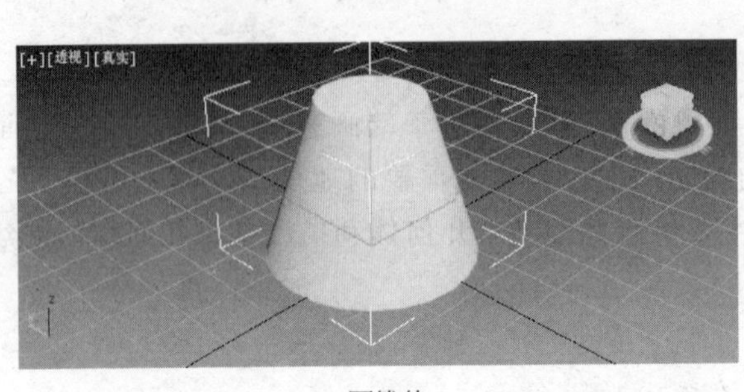

(a) 圆锥体 (b) 参数设置卷展栏

图 2.2 圆锥体及其参数设置卷展栏

(3) 为圆锥体命名。单击“名称和颜色”卷展栏，输入“圆锥体1”，按Enter键，改变圆锥体的名称。

(4) 更改对象的颜色。单击“名称和颜色(Name and Color)”卷展栏中文本框旁边的小色块，弹出“对象颜色”对话框，在这里可以改变物体的颜色。选择上方调色板中的某一种颜色，单击“确定”按钮。此外，单击“对象颜色”面板下方的“添加自定义颜色”按钮，弹出“颜色选择器”对话框，在该对话框中可以添加用户自定义的颜色，如图2.3所示。

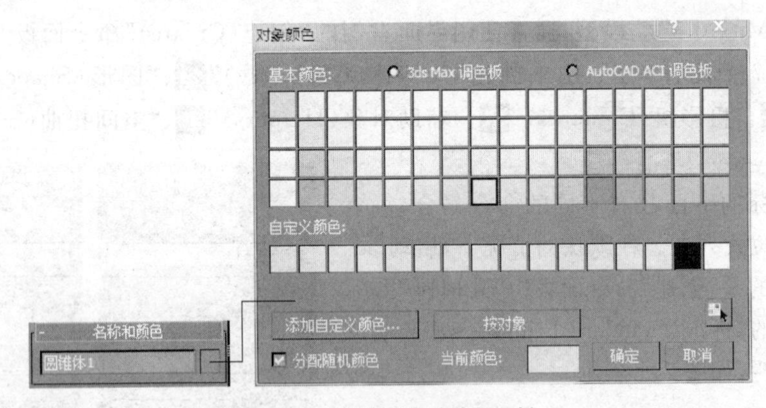

图 2.3 “名称和颜色”卷展栏

(5) 修改对象的参数。在“参数”卷展栏中将“半径1”设置为20、“半径2”设置为10，“高度”设置为30。“半径1”是指圆锥体的下底圆半径，“半径2”是指上底圆半径，当“半径2”不为0时，圆锥体成为圆台，“高度”是指圆锥体的高。

(6) 将“高度分段”设置为5，“端面分段”设置为5，改变物体的分段数，如图2.4所示。

(7) 选中“平滑”复选框，将“边数”设置为20。“边数”是指圆锥体侧面的边数，边数越多，侧面越平滑。“平滑”选项用于平滑圆锥体的面，从而在渲染视图中创建更平滑的外观效果。选中“平滑”复选框时，较大的边数值将创建真正的圆；禁用“平滑”选项时，较小的数值

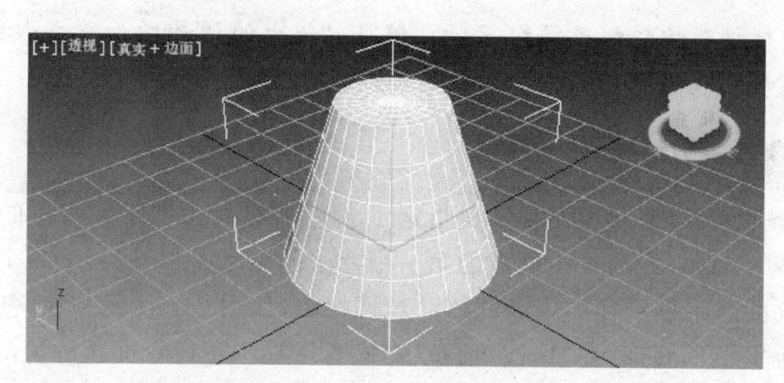

图 2.4　改变分段数的圆锥体

将创建规则的多边形。

(8) 选中"切片启用"复选框,将"切片起始位置"参数设置为 90。选中"切片启用"复选框后,会将圆锥体进行分割,而"切片起始位置"和"切片结束位置"参数用于设置从圆锥体 X 轴的零点开始围绕其 Z 轴的切割度数。对于这两个设置,正数值将按逆时针移动切片的末端;负数值将按顺时针移动切片的末端。这两个设置的顺序无关紧要,端点重合时将重新显示整个圆锥体。

(9) 在"透视"视图中单击鼠标右键,结束圆锥体的创建操作。

通过以上的操作步骤创建了圆锥体。在创建的过程中,注意观察参数卷展栏中参数数值的变化。采用同样的方法,可以在场景中创建其他几何体、图形、灯光和摄像机等。

通过以上的实例操作,归纳创建对象的基本过程如下:

(1) 选择对象类别,例如选择几何体。

(2) 选择对象类型、创建方法,例如选择标准基本体。

(3) 创建对象,例如选择圆锥体。

(4) 命名对象(可选)和更改对象的显示颜色(可选)。

(5) 修改对象参数。

2.1.2　熟悉修改面板

在创建对象以后,在进行任何其他操作之前,可以在"创建"命令面板改变对象的参数。但是,一旦选择了其他对象或者选取了其他选项后,就必须使用"修改(Modify)"面板来调整对象的参数。

技巧:一个好的习惯是创建对象后立即进入"修改"面板。这样做有两个好处:一是离开"创建"面板后不会意外地创建不需要的对象;二是在"参数(Parameters)"面板做的修改一定起作用。

1. 改变对象参数

当创建一个对象后,可以采用如下三种方法中的一种来改变参数的数值。

(1) 突出显示原始数值,然后输入一个新的数值覆盖原始数值,按 Enter 键修改完成。

(2) 单击微调器的任何一个小箭头,小幅度地增加或减少数值。

(3) 单击并拖曳微调器的任何一个小箭头,较大幅度地增加或者减少数值。

技巧：调整微调器按钮的时候按下 Ctrl 键将以较大的增量增加或减少数值；调整微调器按钮的时候按下 Alt 键将以较小的增量增加或减少数值。

2. 改变对象的名字和颜色

当创建一个对象后，该对象便被随机指定了颜色和唯一的名字。对象的名字由对象类型加上数字组成。例如，在场景中创建的第一个盒子的名字是 Box01，下一个盒子的名字就是 Box02。对象的名字显示在“名称和颜色”卷展栏中，如图 2.5 所示。在“创建”面板中，该卷展栏位于命令面板的底部；在“修改”面板中，该卷展栏位于命令面板的顶部。

(a) 在Create面板中的名称和颜色

(b) 在Modify面板中的名称和颜色

图 2.5　命令面板中的名称和颜色

在默认的情况下，3ds Max 随机地给创建的对象指定颜色。这样可以使用户在创建的过程中方便地区分不同的对象。

用户可以在任何时候改变默认的对象名字和颜色。值得注意的是，对象的默认颜色与对其赋予的材质不同。指定给对象的默认颜色是为了在建模过程中区分对象，指定给对象的材质是为了最后渲染的时候得到更好的效果。

单击名字区域（Box001）右边的颜色样本就出现“对象颜色（Object Color）”对话框，可以在此对话框中选择预先设置的颜色，也可以在这个对话框中单击“添加自定义颜色（Add Custom Colors）”按钮创建定制的颜色。如果不希望让系统随机指定颜色，可以取消对“分配随机颜色（Assign Random Colors）”复选框的勾选，如图 2.6 和图 2.7 所示。

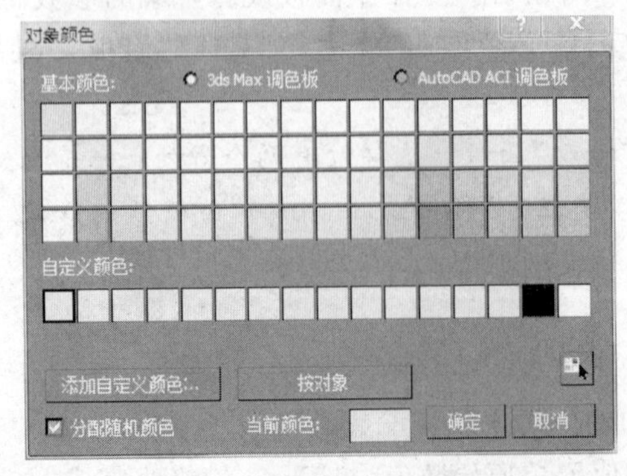

图 2.6　“对象颜色”对话框

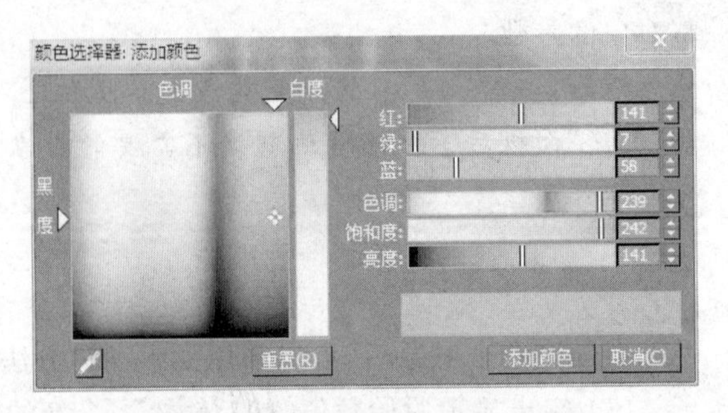

图 2.7　添加自定义颜色对话框

技巧：本节介绍的所有物体的名称和颜色的设定方法都是一样的，用户在更改物体参数的时候，如果不小心单击了鼠标右键或因其他操作而结束了物体的创建过程，那么右边的"参数"卷展栏就消失了。此时若需要继续更改物体的参数，可单击"命令"面板中的"修改"按钮，进入"修改"面板，可以继续修改物体的参数。

2.2　创建标准基本几何体

几何体是场景中的实体三维对象，是在 3ds Max 中进行建模工作的基础模型，同时也是场景的主体和渲染的对象。3ds Max 提供的基本几何体有"标准基本几何体(Standard Primitives)"和"扩展基本几何体(Extended Primitives)"两种，通常将这两种基本体称为"标准基本体"和"扩展基本体"。其中，"标准基本体"包括长方体、圆锥体、球体、几何球体、圆柱体、管状体、圆环、四棱锥、茶壶和平面 10 种，如图 2.8 所示。本节重点讲解如何利用标准基本几何体创建简单的物体。

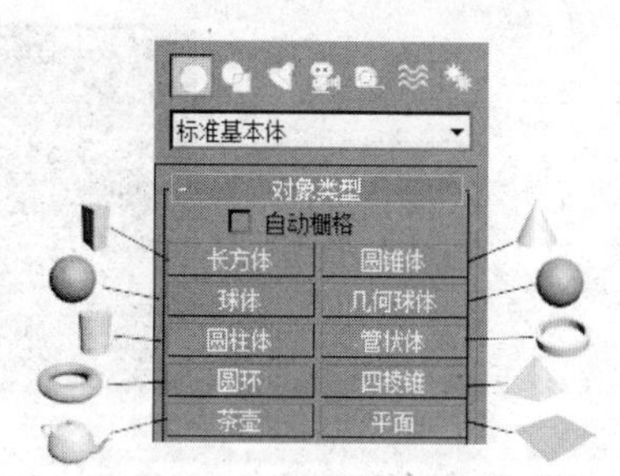

图 2.8　标准基本体创建面板

【操作实例 2】 创建一个简单的方凳。

目标： 掌握使用标准基本几何体创建对象的方法。

操作过程：

(1) 执行"命令"面板中的"创建"→"几何体"→"长方体"命令。

(2) 在顶视口拖曳鼠标，创建一个长为 60，宽为 60，高为 8 的长方体，命名为 DengMian001，如图 2.9 所示。

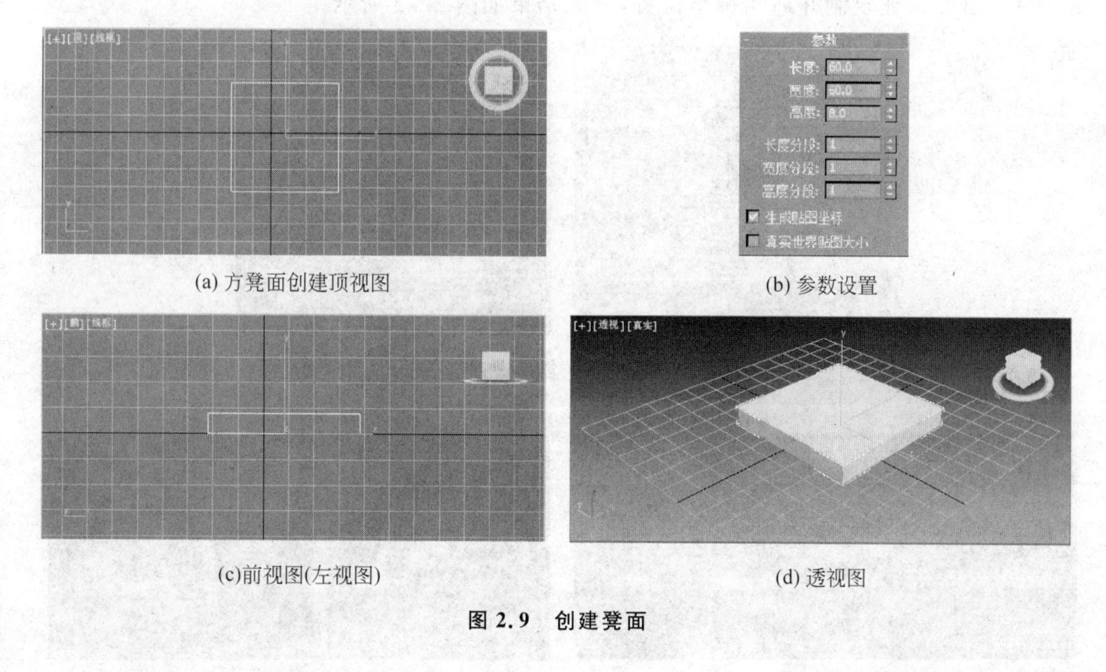

(a) 方凳面创建顶视图　(b) 参数设置

(c)前视图(左视图)　(d) 透视图

图 2.9　创建凳面

(3) 执行"命令"面板中的"创建"→"几何体"→"长方体"命令，在顶视口创建一个长为 6，宽为 6，高为 60 的长方体，将其命名为 DengTui001。单击工具栏上的"选择并移动"工具，锁定 X 轴后拖动鼠标，将 DengTui01 移动到 DengMian001 的一个角上，如图 2.10

所示。

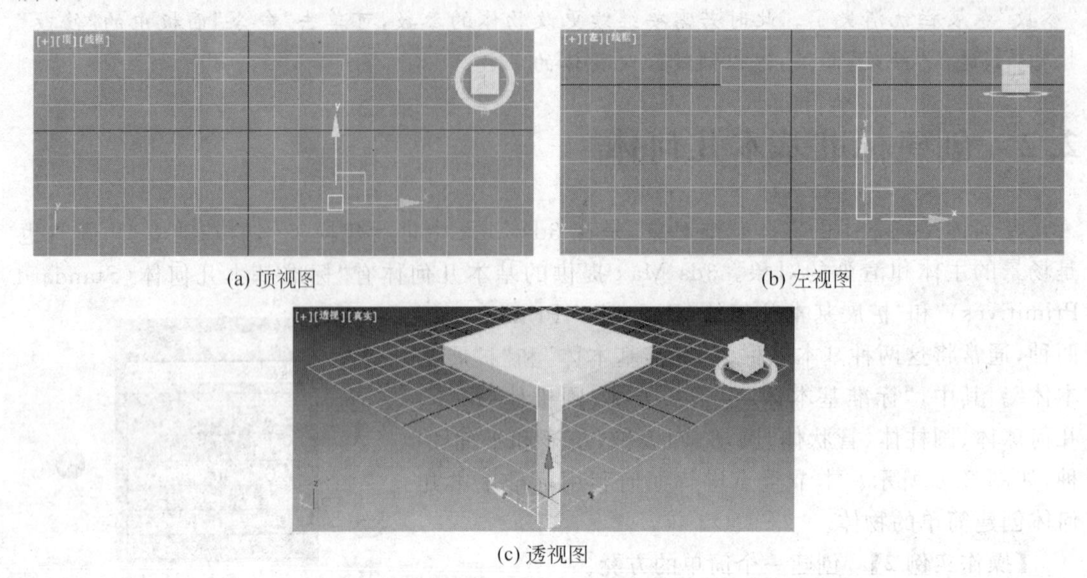

(a) 顶视图　　(b) 左视图

(c) 透视图

图 2.10　方凳腿创建

（4）单击主工具栏上的“选择并移动”工具，选中 DengTui001，按住 Shift 键的同时锁定 Dengtui001 的 X 轴，按住鼠标左键向右拖曳到 Dengmian01 的另一角。松开鼠标后弹出图 2.11 所示“克隆选项”对话框，确认选中“复制”单选按钮，名称为 Dengtui002 后，单击“确定”按钮，进行快速复制并适当调整位置，复制结果如图 2.12 所示。

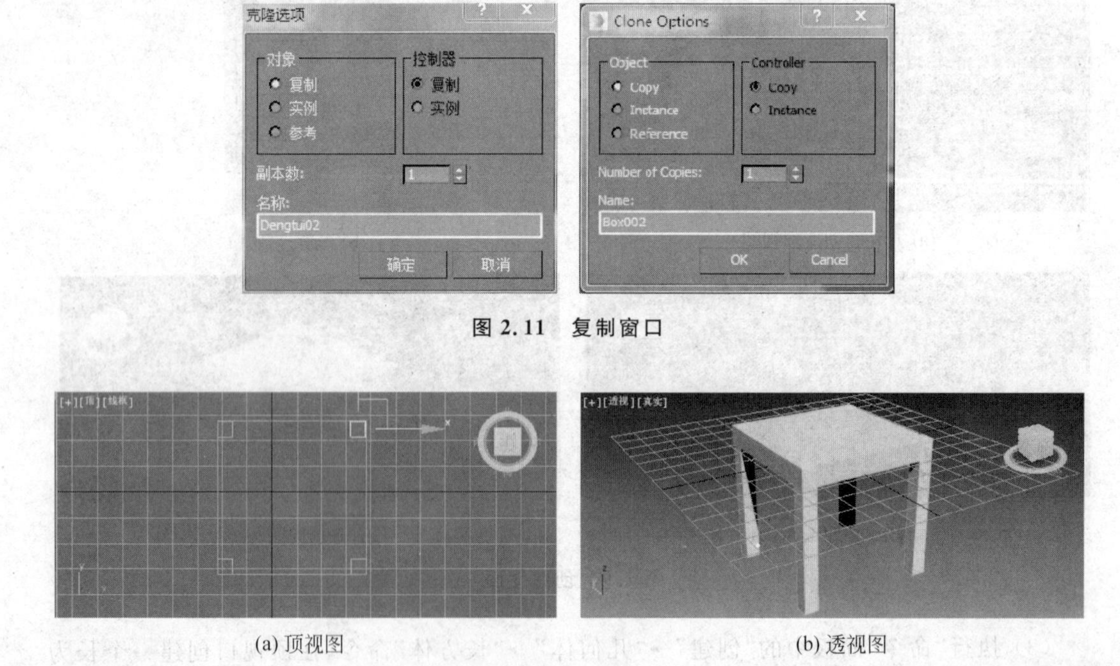

图 2.11　复制窗口

(a) 顶视图　　(b) 透视图

图 2.12　方凳创建

(5) 用同样的方法复制出另外两个凳子腿，分别为 Dengtui003 和 Dengtui004，如图 2.12 所示。

(6) 单击主工具栏上的“选择并旋转”工具，按住 Shift 键的同时，在 Dengtui001 的 X 轴上按住鼠标左键旋转 Dengtui001 至 90°。松开鼠标后弹出图 2.13 所示对话框，更改名称为 Jiagu001 后，单击“确定”按钮，进行快速复制，复制结果如图 2.14 所示。

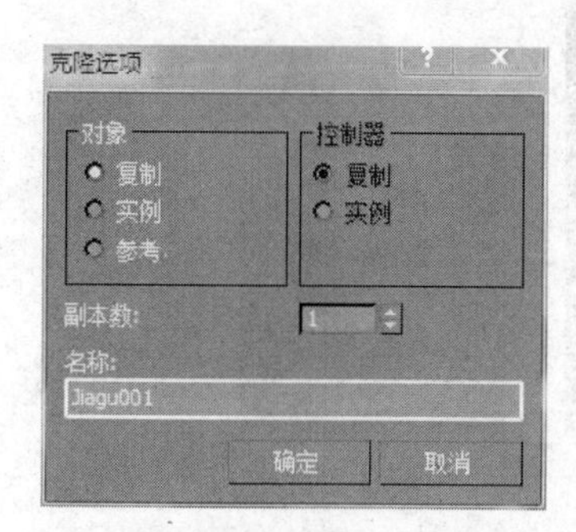

图 2.13 复制窗口

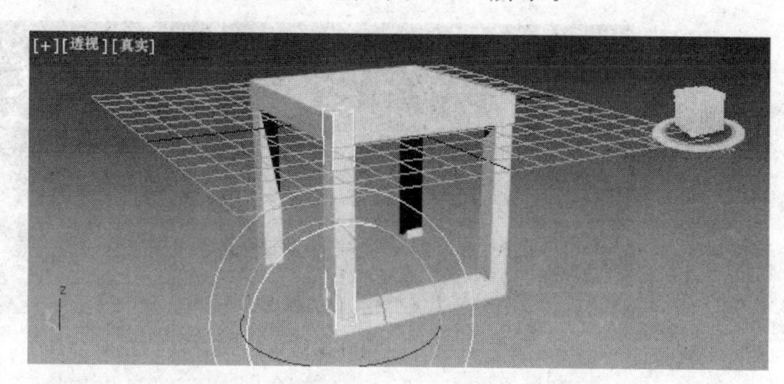

图 2.14 方凳创建

(7) 单击主工具栏上的“选择并移动”工具，利用“选择并移动”工具调整 Jiagu001 至如图 2.15 所示的位置。

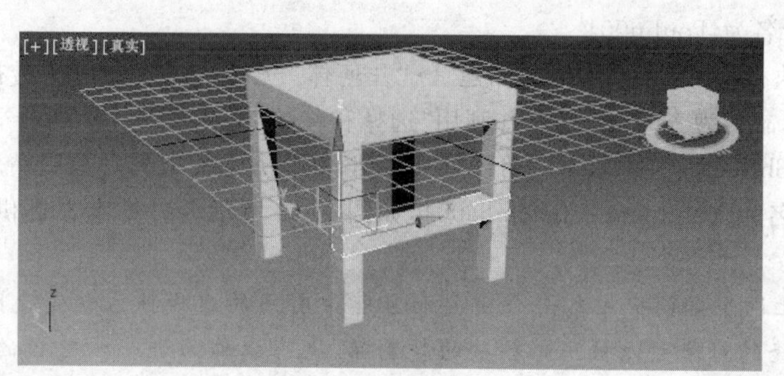

图 2.15 方凳调整

(8) 继续用 Shift 键+“选择并移动”或 Shift 键+“选择并旋转”的方法快速复制出另外三个加固木块，分别为 Jiagu002、Jiagu003、Jiagu004，如图 2.16 所示。参见本书提供的案例 Ch02_02f.max。

图 2.16 方凳创建完成

【操作实例 3】 创建一个雪人。

目标：掌握球体的创建。

操作过程：

(1) 执行“命令”面板中的“创建”→“几何体”→“球体”命令。

(2) 在透视图创建半径为 20 的一个球体，命名为 Shenti001，如图 2.17 所示。

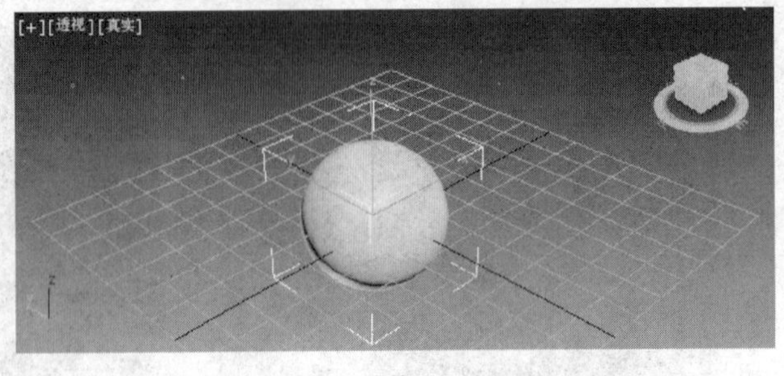

(a) 球体

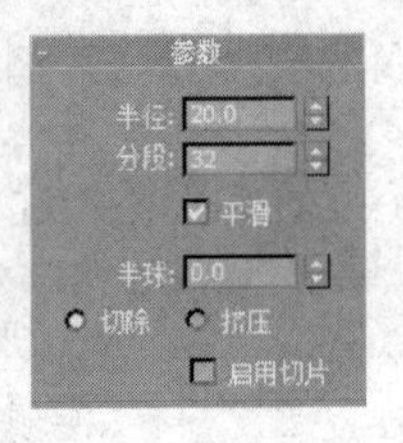

(b) 球体参数

图 2.17 球体及其参数设置卷展栏

(3) 单击“对象类型”卷展栏下面的“球体”按钮，选中“自动栅格(AotoGrid)”复选框，在“透视”视口将鼠标移动到球体的上面，然后单击并拖曳，创建一个球体。球体被创建在雪人身体的上面，命名为 Toubu001。

(4) 再次执行“命令”面板中的“创建”→“几何体”→“球体”命令，在“透视”视口创建雪人的一只眼睛，命名为 Yanjing001，并利用“选择和移动”工具将其移动到合适位置。

(5) 利用 Shift 键+“选择并移动”的快速克隆复制方法完成另一只眼睛和嘴巴的创建，并分别为其命名为 Yanjing002 和 Zuiba001，如图 2.18 所示。参见本书提供的案例 Ch02_03f.max。

技巧：以上两个案例中用到一个重要而且非常有用的建模技术就是克隆对象(也称为复制对象)，克隆的对象可以被用作精确的复制品，也可以作为进一步建模的基础。克隆对象的方法有两个：第一个方法是按住 Shift 键执行变换操作(移动、旋转和比例缩放)；第二个方法是从菜单栏中选择“编辑(Edit)”→“克隆(Clone)”命令。无论使用哪种方法进行变换，都会出现“克隆选项(Clone Options)”对话框，如图 2.19 所示。

图 2.18 雪人创建完成

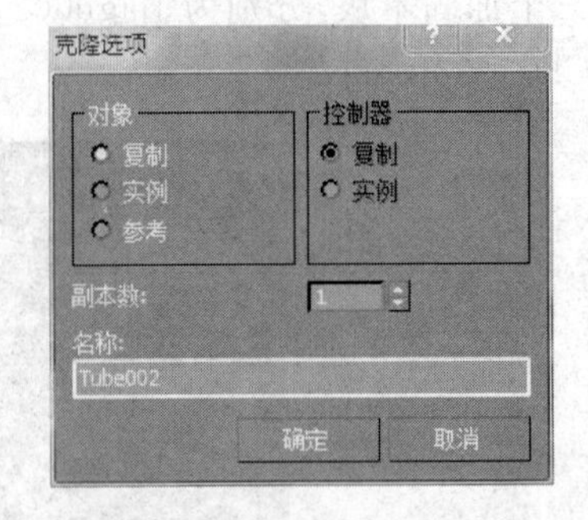

图 2.19 “克隆选项”对话框

在“克隆选项”对话框中，可以指定克隆对象的数目和克隆的类型等。克隆有三种类型，分别是：

(1)“复制(Copy)”。“复制”选项克隆一个与原始对象完全无关的复制品。

(2)“实例(Instance)”。“实例”选项也克隆一个对象，但是该对象与原始对象仍有某种关系。例如，如果用“实例”选项克隆一个球，那么改变其中一个球的半径，另一个球也跟着改变。使用“实例”选项复制的对象之间是通过参数和编辑修改器相关联的，各自的变换无关，是相互独立的。这就意味着如果给其中一个对象应用了编辑修改器，使用“实例”选项克隆的另外一些对象也将自动应用相同的编辑修改器。但是，如果变换一个对象，使用“实例”选项克隆的其他对象并不一定起变换。此外，使用“实例”选项克隆的对象可以有不同的材质和动画。使用“实例”选项克隆的对象比使用“复制”选项克隆的对象需要更少的内存和磁盘空间，使文件装载和渲染的速度要快一些。

(3)“参考(Reference)”。“参考”是特殊的“实例”，它与克隆对象的关系是单向的。例如，如果场景中有两个对象，一个是原始对象，一个是使用“参考”克隆的对象，如果给原始对象增加一个编辑修改器，克隆的对象也被增加了同样的编辑修改器。但是，如果给使用“参考”克隆出来的对象添加一个编辑修改器，那么它不影响原始的对象。

2.3　创建扩展基本几何体

扩展基本几何体是比标准基本几何体复杂的几何体，其创建方法和参数也较为复杂。3ds Max 提供的扩展基本几何体包括异面体、环形结、切角长方体、切角圆柱体、油罐、胶囊、纺锤、L-Ext、球棱柱、C-Ext、环形波、棱柱和软管。

单击“命令”面板中的“创建”→“几何体”命令，在 扩展基本体 下拉列表中选择“扩展基本体”选项，在“对象类型”卷展栏中列出了 13 个扩展基本几何体的创建按钮，如图 2.20 所示。

【操作实例 4】 创建异面体。

目标： 掌握异面体的创作方法和属性参数的设置。

操作过程：

(1) 执行“命令”面板中的“创建”→“几何体”→“扩展基本体”→“异面体”命令

(2) 在“透视”视图中拖动鼠标以定义半径，然后释放以创作异面体。

(3) 在“系列”选项组中依次选择“四面体”、“ 立方体(八面体)”、“正十二面体”、“星形1”和“星形 2”按钮，观察对象的变化效果，如图 2.21 所示。

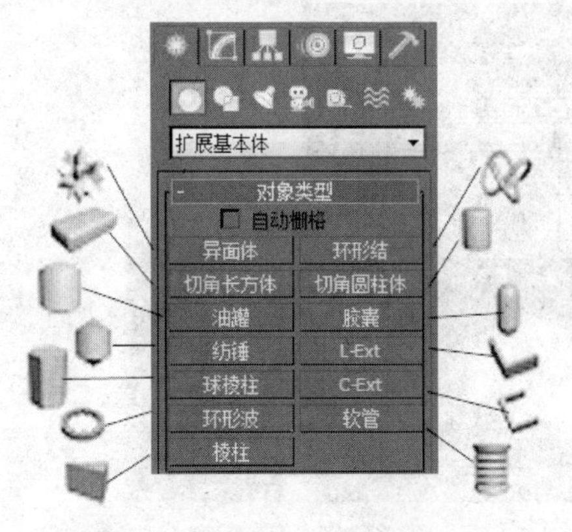

图 2.20　扩展基本几何体创建面板

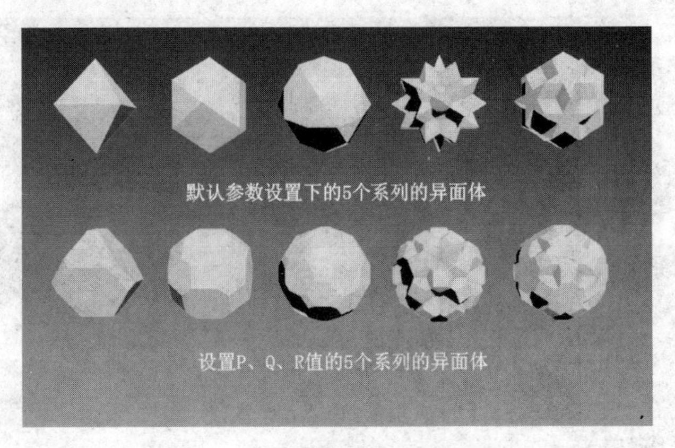

图 2.21　改变参数的异面体效果

（4）在“系列参数”参数组中分别调节 P 和 Q 的参数值，观察异面体的变化。这两点用来调节异面体顶点和面之间的关联关系，以最简单的形式在顶点和面之间来回更改几何体。可能值的范围为 0.0～1.0，并且 P 值和 Q 值的总和应小于或者等于 1.0。如果将其中一个值设置为 1.0，那么另一个值将自动设置为 0.0。

（5）在“轴向比率”参数组中分别调节 P、Q、R 的参数值，观察异面体的变化。异面体拥有三角形、方形和五角星三种面，这些面可以是规则的，也可以是不规则的。三者参数用于控制异面体某一种面推进或者推出的效果。

（6）单击鼠标右键，结束异面体的创建操作，如图 2.22 所示。

(a) 异面体

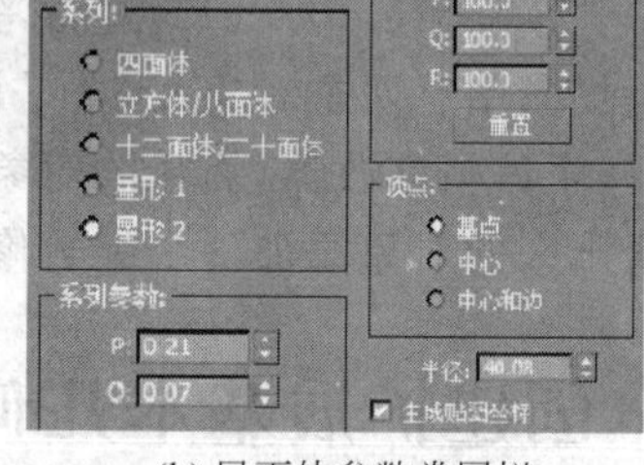

(b) 异面体参数卷展栏

图 2.22　异面体及其参数卷展栏

技巧： 由于扩展基本几何体的参数较多，在“参数”卷展栏中往往显示不全，可以将鼠标放在面板的空白处，拖动鼠标来上下移动面板，以查看所有参数。

【操作实例 5】　利用切角长方体创建一个简单的沙发。

目标： 掌握利用扩展基本几何体创建简单物体的方法。

操作过程：

（1）执行“命令”面板中的“创建”→“几何体”→“扩展基本体”→“切角长方体”命令。

（2）在顶视口拖动鼠标定义切角长方体的底部，释放鼠标以确认。然后垂直移动鼠标以定义长方体的高度，单击确认高度。对角移动鼠标可定义圆角或倒角的高度。

（3）单击完成切角长方体的创建，更改命名为 Shafadi001。

（4）设置参数，其中“圆角”是指长方体圆角边的大小，该值越高，切角长方体边上的圆角就越精细，如图 2.23 所示。

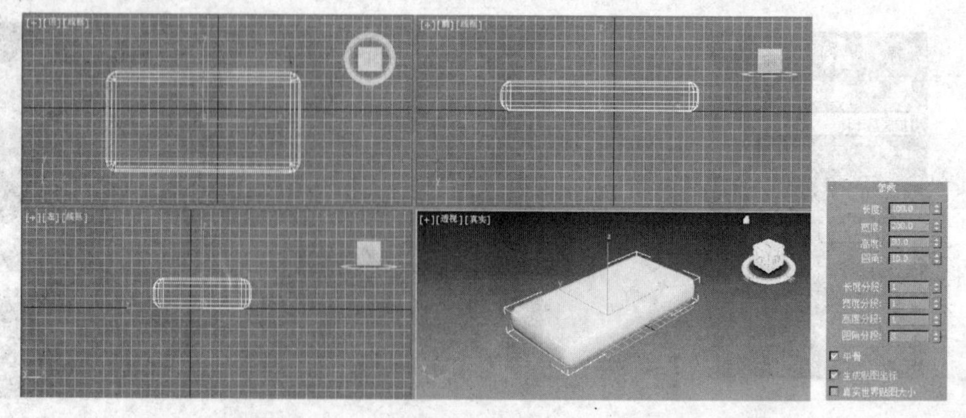

图 2.23　切角长方体及其参数设置卷展栏

(5) 执行"命令"面板中的"创建"→"几何体"→"扩展基本体"→"切角长方体"命令，在顶视口创建一个长为 100，宽为 66，高为 20，圆角为 10 的切角长方体，并将其命名为 Shafadian001。然后单击主工具栏上的"选择并移动"工具，将 Shafadian001 移动到 Shafadi001 的一个边上，如图 2.24 所示。

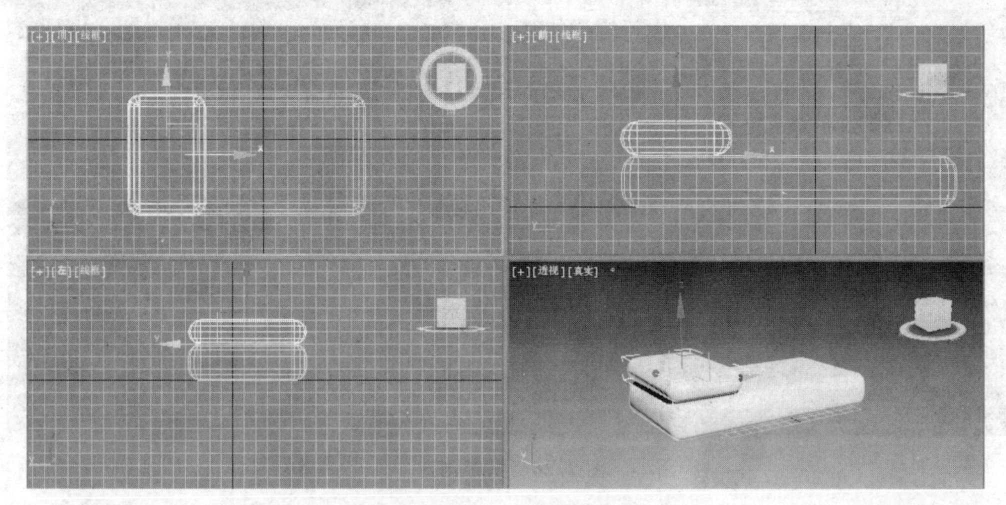

图 2.24　沙发垫创建

(6) 单击主工具栏上的"选择并移动"工具，选中沙发垫，按住 Shift 键的同时锁定 X 轴拖动鼠标。松开鼠标后弹出"克隆选项"对话框，选中"复制"单选按钮，完成沙发的另外两个沙发垫的创建，并分别为其命名为 Shfadian002 和 Shafadian003。

(7) 单击主工具栏的"选择并旋转"工具，在左视图视口下按住 Shift 键的同时，按住鼠标左键向 X 轴进行旋转至 90°。松开鼠标后弹出复制对话框，确认名称为 Shafabei001 后单击"确认"按钮，进行快速复制，复制结果如图 2.25 所示。

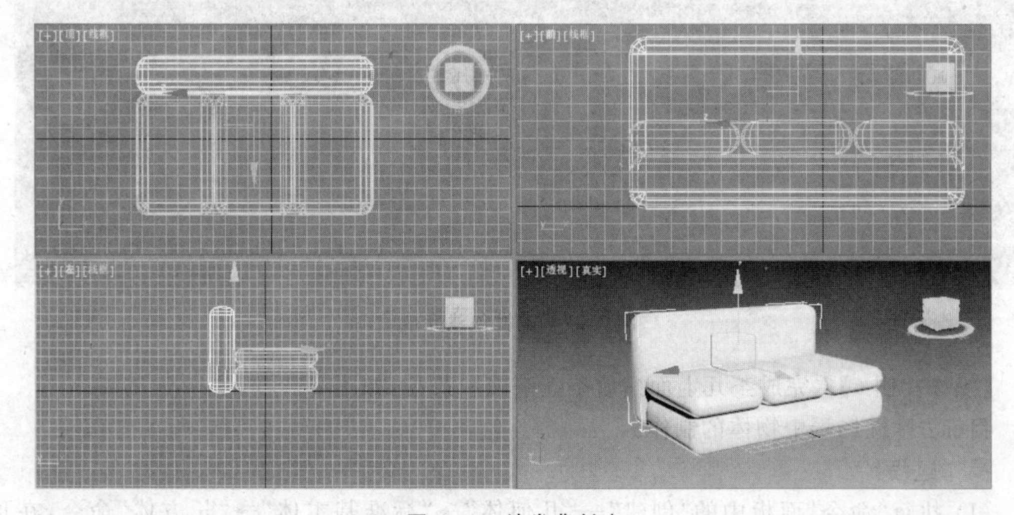

图 2.25　沙发背创建

(8) 执行"命令"面板中的"几何体"→"扩展基本体"→"切角长方体"命令，在顶视口建一个长为 100，宽为 20，高为 70，圆角为 10 的切角长方体，并将其命名为 Fushou001。然后单击主工具栏上的"选择并移动"工具，将 Fushou001 移动到 Shafadi001 的一个边上，如图 2.26 所示。

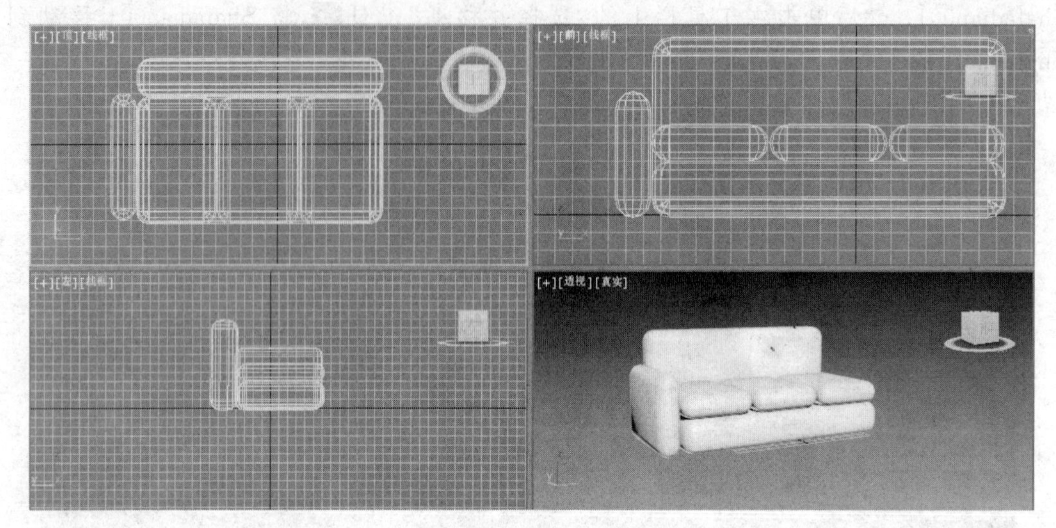

图 2.26 扶手创建

(9) 利用 Shift 键＋"选择并移动"的复制方法完成沙发的另外一个扶手的创建，并为其命名为 Fushou002，如图 2.27 所示。参见本书提供的案例 Ch02_05f.max。

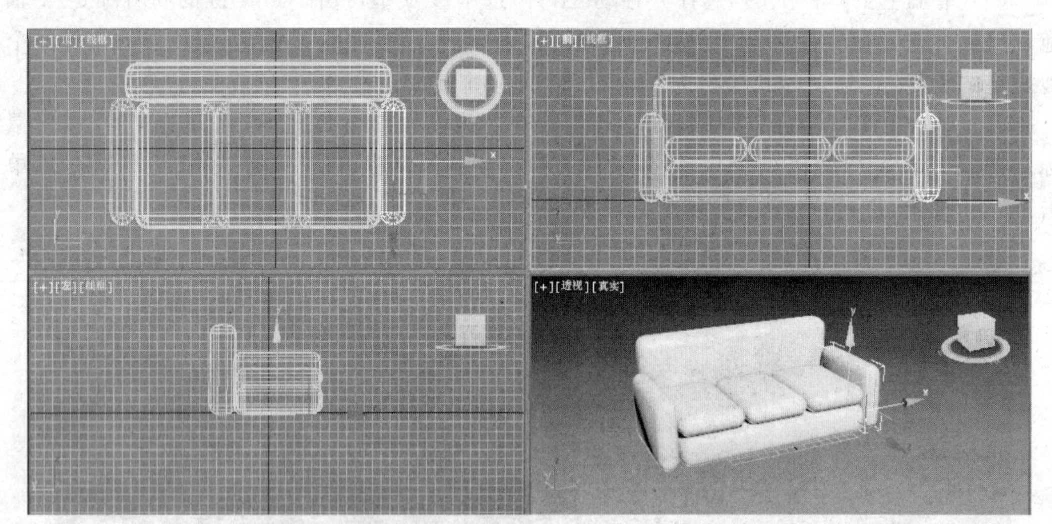

图 2.27 沙发创建完成

【操作实例 6】 完成茶几上面摆放茶壶茶碗和茶盘，如图 2.28 所示。

目标：掌握场景中物体的制作。

操作过程：

(1) 执行"命令"面板中的"创建"→"几何体"→"标准基本体"→"长方体"命令，在顶视口创建一个长为 70，宽为 180，高为 5 的长方体，并为其命名 Zhuomian001，如图 2.29 所示。

(2) 单击主工具栏上的"选择并缩放"工具，按住 Shift 键的同时按住鼠标左键向

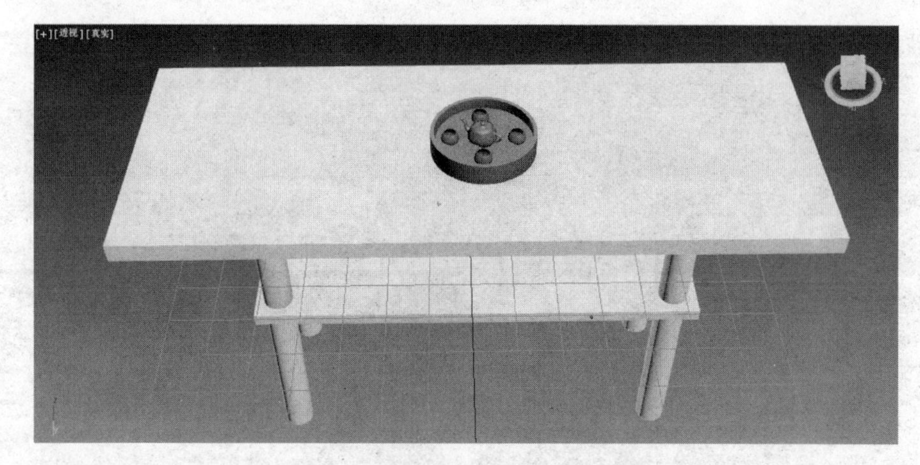

图 2.28　摆放茶壶茶碗和茶盘的茶几

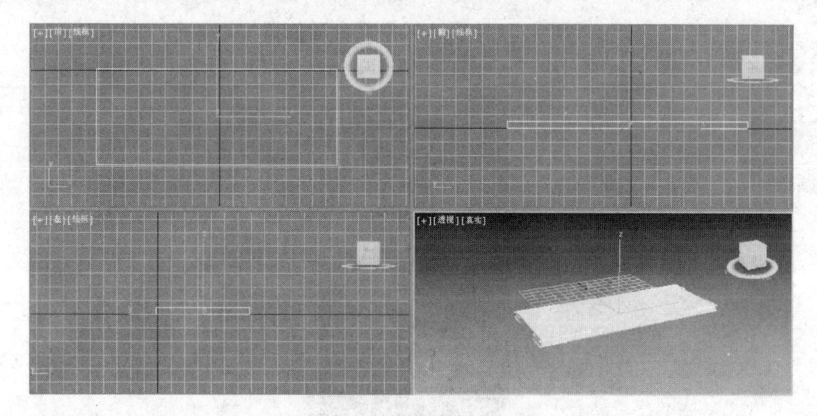

图 2.29　桌面的创建

Zhuomian001 的中心进行缩放。松开鼠标后弹出如图 2.30 所示的对话框，确认名称为 Zhuomian002 后单击“确认”按钮，进行快速复制。

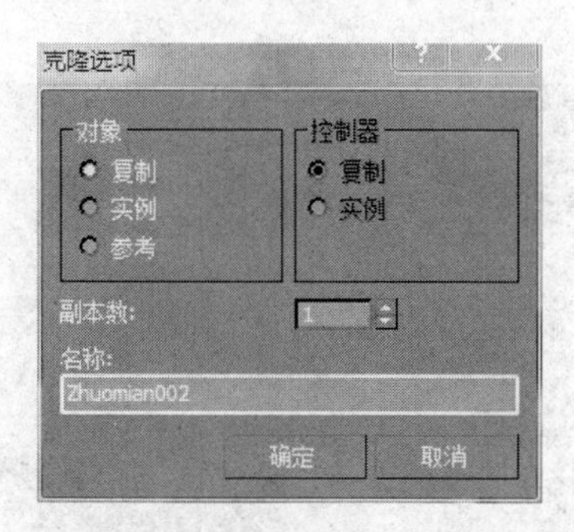

图 2.30　“克隆选项”对话框

(3) 单击主工具栏上的“选择并移动”工具，将 Zhuomian002 沿 Z 轴向下移动 45 个单位，将其调整到图 2.31 所示位置。

(4) 执行“命令”面板中的“创建”→“几何体”→“标准基本体”→“圆柱体”命令，在透视口创建一个半径为 4，高度为－100 的圆柱体，并为其命名为 Zhuotui001，参数设置如图 2.32 所示。

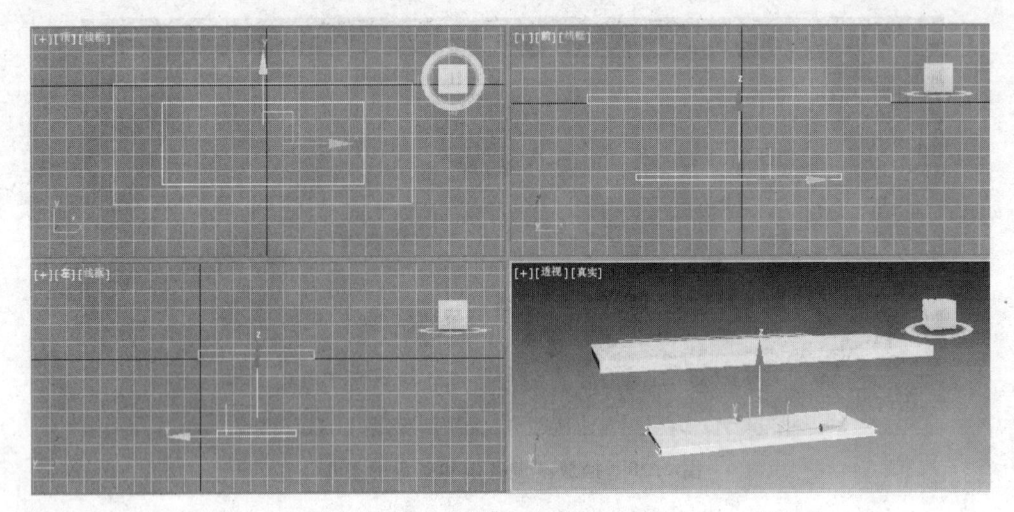

图 2.31 移动对象至合适位置

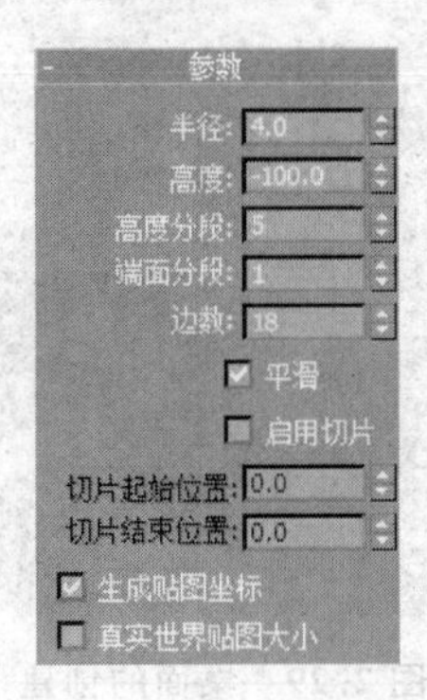

图 2.32 圆柱体参数设置卷展栏

(5) 单击主工具栏上的“选择并移动”工具,在顶视口将 Zhuotui001 调整到如图 2.33 所示的位置。

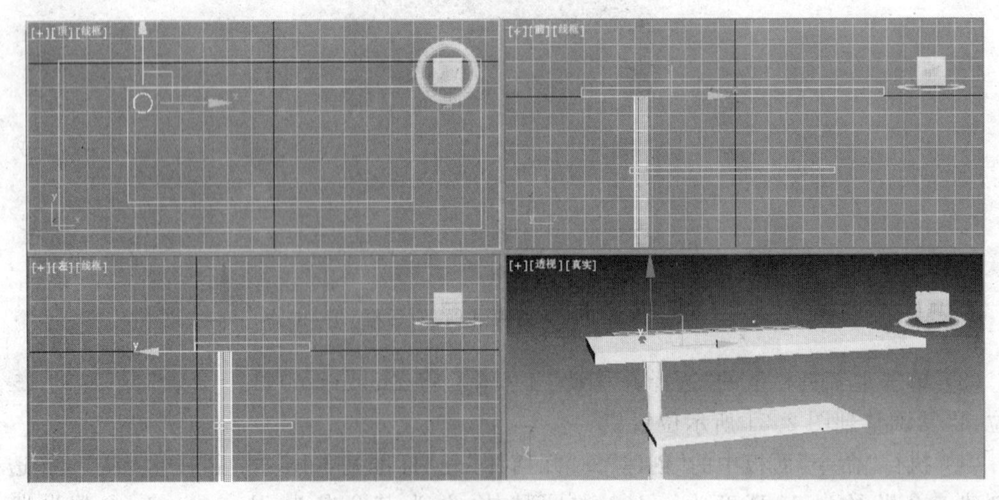

图 2.33 创建茶几腿

(6) 利用 Shift 键＋“选择并移动”的复制方法完成茶几另外三只腿的创建，分别命名为 Zhuotui002、Zhuotui003、Zhuotui004，如图 2.34 所示，茶几创建完成。

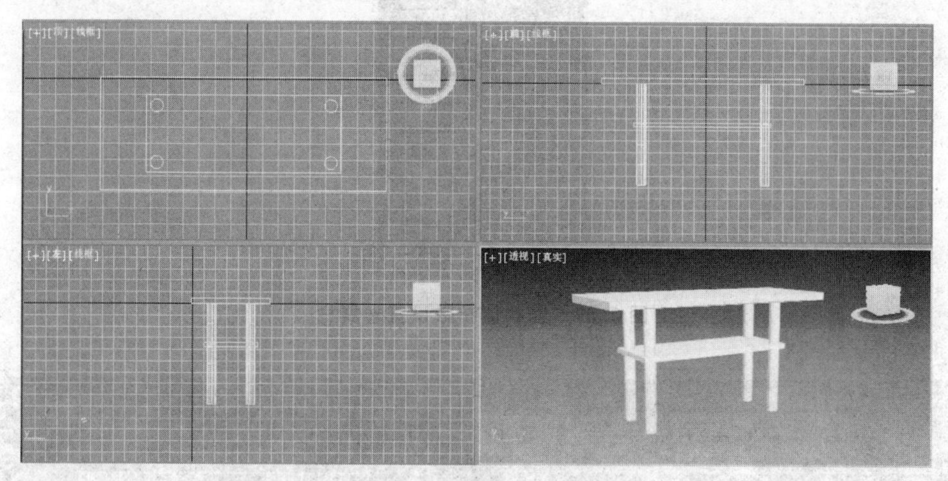

图 2.34　创建完成的茶几

(7) 执行“命令”面板中的“创建”→“几何体”→“标准基本体”→“圆柱体”命令，在顶视口创建一个半径为 13，高度为 3 的圆柱体，并为其命名为 Chapandi001，如图 2.35 所示。

(8) 单击主工具栏上的“选择并移动”工具，在顶视口和前视口将 Chapandi001 调整至茶几中心位置，如图 2.36 所示。

(9) 执行“命令”面板中的“创建”→“几何体”→“标准基本体”→“管状体”命令，在顶视口创建一个半径 1 为 14，半径 2 为 13，高度为 6 的管状体，并为其命名为 Chapanshen001，如图 2.37 所示。

图 2.35　圆柱体参数设置卷展栏

(10) 单击主工具栏上的“选择并移动”工具，在顶视口和前视口将 Chapanshen001 调整至图中位置，如图 2.38 所示。

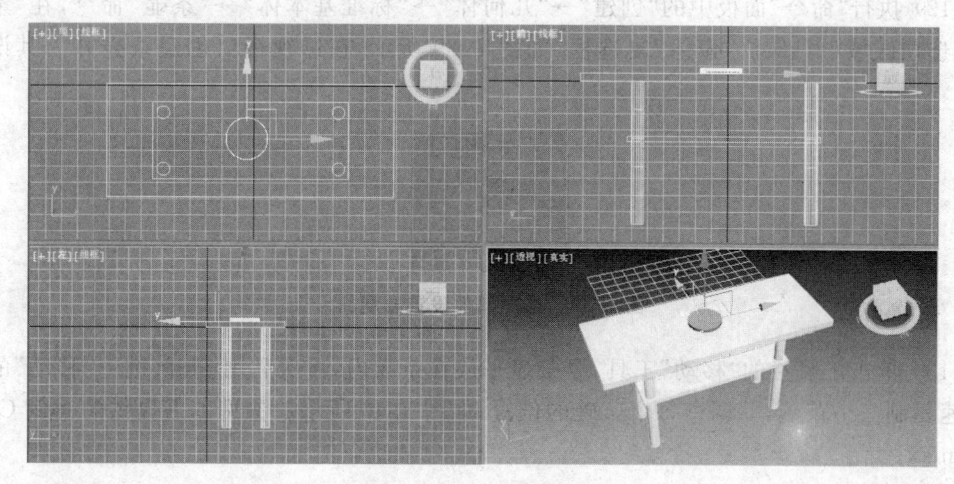

图 2.36　调整茶盘位置

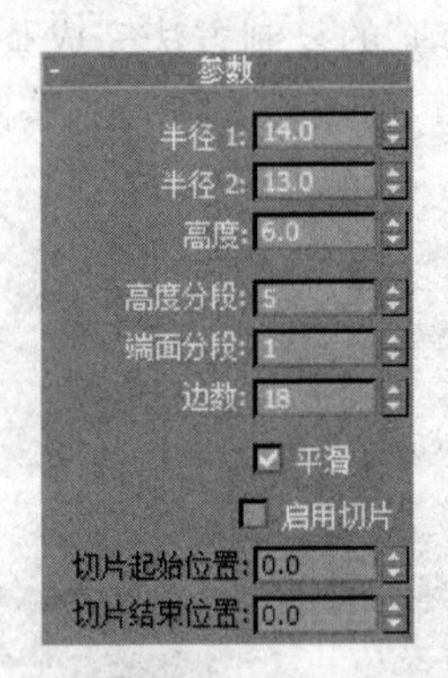

图 2.37　管状体参数设置卷展栏

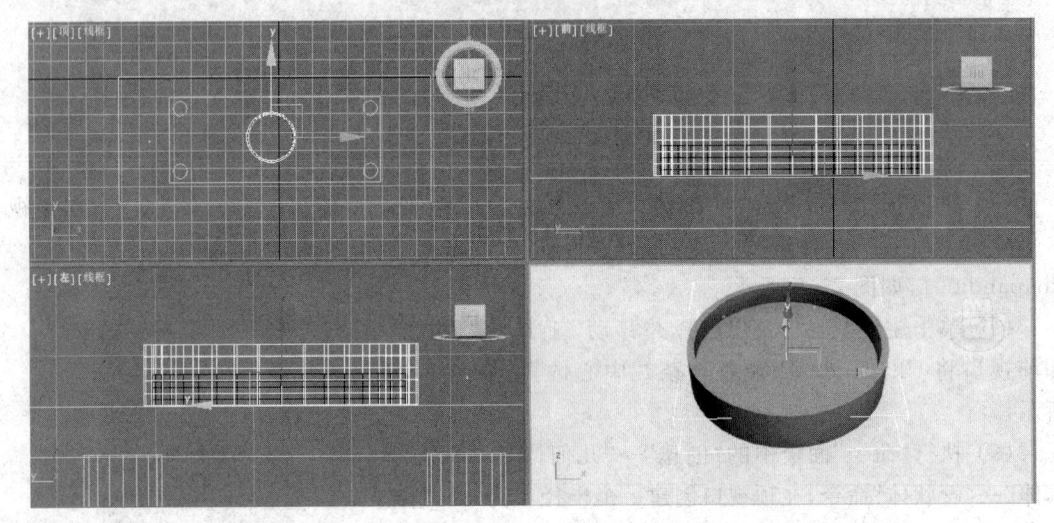

图 2.38　创建的茶盘

(11) 执行“命令”面板中的“创建”→“几何体”→“标准基本体”→“茶壶”命令，在顶视口创建茶壶并为其设置参数。利用“移动”工具或者“对齐”工具使茶壶平放在茶盘中。

(12) 执行“命令”面板中的“创建”→“几何体”→“标准基本体”→“茶壶”命令，在“茶壶部件”选项区域中只保留“壶体”复选框，如图 2.39 所示，在透视视口创建茶壶并为其设置参数。

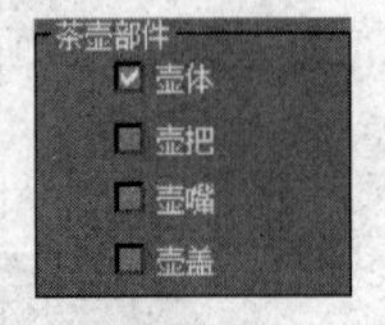

图 2.39　茶壶部件设置卷展栏

(13) 单击工具栏的“移动”工具，令茶壶平放在茶盘内，再次利用 Shift 键+“移动”的方法快速复制三个茶碗，并调整每个茶碗的位置，如图 2.40 所示。参见本书提供的案例 Ch02_06f.max。

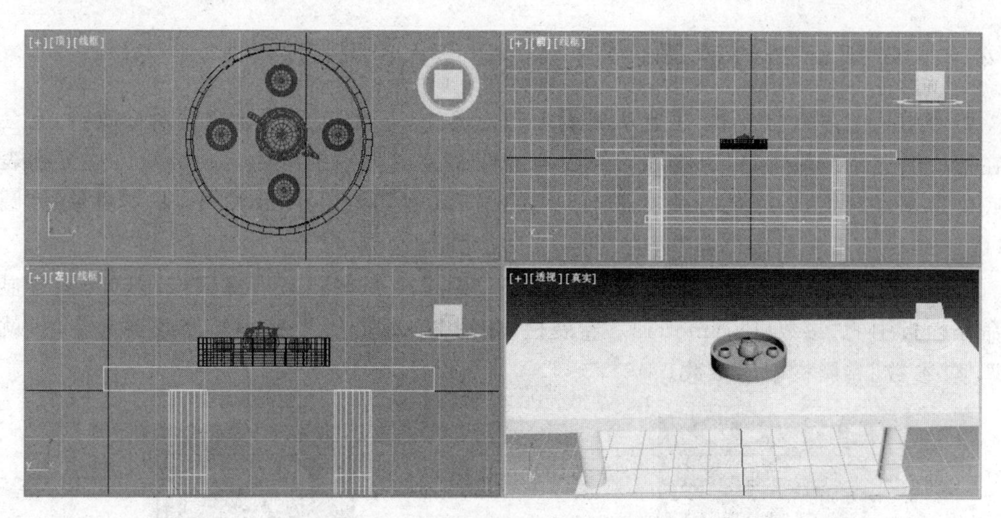

图 2.40　摆放茶壶茶碗的茶几

2.4　修改对象

创建对象后，经常需要对创建完成的对象进行修改。可以通过修改参数改变对象的大小，也可以通过编辑的方法改变对象的形状。

要修改对象，需要使用“修改”命令面板。“修改”面板被分为两个区域：编辑修改器堆栈显示区和对象的卷展栏区域。

本节将介绍编辑修改堆栈显示的基本概念。后面还要更为深入地讨论与编辑修改器堆栈相关的问题。

2.4.1　编辑修改器的显示

在靠近“修改”命令面板顶部的地方显示“修改器列表(Modifier List)”。可以通过单击“修改器列表”右边的箭头打开一个下拉列表，列表中就是编辑修改器，如图 2.41 所示。

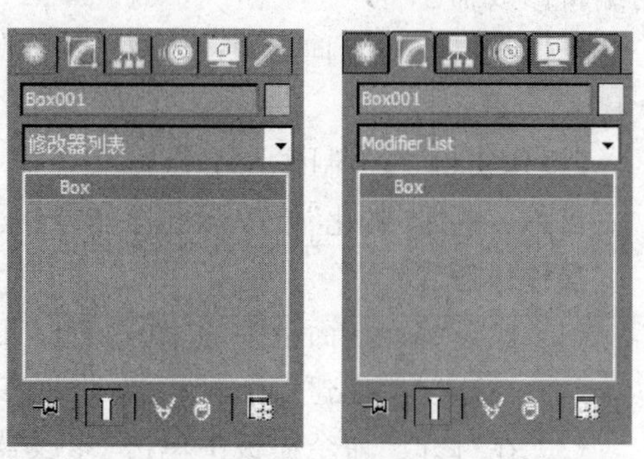

图 2.41　修改器列表

列表中的编辑修改器根据功能的不同进行分类。尽管初看起来列表很长，编辑修改器很多，但其中有一部分是很少用的，初学者要熟练掌握常用修改器的使用。

当在“修改器列表”上单击鼠标右键后，会出现一个弹出菜单，可以使用这个菜单完成如下工作：

(1) 过滤列表中显示的编辑修改器。

(2) 在“修改器列表”下显示出编辑修改器的按钮。

(3) 定制自己的编辑修改器集合。

2.4.2 应用编辑修改器

要使用某个编辑修改器,需要从列表中进行选择。一旦选择了某个编辑修改器,它会出现在堆栈的显示区域中,可以将编辑修改器堆栈想象成为一个历史记录堆栈。这个列表的最底层是基本对象,后面是对基本对象应用的编辑修改器。在图 2.42 中,基本对象是“圆柱体(Cylinder)”,编辑修改器是“弯曲(Bend)”。

当给一个对象应用编辑修改器后,它并不立即发生变化。但是编辑修改器的参数显示在命令面板中的“参数(Parameters)”卷展栏,如图 2.43 所示,要使编辑修改器起作用,就必须调整“参数”卷展栏中的参数。

图 2.42 为圆柱添加弯曲修改器

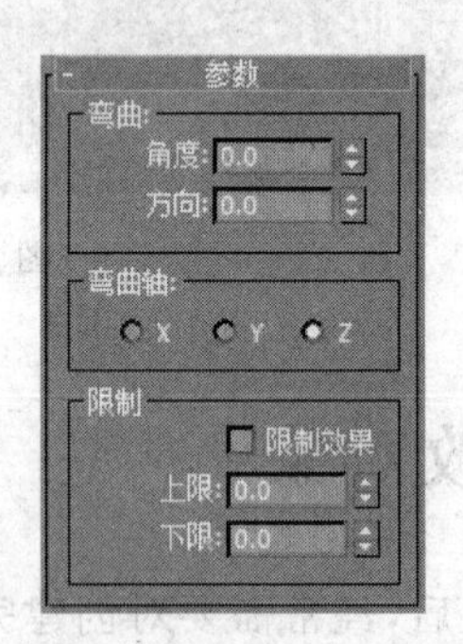

图 2.43 修改器参数设置卷展栏

可以给对象应用许多编辑修改器,这些编辑修改器按应用的次序显示在堆栈的列表中,最后应用的编辑修改器在顶部,基本对象总是在堆栈的最底部。当堆栈中有多个编辑修改器的时候,可以通过在列表中选取一个编辑修改器来在“命令”面板中显示它的参数。

不同的对象类型有不同的编辑修改器。例如,有些编辑修改器只能应用于二维图形,而不能应用于三维图形。当用下拉列表显示编辑修改器的时候,只显示能够应用于选择对象的编辑修改器。

可以从一个对象向另外一个对象拖放编辑修改器,也可以交互地调整编辑修改器的次序。

【操作实例 7】 制作一个铃铛。

目标:掌握“锥化”修改器的操作方法。

操作过程:

(1) 执行“命令”面板中的“创建”→“几何体”→“标准基本体”→“管状体”命令。

(2) 在透视口创建一个管状体,设置参数,如图 2.44 所示。

(3) 在“修改”命令面板中单击“修改器列表”右边的向下箭头,在出现的编辑修改器列表中选取“锥化”。“锥化”编辑修改器被应用于管状体,并同时显示在堆栈列表中,如图 2.45 所示。

(4) 在参数卷展栏中设置参数,将“数量”值改为-1,观察管状体的变化,如图 2.46 所示。该值用于设定物体的锥化程度,当该值为正时,表示放大的效果;当该值为负时,表示缩小的效果。

(a) 圆柱体　　(b) 参数设置

图 2.44　创建管状体并设置参数

图 2.45　堆栈列表

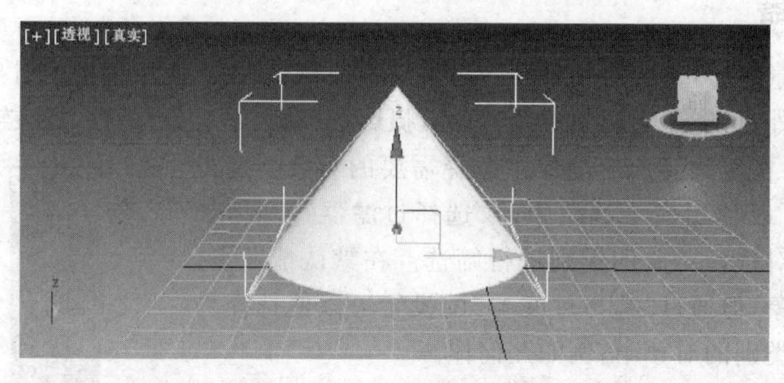

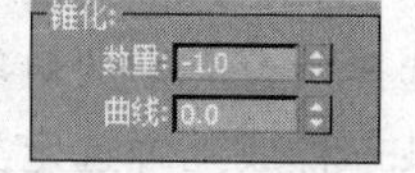

图 2.46　修改锥化参数

(5) 在“锥化轴”选项组中依次选择“主轴”的 X、Y、Z 单选按钮，观察物体的不同锥化效果。这些选项主要用于决定锥化的中心轴，默认情况下为 Z 轴。

(6) 选择不同的“效果”单选按钮，观察物体的变化。这里的“效果”选项主要用于设定锥化主轴上的锥化效果轴，其可用选项取决于主轴的选取，效果轴可以是剩下的两个轴的任意一个，或者是它们的组合。

(7) 选择“主轴”为 Z 轴，“效果”轴为 XY，恢复默认选项。

(8) 在“修改”命令面板中单击“修改器列表”，选取“锥化”修改器，在下面的参数卷展栏中将“数量”值设置为 1，“曲线”值设为 −2，产生了“铃铛”的效果，如图 2.47 所示。“曲线”参数用于使锥化的侧面产生弯曲，正值会沿着锥化侧面产生向外的曲线，负值产生向内的曲线。参见本书提供的案例 Ch02_07f.max。

图 2.47　再次设置锥化参数

2.5　对象的选择

3ds Max 中的操作大都需要先选择对象，后进行操作。同时也为用户提供了多种选择对象的方法，主要包括选择过滤器、名称选择法、区域选择法等。

2.5.1　选择一个对象

选择对象最简单的方法是使用选择工具在视口中单击。主工具栏中常用的选择对象工具是按钮，在选中该按钮的情况下单击即可选择一个对象。

2.5.2　选择过滤器

当建立一个复杂场景时，经常会对场景中的对象进行编辑、修改。而场景中的对象除了本章介绍的三维几何体外，可能还有样条曲线、灯光、摄影机、动力学对象、骨骼、IK 链对象、空间扭曲、粒子系统等。在纷繁复杂的场景中选择需要的对象会变得很困难。这种情况下，可以使用主工具栏中的“选择过滤器”工具，如图 2.48 所示，其功能是对选择对象的类别进行筛选。在默认情况下，可以选择所有类别的对象，但通过“选择过滤器”的设置可以使选择局限在某一种或几种选定类别的对象中，例如几何体。

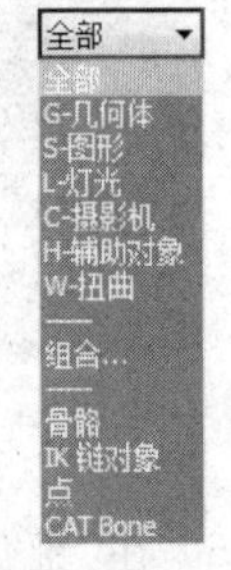

图 2.48　选择过滤器

“选择过滤器”中各选项的含义如下：

（1）全部：可以选择所有类别。

（2）G-几何体：只能选择几何体，以及该列表未明确包括的其他类型对象。

（3）S-图形：只能选择图形，如样条曲线等。

（4）L-灯光：只能选择灯光（及其目标）。

（5）C-摄影机：只能选择摄影机（及其目标）。

（6）H-辅助对象：只能选择辅助对象。

（7）W-扭曲：只能选择空间扭曲对象。

（8）组合：显示用于创建自定义过滤器的“过滤器组合”对话框。

（9）骨骼：只能选择骨骼对象。

(10) IK链对象：只能选择IK链中的对象。

(11) 点：只能选择点对象。

2.5.3 区域选择法

区域选择法是指用具有选择功能的工具通过拖动鼠标画出一个选择区域来同时选择多个对象的方法。

选择区域的类型可以通过主工具栏中如图2.49所示的“区域”弹出按钮进行设定，其中共有5种可以使用的区域类型，分别为矩形区域、圆形区域、围栏区域、套索区域和绘制区域。

技巧：在进行区域选择的时候，还需要“窗口/交叉”模式按钮的配合。当按钮按下，代表进入“窗口”模式，该模式下只有完全包含在选择区域框中的物体才会被选择；当按钮抬起的时候，代表进入“交叉”模式，该模式下只要物体的一部分在选择区域框中，该物体就会被选中。系统默认为“交叉”选择模式。

5种区域类型中，矩形区域和圆形区域的使用方法只需要单击区域之后，在视口拖动鼠标进行选择区域的创建即可。

“围栏选择区域”的使用方法：选择一个视口，拖动鼠标以绘制多边形的第一条线段，然后释放鼠标按钮，此时光标会附有一条“橡皮筋线”，固定在释放点。移动鼠标并单击以定义围栏的下一个线段，以此类推。单击第一个点或者双击，完成围栏选择区域的创建，如图2.50所示。

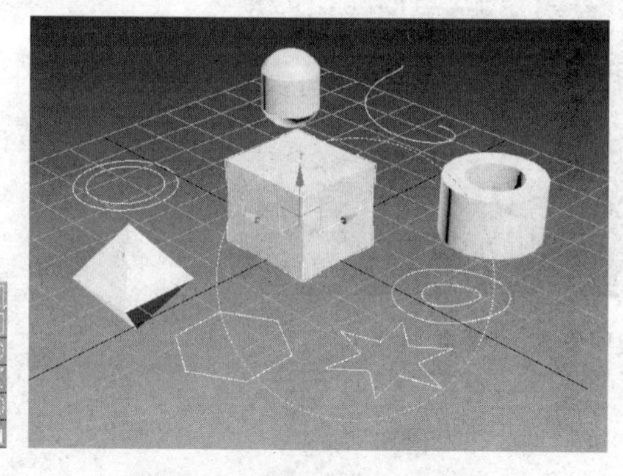

图2.49 圆形区域选择法

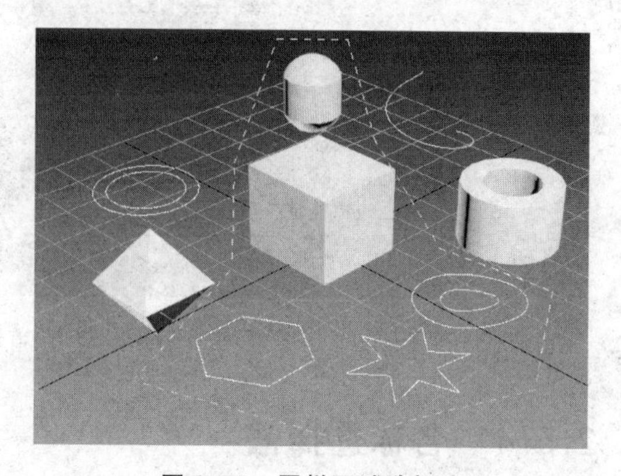

图2.50 围栏区域选择法

“套索选择区域”的使用方法：选择一个视口，围绕应该选择的物体拖动鼠标以绘制图形，然后释放鼠标创建一个套索选择区域，如图2.51所示。

“绘制选择区域”的使用方法：单击“窗口/交叉”按钮，使之处于交叉模式。选择一个便于操作的视口，此例选择在透视口中，拖动鼠标，凡是被鼠标滑过的物体都将被选择。在进行拖放时，鼠标周围将会出现一个圆圈，此操作类似于用画笔来画画，如图2.52所示。

在主工具栏的“绘制选择区域”工具上单击鼠标右键，弹出“首选项设置”对话框，如图2.53所示，在“场景选择”选项区域中可以更改绘制选择区域笔刷的大小。

图 2.51 套索区域选择法

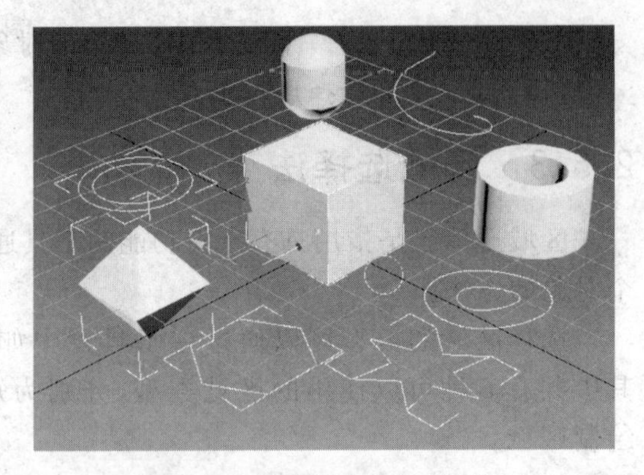

图 2.52 绘制选择区域选择法

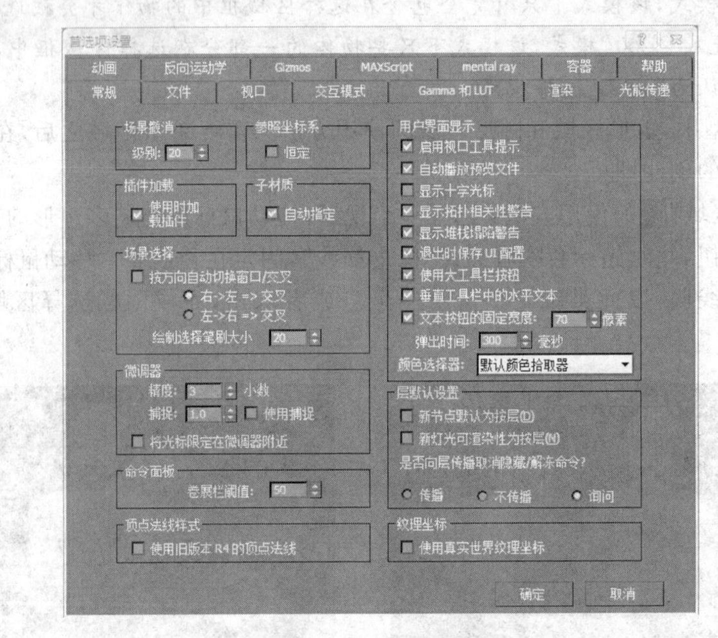

图 2.53 “首选项设置”对话框

2.5.4 名称选择法

当场景复杂,鼠标选择对象困难时,可以通过对象的名称来选择,使选择更准确。

【操作实例 8】 使用名称选择对象。

目标:掌握名称选择法。

操作过程:

(1) 打开 Ch02_08.max 文件。

(2) 单击主工具栏中的“按名称选择”按钮,弹出“从场景选择”对话框,如图 2.54 所示,在该对话框中列出了当前场景中所有对象的名称。

默认情况下,单击“按名称选择”按钮,对话框左上角的 10 个按钮已经被按下,它们分别代表“几何体”、“图形”、“灯光”、“摄影机”、“辅助对象”、“空间扭曲”、“组/集合”、“外部参考”、“骨骼对象”、“显示容器”。

（3）弹起其他按钮，按下“图形”按钮，则在该对话框中列出当前场景中所有图形对象的名称，如图 2.55 所示。

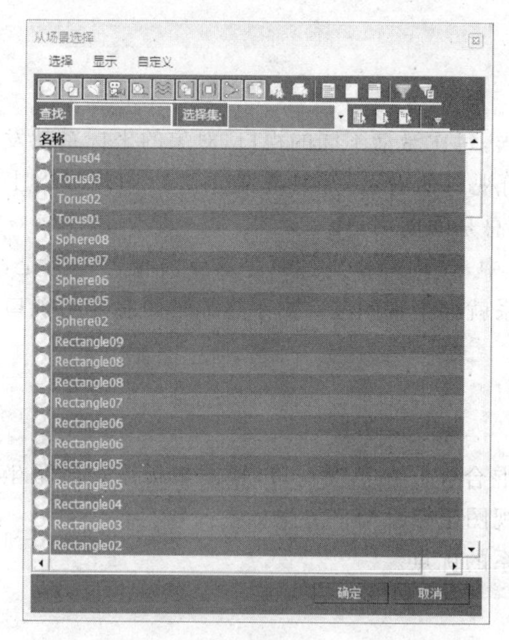

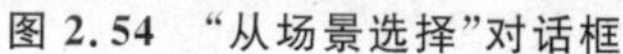
图 2.54 “从场景选择”对话框

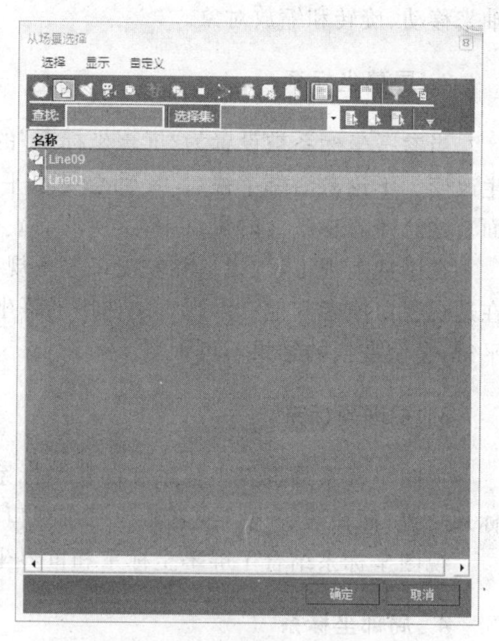

图 2.55 从场景选择对话框

（4）按住 Ctrl 键，单击 Line09 和 Line01 两个选项，同时选择两个图形样条线，单击“选择”按钮完成操作。

2.5.5 变换坐标系

在每个视口的左下角都有一个由红、绿、蓝三个轴组成的坐标系图标，这个可视化的图标代表的是 3ds Max 的世界坐标系，如图 2.56 所示。

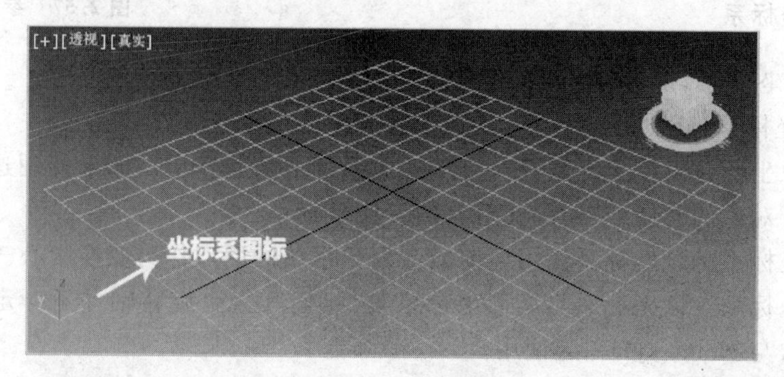

图 2.56 坐标系示意图

下面就来介绍各个坐标系的特征及如何改变坐标系。

1. 世界坐标系

世界坐标系的图标总是显示在每个视口的左下角。如果在变换时想使用这个坐标系，那么可以从“参考坐标系”列表中选取它。

当选取了世界坐标系后，每个选择对象的轴显示的是世界坐标系的轴。可以使用这些轴来移动、旋转和缩放对象。

2. 屏幕坐标系

当参考坐标系被设置为“屏幕坐标系”的时候，每次激活不同的视口，对象的坐标系就发生改变。不论激活哪个视口，X 轴总是水平指向视口的右边，Y 轴总是垂直指向视口的上面。这意味着在激活的视口中，变换的 XY 平面总是面向用户。

在诸如前视口、顶视口和左视口等正规视口中，使用屏幕坐标系是非常方便的。但是，在透视视口或者其他三维视口中使用屏幕坐标系就会出现问题。由于 XY 平面总是与视口平行，会使变换的结果不可预测。

3. 视图坐标系

视图坐标系是世界坐标系和屏幕坐标系的混合体。在正交视口，视图坐标系与屏幕坐标系一致；而在透视视口或者其他三维视口中，视图坐标系与世界坐标系一致。

视图坐标系结合了屏幕坐标系和世界坐标系的优点。

4. 局部坐标系

创建对象后会指定一个局部坐标系。局部坐标系的方向与对象被创建的视口相关。例如，当圆柱被创建后，它的局部坐标系的 Z 轴总是垂直于视口，它的局部坐标系的 XY 平面总是平行于计算机屏幕。即使切换视口或者旋转圆柱，它的局部坐标系的 Z 轴总是指向高度方向。

当从参考坐标系列表（如图 2.57 所示）中选取“局部坐标系”后，就可以看到局部坐标系。

图 2.57　参考坐标系列表

5. 其他坐标系

除了世界坐标系、屏幕坐标系、视图坐标系和局部坐标系外，还有 4 个坐标系，分别是：

- 父对象坐标系。该坐标系只对有链接关系的对象起作用。如果使用这个坐标系，当变换子对象的时候，它使用父对象的变换坐标系。
- 栅格坐标系。该坐标系使用当前激活栅格系统的原点作为变换中心。
- 万象坐标系。该坐标系与局部坐标系类似，但其三个旋转轴并不一定要相互正交。它通常与 Euler xy2 一起使用。
- 拾取坐标系。该坐标系使用特别的对象作为变换的中心。该坐标系非常重要，将在后边详细讨论。

6. 变换和变换坐标系

每次变换时都可以设置不同的坐标系。3ds Max 会记住上次在某种变换中使用的坐标系。例如，选择主工具栏中的“选择并移动”工具，并将变换坐标系改为“局部”，此后选取工具栏中的“选择并旋转”工具，并将变换坐标改为“世界”。当返回到“选择并移动”工具时，坐标系自动改变到“局部”。

7. 变换中心

在主工具栏上参考坐标系右边的按钮是变换中心弹出按钮，如图 2.58 所示。每次执行旋转或者比例缩放操作的时候都是关于轴心点进行变换的，这是因为默认的变换中心是轴心点。

图 2.58　变换中心工具

3ds Max 的变换中心有三个，分别是：

- (使用轴心点中心)：使用选择对象的轴心点作为变换中心。
- (使用选择集中心)：当多个对象被选择的时候，使用选择对象的中心作为变换中心。
- (使用变换坐标系的中心)：使用当前激活坐标系的原点作为变换中心。

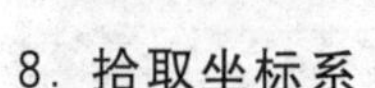

8. 拾取坐标系

假如希望围绕空间中某个特定点旋转一系列对象，最好使用拾取坐标系。即使选择了其他对象，变换的中心仍然是特定对象的轴心点。

如果要绕某个对象周围按圆形排列一组对象，那么使用拾取坐标系将非常方便。例如，可以使用拾取坐标系安排桌子和椅子等。

【操作实例 9】 制作小球在木板上滚落向下的动画。

目标：掌握拾取坐标系的操作方法。

操作过程：

(1) 执行“命令”面板中的“创建”→“几何体”→“标准基本体”→“长方体”命令。

(2) 在顶视图视口创建一个长度为 40，宽度为 200，高度为 6 的长方体。

(3) 在主工具栏中单击“选择并旋转”命令，在前视口中旋转木板，使其具有一定倾斜，如图 2.59 所示。

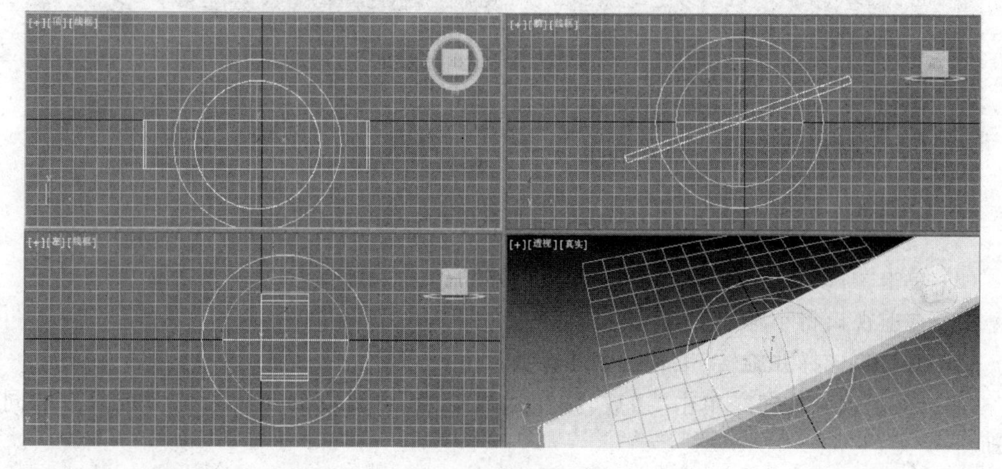

图 2.59　创建木板

(4) 执行“命令”面板中的“创建”→“几何体”→“标准基本体”→“球体”命令。

(5) 在顶视图视口创建一个半径为 10 的球,并使用“选择并移动”工具将小球的位置移到木板的上方,在调节时可以在 4 个视口中从各个角度进行移动,以方便观察,如图 2.60 所示。

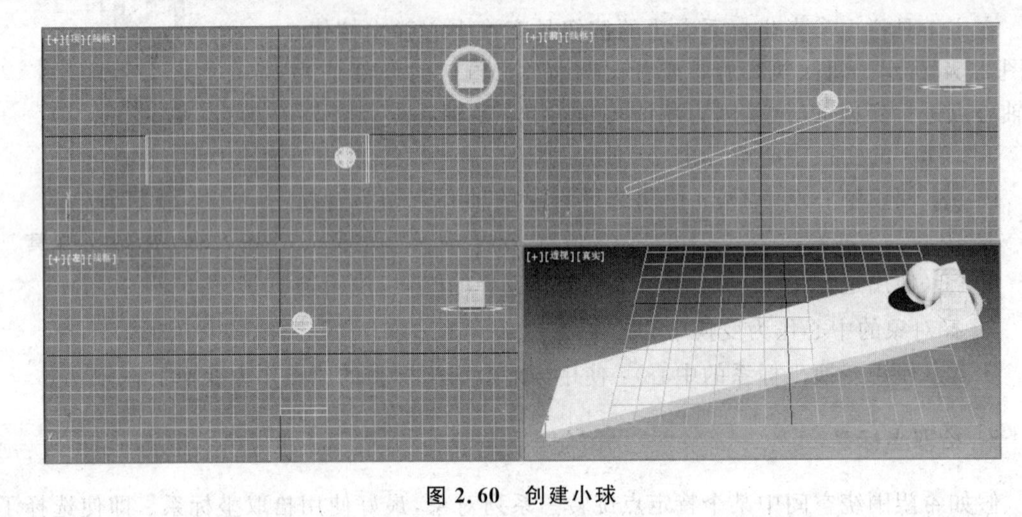

图 2.60 创建小球

(6) 选中小球,在参考坐标系列表中选取“拾取”坐标系。

(7) 在透视视口中单击木板,则对象名 Box001 出现在参考坐标系区域。同时在视口中,小球的变换坐标发生变化。各视口的坐标状态如图 2.61 所示。

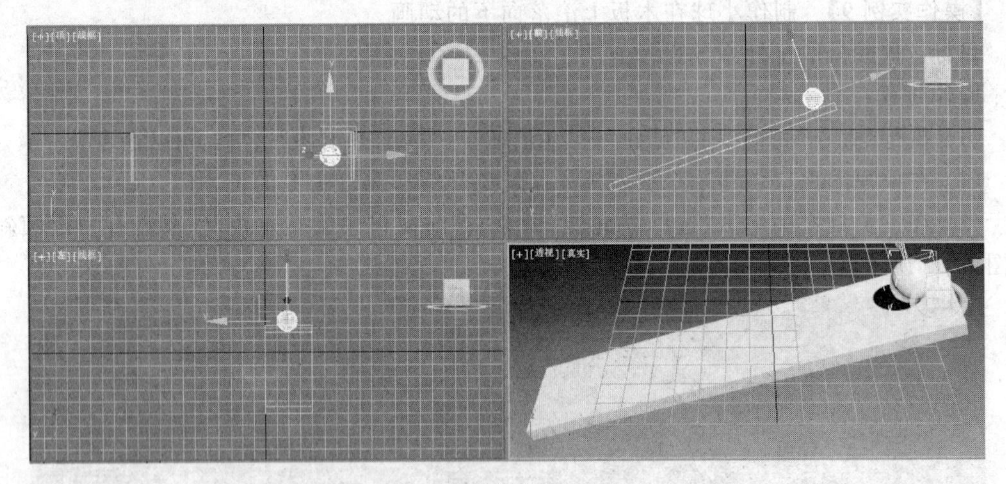

图 2.61 设置拾取坐标

(8) 单击“自动关键帧”按钮,将时间滑块移动到第 100 帧。

(9) 在前视口将小球移动至木板的底部,如图 2.62 所示。

(10) 使用“选择并旋转”工具将小球转动几圈。

(11) 关闭动画按钮。单击“播放”按钮播放动画,可以看到小球沿着木板下滑的同时滚动。

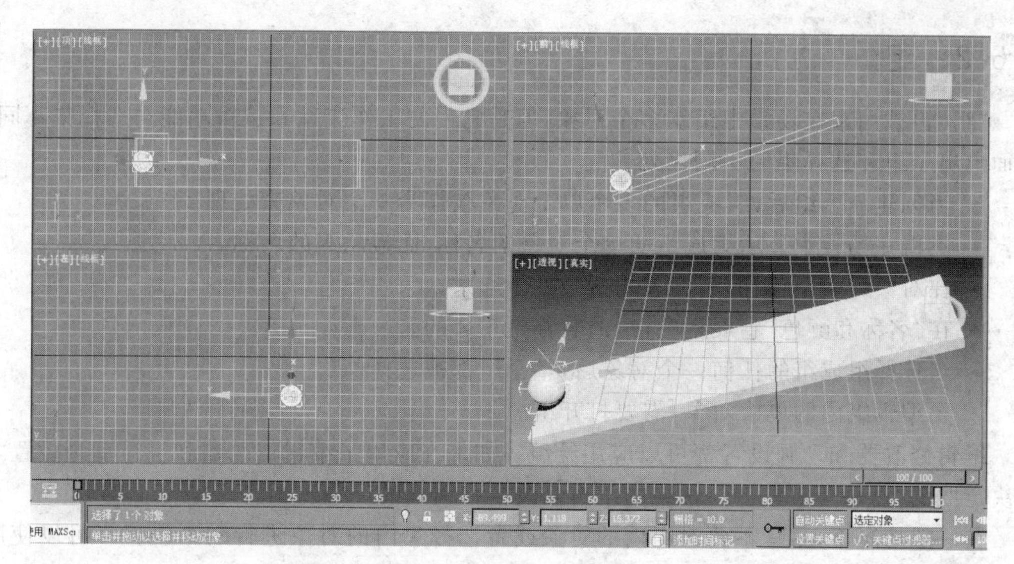

图 2.62　设置自动关键帧

2.6　选择集和组

“选择集”和“组”用来帮助在场景中组织对象。尽管这两个选项的功能有点类似，但是工作流程却不同。此外，选择集在对象的次对象层次非常有用，而组在对象层次非常有用。

2.6.1　选择集

“选择集”允许给一组选择对象的集合指定一个名字。由于经常需要对一组对象进行变换等操作，因此选择集非常有用。当定义选择集后，就可以通过一次操作选择一组对象。

【操作实例 10】　对选择的物体进行命名，调用命名选择集，删除命名选择集。

目标：创建和使用命名选择集。

操作过程：

(1) 打开 Samples_Ch02_08.max 文件。

(2) 同时选择“床头”、“床体”、另一个“抱枕”，在“主工具栏”创建选择集列表中输入“床”，并按 Enter 键，建立一个命名的选择集。

(3) 单击主工具栏中的“编辑命名选择集”按钮，打开图 2.63 所示“命名选择集”对话框。

单击集合“床”前的＋，便会下拉出组成集合“床”的所有基本体。“命名选择集”对话框的上面一排分别为“创建新集”、“删除”、“添加选定对象”、“减去选定对象”、“选择集内的对象”、“按名称选择对象”、“高亮显示选择对象”，但是常用的命名选择集使用方法只有“定义添加”和“删除”。

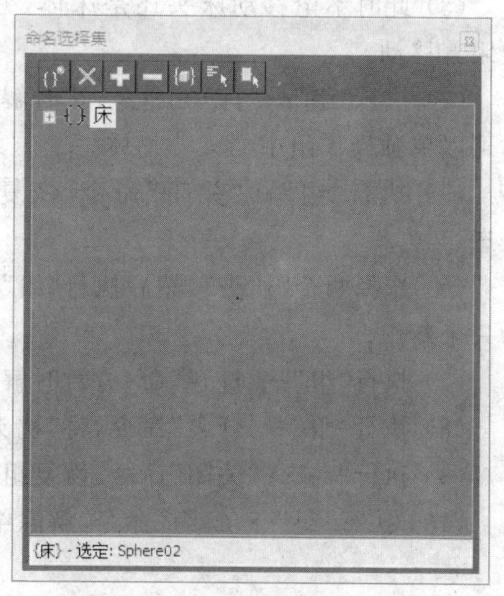

图 2.63　“命名选择集”对话框

2.6.2 组

“组”也被用来在场景中组织多个对象，但是它们的工作流程和编辑功能与选择集不同。下面给出了组和选择集的不同之处：

- 当创建一个组后，组成组的多个单个对象被作为一个对象来处理。
- 不再在场景中显示组成组的单个对象的名称，而显示组的名称。
- 在对象列表中，组的名称被用括号括了起来。
- 在“名称和颜色”卷展栏中，组的名称是粗体的。
- 当选择组成组的任何一个对象后，整个组都被选择。
- 要编辑组内的单个对象，需要打开组。

编辑修改器和动画设置都可以应用给组。如果在应用了编辑修改器和进行动画设置之后决定取消组，每个对象都保留组的编辑修改器和动画的设置。

在一般情况下，尽量不要对组内的对象或者选择集内的对象进行动画设置。可以使用链接选项设置多个对象一起运动的动画。

如果对一个组进行了动画设置，将发现所有对象都有关键帧。这就意味着如果设置组的位置动画，并且观察组的位置轨迹线的话，那么将显示组内每个对象的轨迹。如果是对有很多对象的组设置了动画，那么显示轨迹线后将使屏幕变得非常混乱。实际上，组主要用来建模，而不是用来制作动画。

【操作实例 11】 组对象的应用。

目标：练习成组、解组、打开、关闭、附加、分离等组的操作。

操作过程：

(1) 打开 Samples_Ch02_08. max 文件。

(2) 选择“床头”、“床体”，然后在菜单栏中选择“组”→“成组”命令，弹出“组”对话框，如图 2.64 所示。定义组的名称为“床”，单击“确定”按钮，创建一个组物体。

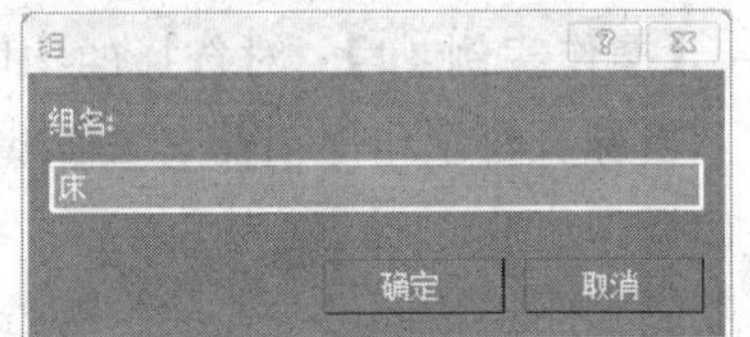

图 2.64 “组”对话框

(3) 此时不论移动床头还是床体，另外一个物体也会跟着移动。

(4) 执行“组”→“打开”命令，暂时解除组的状态，此时可以单独操作组中的某一物体。

(5) 执行“组”→“关闭”命令，恢复组的整体编辑状态。

(6) 选择两个“枕头”，然后执行“组”→“附加”命令，可将两个枕头附加到“组床”中，成为一个新组。

(7) 执行“组”→“打开”命令，暂时解除组的状态。

(8) 执行“组”→“分离”命令，将“枕头”从“组床”中减去。

(9) 执行“组”→“关闭”命令，恢复组的整体编辑状态。

(10) 执行“组”→“解组”命令，解除组的设置。

2.7　几个常用工具

在3ds Max中有三个常用工具，分别为“对齐”工具、“镜像”工具和“阵列”工具。

2.7.1　对齐工具

在“沙发”案例中，为了更精确地摆放物体的位置，还可以利用“对齐(Align)”变换方法。“对齐”的作用是将一个对象的位置通过旋转或缩放与另外一个对象对齐。可以根据对象的物理中心、轴心点或者边界区域对齐。要对齐一个对象，必须先选择对象，然后单击主工具栏上的“对齐”按钮，再单击想要对齐的对象，会出现“对齐当前选择(Align Selection)”对话框，如图2.65所示。

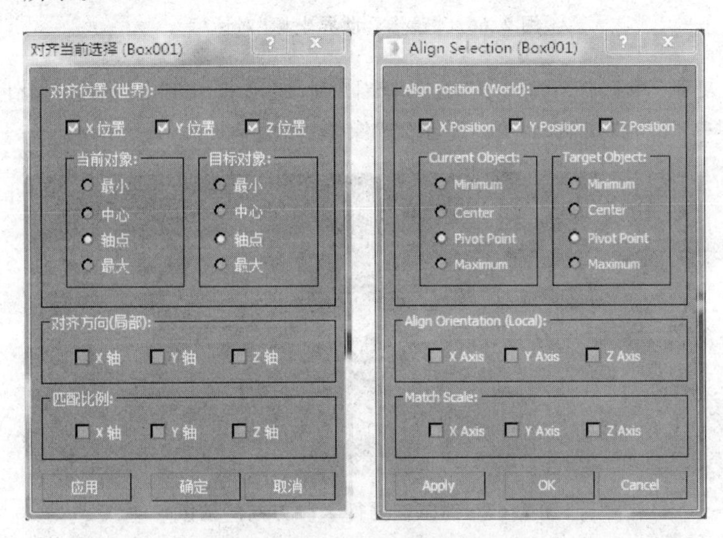

图2.65　“对齐当前选择”对话框

这个对话框有三个区域，分别是“对齐位置(世界)”、“对齐方向(局部)”和“匹配比例”。“对齐位置(世界)”和“对齐方向(局部)”选项区域提示对齐的时候使用的是哪个坐标。打开某个选项，其对应效果就立即显示在视口中。

2.7.2　镜像工具

主工具栏中的“镜像”工具可以使物体沿着一个或两个轴向进行镜像操作，并可以同时创建镜像克隆体。

【操作实例12】　对小茶壶进行“镜像”操作。

目标：掌握“镜像”工具的使用方法。

操作过程：

(1) 执行“命令”面板中的“创建”→“几何体”→“标准基本体”→“茶壶”命令，在透视口中创建一个半径为10的茶壶。

(2) 单击主工具栏中的“镜像”工具，弹出“镜像：世界坐标”对话框，如图2.66所示。

(3) 在“镜像轴”选项区域中选择X单选按钮，偏移量设置为50；在“克隆当前选择”选

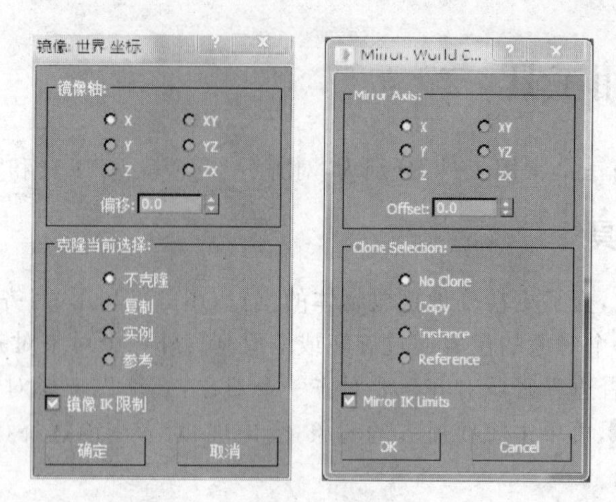

图 2.66 “镜像：世界坐标”对话框

项区域中选择“复制”单选按钮，选中“镜像 IK 限制”复选框，单击“确定”按钮，如图 2.67 所示，沿 X 轴创建一个偏移量为 50 的“复制”镜像体。

图 2.67 对茶壶进行 X 轴方向的镜像

(4) 单击初始茶壶，然后再次单击主工具栏中的“镜像”工具，打开“镜像：世界坐标”对话框，分别选择 Y 轴、Z 轴、XY 轴、YZ 轴、XZ 轴，偏移量设置为 50；在“克隆当前选择”选项区域中选中“复制”单选按钮，观察“镜像”效果，如图 2.68 所示。

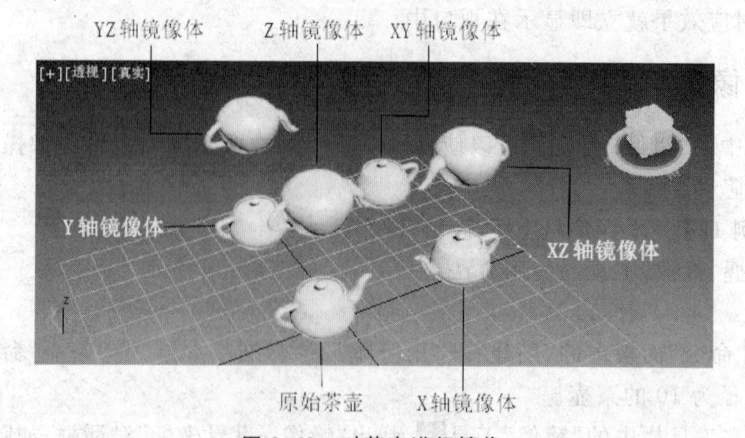

图 2.68 对茶壶进行镜像

技巧：镜像轴的含义不是以该轴为中心镜像，而是在该轴的方向上镜像，用户在使用的时候应该加以区分。

2.7.3　阵列工具

通过“阵列”工具可以将物体在位置、旋转和缩放上一次性复制多个物体，并可以创建一维、二维或者三维阵列。选择“工具”→“阵列”命令，弹出“阵列”对话框，如图 2.69 所示。“阵列”对话框分为三个部分，分别是“阵列变换：世界坐标(使用轴点中心)”区域、“对象类型”区域和“阵列维度”区域。

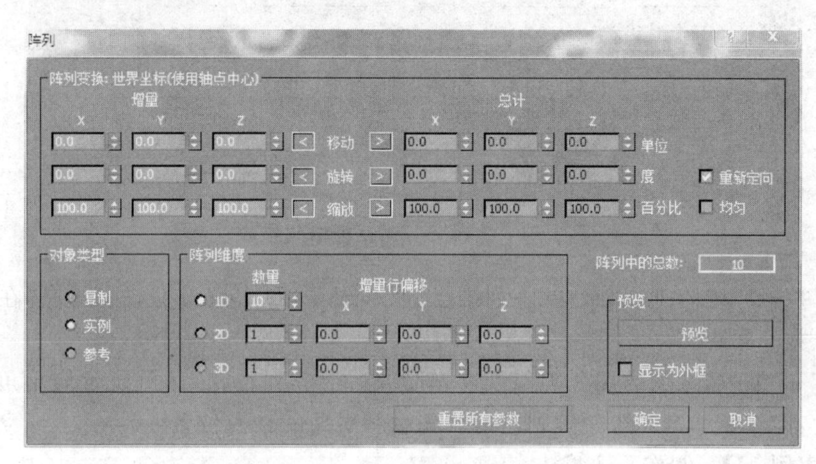

图 2.69　“阵列”对话框

- “阵列变换：世界坐标(使用轴点中心)”区域提示了在阵列时对象使用的坐标系和轴心点，还可以设置使用位移、旋转和缩放变换进行阵列。在这个区域还可以设置计算数据的方法，如使用增量计算还是使用总量计算等。
- “对象类型”区域决定阵列时克隆的类型。
- “阵列维度”区域决定在某个轴上的阵列数目。

例如，如果希望在 X 轴上阵列 10 个对象，对象之间的距离是 10 个单位，那么“阵列”对话框的设置应该如图 2.70 所示。

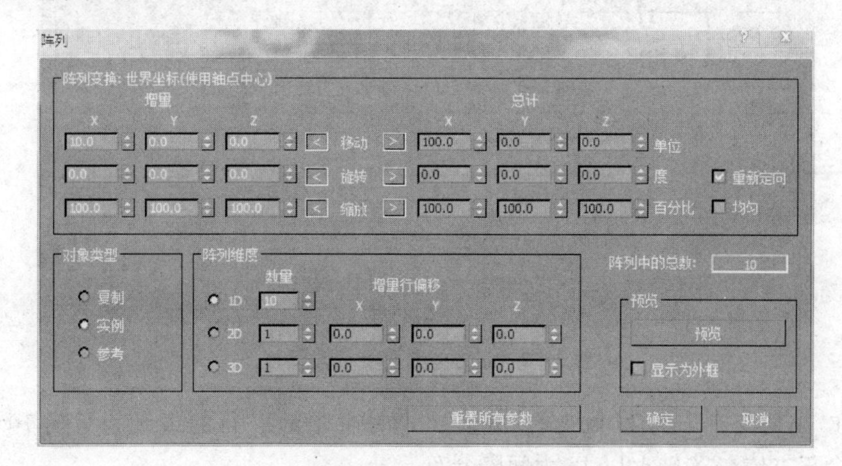

图 2.70　在阵列对话框修改参数

如果希望在 X 方向阵列 10 个对象，对象的间距是 10 个单位；在 Y 方向阵列 5 个对象，间距是 20 个单位，那么应该按图 2.71 所示设置对话框，这样就阵列 50 个对象。

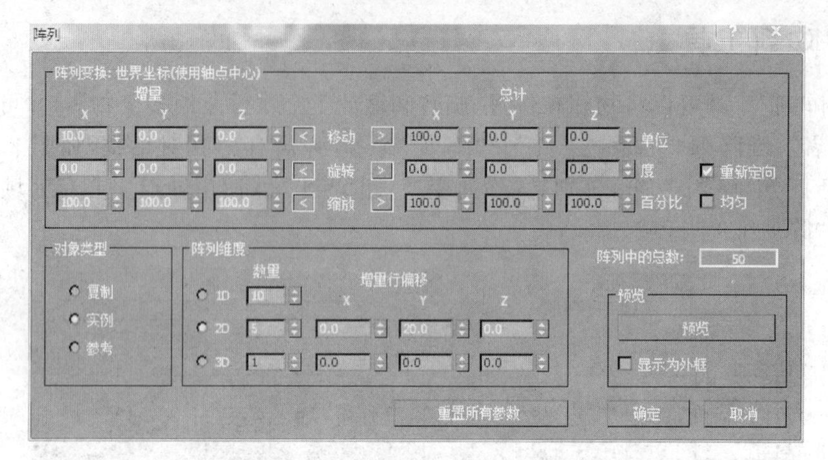

图 2.71 在“阵列”对话框修改参数

如果要执行三维阵列，那么在“阵列维度”区域选中 3D 单选按钮，然后设置在 Z 方向阵列对象的个数和间距。

“旋转”和“缩放”选项的用法类似。首先选取一个阵列轴向，然后设置使用角度或者百分比的增量，但应该注意在进行阵列之前要先改动对象的轴心位置。

【操作实例 13】 制作一个魔方。

目标：掌握“阵列”工具的使用方法。

操作过程：

(1) 执行“命令”面板中的“创建”→“几何体”→“扩展基本体”→“切角长方体”命令，在透视口创建一个边长为 9，切角为 0.5 的切角正方体。

(2) 执行“工具”→“阵列”命令，弹出“阵列”对话框，如图 2.72 所示。

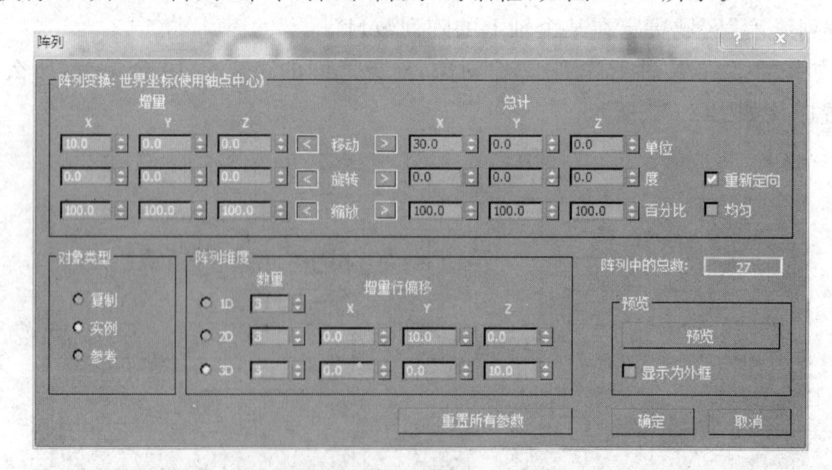

图 2.72 正方体阵列参数对话框

(3) 在“阵列变换”选项区域中的“增量”设置中将“移动”行的 X 值设置为 10。这将使阵列中每个正方体在 X 轴上以 10 为间隔分布。

(4) 在"阵列维度"选项区域中，选择 3D 单选按钮，以启用该组中的所有微调数据。

(5) 将 1D、2D、3D 的数量值均设置为 3。这将创造一个一行为三个物体，共三行，三层的物体矩阵。

(6) 在 2D 行中将 Y 值设置为 10，这将改变行与行在 Y 轴上的间距。

(7) 在 3D 行中将 Z 值设置为 10，这将改变层与层在 Z 轴上的间距。

(8) 单击"确定"按钮，创建了一个简易魔方的模型，结果如图 2.73 所示。

图 2.73 简易魔方完成

【操作实例 14】 制作 DNA 分子链。

目标： 掌握"阵列"工具的使用方法。

操作过程：

(1) 执行"命令"面板中的"创建"→"几何体"→"标准基本体"→"圆柱体"命令，在透视视口创建一个半径为 2，高度为 30 的圆柱体。

(2) 执行"命令"面板中的"创建"→"几何体"→"标准基本体"→"球体"命令，在透视视口创建一个半径为 5 的球体。

(3) 先选择球体，然后单击主工具栏中的"对齐"工具，再单击圆柱体，在弹出的"对齐当前选择"对话框中进行如图 2.74 所示的设置。

(4) 利用 Shift 键＋"移动"的快速复制方法复制球体至圆柱体的另一端，形成 DNA 分子，如图 2.75 所示。

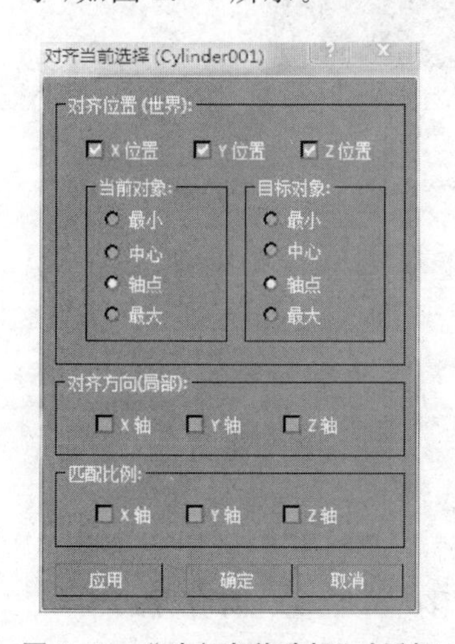

图 2.74 "对齐当前选择"对话框

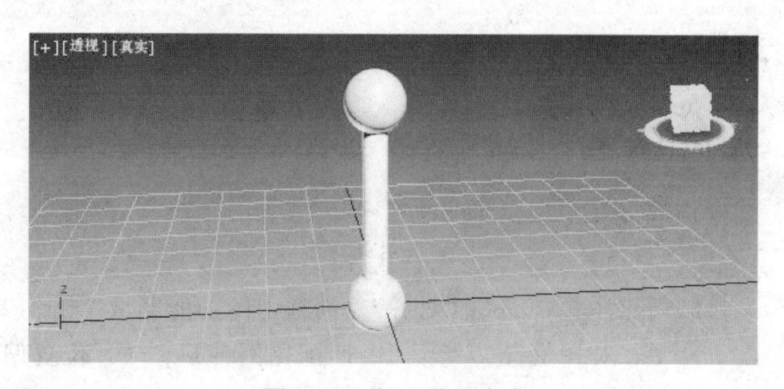

图 2.75 DNA 分子完成

(5) 选择所有的物体，执行“组”→“成组”命令，在弹出的对话框中采用默认设置，单击“确定”按钮，将 DNA 分子组成一个组物体。

(6) 单击“选择并旋转”工具，再单击“角度捕捉切换”按钮，打开角度捕捉功能，将 DNA 分子以 Y 轴为中心旋转 90°。

(7) 执行“工具”→“阵列”命令，弹出“阵列”对话框，进行如图 2.76 所示的设置。

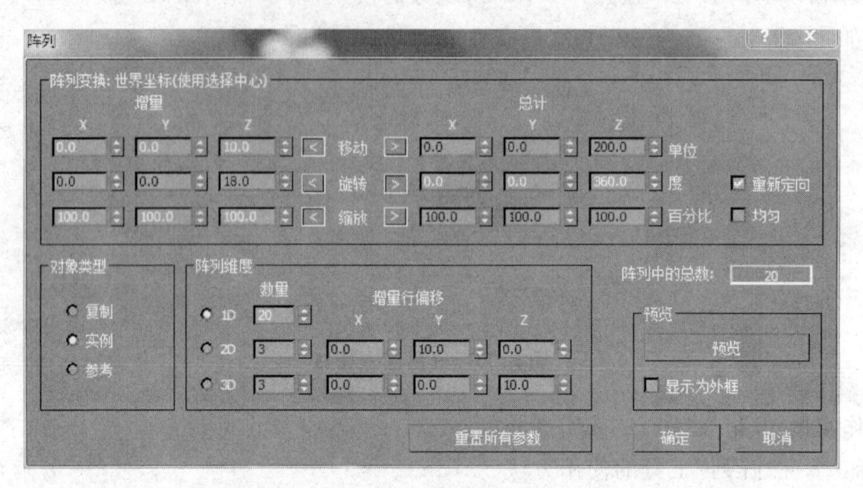

图 2.76 “阵列”对话框

(8) 单击“确定”按钮，DNA 分子链创建完成，结果如图 2.77 所示。

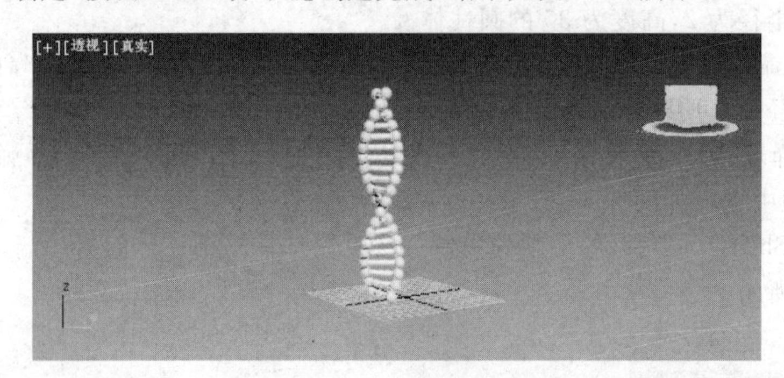

图 2.77 DNA 分子链完成

习题 2

1. 选择题

(1) 克隆有(　　)种类型。

A. 1　　B. 2　　C. 3　　D. 4

(2) 下面(　　)不是“对齐”对话框中的功能区域。

A. 对齐位置　　B. 匹配比例　　C. 位置偏移　　D. 对齐方式

(3) 区域选择法有(　　)种选择类型。

A. 2　　B. 3　　C. 4　　D. 5

(4) 当参考坐标系被设置为(　　)时,每次激活不同的视口,对象的坐标系就发生改变。

A. 屏幕坐标系　　B. 视图坐标系　　C. 局部坐标系　　D. 世界坐标系

(5) 能够实现弯曲物体的编辑修改器是(　　)。

A. Bend(弯曲)　　B. Noise(噪波)　　C. Twist(扭曲)　　D. Taper(锥化)

2. 判断题

(1) 被创建的对象只有当选择变换工具后才会自动显示坐标系。(　　)

(2) 要使用"移动变化输入"对话框,直接在变换工具上单击右键即可。(　　)

(3) 在3ds Max中使用缩放工具时,即使选取了等比例缩放工具,也可以进行不均匀比例缩放。(　　)

(4) 如果给使用"参考"选项克隆的对象增加一个编辑修改器,那么它将不影响原始的对象。(　　)

(5) 在默认的情况下,"顶点"复选框是选中的,其他复选框是不被选中的。(　　)

(6) "使用轴点中心"是指使用当前激活坐标系的原点作为变换中心。(　　)

(7) 在3ds Max中,"组"和"选择集"的作用是一样的。(　　)

(8) 选择对象后按空格键可以锁定选择集。(　　)

3. 简答题

(1) 5种选择区域法在用法上有什么不同?

(2) 组和选择集的操作流程及用法有何不同?

(3) 对齐的操作分为几类?

(4) 尝试用阵列复制的操作制作旋转楼梯效果。

(5) 尝试用噪波修改器制作一面旗帜。

4. 答案

选择题:(1) C　(2) C　(3) D　(4) A　(5) A

判断题:(1) F　(2) T　(3) T　(4) T　(5) F　(6) F　(7) F　(8) T

第 3 章

二维图形建模

不论在建模还是在制作动画中，二维图形都起着非常重要的作用。3ds Max 中的二维图形有两类，分别是样条线和 NURBS 曲线。它们都可以作为三维建模的基础，或者作为路径约束控制器的路径。但是它们的数学方法有本质的区别。NURBS 的算法比较复杂，但是可以非常灵活地控制最后的曲线。

学习目标

- 掌握创建二维图像的基本流程。
- 掌握“编辑样条线”修改器的使用方法。
- 理解样条曲线在 3ds Max 中的作用。
- 在次对象层次编辑和处理二维图形。
- 使用二维图形编辑修改器创建三维对象。

3.1 创建二维图形

打开“创建(Create)”命令面板，单击“形状(Shape)”按钮，在打开的列表中选择“样条线(Splines)”选项，可以建立 3ds Max 的 12 种二维曲线图形，分别是“线”、“矩形”、“圆”、“椭圆”、“弧”、“圆环”、“多边形”、“星形”、“文本”、“螺旋线”、“Egg”、“截面”，如图 3.1 所示。这些样条曲线经过放样、车削、拉伸等操作便可以形成许多复杂的几何体，也可以作为路径控制物体的运动。

【操作实例 1】 创建线。

目标：掌握二维图形样条线的顶点类型。

操作过程：

(1) 在“创建”命令面板中单击“图形”按钮，在“图形”命令面板中单击“线”按钮。

(2) 在“创建”命令面板中仔细观察“创建方法”卷展栏的设置，如图 3.2 所示。

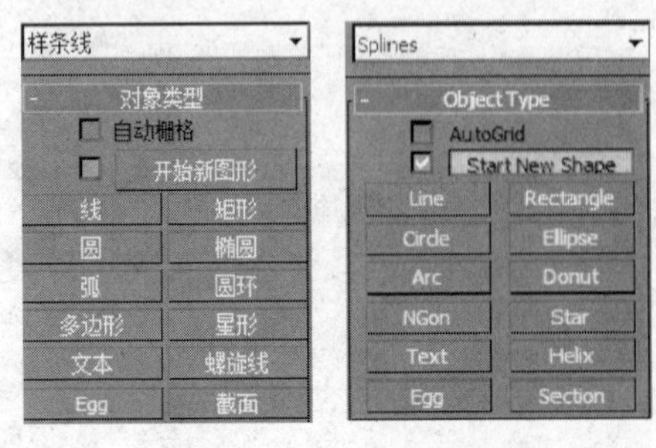

图 3.1 样条线卷展栏

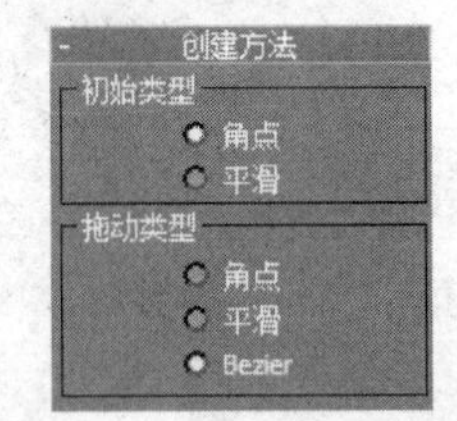

图 3.2 “创建方法”卷展栏

这些设置决定样条线段之间的过渡是否平滑。默认的“初始类型”的设置是“角点”，表示用单击的方法创建顶点的时候，相邻的线段之间是不光滑的。

(3) 在顶视口采用单击的方法创建三个顶点，如图 3.3 所示。创建完三个顶点之后单击鼠标右键结束创建工作。

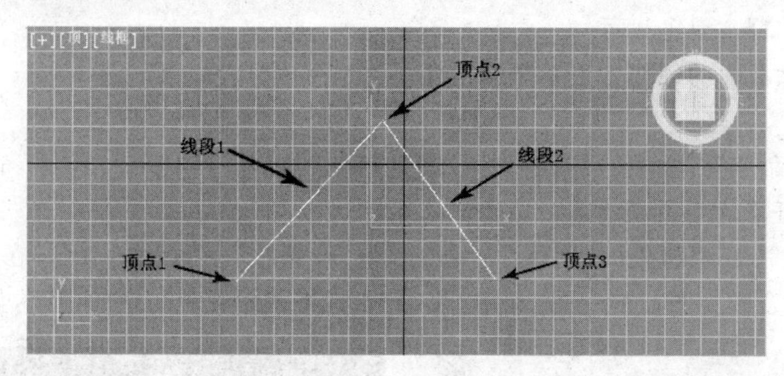

图 3.3　角点

从图 3.3 中可以看出，在两个线段之间，也就是顶点 2 处有一个角点。

(4) 打开“创建”面板上的“创建方法”卷展栏，将“初始类型”设置为“平滑”。

(5) 采用与第(3)步相同的方法在顶视口创建一个样条线，如图 3.4 所示。

从图 3.4 中可以看出，选择“平滑”后创建了一个光滑的样条线。从以上两次操作中可以总结出角点与平滑点的特点：

① 角点能生成尖锐转角的不可调整的点，并且角点的两侧产生直线。

② 平滑点能生成平滑连续曲线的不可调整的节点，平滑点处的曲率是由相邻节点的间距决定的。

“拖动类型”设置决定拖曳鼠标时创建的顶点类型。不管是否拖曳鼠标，“角点”类型使每个顶点都有一个拐点。“平滑”类型在定点处产生一个不可调整的光滑过渡。Bezier 类型在顶点处产生一个可以调整的光滑过渡。如果将“拖动类型”设置为 Bezier，那么从单击处拖曳的距离将决定曲线的曲率和通过定点处的切线方向。

(6) 改变“初始类型”和“拖动类型”的设置，观察曲线形状。

技巧：创建样条曲线的方法除了用鼠标拖曳创建之外，还可以用键盘输入的方法写入曲线创作点的坐标。

(1) 在“创建”命令面板中单击“图形”按钮，在“图形”命令面板中单击“线”按钮。

(2) 单击“键盘输入”卷展栏，下拉出坐标点列表，如图 3.5 所示。

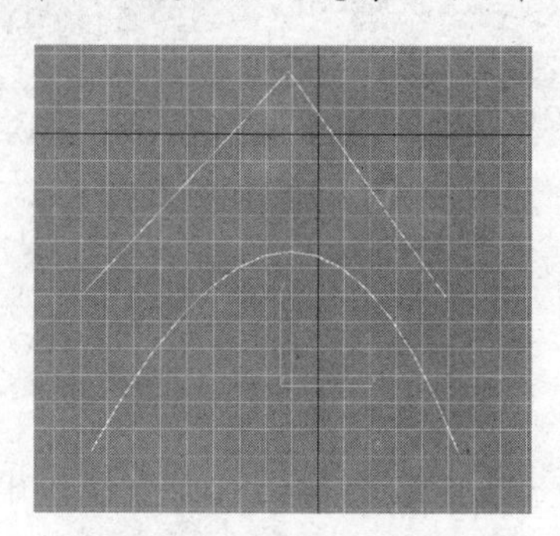

图 3.4　平滑点

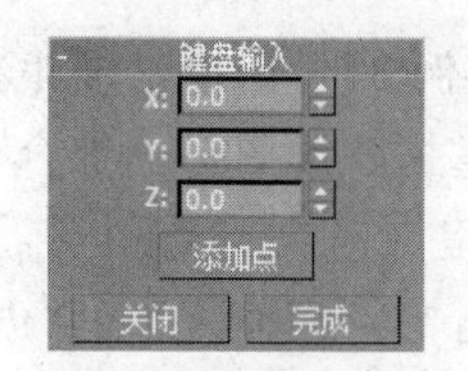

图 3.5　参数设置卷展栏

(3) 在X、Y、Z微调框中写入要创建曲线的第一个坐标的点，然后单击“添加点”按钮。

(4) 写入第二个点的坐标，单击“添加点”按钮，画出第一条直线段。

(5) 重复上面的步骤，直到写入所有点的坐标。

(6) 单击“完成”按钮，结束画线。或者单击“关闭”按钮，封闭曲线。

【操作实例2】 创建截面。

目标：掌握截面的创作方法并熟练运用。

操作过程：

(1) 执行“命令”面板中的“创建”→“几何体”→“扩展基本体”→“纺锤”命令，在透视视口中创建一个任意大小的纺锤。

(2) 执行“命令”面板中的“创建”→“图形”→“样条线”→“截面”命令，在左视图视口创建一个截面，结合顶视图与前视图，利用“移动”工具将截面置于纺锤的中间，如图3.6所示。

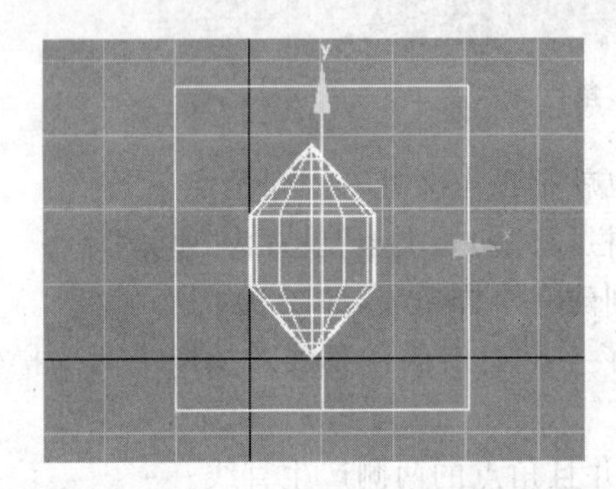
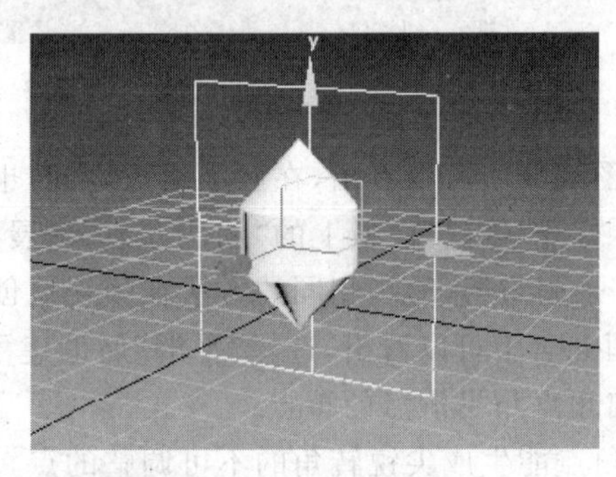

图3.6 纺锤与截面位置关系

(3) 选择截面，单击“命令”面板中的“修改”按钮，进入“修改”面板。

(4) 在“截面参数”栏中单击“创建图形”按钮，弹出“命名截面图形”对话框，如图3.7所示，修改截面名称，单击“确定”按钮。

(5) 选择生成的截面图形，移动出来，如图3.8所示。

图3.7 “命名截面图形”对话框

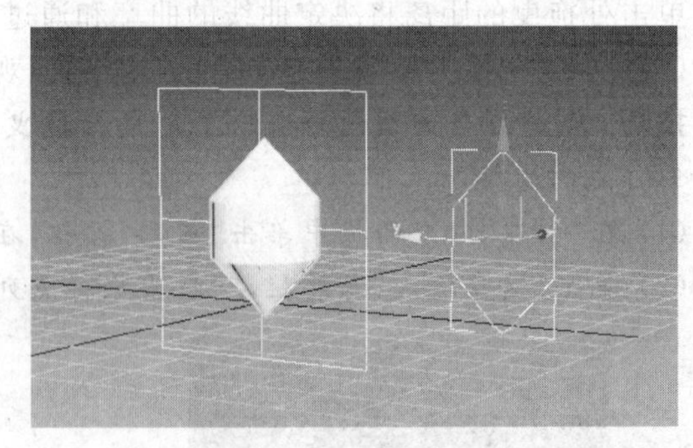

图3.8 截面图形

【操作实例3】 创建二维熊猫头图案。

目标：掌握二维图形的综合运用。

操作过程：

(1) 执行“命令”面板中的“创建”→“图形”→“样条线”→“圆”命令，在前视口中创建一个半径为50的圆。

(2) 执行“命令”面板中的“创建”→“图形”→“样条线”→“圆”命令，在前视口中创建一个半径为25的圆。单击鼠标右键，将此圆转换为可编辑样条线，如图3.9所示。

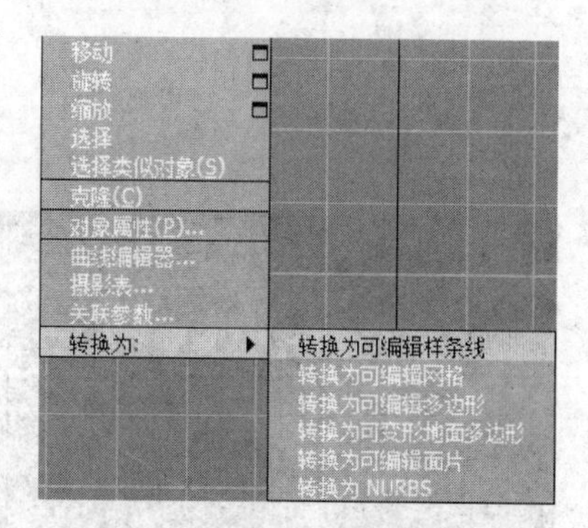

图3.9　转换为可编辑样条线

(3) 单击可编辑样条线前的＋号，选择线段子层级，选择小圆的一半线段删除，留下一个半圆形，利用主工具栏的“选择和移动”工具和“选择和旋转”工具将半圆移动到如图3.10所示的位置。

(4) 单击主工具栏上的“镜像”工具对熊猫耳朵进行X轴方向的镜像克隆，如图3.11所示。

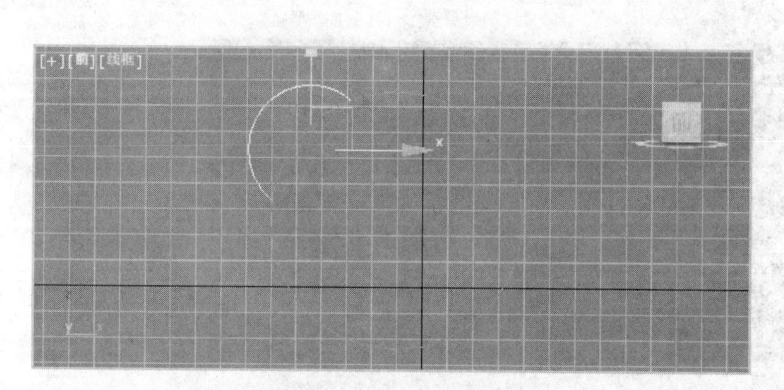
图3.10　熊猫耳朵的制作

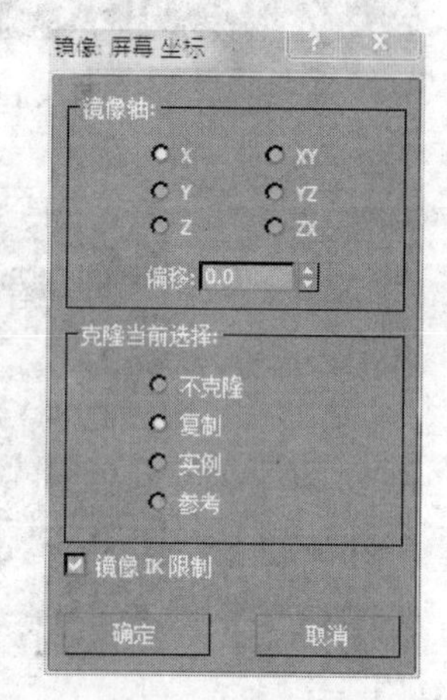

图3.11　镜像复制

(5) 利用“选择并移动”工具将克隆的熊猫耳朵调整至合适位置，如图3.12所示。

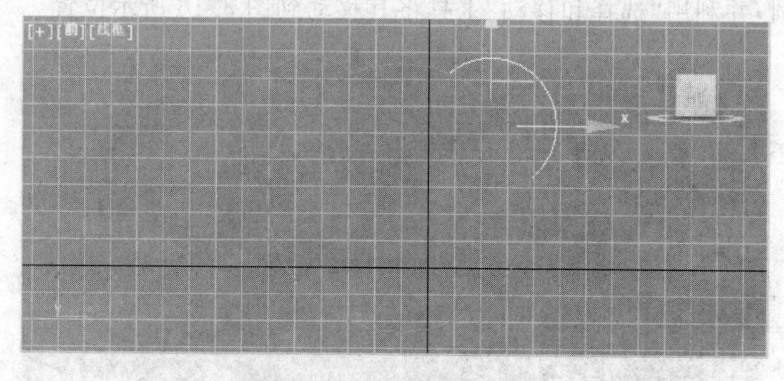
图3.12　镜像复制熊猫耳朵

(6) 执行“命令”面板中的“创建”→“图形”→“样条线”→“椭圆”命令，在前视口中创建一个长度为30，宽度为20的椭圆，并利用主工具栏上的“选择并移动”工具和“选择并旋转”工具将其调整到如图3.13所示的位置。

(7) 单击主工具栏上的“镜像”工具对熊猫眼睛进行X轴方向的镜像克隆，如图3.14所示。

(8) 利用“选择并移动”工具将克隆的熊猫眼睛调整至合适位置，如图3.15所示。

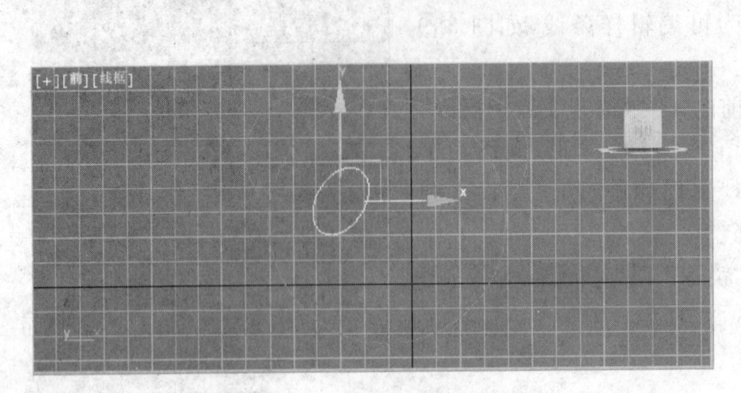

图 3.13 熊猫眼睛的制作

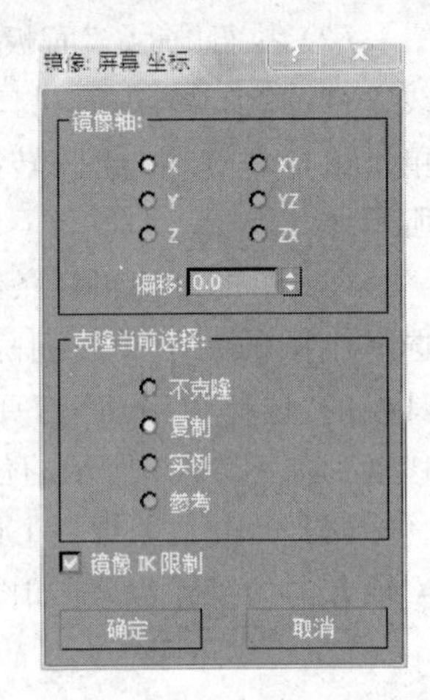

图 3.14 镜像复制熊猫眼睛

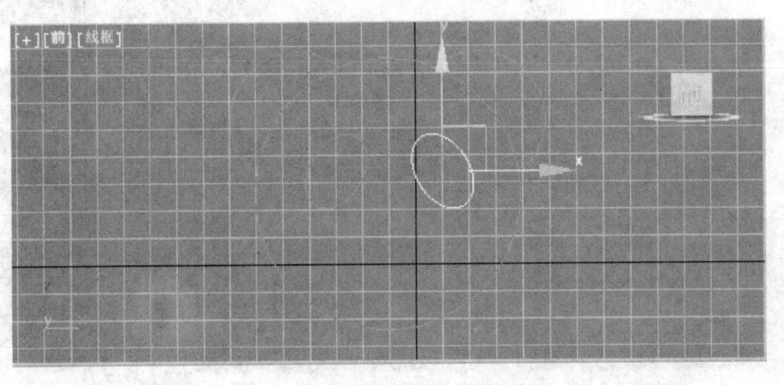

图 3.15 镜像复制熊猫眼睛

(9) 执行“命令”面板中的“创建”→“图形”→“样条线”→“圆”命令，在前视口中创建一个半径为 8 的圆，并利用“选择和移动”工具将其移动到图 3.16 所示位置。

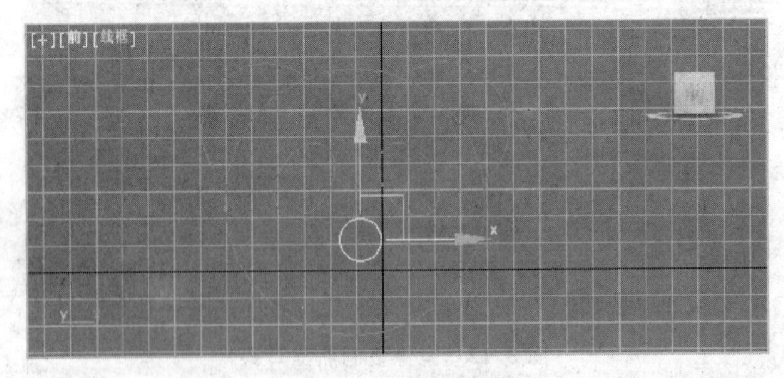

图 3.16 熊猫鼻子的创建

(10) 执行“命令”面板中的“创建”→“图形”→“样条线”→“圆”命令，在前视口中创建一个半径为 25 的圆。单击鼠标右键，将此圆转换为可编辑样条线。

(11) 单击可编辑样条线前的十号，选择线段子层级，选择小圆的一半线段删除，留下一个半圆形，利用主工具栏的“选择和移动”工具和“选择和旋转”工具将半圆移动到如图 3.17 所示的位置。

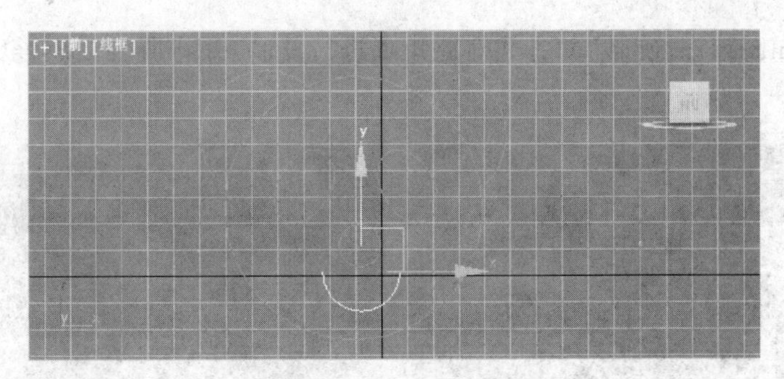

图 3.17　二维简易熊猫完成

【操作实例 4】 创建一把椅子。

目标：掌握椅子的创作方法并熟练运用。

操作过程：

(1) 执行“命令”面板中的“创建”→“图形”→“样条线”→“矩形”命令，在前视口中创建一个长为 200，宽为 100，角半径为 10 的矩形，如图 3.18 所示。

(2) 单击“渲染”卷展栏前的十号，选中“在视口中启用”复选框，将厚度“设置”为 5.0，如图 3.19 所示。

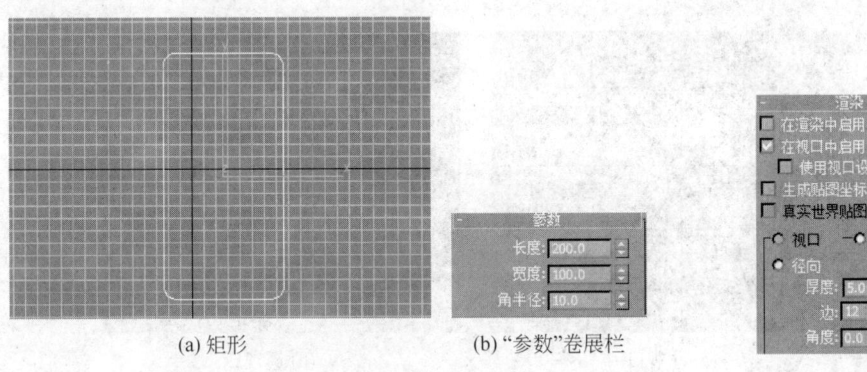

(a) 矩形　　(b)“参数”卷展栏

图 3.18　矩形及其参数设置卷展栏

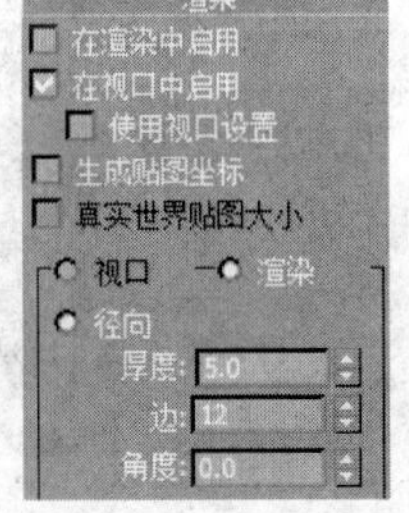

图 3.19　“渲染”卷展栏

(3) 单击主工具栏上的角度捕捉工具，单击右键弹出的“栅格和捕捉设置”对话框中可设置旋转角度。在左视口中将矩形旋转 35°，如图 3.20 所示。

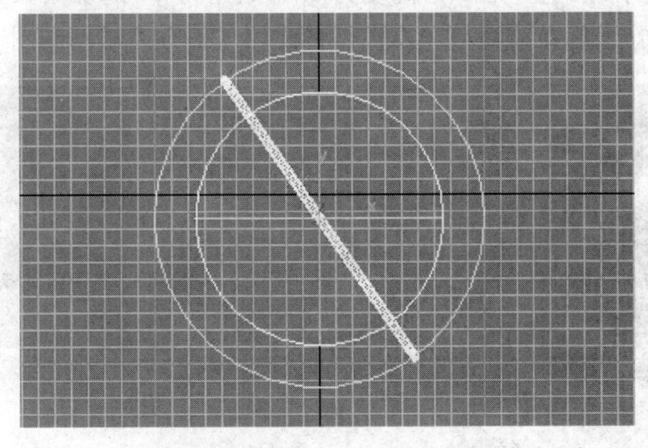

图 3.20　旋转 35°后的矩形

（4）利用 Shift 键＋“旋转”的方式对此矩形进行复制，并将所复制矩形反方向旋转 70°，如图 3.21 所示。

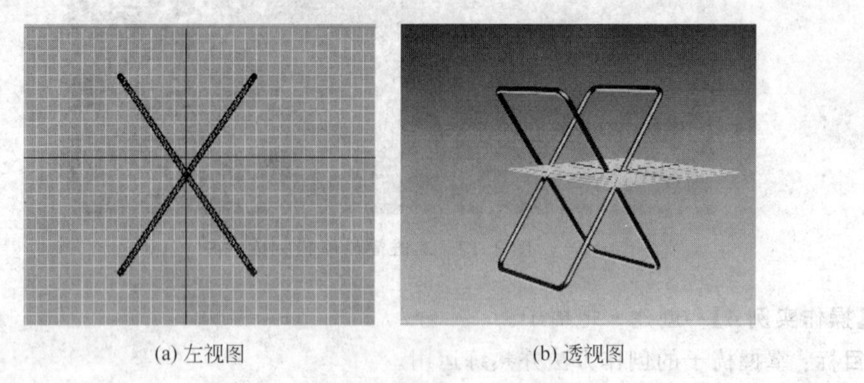

(a) 左视图　　(b) 透视图

图 3.21　左视口及透视口下的矩形

（5）选择任意一个矩形，单击“修改”面板，右键单击 Rectangle，从弹出的快捷菜单中选择“可编辑样条线”命令。单击“可编辑样条线”前的＋号，选择“顶点”层。单击“几何体”卷展栏中的“优化”按钮，在矩形正中各插入一个点。

（6）选择“线段”层，将被添加中点的矩形上半部分删除，椅子架完成，如图 3.22 所示。

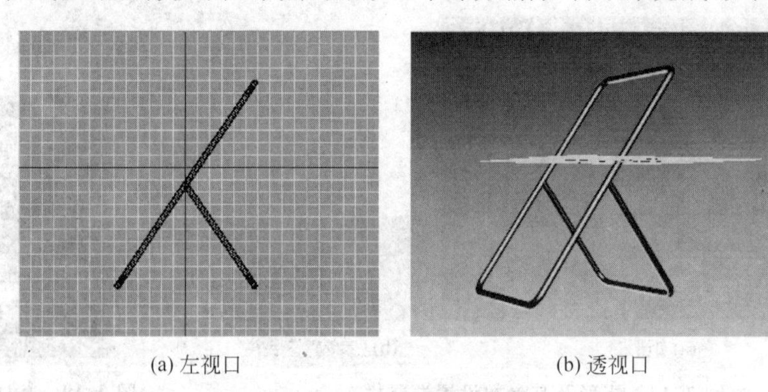

(a) 左视口　　(b) 透视口

图 3.22　完成的椅子架

（7）执行“命令”面板中的“创建”→“几何体”→“扩展基本体”→“切角长方体”命令，在前视口中创建一个长度为 40，宽度为 100，高度为 5.0，圆角为 10 的切角长方体。利用主工具栏上面的“移动”和“旋转”工具在前视口和左视口将此切角长方体移动到图 3.23 所示位置。

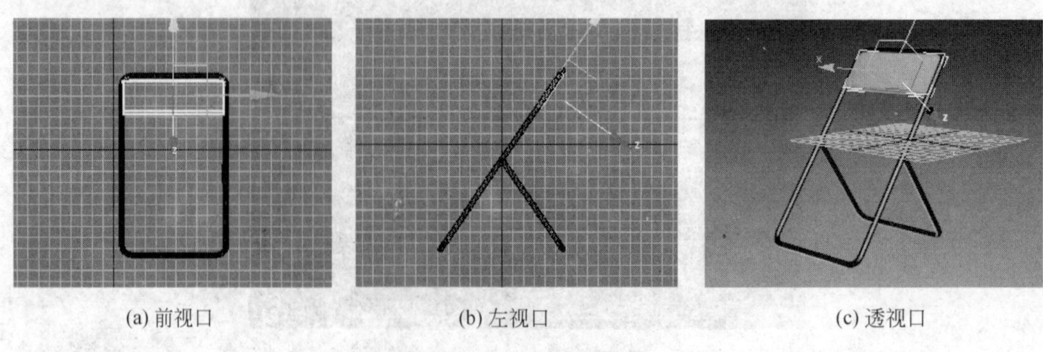

(a) 前视口　　(b) 左视口　　(c) 透视口

图 3.23　添加椅子靠背

(8) 依次执行“命令”面板中的“创建”→“几何体”→“扩展基本体”→“切角长方体”命令，在左视口中创建一个长度为10，宽度为80，高度为100，圆角为10的切角长方体。利用主工具栏上面的“移动”工具在前视口和左视口将此切角长方体移动到图3.24所示位置，椅子完成。

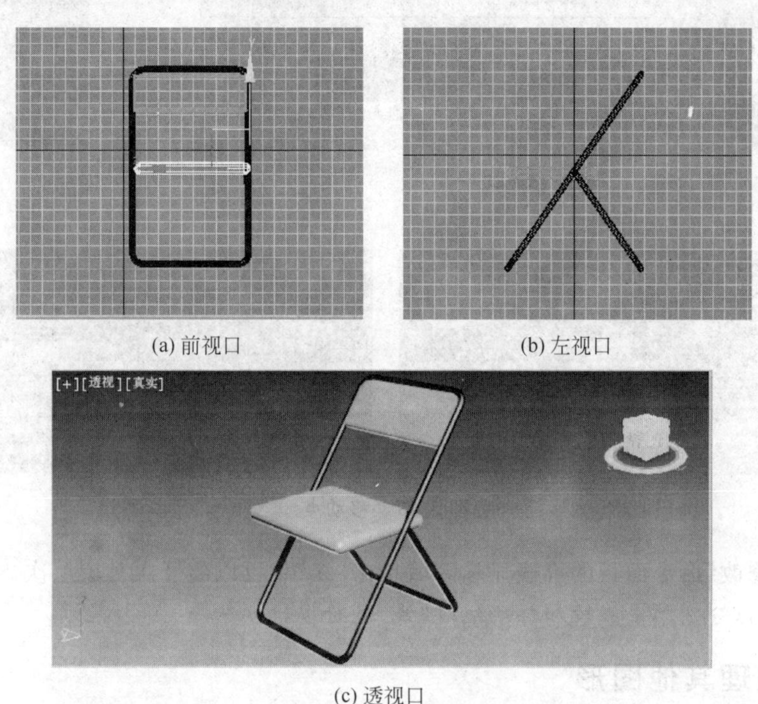

(a) 前视口　(b) 左视口

(c) 透视口

图3.24　完成的椅子

3.2　编辑二维图形

3.2.1　访问二维图形的次对象

在所有的二维图形中线是比较特殊的，它没有可以编辑的参数。创建完线对象后，如果修改需要在顶点、线段和样条线层次进行编辑。我们将这几个层次称为次对象层次。

【操作实例5】 访问线对象的次对象层次。

目标：掌握线的次对象层次的访问方法。

操作过程：

(1) 执行“命令”面板中的“创建”→“图形”→“样条线”→“线”命令。

(2) 采用默认“类型”设置，在顶视图视口创建一条有两个拐点的线。

(3) 在“修改”命令面板的堆栈显示区域中单击“线”前面的“+”，显示次对象层次，如图3.25所示。

(4) 在堆栈显示区域单击“顶点”，如图3.26所示。工作窗口中等待被编辑的线的顶点便会突显并变为红色，单击任何一个顶点，利用“移动”工具对顶点进行移动编辑，如图3.27所示。

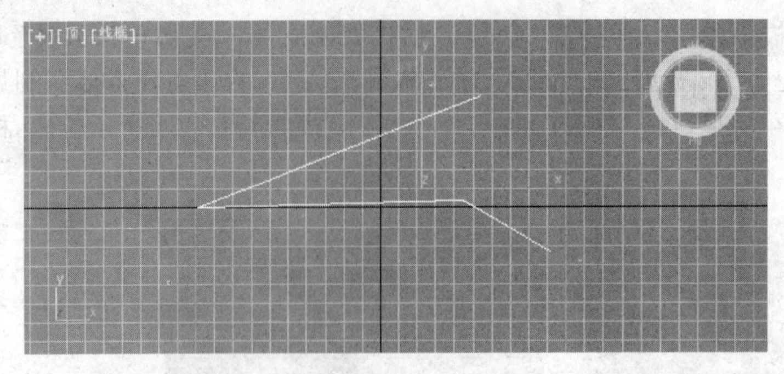

图 3.25　线

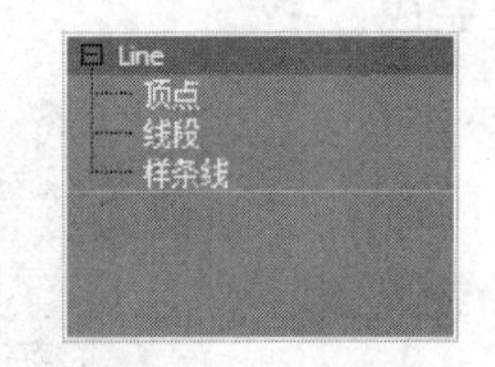

图 3.26　Line 卷展栏

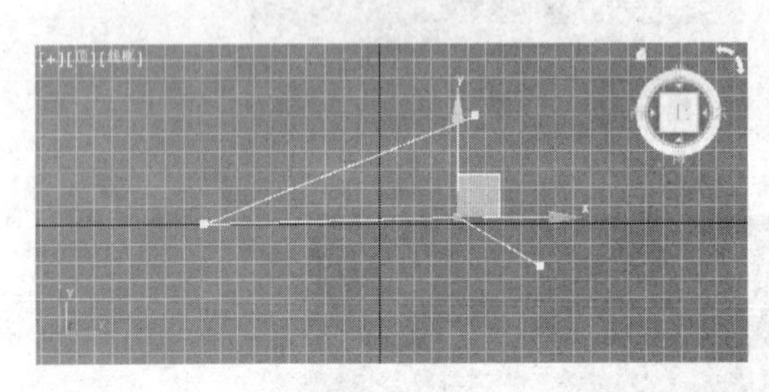

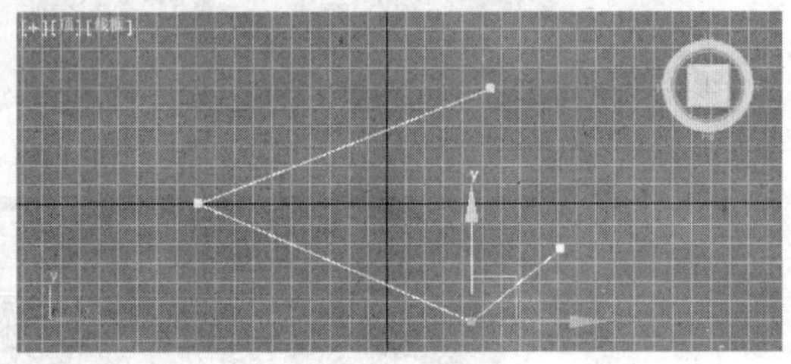

图 3.27　移动点

(5) 在“修改”命令面板的堆栈显示区域单击“线”就可以离开次对象层次。

技巧：可以分别单击线段和样条线对“线”进行编辑。

3.2.2　处理其他图形

对于其他二维图形，有两种方法来访问次对象：第一种方法是将它转换成可编辑样条线；第二种方法是应用编辑样条修改器。

这两种方法在用法上还是有所不同的。如果将二维图形转换成可编辑样条线，就可以直接在次对象层次设置动画，但是同时将丢失创建参数。如果给二维图形应用编辑样条线修改器，那么可以保留对象的创建参数，但是不能直接在次对象层次设置动画。

如果要将二维对象转换成可编辑样条线，可以在编辑修改器堆栈显示区域的对象名上单击鼠标右键，然后从弹出的快捷菜单中选择“可编辑样条线”命令。还可以在场景中选择在二维图形上单击鼠标右键，然后从弹出的快捷菜单中选择“转换为可编辑样条线”命令，如图 3.28 所示。

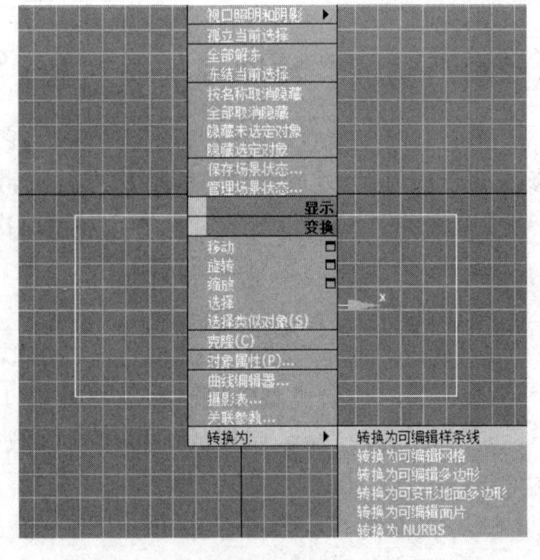

图 3.28　转换为“可编辑样条线”

如果要给对象应用编辑样条线修改器，可以在选择对象后选择“修改”命令面板，再从编辑修改器列表中选取编辑样条线修改器。

无论使用哪种方法访问次对象，使用的编辑工具都是一样的。在 3.3 节中将以编辑样条线为例来介绍如何在次对象层次编辑样条线。

3.3　编辑修改器

3.3.1　“编辑样条线”修改器

“编辑样条线”修改器是对样条曲线进行编辑修改的基本方法，也是最重要的方法。它提供了“顶点”、“分段”和“样条线”三个次对象，通过次对象层次的编辑可以产生非常复杂的曲线。

对样条曲线添加“编辑样条线”修改器后，“修改”面板如图 3.29 所示，其中各卷展栏的功能如下。

(1)“选择”卷展栏

在这个卷展栏中可以设定编辑层次。一旦设定了编辑层次，就可以用 3ds Max 的标准选择工具在场景中选择该层次的对象。

“选择”卷展栏中的“区域选择”选项用来增强选择功能。选择这个复选框后，距选择顶点的距离小于该区域指定的数值的顶点都将被选择。这样就可以通过单击的方法一次选择多个顶点。也可以在这里命名次对象的选择集，系统会根据顶点、线段和样条线的创建次序对它们进行编号。“选择”卷展栏如图 3.30 所示。

(2)“软选择”卷展栏

“软选择”卷展栏的工具主要用于次对象层次的变化。软选择定义一个影响区域，在这个区域的次对象都被软选择。变换应用软选择的次对象时，其影响方式与一般的选择不同。例如，如果将选择的顶点移动 5 个单位，那么软选择的顶点可能只移动 2.5 个单位。“软选择”卷展栏如图 3.31 所示。

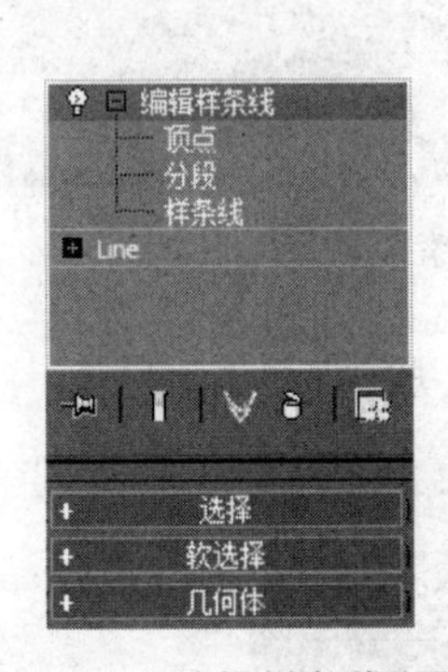

图 3.29　“编辑样条线”展栏

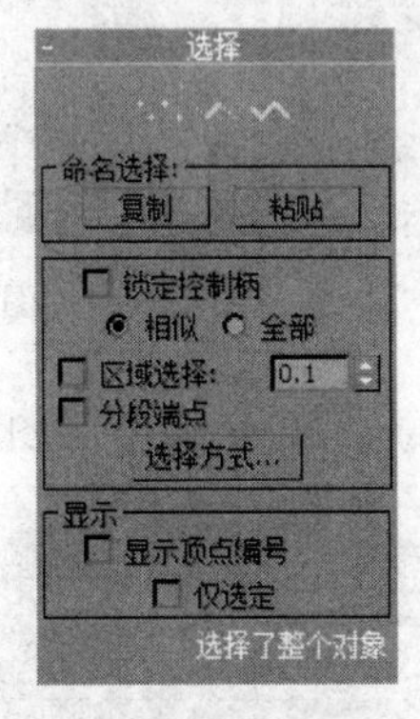

图 3.30　“选择”卷展栏

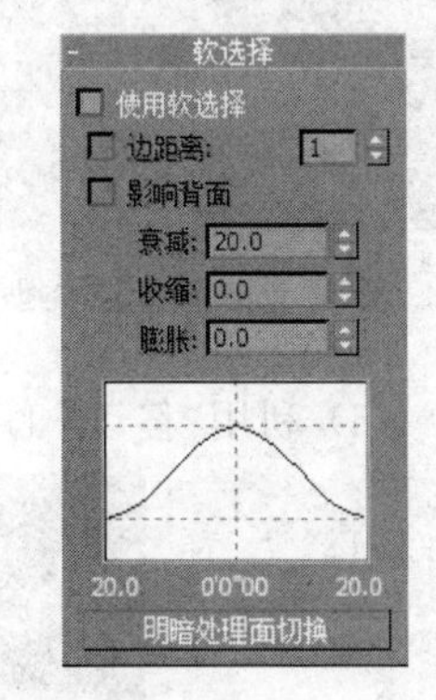

图 3.31　“软选择”卷展栏

(3)“几何体”卷展栏

“几何体”卷展栏包含许多次对象工具，这些工具与选择的次对象层次密切相关，它提供了编辑样条线子对象的大部分功能，是最重要的卷展栏，例如“附加”、“分离”、“布尔”等工具。当处于不同的子对象编辑状态时，该卷展栏可使用的功能不完全相同。

3.3.2　利用次对象进行编辑

【操作实例 6】 制作心形图案。

目标：掌握在“顶点”次对象层次工作的方法。

操作过程：

(1) 执行“命令”面板中的“创建”→“图形”→“样条线”→“圆”命令，在顶视图视口创建一个半径为 100 的圆。

(2) 单击“命令”面板中的“修改”按钮，进入“修改”面板，单击“修改器列表”，在弹出的下拉菜单中选择“编辑样条线”修改器。

(3) 单击“编辑样条线”前的“+”，单击“顶点”，进入“顶点”子对象编辑状态。

(4) 默认情况下，圆形有 4 个顶点，用“矩形选择框”同时选择上下两个顶点，单击右键，从弹出的快捷菜单中选择“角点”命令，转换顶点类型，如图 3.32 所示。

(5) 打开“几何体”卷展栏，单击“优化”按钮，在圆形右上方和左上方的线段中间添加两个顶点，如图 3.33 所示。

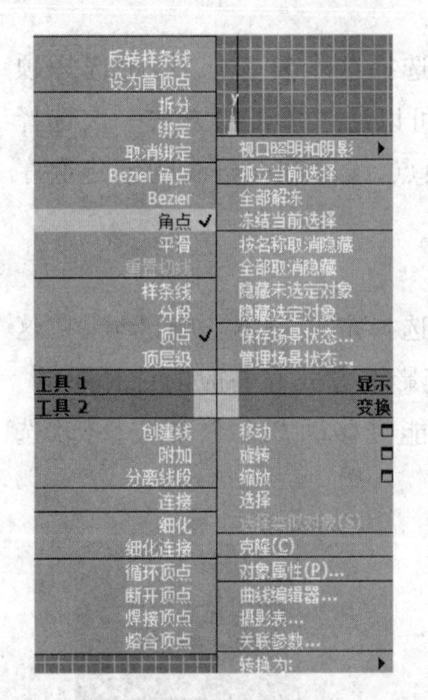

图 3.32　转换点类型

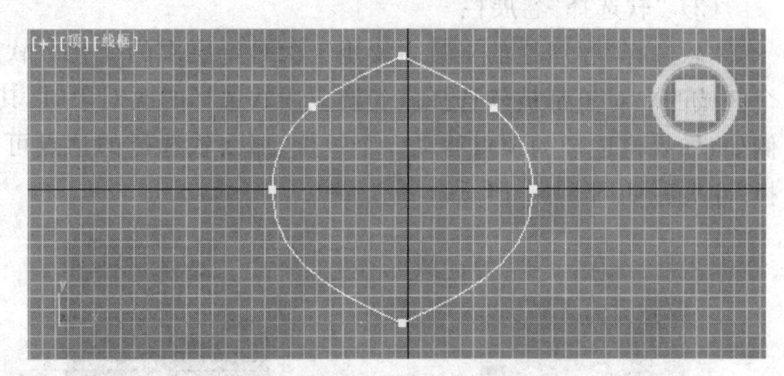

图 3.33　“优化”添加点

(6) 利用“移动”工具调节点的位置，生成心形图案，如图 3.34 所示。

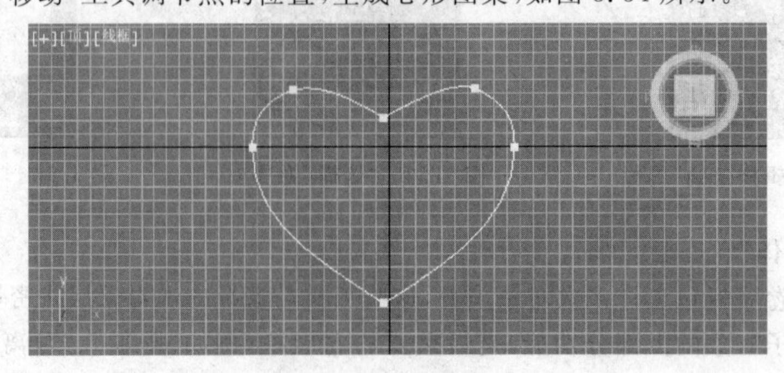

图 3.34　心形图案

3.4　使用编辑修改器将二维对象转换成三维对象

有很多编辑修改器可以将二维对象转换成三维对象。在本节将介绍“挤出”、“车削”、“倒角”、“锥化”、“晶格”编辑修改器。

3.4.1　挤出

挤出是沿着二维对象的局部坐标系的 Z 轴给它增加一个厚度，还可以沿着拉伸方向给它指定段数。如果二维图形是封闭的，可以指定拉伸的对象是否有顶面和底面。

挤出输出的对象类型可以是面片、网格或者 NURBS，默认的类型是网格。

【操作实例 7】 制作一个齿轮。

目标：掌握“挤出”的使用方法。

操作过程：

(1) 执行“命令”面板中的“创建”→“图形”→“样条曲线”→“星形”命令，在顶视口创建一个“半径 1”为 60，“半径 2”为 50，“点”为 28 的星形图案。

(2) 单击“命令”面板中的“修改”按钮，进入“修改”面板，单击“修改器列表”，在弹出的下拉菜单中选择“挤出”修改器。

(3) 进入“参数”面板，将“数量”值设为 5，该值用于设定样条线的挤出高度，结果如图 3.35 所示。

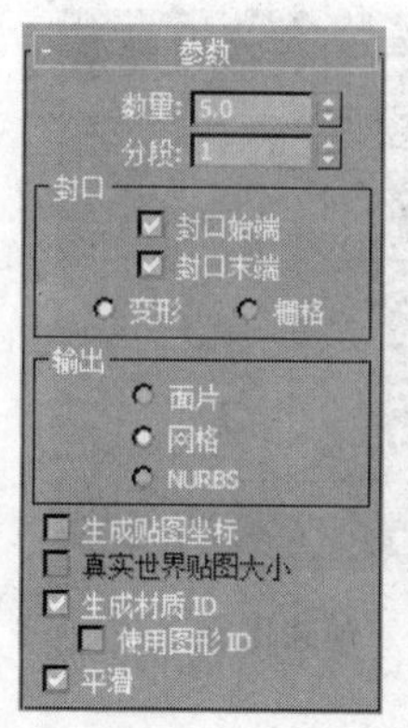

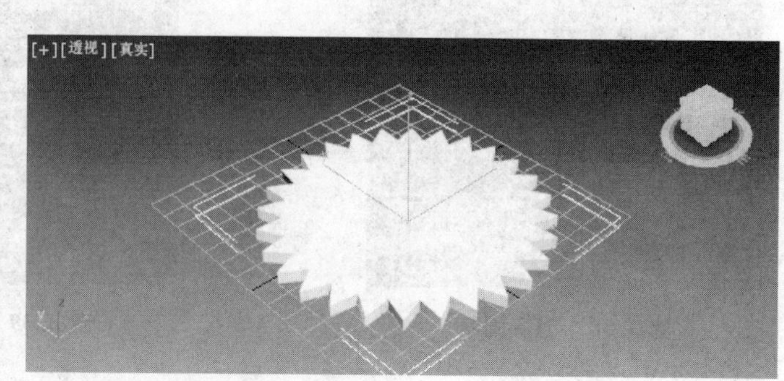

图 3.35　“挤出”卷展栏及齿轮

(4) 取消对“封口始端”和“封口末端”复选框的勾选，观察物体变化。这两个选项分别用于指定是否在挤出物体的始端或者末端生成一个平面。

3.4.2　车削

“车削”编辑修改器能够使样条曲线围绕某一轴向旋转，从而形成三维几何体。该修改器特别适用于创建有固定轴的物体。

【操作实例 8】 制作一个高脚杯。

目标：掌握“车削”的使用方法。

操作过程：

(1) 依次执行"命令"面板中的"创建"→"图形"→"样条曲线"→"线"命令，在前视图视口创建如图 3.36 所示的样条线，然后单击鼠标右键结束创建。

(2) 进入"修改"面板，不用施加"编辑样条线"修改器，直接进入"顶点"子对象编辑状态。

(3) 将最右边的顶点类型转换为"平滑"节点，结果如图 3.37 所示。

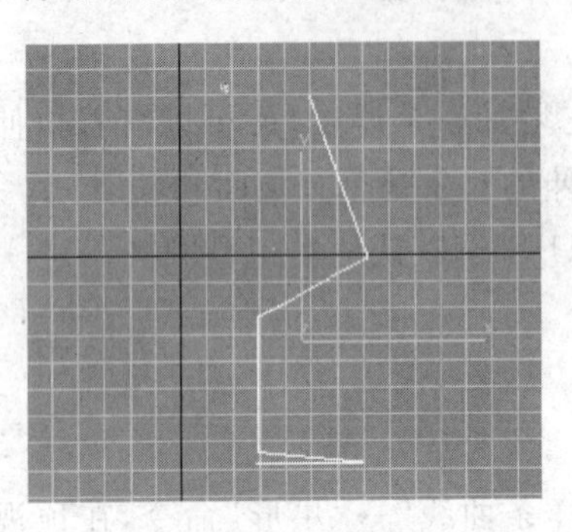

图 3.36　样条线

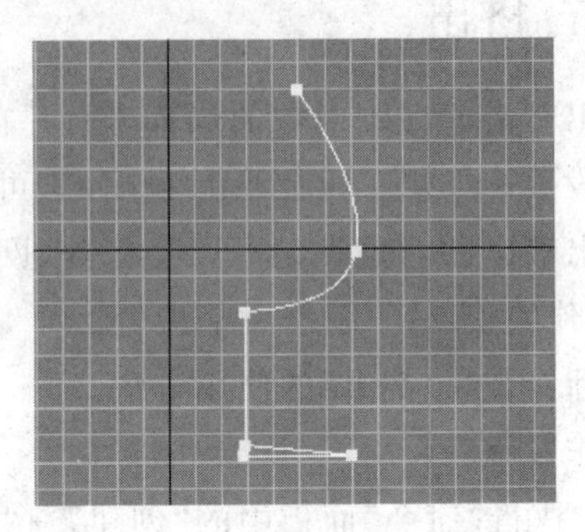

图 3.37　平滑样条线

(4) 选择从上面往下数第三个顶点，进入"几何体"卷展栏，单击"圆角"参数右边的上三角按钮，创建一个合适的圆角，结果如图 3.38 所示。

(5) 选择从上面数第五个顶点，重复第(5)步操作，创建一个合适的圆角，如图 3.39 所示。

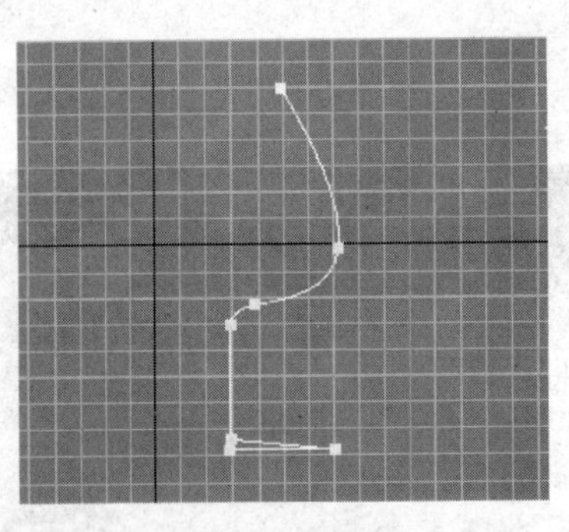

图 3.38　创建圆角

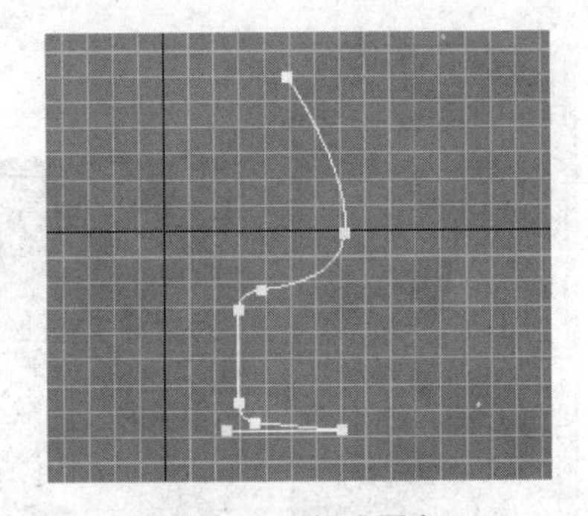

图 3.39　创建圆角

(6) 进入"样条线"子对象编辑状态，在"前"视图中选择样条曲线，在"轮廓"按钮旁边的文本框中输入 1，按 Enter 键确认，创建一个轮廓线，结果如图 3.40 所示。

(7) 进入"修改"面板，在"修改器列表"中选择"车削"修改器。

(8) 在"对齐"选项区域中单击"最小"按钮，结果如图 3.41 所示。该选项区域中的按钮用于旋转轴与曲线在最小、居中或最大范围的对齐。初学者可以单击每个按钮观察最后效果。

3.4.3　倒角

倒角编辑修改器与挤出类似，但是比挤出的功能要强一些。它除了沿着对象的局部坐标系的 Z 轴拉伸对象外，还可以分为 3 个层次调整截面的大小，创建诸如倒角字一类的效果。

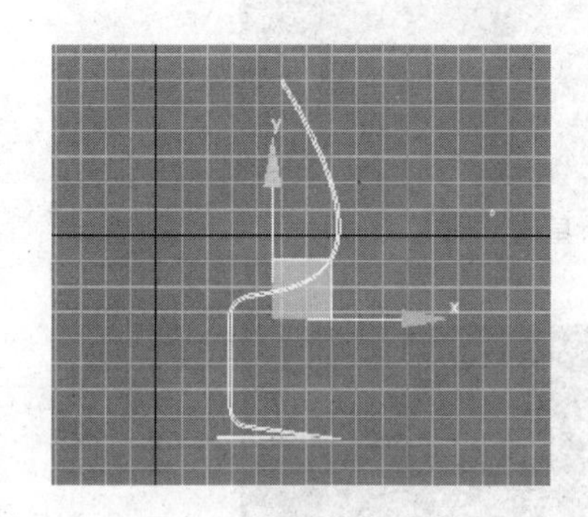

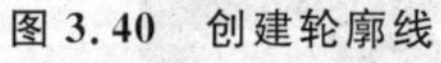

图 3.40　创建轮廓线

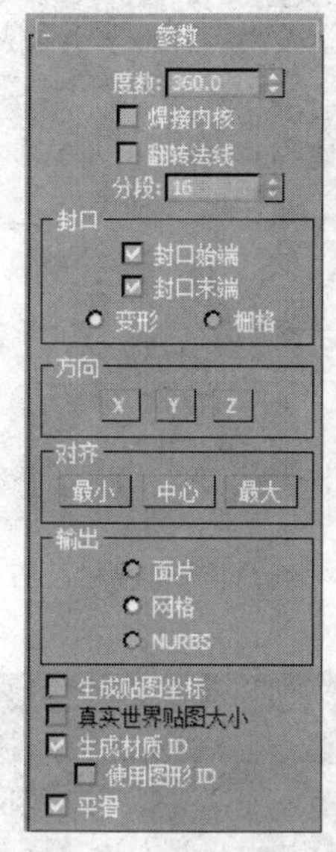

图 3.41　“车削”卷展栏及高脚杯

【操作实例 9】 制作五角星。

目标：掌握“倒角”的使用方法。

操作过程：

（1）执行“命令”面板中的“创建”→“图形”→“样条曲线”→“星形”命令，在前视图口创建一个半径 1 为 200，半径 2 为 100，点为 5 的星形。

（2）进入“修改”面板，单击“修改器列表”，在弹出的下拉菜单中选择“倒角”修改器。

（3）单击“倒角值”前的＋号，将高度设置为 50，轮廓设置为－90。五角星完成，如图 3.42 和图 3.43 所示。

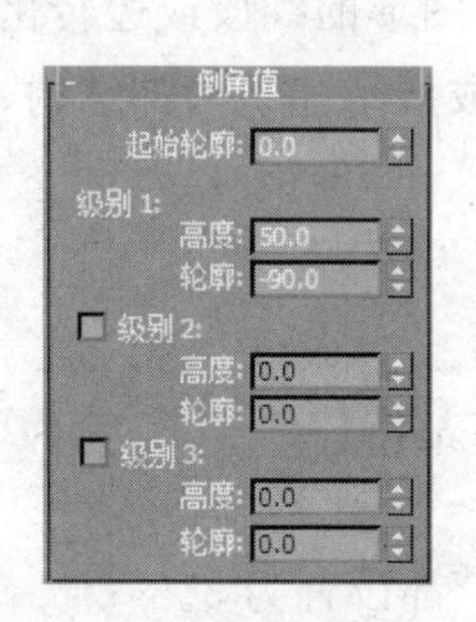

图 3.42　“倒角值”卷展栏

图 3.43　五角星完成

（4）重新设置参数，将高度设置为 50，轮廓设置为－50，结果如图 3.44 所示。

（5）选中“级别 2”复选框，将高度设置为 20，轮廓设置为－10，结果如图 3.45 所示。“级别”选项是在原型的基础上进行高度和轮廓的图形变化。可以继续启用“级别 3”，观察五角星效果。

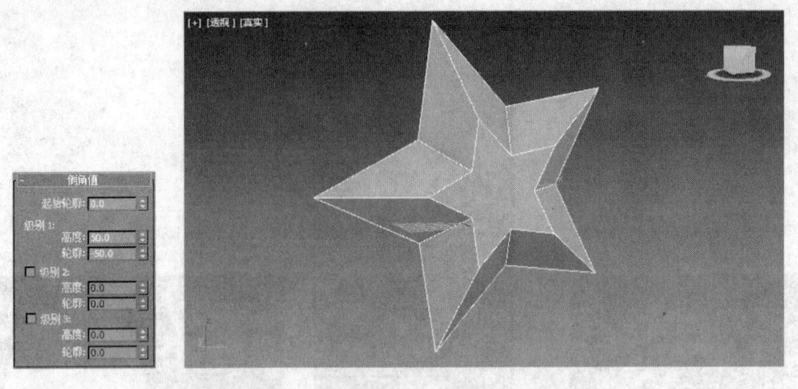

图 3.44 “倒角值”卷展栏及五角星

图 3.45 启用“级别 2”

3.4.4 晶格

晶格编辑修改器可以用来将网格物体进行线框化，将图形的线段或边转化为柱形结构，并在顶点上产生多面体。常用此工具制作笼子、网兜等，或展示建筑内部结构。

【操作实例 10】 制作一个笼子。

目标：掌握“晶格”的使用方法。

操作过程：

(1) 执行“命令”面板中的“创建”→“几何体”→“标准基本体”→“长方体”命令，在前视口创建一个边长为 50 的正方体。

(2) 将正方体的“长度分段”、“宽度分段”、“高度分段”都设置为 3。

(3) 进入“修改”面板，单击“修改器列表”，在弹出的下拉菜单中选择“晶格”修改器，“晶格”修改器如图 3.46 所示。结果如图 3.47 所示。

(4) 在“参数”卷展栏中，默认情况下是选中“几何体”选项区域中的“二者”单选按钮，读者可以根据需要选择“仅来自顶点的节点”或者“仅来自边的支柱”单选按钮，观察各自效果。“支柱”选项区域是对“支柱”的参数进行设置，通过参数设置可以修改支柱的半径、分段及边数。“节点”选项区域是对节点参数进行设置，通过参数设置可以选择节点的形状，修改节点的半径。

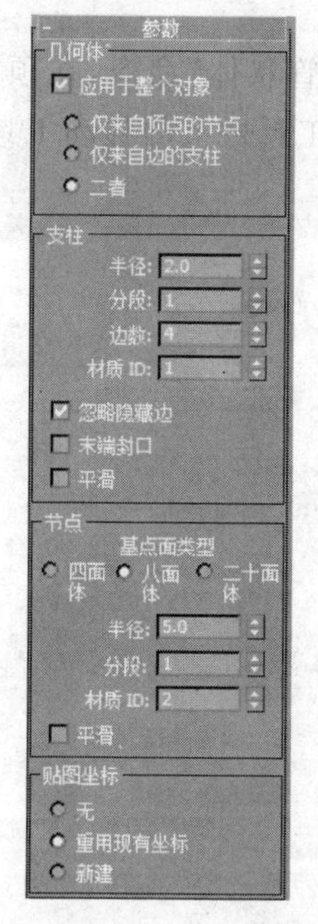

图 3.46 “晶格”卷展栏

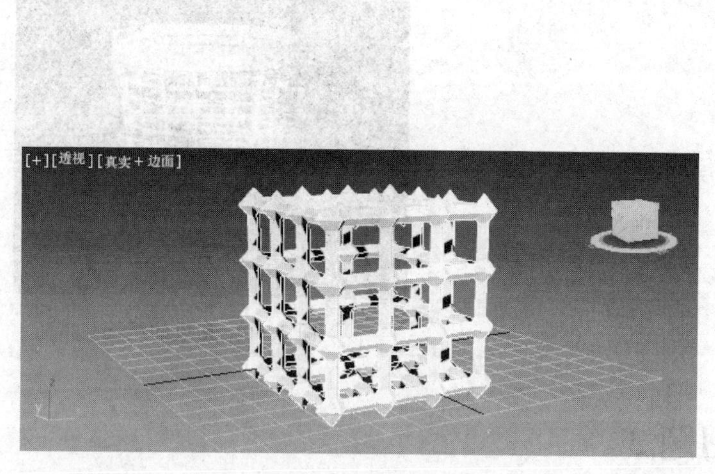

图 3.47 晶格效果

【操作实例 11】 制作一个纸篓。

目标：掌握“晶格”的使用方法。

操作过程：

(1) 执行“命令”面板中的“创建”→“几何体”→“标准基本体”→“管状体”命令，在顶视口创建一个半径 1 为 130，半径 2 为 130，高度为 300，高度分段为 14 的管状体。

(2) 进入“修改”面板，单击“修改器列表”，在弹出的下拉菜单中选择“晶格”修改器，结果如图 3.48 所示。

(3) 进入“修改”面板，单击“修改器列表”，在弹出的下拉菜单中选择 FFD2 * 2 修改器，展开修改器前的＋号，选择“控制点”层。选中下面的 4 个点，单击主工具栏上的“缩放”工具，对下面的 4 个点向内部压缩，结果如图 3.49 所示。

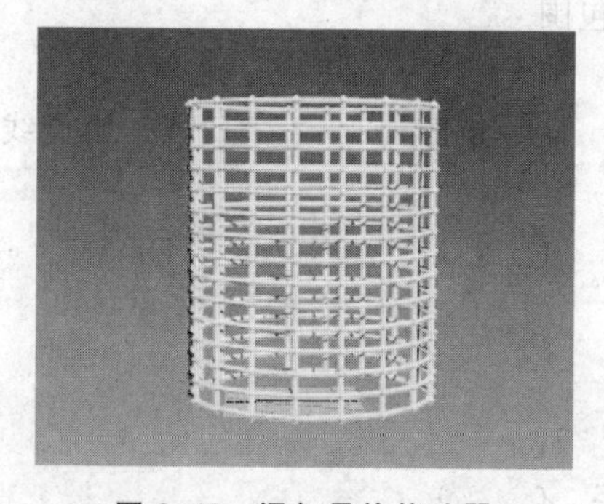

图 3.48 添加晶格修改器

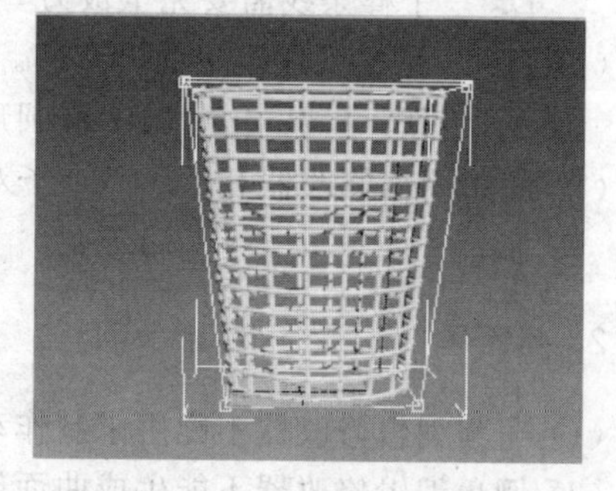

图 3.49 添加 FFD 修改器

(4) 执行“命令”面板中的“创建”→“几何体”→“标准基本体”→“圆柱”命令，在顶视口创建一个半径为 90，高度为 10 的圆柱体，单击主工具栏上的移动工具，使之契合纸篓的底部。

(5) 执行“命令”面板中的“创建”→“几何体”→“标准基本体”→“管状体”命令，在顶视口创建一个半径1为135，半径2为130，高度为30的管状体，单击主工具栏上的移动工具，使之契合纸篓的顶部。纸篓完成后的效果如图3.50所示。

图3.50 完成的纸篓

习题3

1. 选择题

(1) 下面(　　)不是样条线的术语。

A. 顶点　　B. 样条线　　C. 线段　　D. 面

(2) 下列选项中不属于基本几何体的是(　　)。

A. 球体　　B. 圆柱体　　C. 立方体　　D. 多面体

(3) 对样条线进行布尔运算之前，应确保样条线满足一些要求。下面(　　)要求是布尔运算中所不需要的。

A. 样条线必须是同一个二维图形的一部分

B. 样条线必须封闭

C. 样条线不能自交

D. 一个样条线需要完全被另一个样条线包围

(4) Helix是二维建模中的(　　)。

A. 直线　　B. 椭圆形　　C. 矩形　　D. 螺旋线

(5) 编辑网格修改器有(　　)个子对象。

A. 5　　B. 4　　C. 3　　D. 2

2. 判断题

(1) 车削编辑修改器不能用来制作动画。(　　)

(2) 倒角编辑修改器不能生成曲面倒角的文字。(　　)

(3) 对二维图形制作的动画效果不能够带到由它形成的三维几何体中。(　　)

(4) 在样条线编辑中，平滑顶点类型可以产生没有控制手柄，且顶点两边曲率相等的曲线。(　　)

(5) 样条线上的第一点影响下面的放样对象。(　　)
(6) 弧是空间曲线。(　　)
(7) 螺旋线是多条样条线。(　　)
(8) 有重叠部分的圆和螺旋线可以做布尔运算。(　　)

3. 简答题

(1) 3ds Max 中的样条曲线都有哪几种?
(2) 如何创建"截面"?
(3) 如何将二维图形转化为可编辑样条线?
(4) 编辑样条线的次对象有哪几种类型?
(5) 如何制作一根弹簧?

4. 答案

选择题:(1) D　(2) D　(3) D　(4) D　(5) A
判断题:(1) F　(2) F　(3) F　(4) T　(5) T　(6) F　(7) F　(8) F

第 4 章

复合对象和编辑修改器

灵活运用复合对象，可以提高创建复杂的、不规则三维模型的效率。3ds Max 提供了很多编辑修改器，不同的编辑修改器都有各自的参数和功能，利用编辑修改器可以修改场景中的对象。有些编辑修改器可以将二维图形轻松地转化为三维模型，这也是 3ds Max 建模中的重要内容。

学习目标

- 理解复合对象的建模方法。
- 掌握创建布尔、放样和连接等组合对象的方法。
- 给场景的几何体增加编辑修改器，并熟练使用几个常用编辑修改器。
- 在编辑修改器堆栈显示区域访问不同的层次。

4.1 复合对象

复合对象是将两个或者多个对象结合起来形成的。打开"创建(Create)"命令面板，单击"几何体(Geometry)"按钮，在下拉列表中选中"复合对象(Compound Objects)"命令，可以建立 3ds Max 的 12 种复合对象模型，如图 4.1 所示，分别是"变形(Morph)"、"散布(Scatter)"、"一致(Conform)"、"连接(Connect)"、"水滴网格(BlobMesh)"、"图形合并(ShapeMerge)"、"布尔(Boolean)"、"地形(Terrain)"、"放样(Lofts)"、"网格化(Mesher)"、ProBoolean、ProCutter。

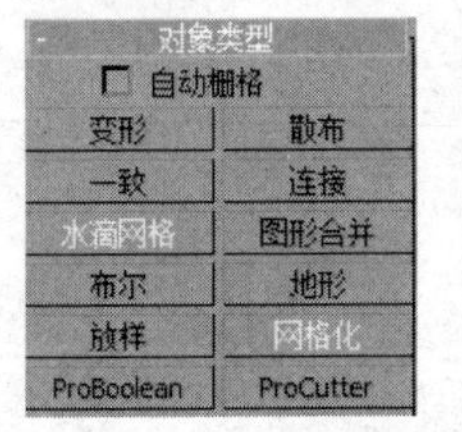

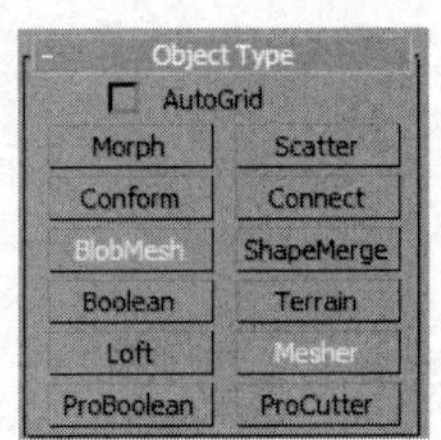

图 4.1 "对象类型"卷展栏

比较常用的复合对象包括"布尔"、"放样"和"连接"等。

4.1.1 布尔

"布尔"对象是根据几何体的空间位置结合两个三维对象形成的对象。每个参与结合的对象被称为运算对象。通常参与运算的两个布尔对象应该有相交的部分。有效的运算操作包括：

(1) 生成代表两个几何体总体的对象。

(2) 从一个对象上删除与另外一个对象相交的部分。

(3) 生成代表两个对象相交部分的对象。

在布尔运算中常用的三种操作是：

(1) 并集：生成代表两个几何体总体的对象。

(2) 差集：从一个对象上删除与另外一个对象相交的部分。可以从第一个对象上减去与第二个对象相交的部分，也可以从第二个对象上减去与第一个对象相交的部分。

(3) 交集：生成代表两个对象相交部分的对象。

【操作实例 1】 利用布尔运算生成新的几何体。

目标：掌握布尔运算命令的使用方法。

操作过程：

(1) 执行“命令”面板中的“创建”→“几何体”→“标准几何体”→“长方体”命令，在透视视口创建一个边长为 50 的正方体。

(2) 执行“命令”面板中的“创建”→“几何体”→“标准几何体”→“球体”命令，在透视视口创建一个半径为 30 的球体。

(3) 单击工具栏上的“对齐”按钮，将正方体中心和球体中心对齐，如图 4.2 所示。

(4) 选中正方体，执行“命令”面板中的“创建”→“几何体”→“复合对象”→“布尔”命令。

(5) 在“拾取布尔”卷展栏中单击“拾取操作对象 B”按钮拾取球体，默认的布尔运算结果如图 4.3 所示。

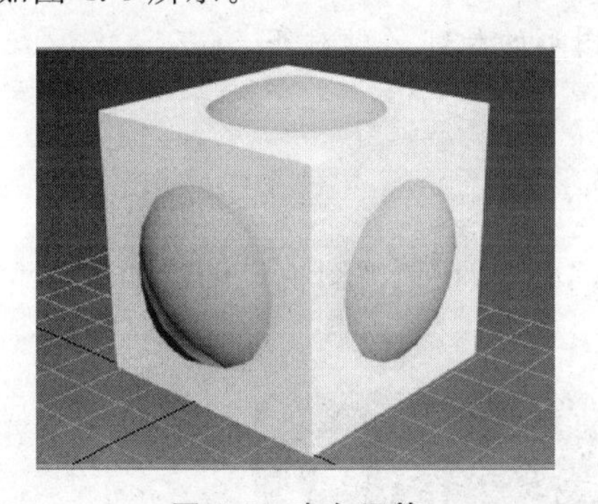

图 4.2　布尔运算

图 4.3　正方体和球的差集

提示：布尔运算不能进行连续拾取，每拾取一次，要退出布尔运算后再重新进入；也可以将要连续拾取的对象转换为可编辑网格对象并追加为同一物体，然后再进行布尔运算。另外，在“拾取布尔”卷展栏中，默认为“移动”方式，运算结果不显示被拾取的运算对象；而“参考”、“复制”、“实例”方式，运算结果将显示被拾取的运算对象。

(6) 在参数设置卷展栏中，对选中物体和被拾取物体可选择运算方法，有“并集”、“交集”、“差集(A-B)”(默认选项)、“差集(B-A)”和“切割”，如图 4.4 所示。读者可以分别选择各选项，观察效果。

图 4.4　“操作”卷展栏

4.1.2　放样

“放样”操作是将一个或多个样条曲线(横截面或图形)沿着第三个轴(放样路径)挤出的三维物体。

“放样”技术的操作要点：

(1) 创建要成为放样路径的图形。

(2) 创建要作为放样横截面的一个或多个图形。

(3) 执行下列操作之一：

① 选择路径图形并使用“获取图形”工具创建放样对象。

- 选择一个有效的路径图形作为路径。
- 执行“创建”→“几何体”→“复合对象”→“放样”命令。
- 在“创建方法”卷展栏上单击“获取图形”按钮，选择“移动”、“复制”或“实例”单选按钮之一。
- 单击作为放样横截面的图形完成放样。

② 选择截面图形并使用“获取路径”工具创建放样对象。

- 选择一个图形作为初始横截面图形。
- 执行“创建”→“几何体”→“复合对象”→“放样”命令。
- 在“创建方法”卷展栏上单击“获取路径”按钮，选择“移动”、“复制”或“实例”单选按钮之一。
- 单击作为路径的图形即可完成放样。

注意：当将鼠标移动到有效的路径图形上时，光标会变成“获取路径”的光标。如果光标在图形上未改变，那么该图形是一个无效的路径图形并且不能选中。选中路径的初始顶点，将其放置在初始图形的轴上，并且使路径切线与图形的局部 Z 轴对齐。

【操作实例 2】 制作一个窗帘。

目标：掌握放样的使用方法。

操作过程：

(1) 执行“命令”面板中的“创建”→“图形”→“线”命令，在顶视图视口创建如图 4.5 所示的样条线。

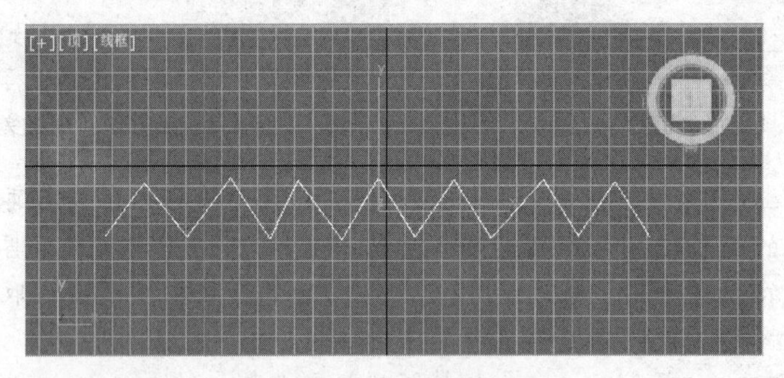

图 4.5 窗帘上部横截面图形

(2) 用同样的方法再创建一条样条线，位置如图 4.6 所示。

(3) 选择第一次创建的样条线，单击“命令”面板中的“修改”按钮，在“修改器堆栈”中选择“顶点”层级，然后选中所有的点并右击，在弹出的快捷菜单中选择“平滑”命令。对第二次创建的样条线也进行同样的操作，结果如图 4.7 所示。

(4) 在“修改器堆栈”中选择 Line 下的“样条线”层级，然后在修改面板的“几何体”卷展栏中单击“轮廓”按钮，并在其微调框中输入 3 后按 Enter 键。对第二次创建的样条线也进行同样的操作，结果如图 4.8 所示。

(5) 执行“命令”面板中的“创建”→“图形”→“线”命令，在前视口创建一条直线作为放样的路径，如图 4.9 所示。

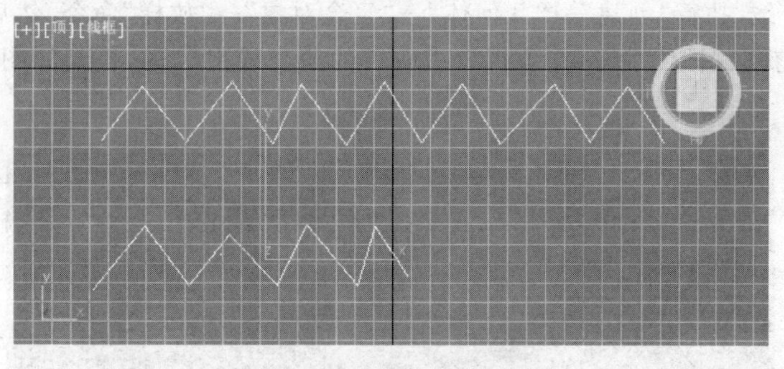

图 4.6　窗帘中部横截面图形

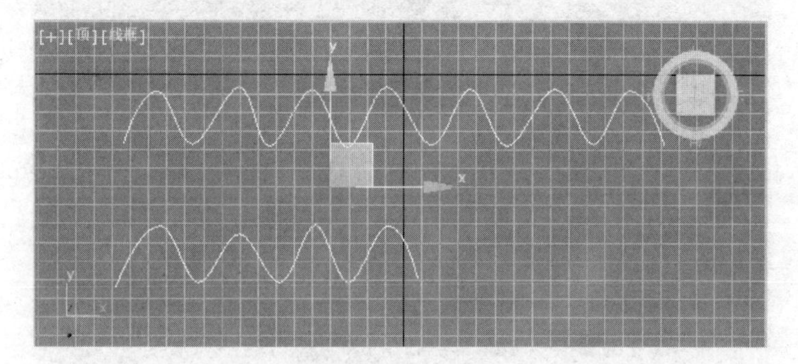

图 4.7　角点平滑

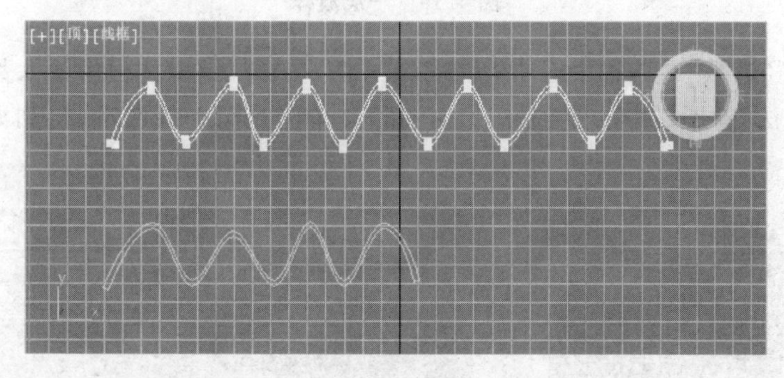

图 4.8　轮廓

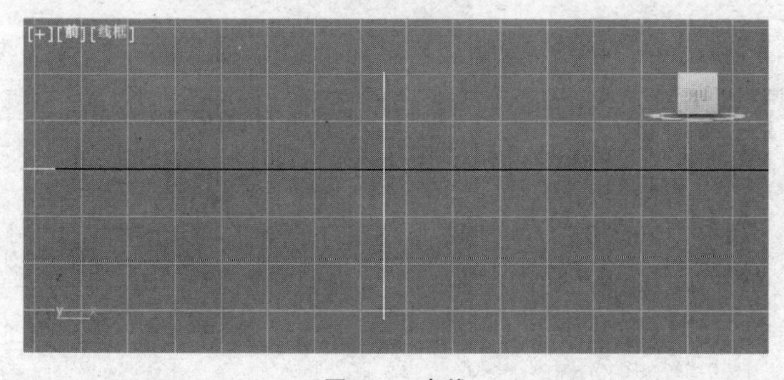

图 4.9　直线

(6) 选中直线,执行“创建”→“几何体”→“复合对象”→“放样”命令,然后在“创建方法”卷展栏中单击“获取图形”按钮,在顶视口中较长的轮廓线上单击,得到如图 4.10 所示的放样对象。

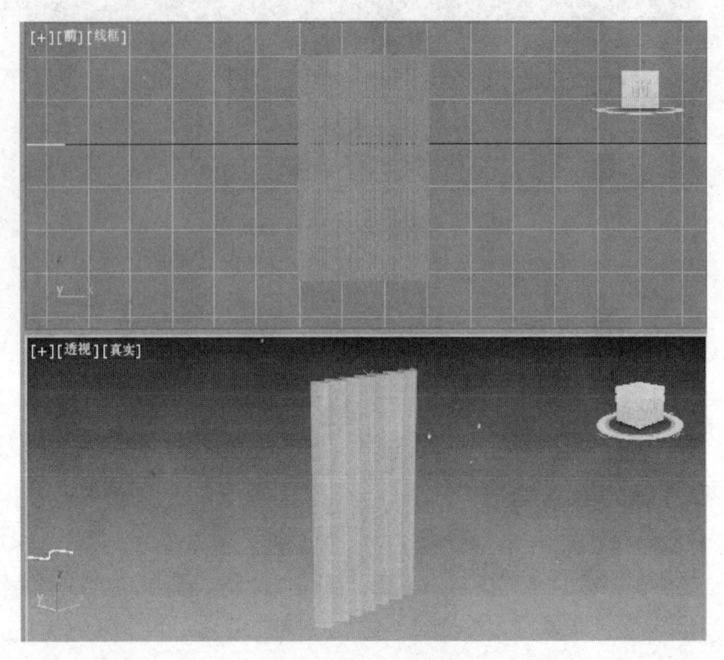

图 4.10 一次放样

(7) 在“路径参数”卷展栏中选中“启用”复选框,在“路径”微调框中输入数字 50,然后再次单击“创建方法”卷展栏中的“获取图形”按钮,并单击短轮廓线图形,得到如图 4.11 所示的放样对象。

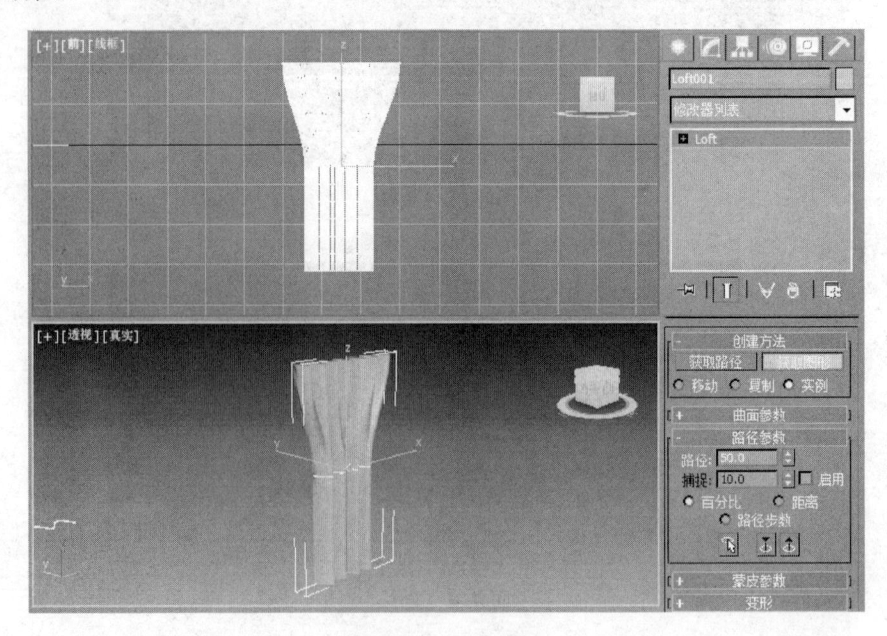

图 4.11 二次放样

(8) 在“修改器堆栈”中选择 Loft 下的“图形”层级，在前视口单击“选择并移动”工具，在放样对象的截面位置单击选择截面图形，然后向左移动，效果如图 4.12 所示。

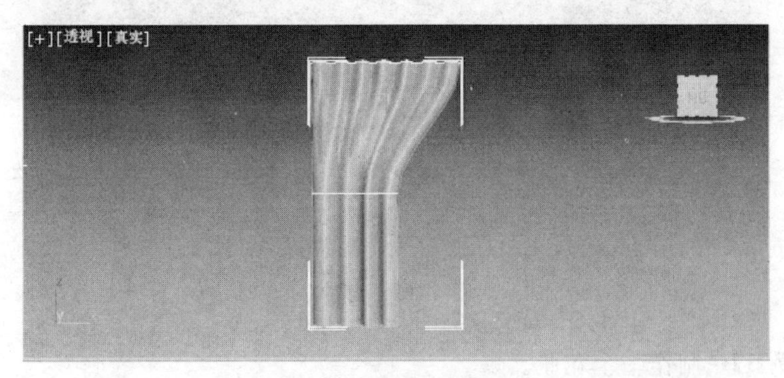

图 4.12　调整中心位置

(9) 在前视口中选择窗帘放样对象，单击主工具栏中的“镜像”按钮，在弹出的“镜像”对话框中选中 X 和“复制”单选按钮，复制窗帘的另一半，结果如图 4.13 所示。

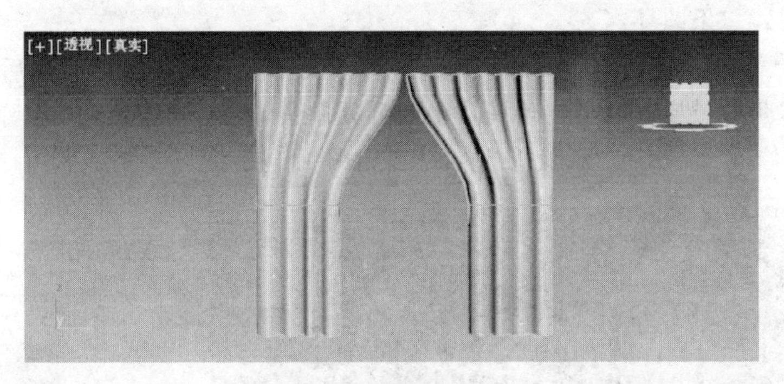

图 4.13　镜像操作

(10) 执行“命令”面板中的“创建”→“图形”→“线”命令，在前视口创建一条直线，如图 4.14 所示。

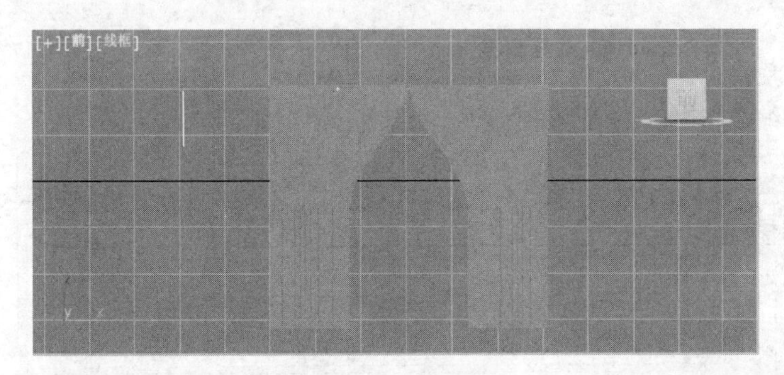

图 4.14　创建直线

(11) 选中直线，执行“创建”→“几何体”→“复合对象”→“放样”命令，然后在“创建方法”卷展栏中单击“获取图形”按钮，在顶视口中较长的轮廓线上单击，得到放样对象。单击主工具栏中的“缩放”和“移动”工具，调整到图 4.15 所示位置，窗帘制作完成。

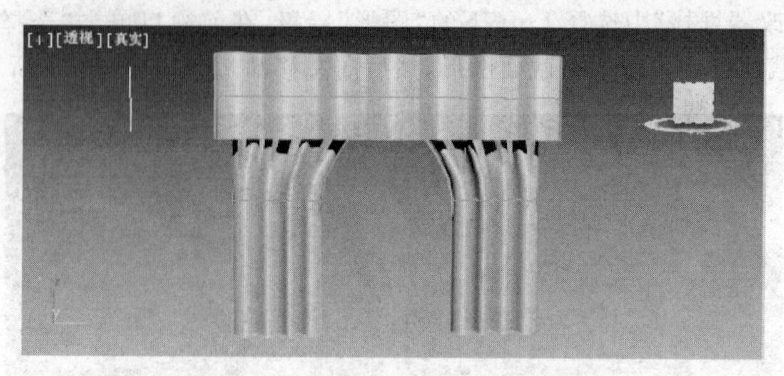

图 4.15 窗帘

【操作实例 3】 制作一个花瓶。

目标：掌握利用缩放进行放样的使用方法。

操作过程：

(1) 执行“命令”面板中的“创建”→“图形”→“线”命令，在前视口创建一条竖直的样条线，在顶视口创建一条圆环。

(2) 选中直线，执行“创建”→“几何体”→“复合对象”→“放样”命令，然后在“创建方法”卷展栏中单击“获取图形”按钮，在顶视口中圆环处单击，得到如图 4.16 所示的放样对象。

(3) 单击“修改”面板，展开“变形”卷展栏，如图 4.17 所示。

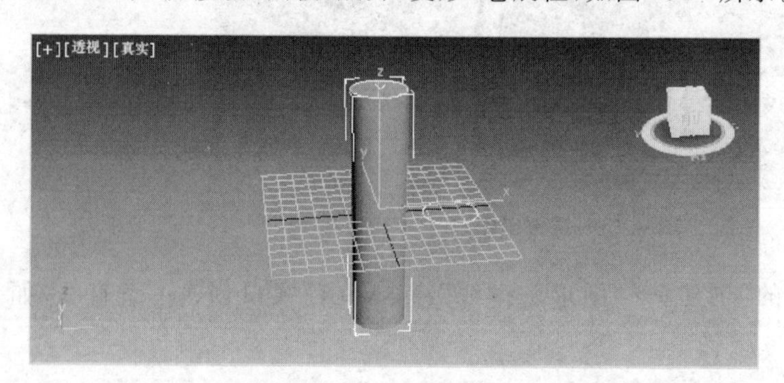

图 4.16 放样结果

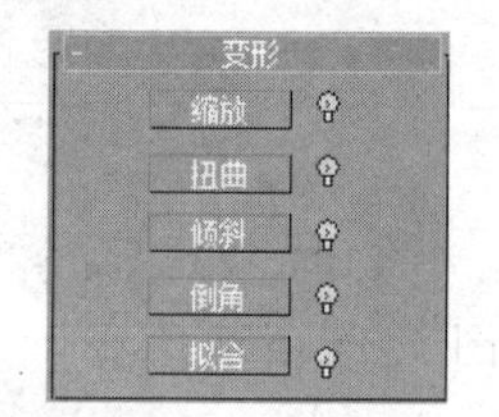

图 4.17 “变形”卷展栏

(4) 单击“缩放”按钮，出现“缩放变形”对话框，如图 4.18 所示。

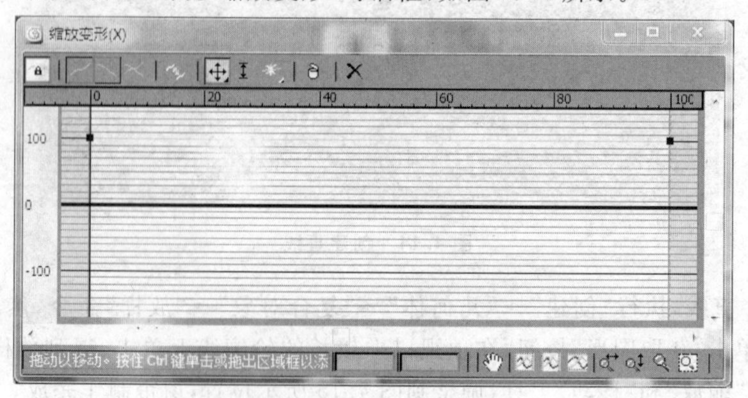

图 4.18 “缩放变形”对话框

参数说明：

- (Make Symmetrical)：均衡。
- (Display X Axis)：显示 X 轴。
- (Display Y Axis)：显示 Y 轴。
- (Display X Y Axis)：显示 XY 轴。
- (Move Control Points)：移动关键点。
- (Scale Control Opines)：缩放关键点。
- (Insert Control Opines)：插入关键点。
- (Delete Control Opines)：删除关键点。
- (Reset)：复位变形曲线。

(5) 单击"插入角点"工具，在红色直线上插入关键点，如图 4.19 所示。

图 4.19　添加点

(6) 单击"移动控制点"工具，选中所有的点，单击鼠标右键，将角点转化为"Bezier 平滑点"。

(7) 调整所添加点的位置，通过改变花瓶各部位半径调节花瓶形状。调节的结果在透视图中随时可见，如图 4.20 所示。

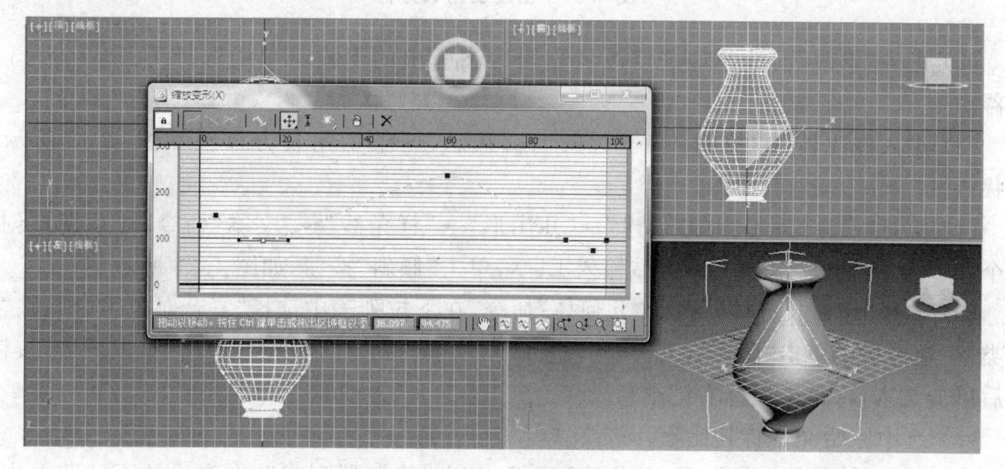

图 4.20　花瓶完成

除了利用缩放进行放样操作外，还可以利用扭曲、倾斜、倒角、拟合进行放样操作。

4.1.3 图形合并

图形合并，简单地说就是将两个或多个二维图形合并成一个。首先要选择一个图形，然后选择“图形合并”命令按钮，再用鼠标单击一个个需要合并的图形。

【操作实例 4】 制作一块“肥皂”。

目标：掌握图形合并的用法。

操作过程：

(1) 执行“命令”面板中的“创建”→“几何体”→“扩展基本体”→“切角长方体”命令。在顶视口创建一个长度为 30，宽度为 80，高度为 20，圆角为 10 的切角长方体，并将其长度分段、宽度分段、圆角分段全部设置为 5，高度分段设置为 1，如图 4.21 所示。

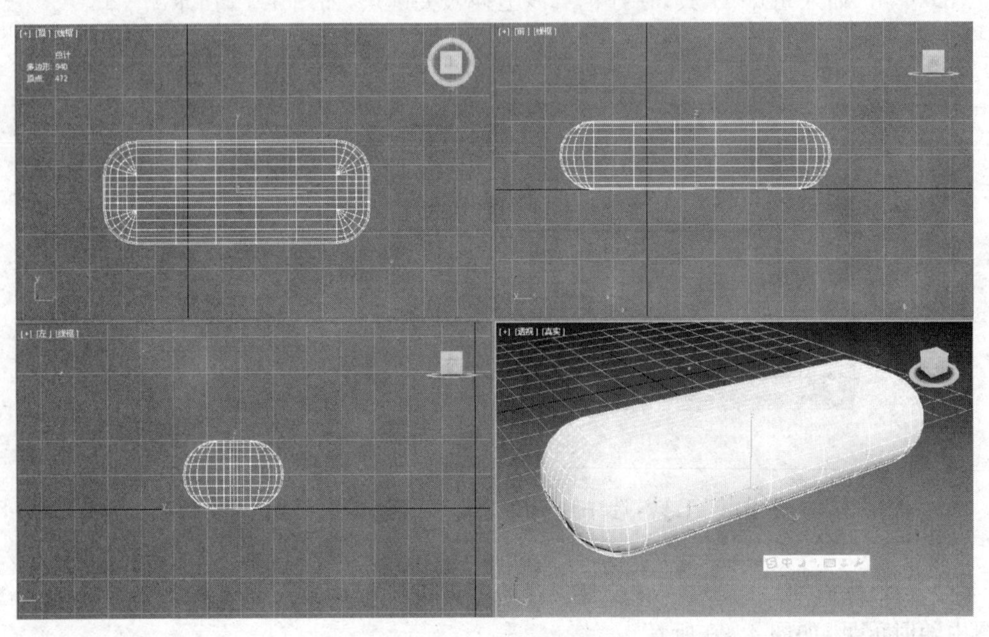

图 4.21 创建切角长方体

(2) 进入“修改”面板，单击“修改器列表”，在弹出的下拉菜单中选择 FFD3 * 3 * 3 修改器。

(3) 进入修改器的“控制点”子对象编辑状态，调整切角长方体至如图 4.22 所示的形状。

(4) 执行“命令”面板中的“创建”→“几图形”→“样条线”→“文本”命令，在顶视口创建一个大小为 20 的文本，在文本区域输入 LUX，单击“倾斜”按钮，如图 4.23 所示。

(5) 选择“切角长方体”，执行“几何体”命令，在下拉列表中选择“复合对象”选项，在“对象类型”卷展栏中单击“图形合并”按钮，进入“拾取操作对象”卷展栏，单击“拾取图形”按钮，然后单击文本，再单击鼠标右键结束操作。

(6) 选中原始文本将其删除。

(7) 选择“切角长方体”，进入“修改”面板，单击“修改器列表”，在弹出的下拉菜单中选

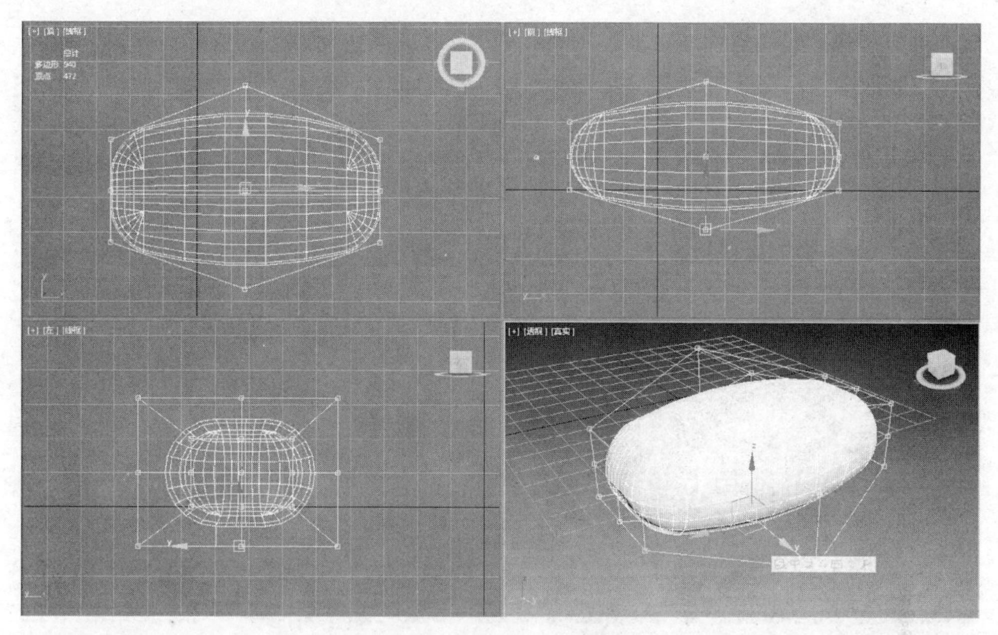

图 4.22　添加 FFD 修改器

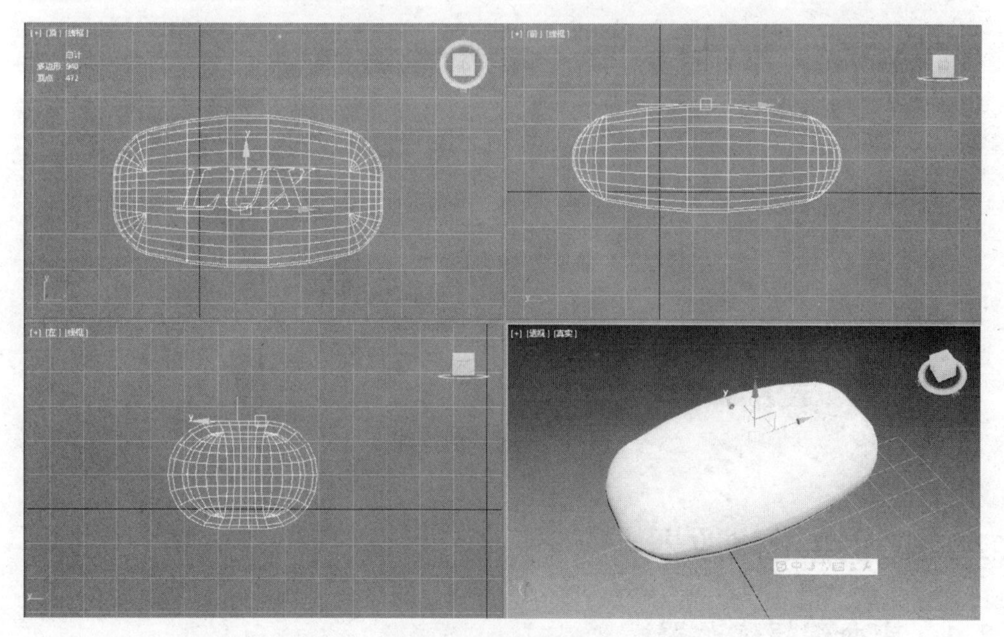

图 4.23　创建文本

择“编辑网格”修改器。

(8) 进入“多边形”子对象编辑状态，选择文本曲面，如图 4.24 所示。

(9) 进入“编辑几何体”卷展栏，在“挤出”按钮旁边的文本框中输入－0.5，按 Enter 键确认，则文本向内凹陷，结果如图 4.25 所示。

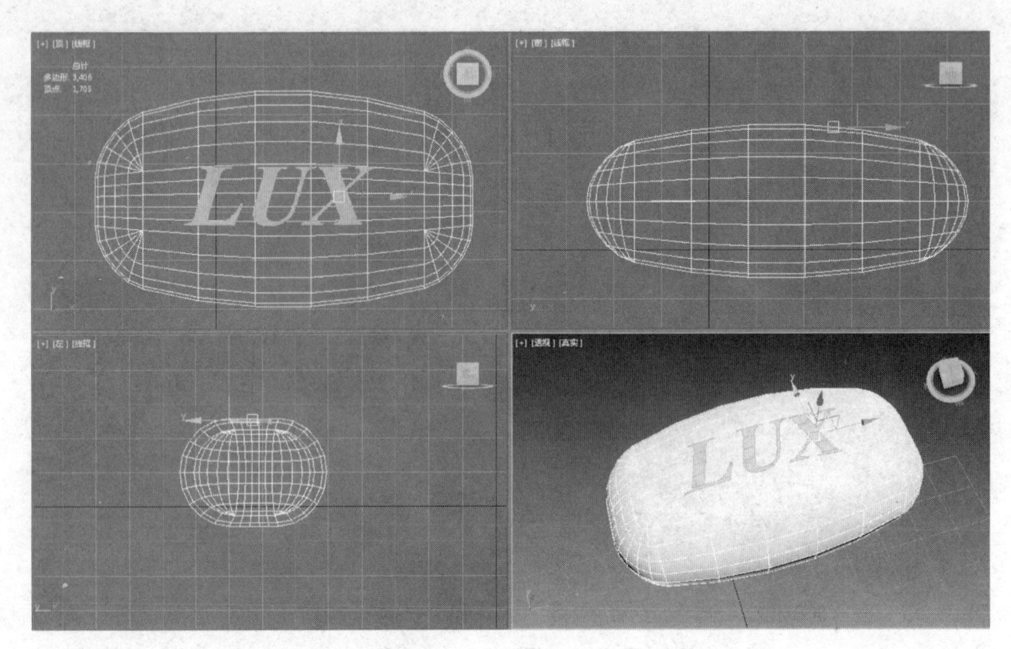

图 4.24　图形合并

图 4.25　完成的香皂

4.2　应用编辑修改器

4.2.1　弯曲编辑修改器

“弯曲”编辑修改器能够将当前选中的物体围绕某一轴向弯曲一定的角度，产生均匀的弯曲效果。它可以在任意三个轴向上控制弯曲的角度和方向，也可以对几何体的某一段限制弯曲效果。

【操作实例 5】　对“圆柱体”添加“弯曲”编辑修改器。

目标：掌握“弯曲”编辑修改器的操作方法。

(1) 执行“命令”面板中的“创建”→“几何体”→“标准几何体”→“圆柱体”命令，在前视口创建一个半径为 3，高度为 100，高度分段为 25 的圆柱体。

(2) 单击“命令”面板中的按钮，进入“修改”面板，单击“修改器列表”，在弹出的下拉菜单中选择“弯曲”编辑修改器，在参数设置卷展栏中将“角度”设置为 90，该参数用于指定弯曲角度；将“方向”设置为 90，该参数用于指定弯曲方向。

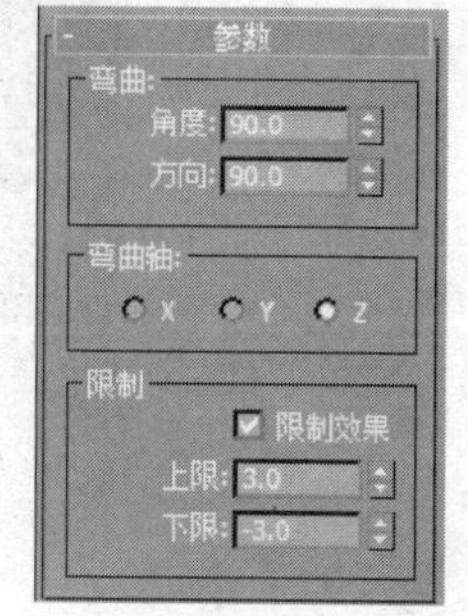

图 4.26　弯曲卷展栏

(3) 在“弯曲轴”选项区域中依次选择 X、Y、Z 单选按钮，观察物体的弯曲效果。这三个选项用于确定产生弯曲的轴向。

(4) 勾选“限制效果”复选框，对圆柱体的弯曲进行约束。“限制”选项区域中，“上限”值用于设置物体编辑修改器中心到轴正向的弯曲范围。“下限”值用于设置物体编辑修改器中心到轴负向的弯曲范围，如图 4.26 所示。

(5) 单击“修改器堆栈”中 Bend 左侧的“+”图标，展开其子对象，单击“中心”，进入子对象编辑状态。

(6) 移动修改器的中心，观察弯曲效果，如图 4.27 所示。

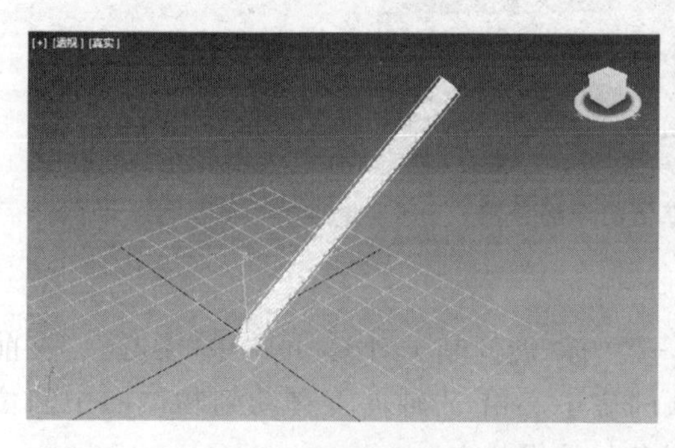
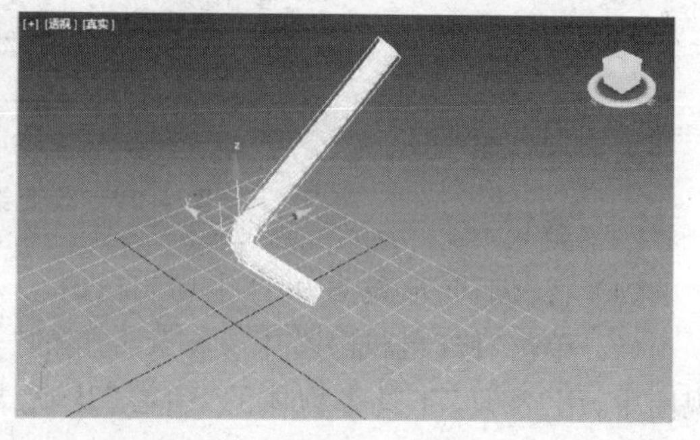

图 4.27　改变“弯曲”中心

4.2.2　扭曲编辑修改器

“扭曲”修改器的作用是使物体沿着某一轴产生旋转的效果，并且可以通过设置偏移量来压缩扭曲相对于“中心”的效果。

【操作实例 6】　制作一组铁栅栏。

目标：掌握“扭曲”修改器的操作方法。

操作过程：

(1) 执行“命令”面板中的“创建”→“几何体”→“标准几何体”→“长方体”命令，在前视口中创建一个长度为 5，宽度为 5，高度为 100，高度分段为 50 的长方体。

(2) 单击“命令”面板中的按钮，进入“修改”面板，单击“修改器列表”，在弹出的下拉菜单中选择“扭曲”修改器，在下面的“参数”卷展栏中将“角度”值设为 1080，结果如图 4.28 所示。该参数用于设定物体围绕扭曲轴扭曲的程度。

(3) 单击“参数”卷展栏中“偏移”右侧的上三角和下三角，观察物体的变化，如图 4.29 所示。该值可以使物体的扭曲效果沿扭曲轴产生偏移，该值为负时，扭曲效果向修改器中心偏移；该值为正时，扭曲效果将向远离修改器中心的方向偏移。默认对象的中心是长方体下底中心。

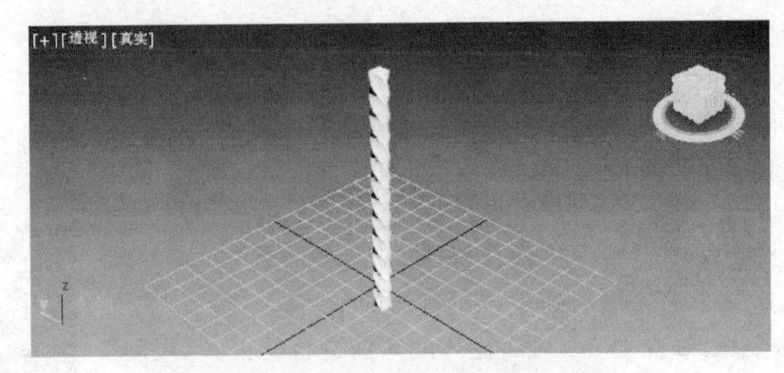

图 4.28　为长方体添加扭曲修改器

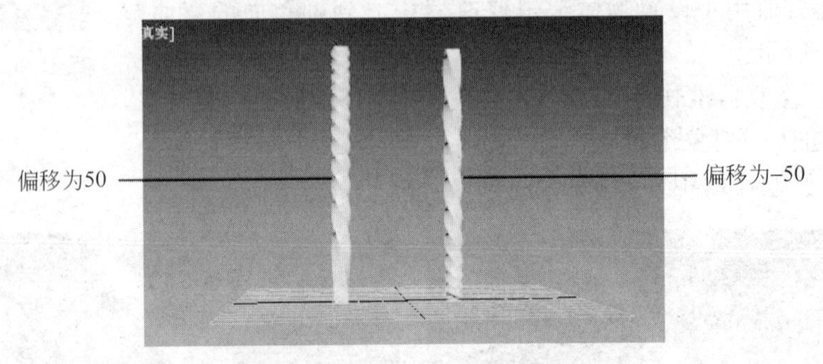

图 4.29　改变锥化的偏移参数

(4) 将“偏移”值设为 0，产生均匀扭曲。

(5) 单击“修改器堆栈”中 Twist 左侧的“＋”图标，展开其子对象，并选中“中心”。在前视图中，用“移动”工具将物体的“中心”从默认的底中心沿 Y 轴向上移动到物体的中间位置。单击 Twist 条目，使其变为灰色，结束子对象的编辑状态。

(6) 选中“限制效果”复选框，对扭曲效果进行范围约束。将“上限”值设为 20，“下限”值设为－20，如图 4.30 所示。

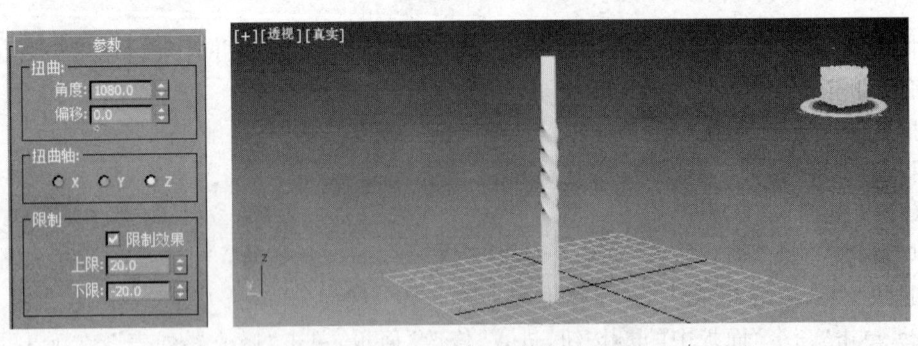

图 4.30　扭曲卷展栏及效果

(7) 利用 Shift 键＋“移动”的快速复制方法沿着 X 轴复制 11 个长方体，如图 4.31 所示。

(8) 执行“命令”面板中的“创建”→“几何体”→“长方体”命令，在“前视图”视口中创建一个长度为 5，宽度为 300，高度为 5 的长方体，单击主工具栏中的“选择并移动”工具，将其调整到如图 4.32 所示的位置。

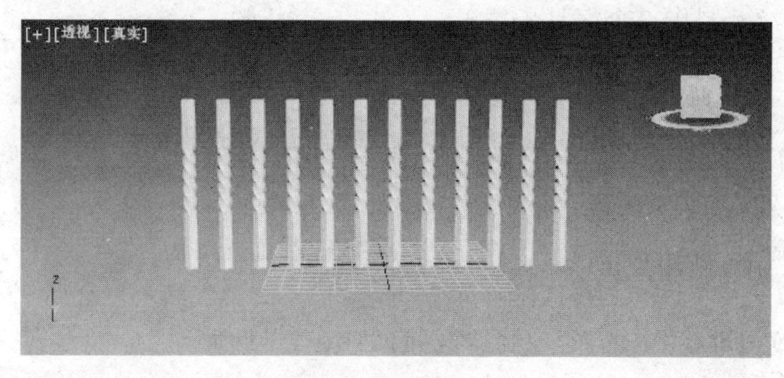

图 4.31　复制长方体

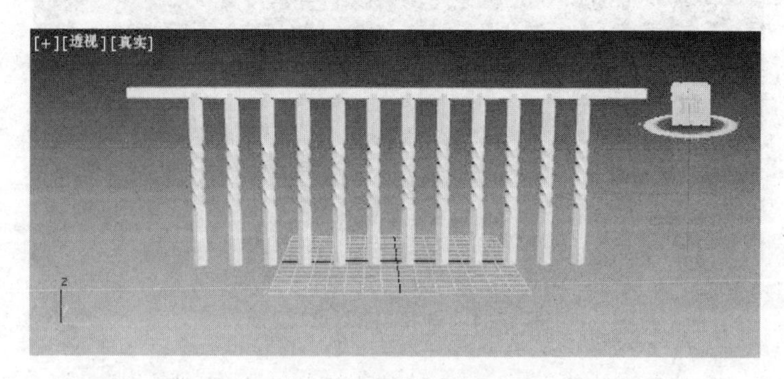

图 4.32　调节横栏位置

(9) 利用 Shift 键+“移动”工具的快速复制方法复制第(8)步所得长方体，并利用“移动”工具将其移动到一排长方体下部。铁栅栏完成后的效果如图 4.33 所示。

图 4.33　完成的铁栅栏

4.2.3　FFD 编辑修改器

FFD 的含义就是“自由形式变换”，该类修改器的作用是使用晶格框包围选中的几何体，通过调整晶格的控制点来改变封闭几何体的形状。

FFD 修改器提供了几个不同的晶格解决方案，分别是 FFD2 * 2 * 2、FFD3 * 3 * 3、FFD4 * 4 * 4、FFD 长方体和 FFD 圆柱体。FFD 修改器后边的数值是指晶格的每一方向或每一侧面上控制点的数目，而 FFD 长方体是指采用类似长方体形状的晶格来控制物体变形，FFD 圆柱体是指采用类似圆柱体形状的晶格来控制物体变形。

【操作实例 7】 制作一个简易帐篷。

目标：掌握 FFD 修改器的使用方法。

操作过程：

(1) 执行“命令”面板中的“创建”→“几何体”→“标准几何体”→“长方体”命令，在顶视图视口创建一个长度为 50，宽度为 50，高度为 0.1，长度分段为 10，“宽度分段”为 10 的长方体。

(2) 单击“命令”面板中的“修改”按钮，进入“修改”面板，单击“修改器列表”，在弹出的下拉菜单中选择 FFD3 * 3 * 3 修改器。

(3) 在“修改器堆栈”中选择“控制点”层面，如图 4.34 所示。

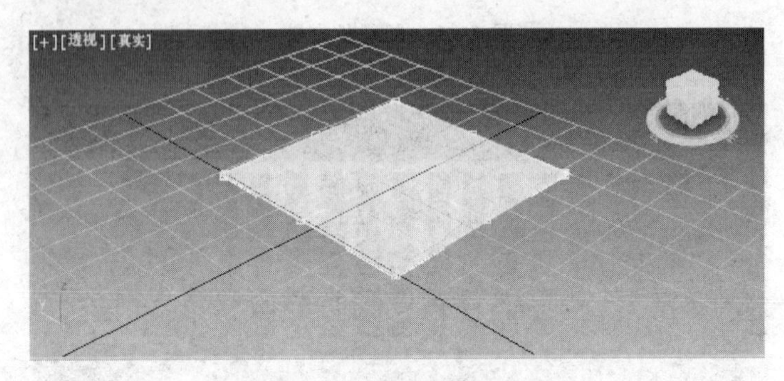

图 4.34 选择“控制点”层面

(4) 在顶视口将控制点按图 4.35 所示进行水平方向的调整。

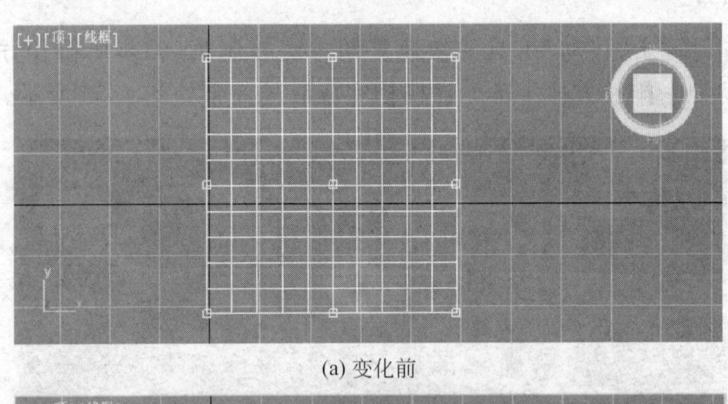

(a) 变化前

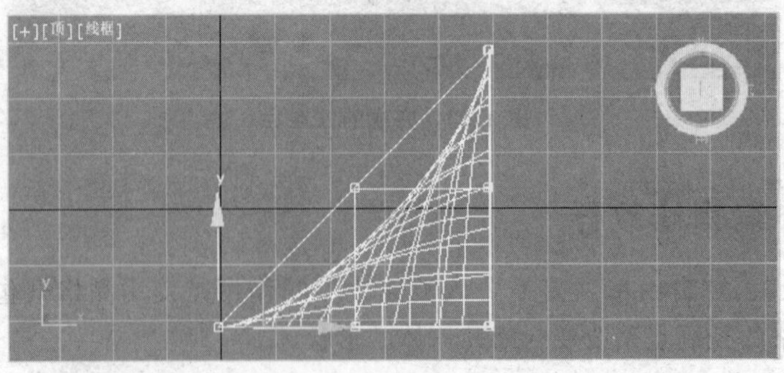

(b) 变化后

图 4.35 顶视口控制点变化前后

(5) 在透视口将控制点参照图 4.36 所示进行 Z 轴方向的调整。

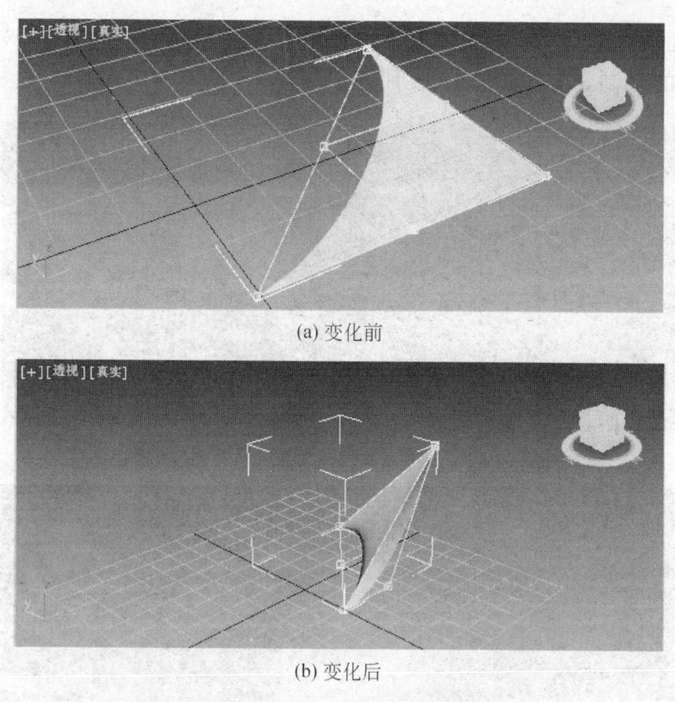

(a) 变化前

(b) 变化后

图 4.36　透视视口控制点变化前后

(6) 单击“修改器堆栈”中的“控制点”,关闭子对象编辑状态。

(7) 选择此物体,单击主工具栏中的“镜像”按钮,弹出“镜像”对话框,对原始物体进行 X 轴方向的复制,结果如图 4.37 所示。

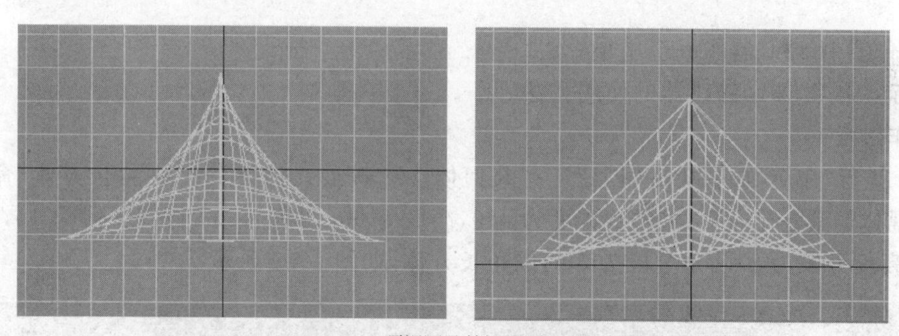

(a) 顶视图及前视图

(b) 透视图

图 4.37　X 轴方向的镜像

(8) 选择以上两个物体，单击主工具栏中的"镜像"按钮，弹出"镜像"对话框，对原始物体进行 Y 轴方向的复制，结果如图 4.38 所示。

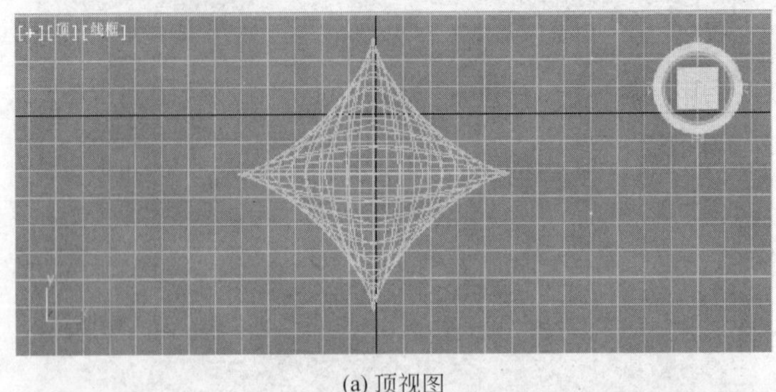

(a) 顶视图

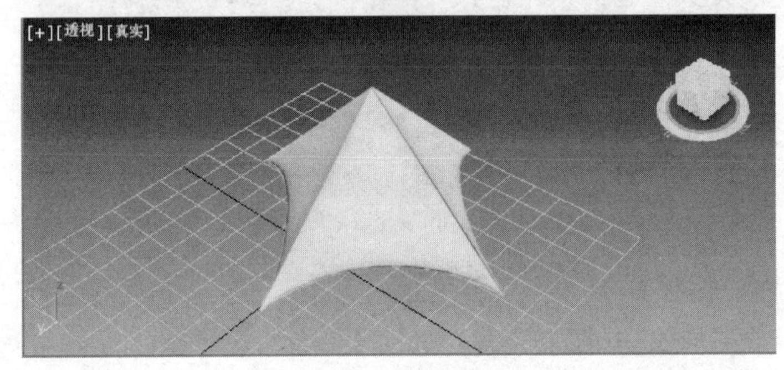

(b) 透视图

图 4.38 完成的帐篷

【操作实例 8】 制作一个坐垫。

目标：掌握 FFD 修改器的使用方法。

操作过程：

(1) 执行"命令"面板中的"创建"→"几何体"→"扩展几何体"→"切角长方体"命令，在顶视图视口创建一个长度为 450，宽度为 410，高度为 60，切角为 25，长度分段为 10，宽度分段为 8，高度分段为 1，圆角分段为 3 的倒角长方体，如图 4.39 所示。

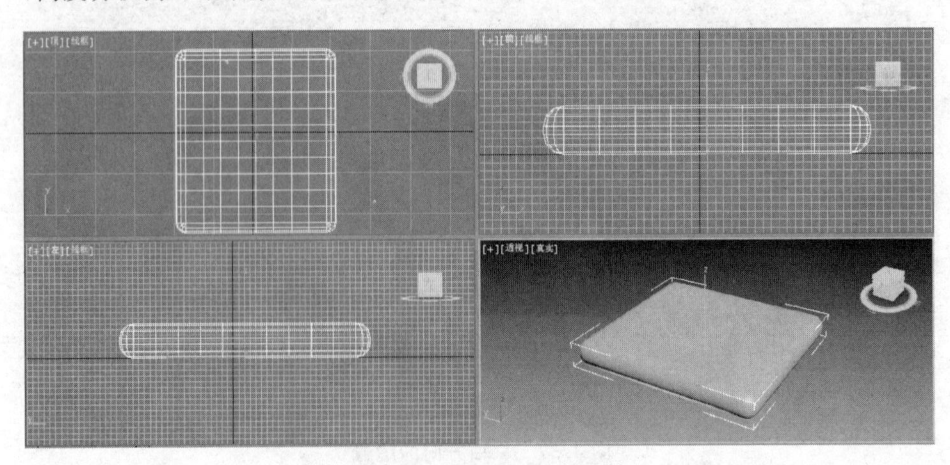

图 4.39 创建切角长方体

(2) 单击“命令”面板中的“修改”按钮，进入“修改”面板，单击“修改器列表”，在弹出的下拉菜单中选择 FFD(长方体)修改器。

(3) 单击“设置点数”按钮，出现如图 4.40 所示的“设置 FFD 尺寸”对话框。将“长度”设置为 8，“宽度”设置为 4，“高度”设置为 2，单击“确定”按钮。

(4) 单击修改器前面的“+”图标，选择“控制点”层级，在顶视图视口利用“缩放”和“移动”工具将切角长方体调整成如图 4.41 所示的形状。

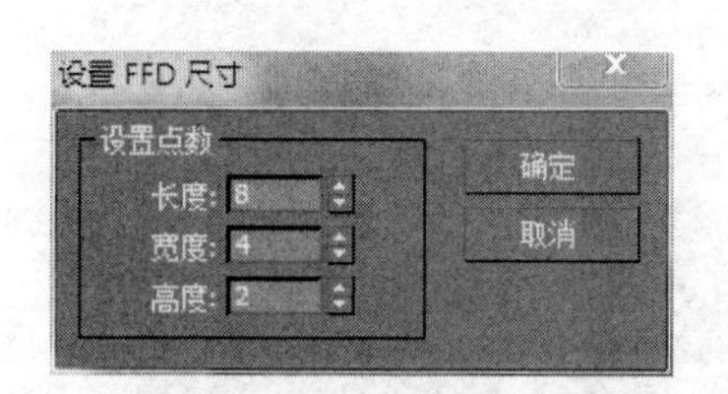

图 4.40　“设置 FFD 尺寸”对话框

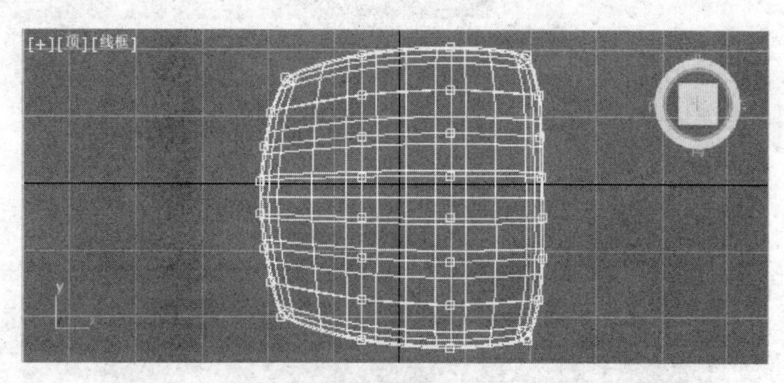

图 4.41　顶视图效果

(5) 在前视图视口利用“缩放”和“移动”工具将切角长方体调整成如图 4.42 所示的形状。

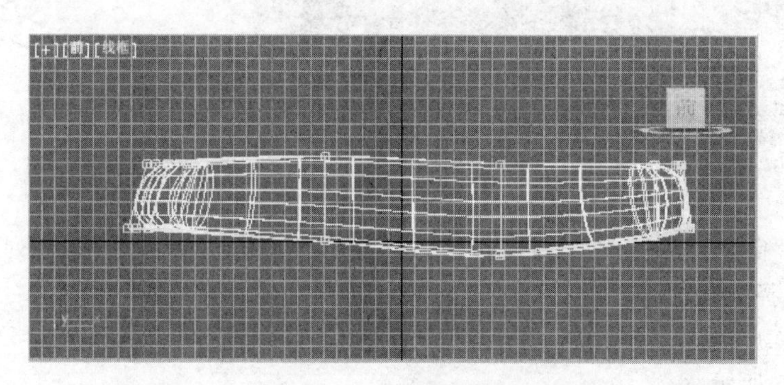

图 4.42　前视图效果

(6) 在左视图视口利用“缩放”和“移动”工具将切角长方体调整成如图 4.43 所示的形状。完成结果如图 4.44 所示。

4.2.4　噪波编辑修改器

“噪波”修改器能够沿着三个坐标轴任意组合调整物体顶点的位置，以产生随机变形的效果，对面数较多的物体其效果最为明显。

【操作实例 9】　制作一面随风飘扬的旗帜。

目标：掌握噪波修改器的使用方法。

操作过程：

(1) 执行“命令”面板中的“创建”→“几何体”→“标准几何体”→“平面”命令，在前视口创建一个长度为 50，宽度为 100，长度分段为 50，宽度分段为 50 的平面。

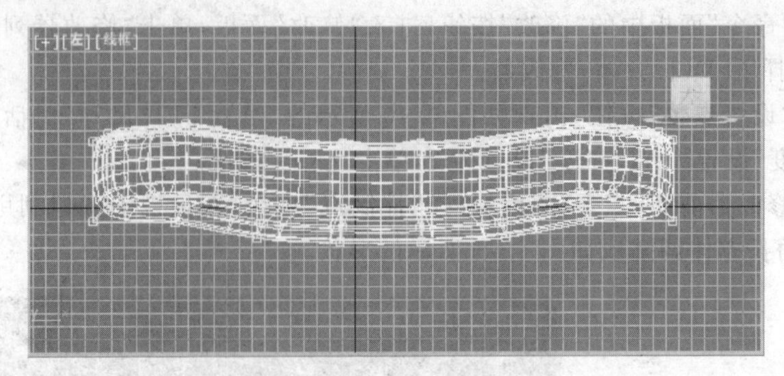

图 4.43 左视图效果

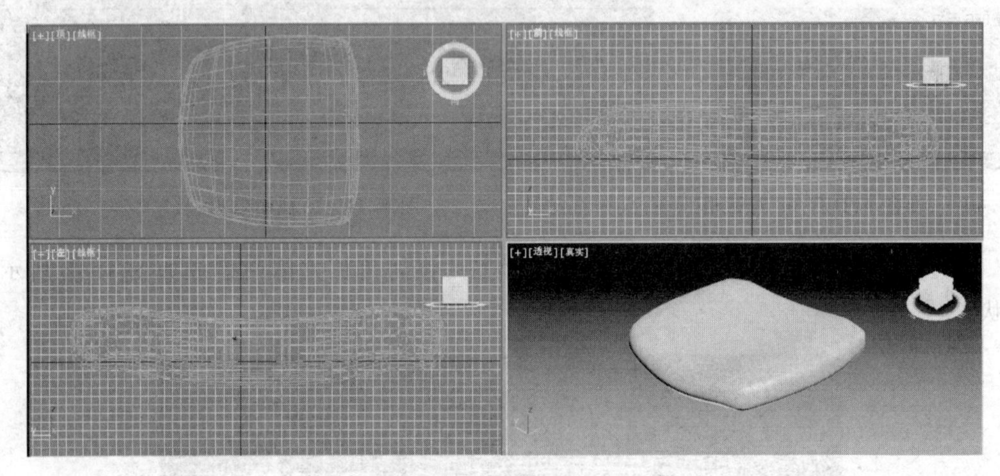

图 4.44 完成的坐垫

(2) 单击“命令”面板中的“修改”按钮,进入“修改”面板,单击“修改器列表”,在弹出的下拉菜单中选择“噪波”修改器。

(3) 在“噪波”选项区域中将“比例”值设置为 30,“强度”选项区域中的 Z 值设置为 15,效果如图 4.45 所示。

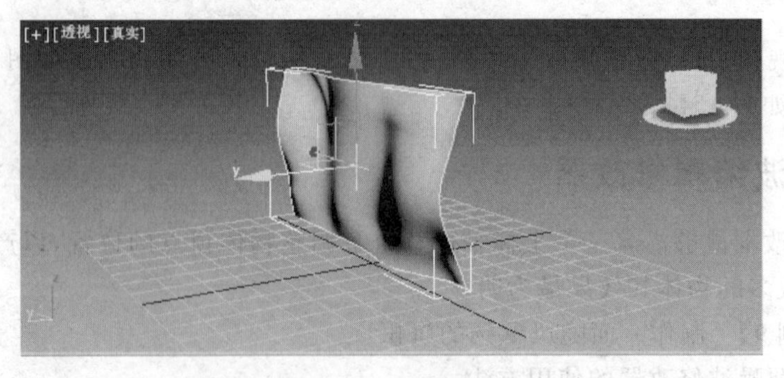

图 4.45 创建的旗面

“比例”值设置噪波的缩放,较大的值产生更为平滑的噪波,较小的值产生锯齿现象更严重的噪波。“强度”选项区域中的三个参数用于控制噪波凸起的强度大小,只有应用了“强度”后噪波效果才会起作用。

(4) 选中“动画噪波”复选框，可以令“噪波”产生动画效果。将“频率”设置为 0.1，如图 4.46 所示。频率用于调节噪波动画的速度，较高的频率使得噪波振动得较快，较低的频率使得噪波振动得较慢。

(5) 单击“动画控制区”中的“自动关键点”按钮，打开动画记录功能，将时间滑块移动到第 100 帧，将参数面板中的“相位”值设为 50，再次单击“自动关键点”按钮，关闭动画记录功能。“相位”值用于设定波形的开始点和结束点。

提示：如选中“分形”复选框，则启用分形效果，该效果将以数学运算的方式产生噪波。“粗糙度”的值用于设置分形变化的程度，较低的值比较高的值更精细。“迭代次数”的值用于控制分形功能所使用的碎片数学迭代次数，较小的迭代次数使用较少的分形能量，并生成更平滑的效果。迭代次数为 1.0 与禁用“分形”效果一致。

(6) 执行“命令”面板中的“创建”→“几何体”→“标准几何体”→“圆柱体”命令，在顶视口创建一个“高度”为 200，“半径”为 3 的圆柱体，为旗面添加旗杆，结果如图 4.47 所示。

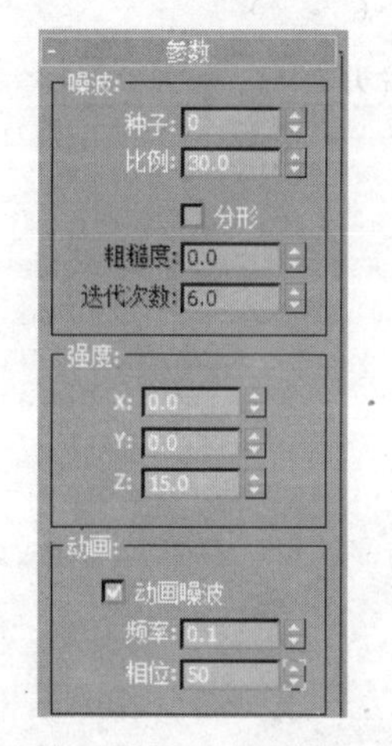

图 4.46　“噪波”参数设置卷展栏

图 4.47　制作的红旗

习题 4

1. 选择题

(1) 下列选项中不属于选择集编辑修改器的是(　　)。

A. 编辑面片　　B. 网格选择　　C. 放样　　D. 编辑网格

(2) 能够实现弯曲的修改器是(　　)。

A. 弯曲　　B. 噪波　　C. 扭曲　　D. 锥化

(3) 放样的最基本元素是(　　)。

A. 截面图形和路径　　B. 路径和第一点

C. 路径和路径的层次　　D. 变形曲线和动画

(4) 在一个几何体上分布另外一个几何体的运算的名称为(　　)。

A. 连接　　B. 变形　　C. 散布　　D. 一致

(5) 布尔运算中实现合并运算的选项为(　　)。

A. Subtraction(A-B)　　B. Cut

C. Intersection　　D. Union

2. 判断题

(1) 在 3ds Max 中编辑修改器的次序对最后的结果没有影响。(　　)

(2) 应用在对象局部坐标系的编辑修改器受对象轴心点的影响。(　　)

(3) 在组合对象中,布尔使用两个或者多个对象来创建一个对象。新对象是初始对象的交、并或差。(　　)

(4) 在放样中所使用的每个截面图形必须有相同的开口或者封闭属性,也就是说,要么所有的截面都是封闭的,要么所有的截面都是不封闭的。(　　)

(5) 曲面编辑修改器生成的对象类型是面片。(　　)

(6) 可以在对象的一端对称缩放对象的截面的编辑器为弯曲。(　　)

(7) 将二维图形和三维图形结合在一起的运算的名称为图形合并。(　　)

(8) 噪波不可以做动画。(　　)

3. 简答题

(1) 如何创建布尔运算?

(2) 什么样的二维图形是合法路径?

(3) 图形合并时要注意什么问题?

(4) 如何利用放样制作冰淇淋?

(5) 根据“香皂”案例制作一枚象棋。

4. 答案

选择题:(1) C　(2) A　(3) A　(4) C　(5) D

判断题:(1) F　(2) T　(3) T　(4) F　(5) T　(6) F　(7) F　(8) F

第 5 章 材质和贴图

为场景中的对象添加材质或贴图是动画制作过程中不可或缺的重要步骤。材质编辑器是 3ds Max 中制作材质非常有用的工具,而贴图的合理调配可以使得对象模拟出更为真实的效果。

学习目标

- 材质编辑器的布局。
- 创建基本的材质,并将它应用于场景中的对象。
- 材质库的创建和使用。
- 给场景添加背景。
- 使用位图创建简单的材质。
- 使用程序贴图和位图创建复杂贴图。
- 给对象应用 UVW 贴图坐标。

5.1 材质编辑器基础

使用材质编辑器,能够给场景中的对象创建五彩缤纷的颜色和纹理表面属性。3ds Max 2015 中材质编辑器有两种编辑器模式:“板岩材质编辑器(Slate Material Editor)”和“精简材质编辑器(Compact Material Editor)”。“板岩材质编辑器”是“精简材质编辑器”的替代模式,该编辑器能够以节点、连线、列表的方式显示材质层级,使用户可以一目了然地观察和编辑材质,界面更人性化,操作更简便。本章将对 3ds Max 2015 中默认的“板岩材质编辑器”进行详细介绍。

5.1.1 材质编辑器的布局

在给 3ds Max 的模型赋予材质的过程中经常会用到材质编辑器。熟悉材质编辑器的布局是非常重要的。

进入材质编辑器有以下三种方法:

(1) 从主工具栏单击“材质编辑器(Material Editor)”按钮。

(2) 在菜单栏中选择“渲染(Rendering)”→“材质编辑器(Material Editor)”命令。

(3) 使用快捷键 M。

材质编辑器窗口由以下 8 个部分组成,如图 5.1 所示。

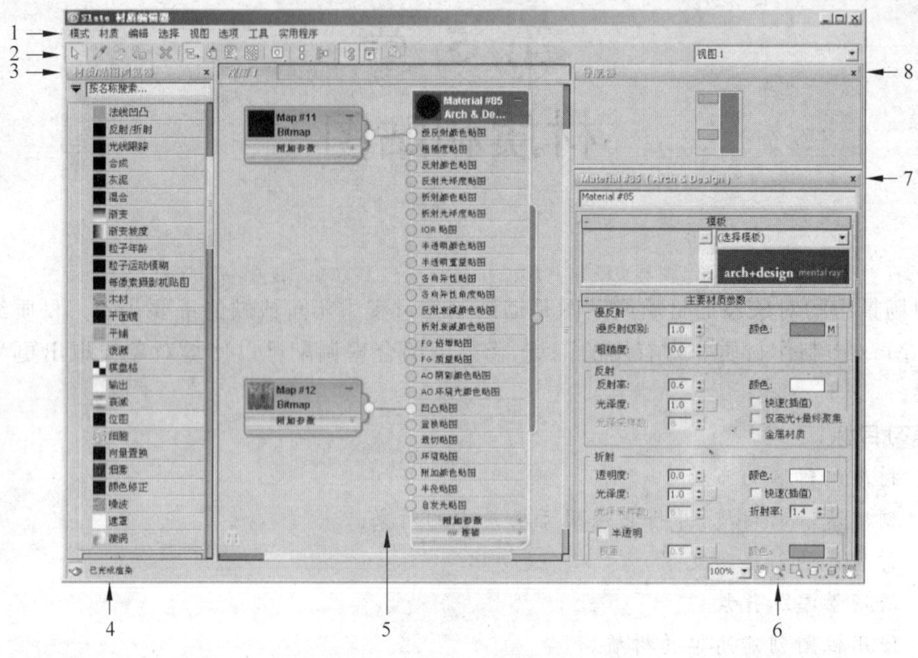

图 5.1 “材质编辑器”窗口

1. **菜单栏**(Menu Bar)

菜单栏包含带有创建和管理场景中材质的各种选项菜单。

2. **材质编辑器工具栏**(Toolbar)

使用“Slate 材质编辑器”工具栏可以快速访问许多命令。该工具栏还包含一个下拉列表框,使用户可以在命名的视图之间进行选择。

3. **材质/贴图浏览器**(Material/Map Browser)

在“材质/贴图浏览器”面板中已经按照材质(Materials)、贴图(Map)、材质库(Material Library)等进行分类,用户可以方便地找到需要的材质类型或贴图。也可以按照名称进行搜索,还可以自定义分组,将常用的材质、贴图等放进分组中,以易于管理。

4. **状态栏**(Status Bar)

状态栏显示当前是否完成预览窗口的渲染。

5. **活动视窗**(Activity View)

在当前活动视图中,可以通过将贴图或控制器与材质组件关联来构造材质树。

6. **视图导航**(Viewport Navigator)

视图导航用于对活动视图进行比例缩放、移动等操作。

7. **参数编辑器**(Parameter Editor)

在参数编辑器中,可以调整贴图和材质的详细设置。

8. **导航器**(Navigator)

用于浏览活动视图。导航器中的红色矩形显示了活动视图的边界。在导航器中拖动矩形可以更改视图的布局。

5.1.2 材质编辑器工具栏

在材质编辑器工具栏中,主要工具有:

- "选择工具(Select Tool)":选择、移动活动视窗中的节点。
- "吸管工具(Pick Material from Object)":从场景中吸取材质。
- "将材质指定给选定对象(Assign Material to Selection)":此选项将在视图导航中设置好的材质指定给场景中选定的对象。
- "删除选定对象(Delete Selected Object)":在活动视图中删除选定的节点或关联。
- "移动子对象(Move Child Object)":移动父节点会移动与之关联的子节点。
- "隐藏未使用的节点示例窗(Hide Unused Nodes Sample)":对于选定的节点,在节点打开时切换未使用的示例窗的显示。
- "视口中显示明暗处理材质(Show Shaded Material in Viewport)":使用"明暗处理"样式并针对活动材质启用所有贴图的视口显示。
- "布局弹出(Layout)"按钮:可以在活动视图中选择自动布局的方向,分为垂直和水平两个方向。
- "布局子对象(Child Object Layout)":自动布置当前所选节点的子节点,此操作不会更改父节点的位置。

5.1.3 活动视窗

在"板岩材质编辑器"中"活动视窗"部分的全新加入,使用户能方便、快速地查看和创建材质。

1. **在活动视窗中创建材质**

在活动视窗中创建材质有三种方法。

(1) 执行"材质(Material)"→"贴图浏览器(Map Browser)"→"材质(Materials)"→"标准(Standard)"命令,选择任意一种材质类型双击,或将其拖曳到活动视窗,即可在活动视窗中创建一种材质(如图 5.2 所示)。

(2) 在活动视窗中的空白区域单击右键,在"材质"子菜单中,选择任意一种材质类型,即可在活动视窗中创建一种材质(如图 5.3 所示)。

(3) 在"材质/贴图浏览器"中选择"示例窗(Sample Slots)",将一空白材质球拖曳到活动视窗中,在弹出的对话框中确认将材质以"实例(Instance)"或"复制(Copy)"的方法复制到活动视窗中。仅限标准材质,如需其他材质,则用前两种方法创建材质(如图 5.4 所示)。

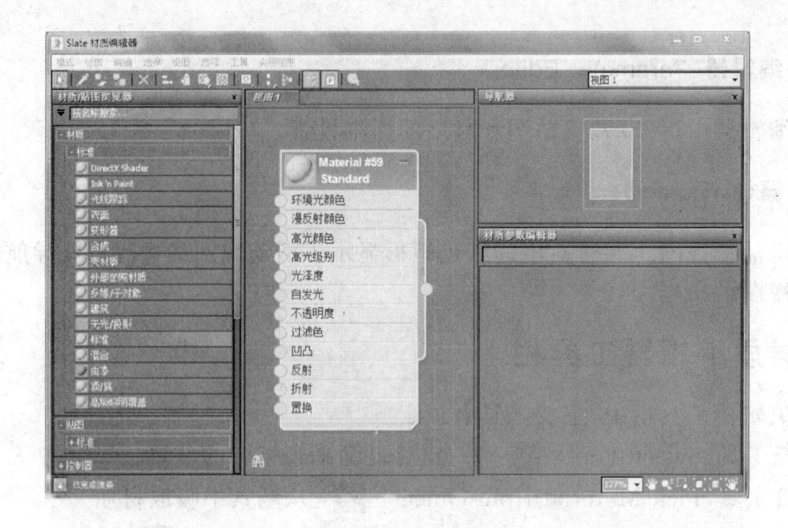

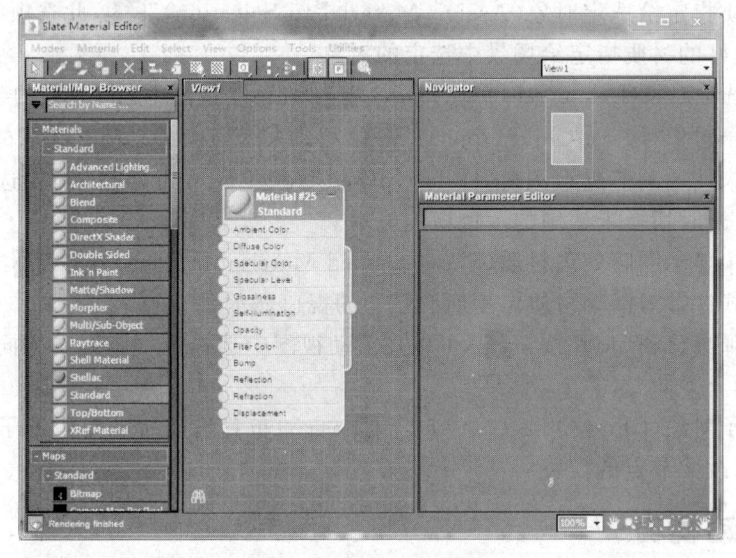

图 5.2　创建材质的方法一

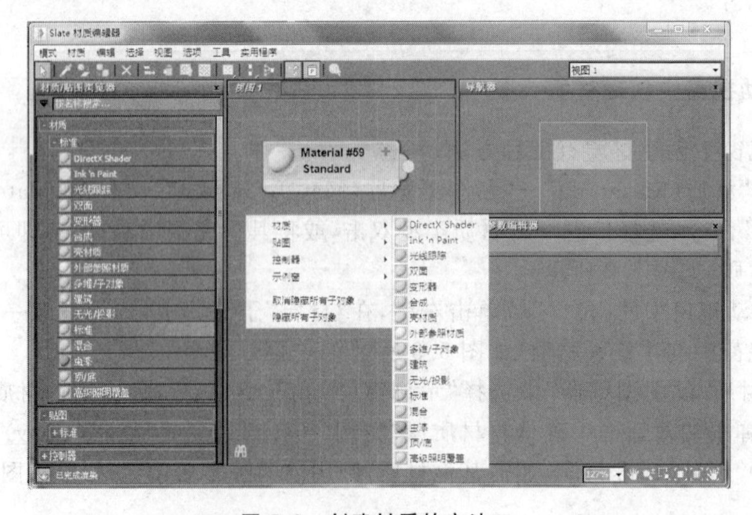

图 5.3　创建材质的方法二

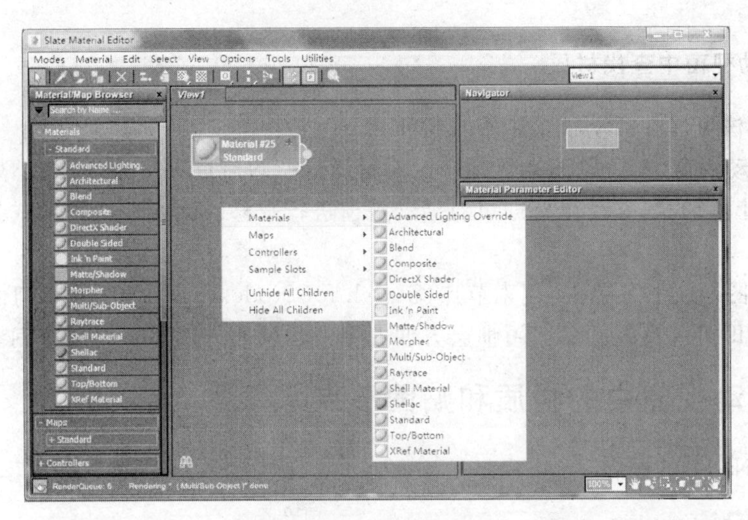

图 5.3 （续）

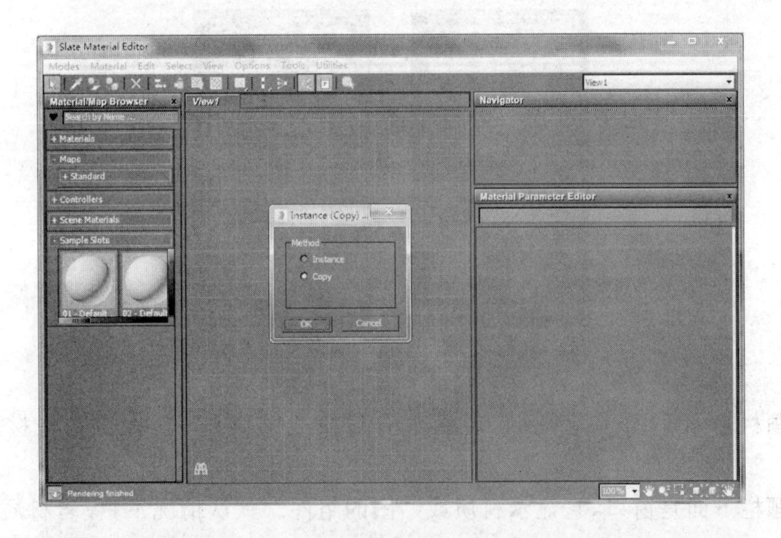

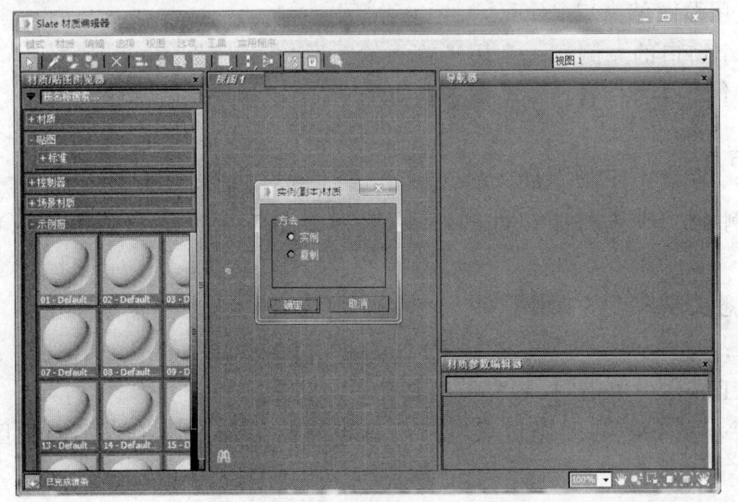

图 5.4　创建材质的方法三

2. 在活动视窗中查找材质

有两种方法可以在活动视窗中查找材质。

(1) 在活动视窗中，可以滚动鼠标中键对材质或贴图节点进行放大、缩小处理。按住鼠标中键，出现小手形状，移动鼠标即可对活动视窗进行平移。结合这两种形式找出所需的材质节点。

(2) 在视图导航下方单击“搜索节点(Search for Nodes)”，在出现的查询框中输入要查找的材质名称即可。良好的命名习惯会方便使用者运用此方法进行材质查询。

5.1.4 活动视窗中的材质和贴图节点

1. 节点(Node)的概念

如图 5.5 所示，节点有多个组件。

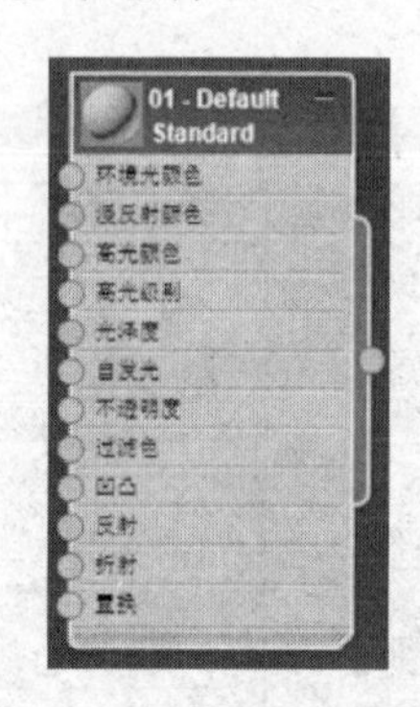

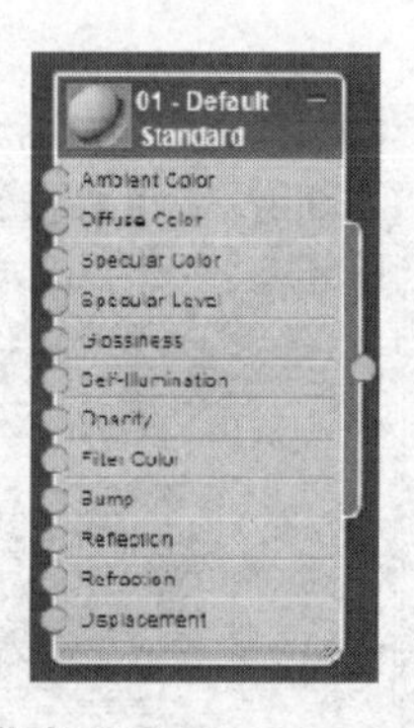

图 5.5 节点组成

(1) 标题栏显示小的预览图标，后面跟有材质或贴图的名称，然后是材质或贴图的类型。

(2) 标题栏下面是窗口，它显示材质或贴图的组件。默认情况下，板岩材质编辑器仅显示用户可以应用贴图的窗口。

(3) 在每个窗口的左侧有一个用于输入的圆形“套接字”。

(4) 在每个窗口的右侧有一个用于输出的圆形“套接字”。

2. 关联节点

【操作实例 1】 设置材质组件的贴图，要将贴图节点关联到该组件窗口的输入套接字上。

目标：熟悉关联节点的操作。

操作过程：

(1) 在主工具栏中单击“板岩材质编辑器”按钮。

(2) 选择“材质”→“贴图浏览器”命令，分别将材质和贴图拖入活动视图中，如图 5.6 所示。

(3) 从贴图节点的输出套接字拖出将创建关联，如图 5.7 所示。

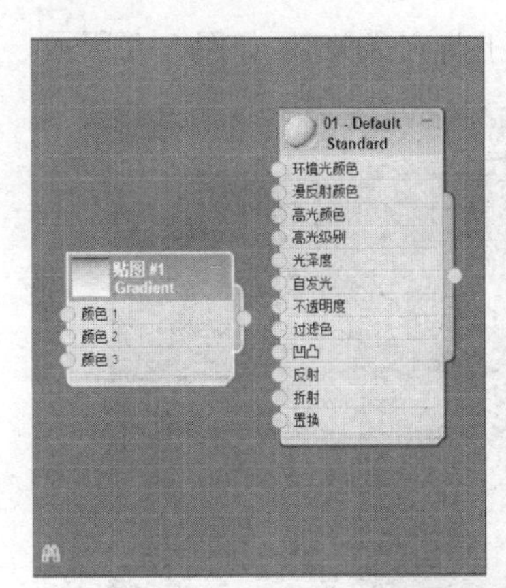

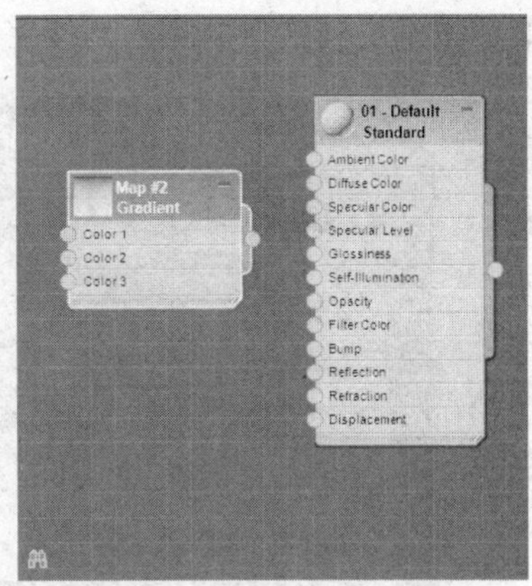

图 5.6　材质与贴图节点

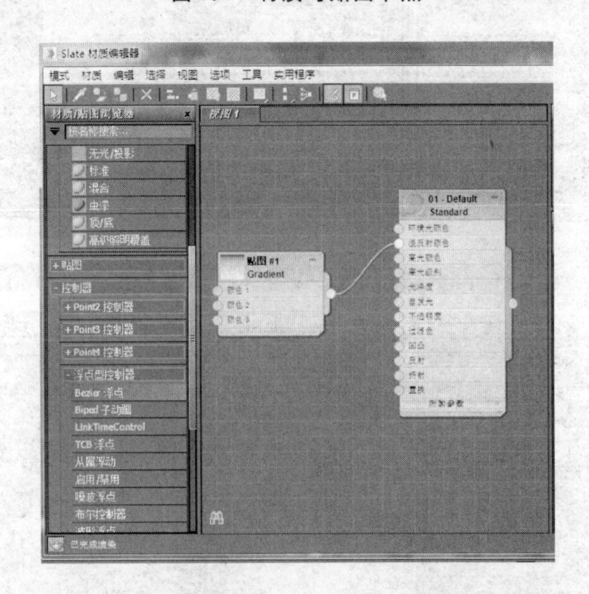

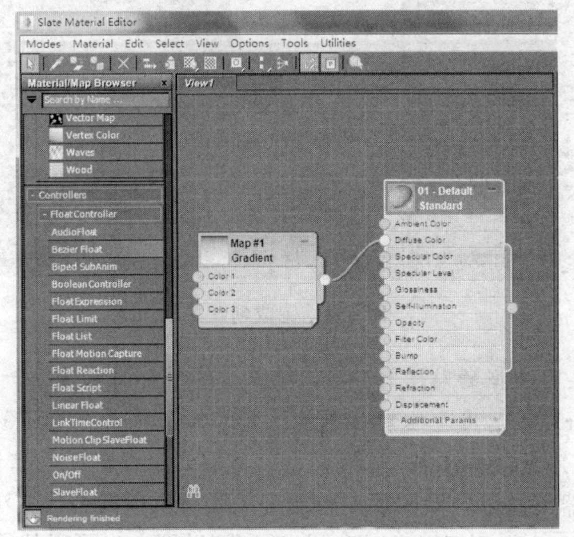

图 5.7　创建贴图与材质关联

(4) 将关联的末端放到窗口的输入套接字上将完成关联，如图 5.8 所示。

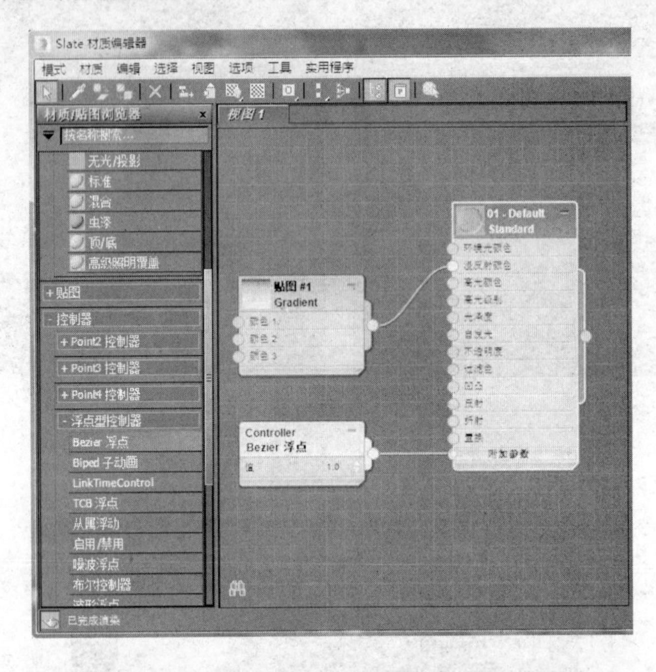

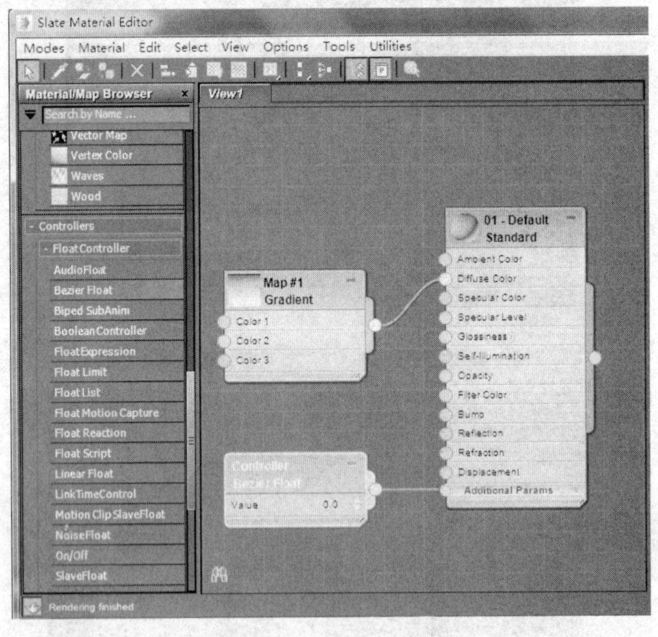

图 5.8　完成创建关联

说明：在添加某些类型的贴图时，板岩材质编辑器会自动添加一个 Bezier 浮点控制器(Floating Controller)节点，用于控制贴图量。并且控制器提供了许多用于设置材质或贴图动画的方法，可以启用自动关键点(Auto Key)，然后在各帧中更改控制器的值。

板岩材质编辑器还为用户提供了一些用于关联材质树的替代方法：

① 可以从父对象拖曳到子对象(即从材质窗到贴图)，也可以从子对象拖曳到父对象。

② 双击未使用的输入套接字，将显示“材质/贴图浏览器”，通过它可以选择材质或贴图类型，从而成为新节点。

③ 拖动以创建关联。在视图的空白区域释放鼠标，将显示“上下文”菜单，通过创建适当类型的新节点进行关联，如图 5.9 所示。

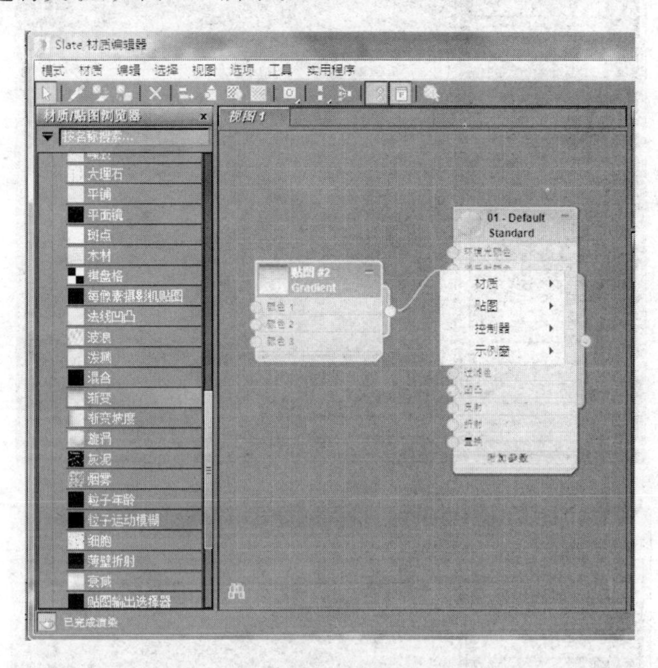

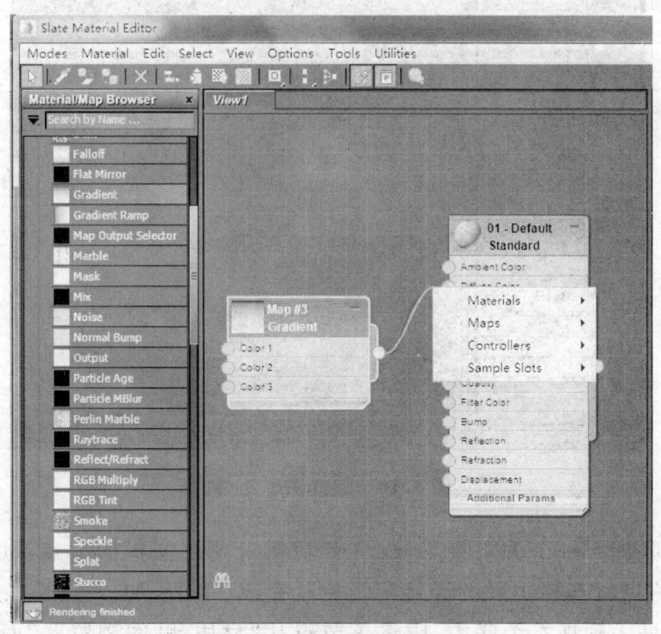

图 5.9　创建新节点进行关联

④ 如果将关联拖动到目标节点的标题栏，将显示一个弹出菜单，可通过它选择要关联的组件窗口，如图 5.10 所示。

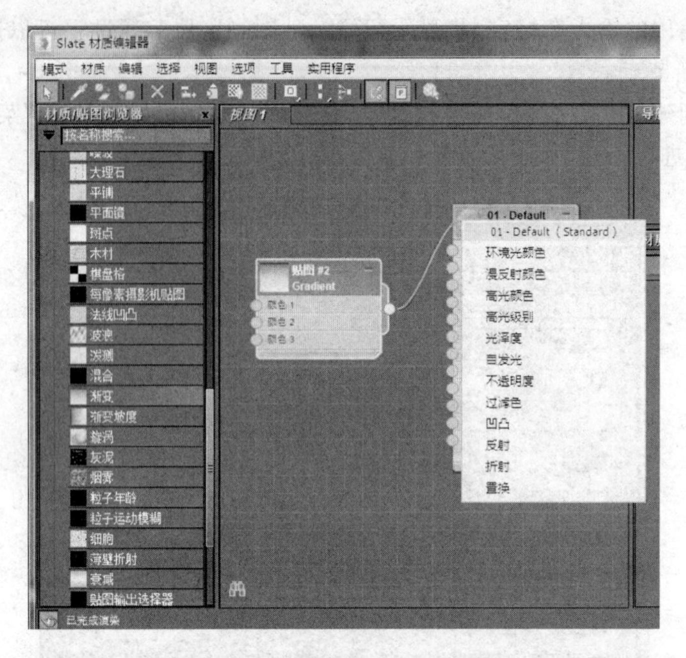

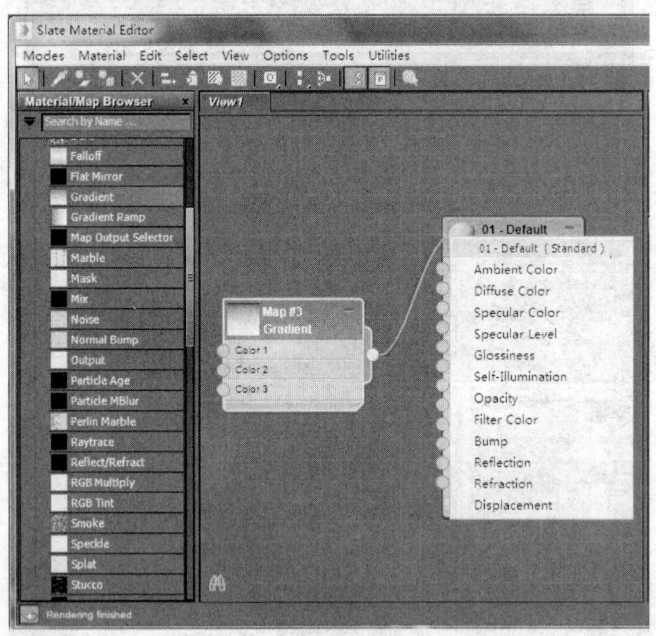

图 5.10 选择关联组件

⑤ 如果将关联拖到一个关闭节点，或具有隐藏未使用窗口的节点，3ds Max 将临时打开该节点以便用户可以选择关联的套接字。关联完成后，3ds Max 会再次关闭该节点。

⑥ 要将节点插入到现有关联中，应将该节点从“材质/贴图浏览器”面板拖放到该关联上。光标变化可以让用户知道正在插入节点，如图 5.11 所示。

(5) 若要移除贴图或关联，在视图中单击贴图节点或关联以处于选择状态，然后单击按钮或按 Del 键。

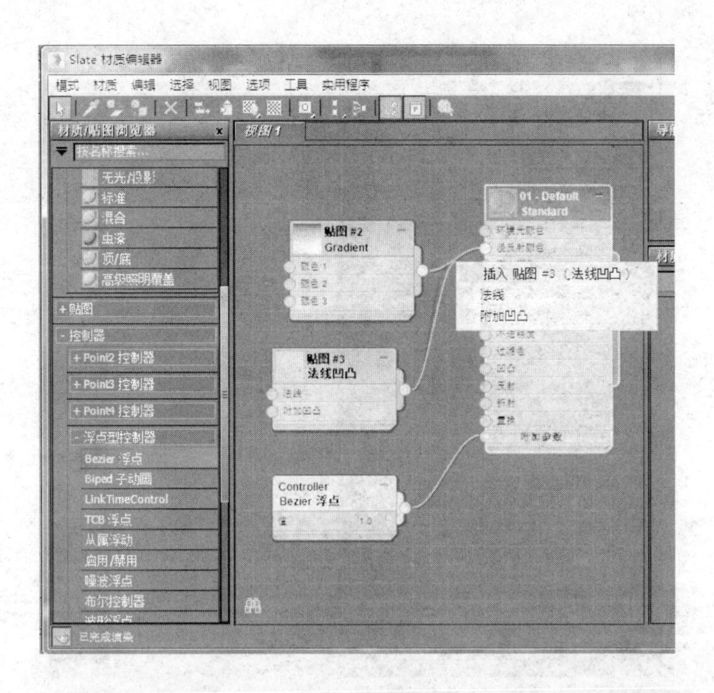

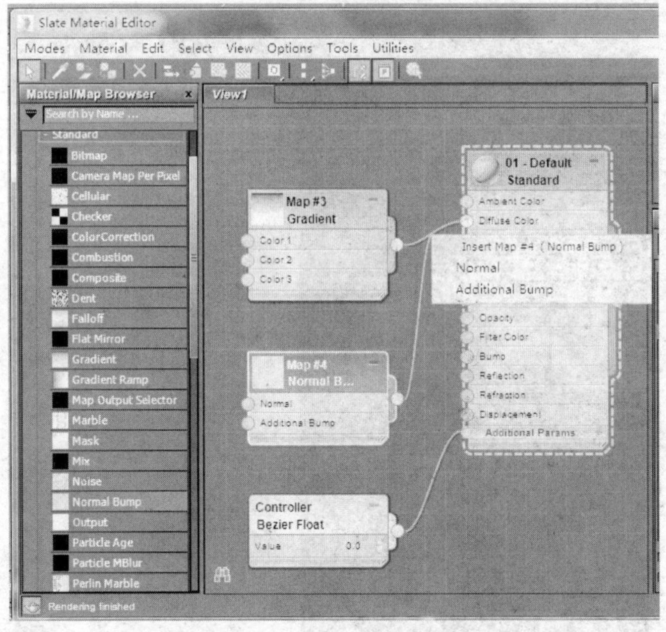

图 5.11　显示正在插入节点

(6) 若要更换其输入套接字关联位置，将关联拖离其关联到的输入套接字，即可重用该贴图节点。

3. 材质和贴图节点的右键菜单

右键单击材质或贴图节点将弹出一个快捷菜单，其中有多种选项可用于显示和管理材质、贴图，如图 5.12 所示。

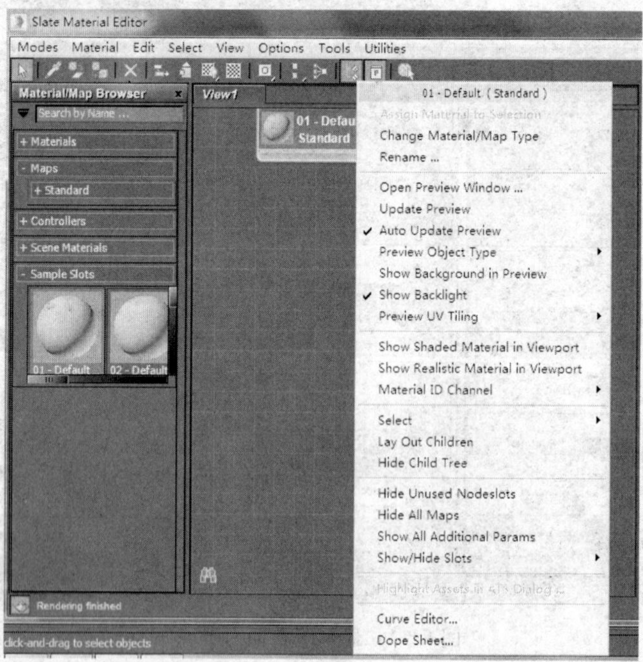

图 5.12 显示和管理材质、贴图

主要的功能有：

(1) 布局子对象(Layout Children)：自动排列当前所选节点的子对象布局，键盘快捷键是 C。

(2) 隐藏子树(Hide Child Tree)：启用此选项时，“视图”会隐藏当前所选节点的子对象。禁用此选项时，子节点会显示出来。

(3) 隐藏未使用的节点示例窗(Hide Unused Node Slots):对于选定的节点,在节点打开的情况下切换未使用的示例窗显示。键盘快捷键是 H。

5.1.5　给一个对象应用材质

材质编辑器除了创建材质外,它的一个最基本的功能是将材质应用于各种各样的场景对象上。3ds Max 提供了将材质应用于场景中对象的几种不同的方法。可以使用工具栏底部的“选择指定材质(Assign Material to Selection)”按钮,也可以简单地将材质拖放至当前场景中的单个对象或多个对象上。

1. 将材质指定给选择的对象

【操作实例 2】　为场景中的椅子赋予材质。

目标:学会将材质指定给选择的对象。

操作过程:

(1) 启动 3ds Max 2015,选择“文件(File)”→“打开(Open)”命令,从本书配套的资料中打开文件 Samples\Ch05-02. max。打开后的场景如图 5. 13 所示。

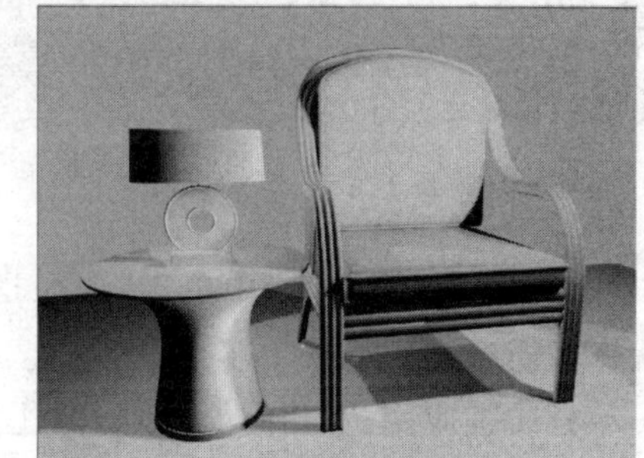

图 5. 13　打开后的场景

(2) 按下 M 键打开材质编辑器。在材质编辑器中选择名称为 yizi 的材质,如图 5. 14 所示(可在“模式”选项中进行不同材质编辑器的切换)。

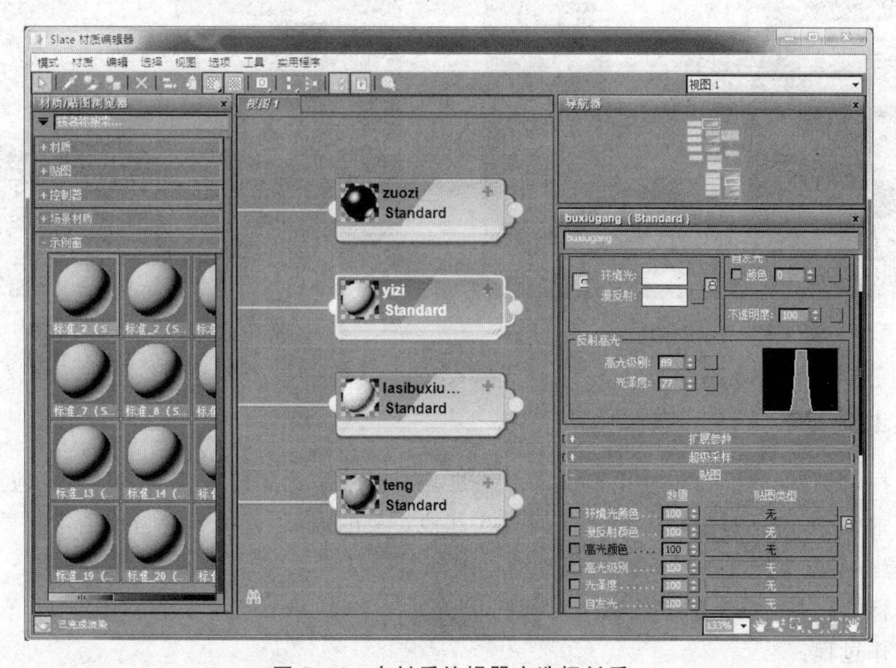

图 5. 14　在材质编辑器中选择材质

注意:在活动视窗中单击材质或贴图节点变为白色实线框,则为选中节点。双击材质或贴图节点,其变为白色虚线框,则可编辑节点,如图 5. 15 所示。

(3) 在场景中选择 yizi 对象,将材质赋予该对象,如图 5. 16 所示。

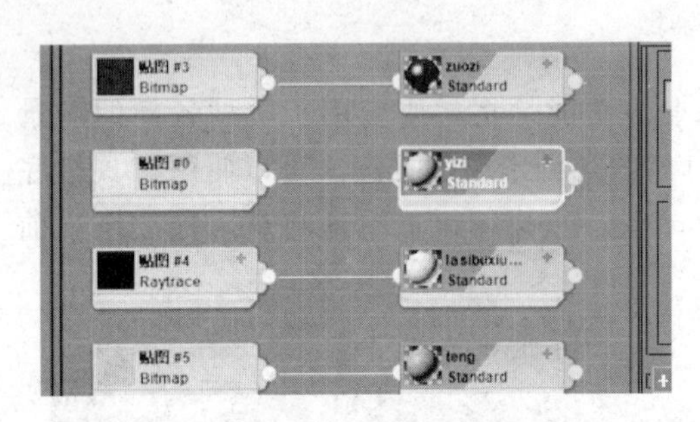

图 5.15 选择材质

图 5.16 添加对象到选择集

(4) 在材质编辑器中单击"选择指定材质(Assign Material to Selection)"按钮,这样就将材质指定到场景中了,如图 5.17 所示。材质节点中材质球所在的样本窗变成了白色,表示材质被应用于选择的场景对象上了。

(5) 用同样的方法将场景中的 zuodian、digui、buxiugang 和 boliban 对象进行材质的赋予,效果如图 5.18 所示。

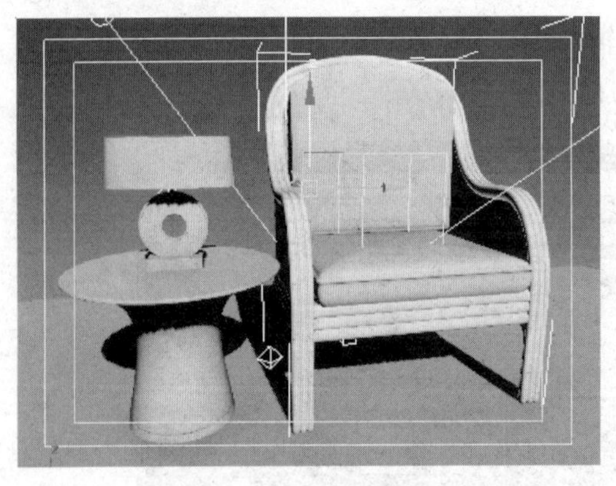

图 5.17 指定材质

图 5.18 材质赋予后效果

2. 拖放材质

选择示例窗的材质球,使用拖曳的方法也能对场景中选到的一个或多个对象应用材质。方法非常便捷,但是对象被隐藏在后面或在其他对象的内部,就很难恰当地指定材质。

【操作实例 3】 拖曳材质球,指定场景中地面的材质。

目标: 学会用拖曳的方法赋予对象的材质。

操作过程:

(1) 继续前面的练习,在材质编辑器的示例窗中选择名为 dimian 的材质,如图 5.19 所示。

(2) 将该材质拖曳到 Camera01 视口的 plan01 对象上。释放鼠标时,材质将被应用于 plan01 上,如图 5.20 所示。

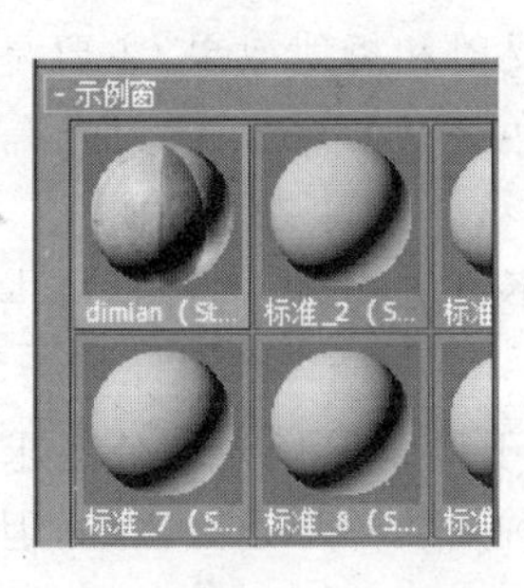

图 5.19　选择材质

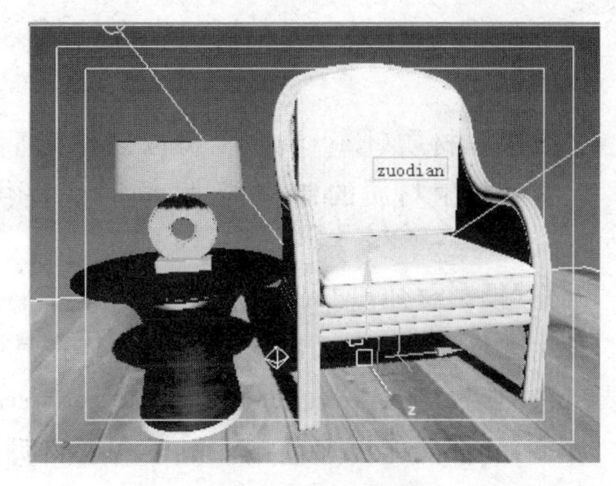

图 5.20　拖放材质

注意：此种拖曳的方法只能用示例窗中的材质球进行材质的赋予。活动视窗中的节点不能将材质进行拖曳赋予场景中的对象。

5.2　材质的类型

我们的周围充满了各种各样的材质，有一些外观很简单，有一些则呈现相当复杂的外表。不管是简单还是复杂，它们都有一个共同的特点，就是影响从表面反射的光。当构建材质时，必须考虑光和材质如何相互作用。在本节中将进一步讨论材质的类型及常用到的标准材质、光线追踪材质的详细参数介绍。

5.2.1　材质的类型

3ds Max 2015 提供了 16 种材质类型，如图 5.21 所示，每一种材质类型都有独特的用途。材质间的使用差异很大，不同的材质有不同的用途。部分材质类型说明如下。

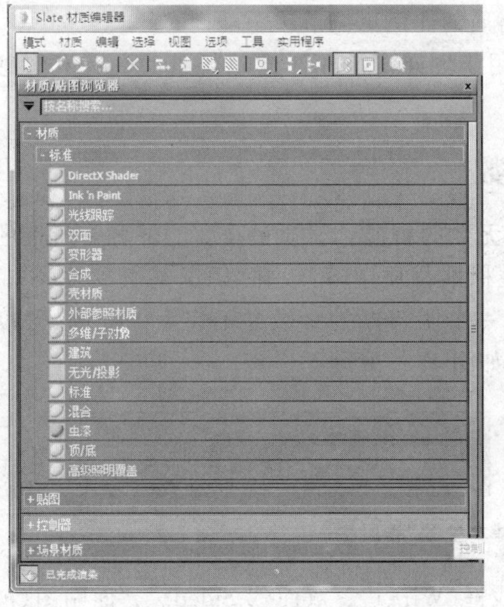

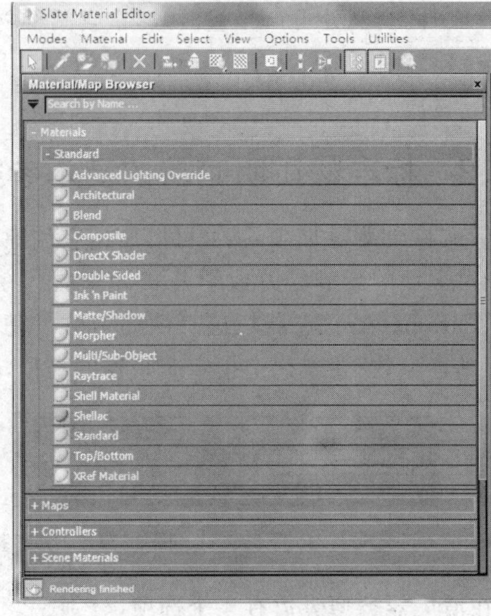

图 5.21　材质类型

- 标准材质(Standard)：默认的材质方法，拥有大量的调节参数，通用于绝大部分模型表面。
- 光线跟踪材质(Raytrace)：可以创建完整的光线跟踪反射和折射效果，主要是加强反射和折射材质的制作能力，同时还提供了雾效、颜色密度、半透明、荧光等许多特效。
- 无光/投影材质(Matte/Shadow)：能够将物体转换为不可见物体，这种物体本身不显示在场景中，但可以反映其他物体在其上形成阴影。
- 高级照明材质(Advanced Lighting Override)：主要用于调整优化光能传递求解的效果，配合光能传递使用。对于高级照明系统来说，这种材质并不是必需的，但对于提高渲染效果却很重要。
- 卡通材质(Ink'n Paint)：能赋予物体二维卡通的渲染效果。
- 壳材质(Shell)：专用于贴图的制作。
- 混合材质(Blend)：将两个不同材质混合在一起，据混合度的不同控制两种材质的显示程度。
- 合成材质(Compositors)：将多个不同的材质叠加在一起，包括一个基本材质和 10 个附加材质，通过添加、排除和混合能够创造出复杂多样的物体材质，常用来制作动物和人体皮肤，生锈的金属等。
- 双面材质(Double Side)：可为物体内外或正反表面分别制定两种不同的材质，并可控制它们彼此之间的透明度来产生特殊效果，如纸牌、杯子等。
- 变形材质(Morpher)：配合 Morpher 修改器使用，产生材质融合的变形动画。
- 多维/子对象材质(Multi/Sub-Object)：可以设置多个材质 ID，给物体设定区域或者给多面的物体指定材质。
- 虫漆材质(Shellac)：模拟金属漆、地板漆等。
- 顶/底材质(Top/Bottom)：为一个物体指定不同的材质，一个在顶端、一个在底端，中间交互处可产生过渡效果，且两种材质的比例可调节。
- 建筑材质(Architectural)：专门设计用于创建可应用于建筑场景的具有真实感的材质。

5.2.2 标准材质明暗器的基本参数

标准材质类型非常灵活，可以使用它创建无数的材质。材质最重要的部分是所谓的明暗，光对表面的影响是由数学公式计算的。在标准材质中，可以在“阴影基本参数(Shader Basic Parameters)”卷展栏选择明暗方式。每一个明暗器的参数是不完全一样的，可以在“阴影基本参数”卷展栏中指定明暗器的类型，如图 5.22 所示。

图 5.22 “阴影基本参数”卷展栏

在渲染器类型旁边有 4 个选项，分别是“线框(Wire)”、“双面(2-Sided)”、“面贴图(Face

Map)”和“面状(Faceted)”。下面简单解释一下这几个选项。

(1) 线框：使对象作为线框对象渲染。可以用 Wire 渲染制作线框效果,比如栅栏的防护网。

(2) 双面：设置该选项后,既渲染对象的前面也渲染对象的后面。2-Sided 材质可用于模拟透明的塑料瓶、渔网或网球拍细线。

(3) 面贴图：该选项将材质的贴图坐标设定在对象的每个面上。与下面章节要讨论的“UVW 贴图(UVW Map)”编辑修改器中的“面贴图”作用类似。

(4) 面状：该选项使对象产生不光滑的明暗效果。Faceted 可用于制作加工过的钻石和其他的宝石或任何带有硬边的表面。

3ds Max 默认的是 Blinn 明暗器,可以通过明暗器列表来选择其他的明暗器,如图 5.23 所示。不同的明暗器有一些共同的选项,例如“环境(Ambient)”、“漫反射(Diffuse)”和“自发光(Self-Illumination)”、“透明度(Opacity)”、“高光(Specular Highlights)”等。每一个明暗器也都有自己的一套参数。

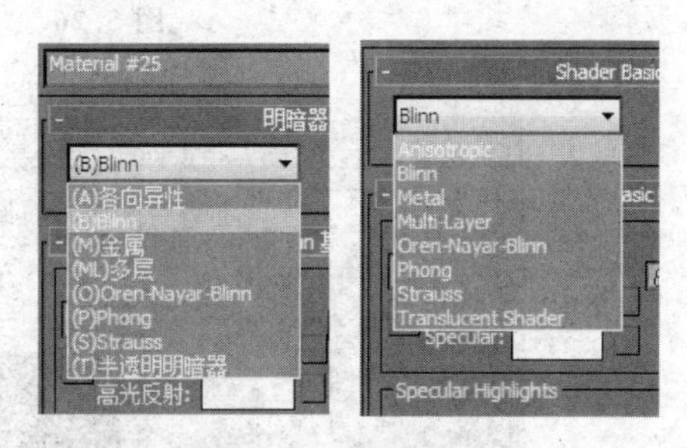

图 5.23 明暗器列表

(1) 各向异性(Anisotropic)。该明暗器的基本参数卷展栏如图 5.24 所示,它创建的表面有非圆形高光,可用来模拟光亮的金属表面。

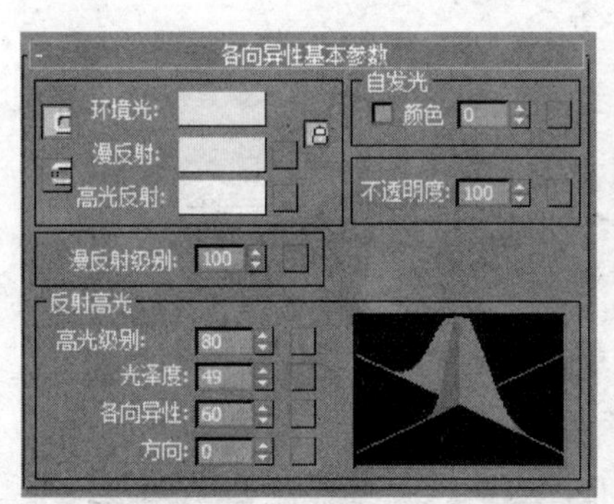

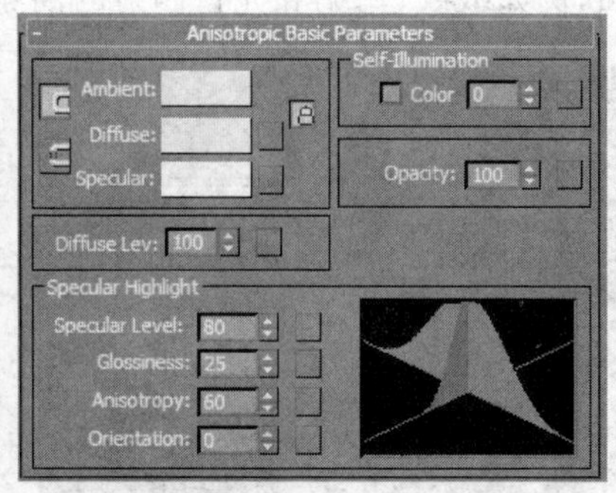

图 5.24 “各向异性基本参数”卷展栏

某些参数可以用颜色或数量描述,“自发光”通道就是这样一个例子。当值左边的复选框关闭后,就可以输入数值,如图 5.25 所示。如果打开复选框,可以使用颜色或贴图替代数值。

图 5.25 自发光通道

(2) Blinn。Blinn 是一种带有圆形高光的明暗器,其基本参数卷展栏如图 5.26 所示。Blinn 明暗器的应用范围很广,是默认的明暗器。

(3) 金属(Metal)。该明暗器常用来模仿金属表面,其基本参数卷展栏如图 5.27 所示。

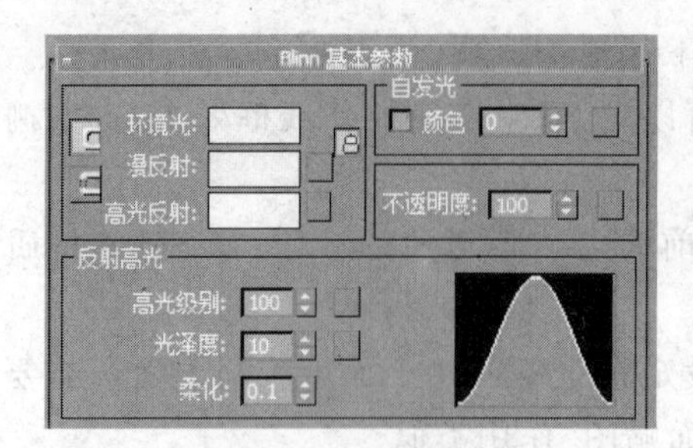

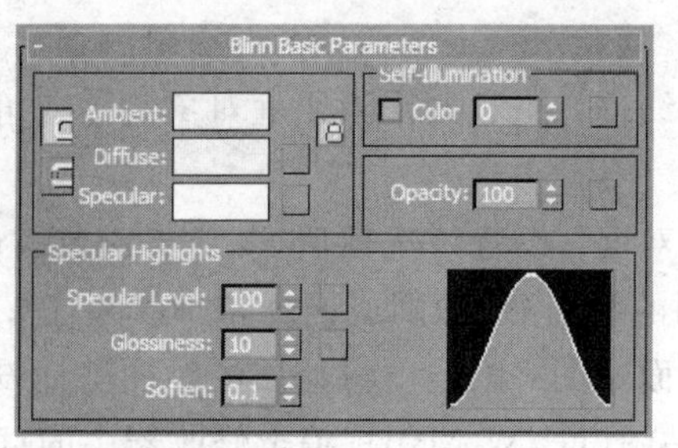

图 5.26 “Blinn 基本参数”卷展栏

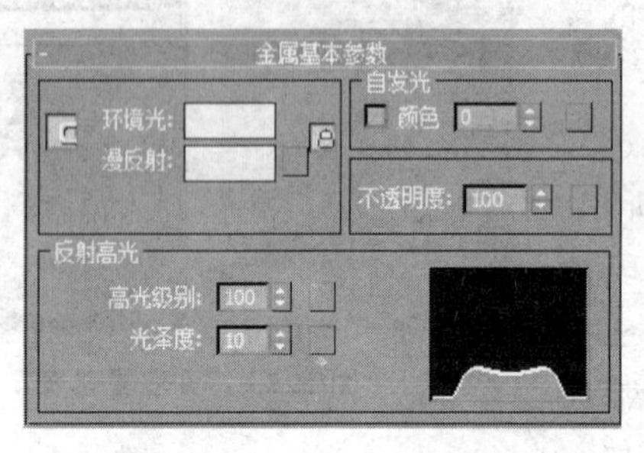

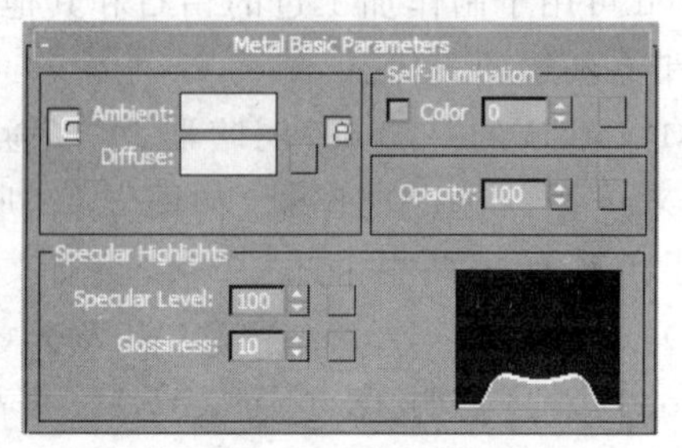

图 5.27 “金属基本参数”卷展栏

(4) 多层(Multi-Layer)。该明暗器包含两个各向异性的高光，二者彼此独立起作用，可以分别调整，制作出有趣的效果，其基本参数卷展栏如图 5.28 所示。可以使用“多层”创建复杂的表面，例如缎纹、丝绸和光芒四射的油漆等。

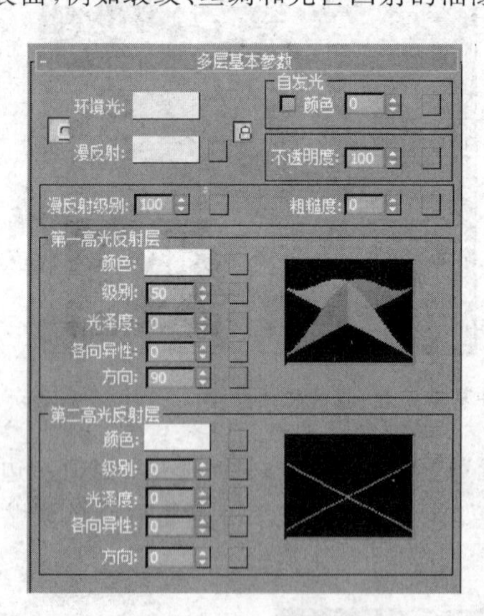

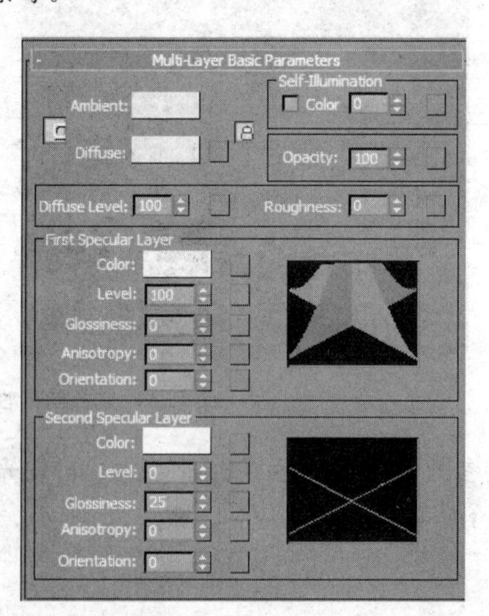

图 5.28 “多层基本参数”卷展栏

(5) Oren-Nayar-Blinn(ONB)。该明暗器具有 Blinn 风格的高光，但它看起来更柔和。其基本参数卷展栏如图 5.29 所示。

(6) Phong。该明暗器是从 3ds Max 的最早版本保留下来的，它的功能类似于 Blinn。不足之处是 Phong 的高光有些松散，不像 Blinn 那么圆。其基本参数卷展栏如图 5.30 所示。

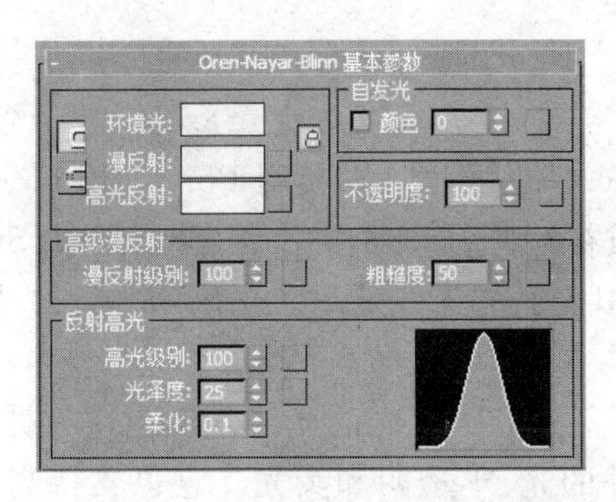

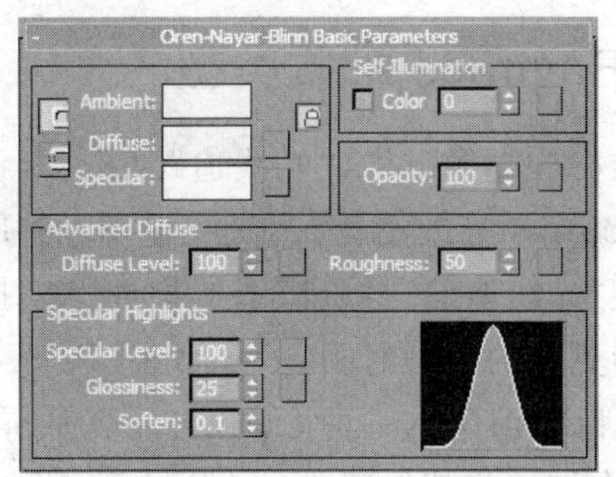

图 5.29 “Oren-Mayar-Blinn 基本参数”卷展栏

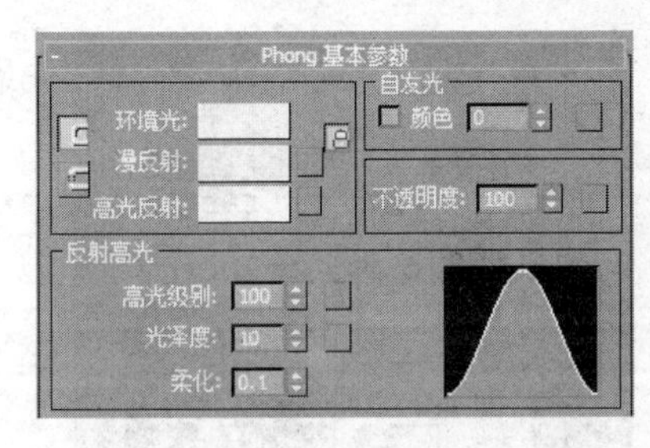

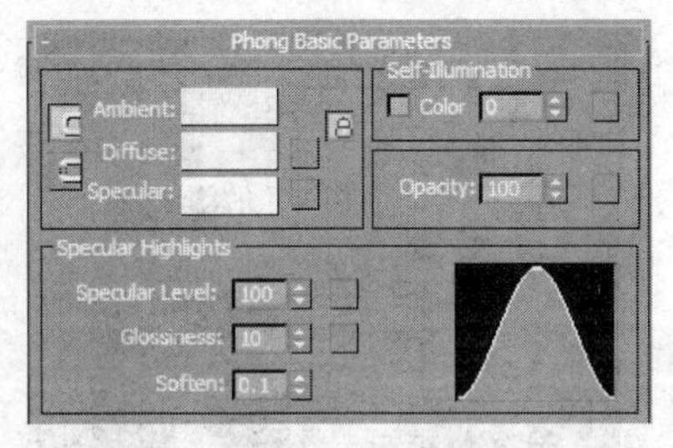

图 5.30 “Phong 基本参数”卷展栏

(7) Strauss。该明暗器用于快速创建金属或者非金属表面(例如有光泽的油漆、光亮的金属和铬合金等)。它的参数很少,如图 5.31 所示。

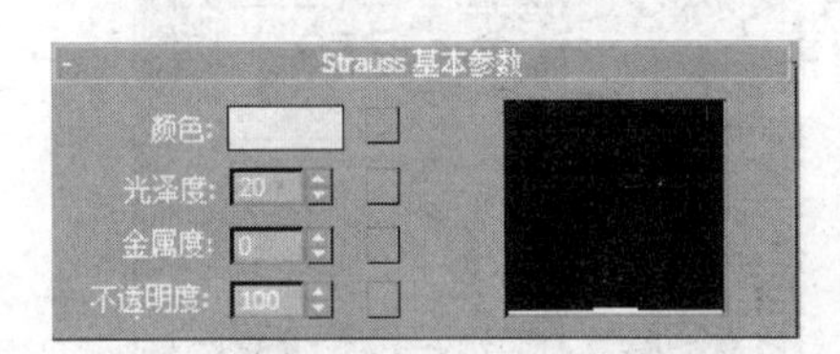

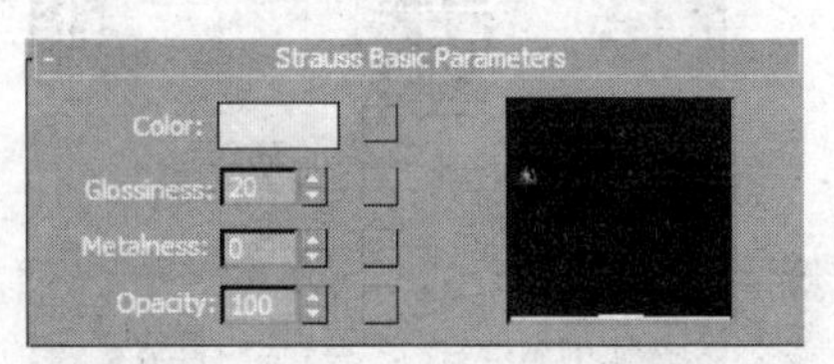

图 5.31 “Strauss 基本参数”卷展栏

(8) 半透明明暗器(Translucent Shader)。该明暗器用于创建薄物体的材质(例如窗帘、投影屏幕等),来模拟光穿透的效果。其基本参数卷展栏如图 5.32 所示。

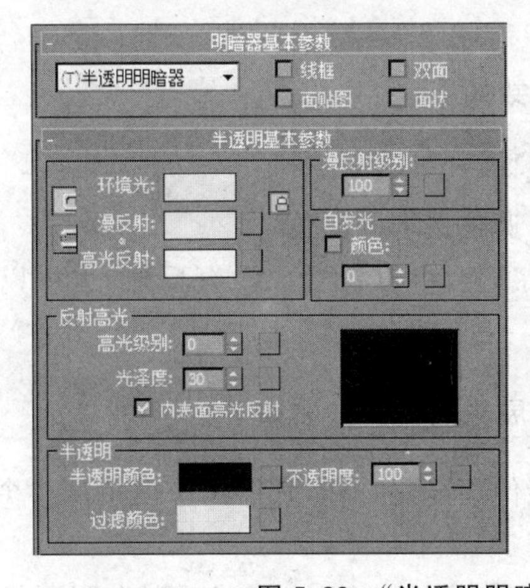

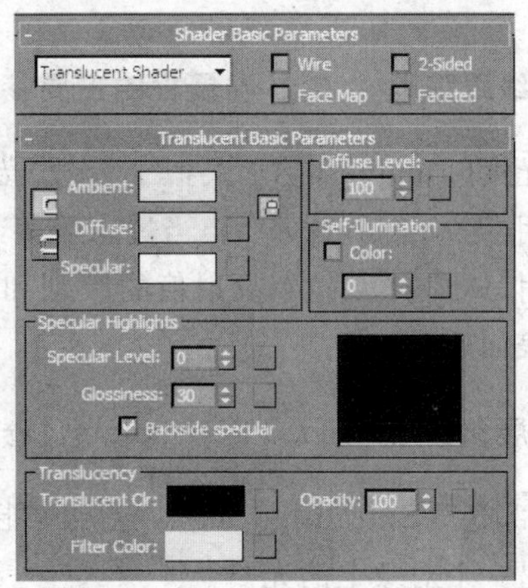

图 5.32 “半透明明暗器基本参数”卷展栏

5.2.3 Raytrace 材质类型

与标准材质类型一样，“光线追踪(Raytrace)”材质也可以使用 Phong、Blinn、“金属”及“对比度(Contrast)”明暗器。“光线追踪”材质在这些明暗器的用途上与“标准(Standard)”材质不同。“光线追踪”材质试图从物理上模拟表面的光线效果。正因为如此，“光线追踪”材质要花费更长的渲染时间。

光线追踪是渲染的一种形式，它计算从屏幕到场景灯光的光线。Raytrace 材质利用了这一点，允许加一些其他特性，如发光度、额外的光、半透明和荧光。它也支持高级透明参数，像雾和颜色密度，如图 5.33 所示。

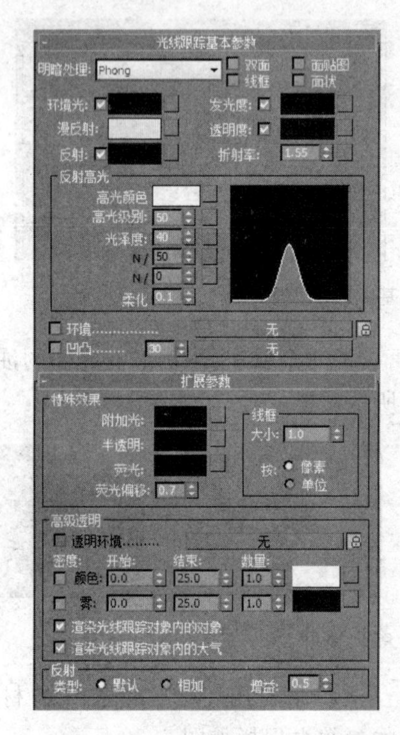

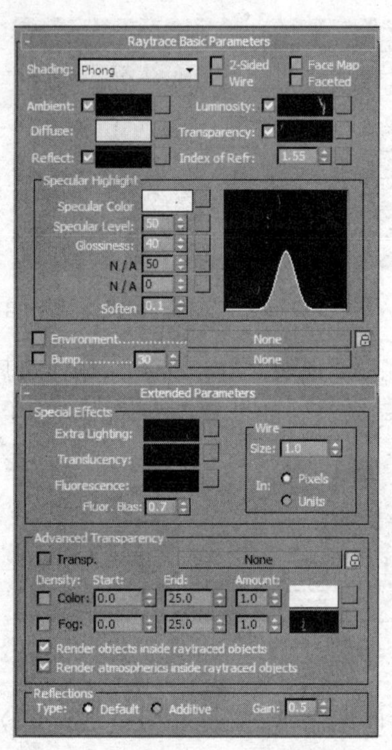

图 5.33 “光线跟踪基本参数”卷展栏

1. **“光线跟踪基本参数”卷展栏的主要参数如下：**

- 发光度(Luminosity)：类似于“自发光”。
- 透明(Transparency)：担当过滤器值，遮住选取的颜色。
- 反射(Reflect)：设置反射值的级别和颜色，可以设置成没有反射，也可以设置成镜像表面反射。

2. **“扩展参数(Extended Parameters)”卷展栏的主要参数如下：**

- “外部光”(Extra Lighting)：这项功能像环境光一样，它能用来模拟从一个对象放射到另一个对象上的光。
- 透明(Translucency)：该选项可用来制作薄的对象的表面效果，有阴影投在薄对象的表面。当用在厚的对象上时，它可以用来制作类似于蜡烛的效果。

- “荧光和荧光偏移”(Fluorescence & Fluorescence Bias)：“荧光”将引起材质被照亮，就像被白光照亮，而不管场景中光的颜色。偏移决定亮度的程度，1.0 是最亮，0 是不起作用。

5.2.4　给台灯创建黄铜材质

【操作实例 4】 创建黄铜材质，并将材质指定给台灯对象。

目标：掌握材质的创建方法。

操作过程：

(1) 启动 3ds Max 2015，单击应用程序按钮，在下拉菜单中选择“文件(File)”→“打开(Open)”命令，从本书配套的资料中打开 Sample\Ch05-03.max 文件。

(2) 按下 M 键打开材质编辑器。

(3) 在活动视窗(Activity View)中空白区域单击右键，从弹出的快捷菜单中选择“材质(Materials)”→“标准(Standard)”命令，创建一个材质节点，如图 5.34 所示。

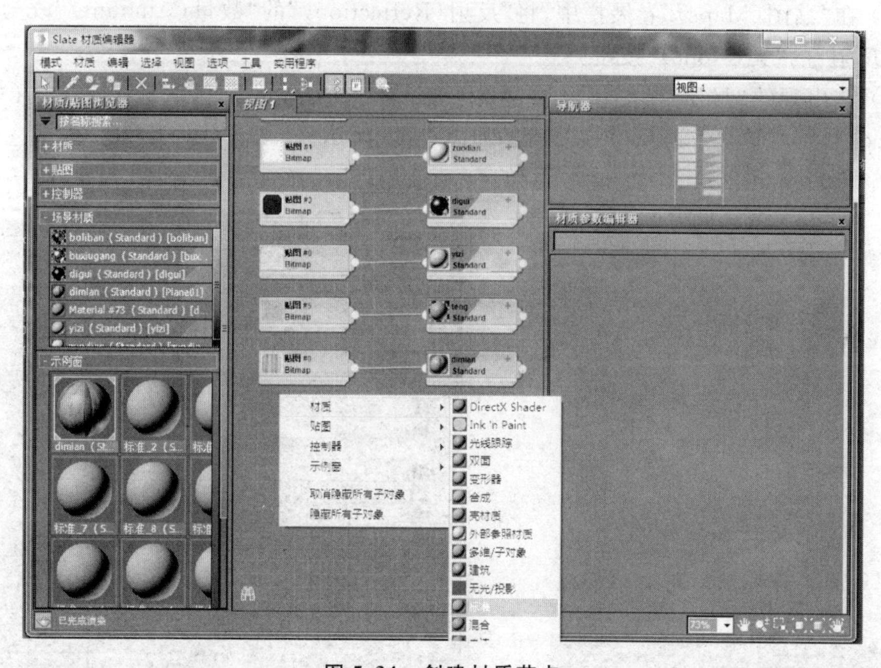

图 5.34　创建材质节点

(4) 双击该材质节点，将此节点变为可编辑状态。在“参数编辑器(Parameter Editor)”中的名称区域输入 tong 。

(5) 在“明暗器基本参数(Shader Basic Parameters)”卷展栏中，从下拉列表中选择“(M)金属”选项，如图 5.35 所示。

(6) 在“金属基本属性(Metal Basic Parameters)”卷展栏中，单击漫反射(Diffuse)颜色样本。

(7) 在出现的“颜色选择器：漫反射颜色(Color Selector)”对话框中，设定颜色值为 R=235，G=215 和 B=75，如图 5.36 所示。

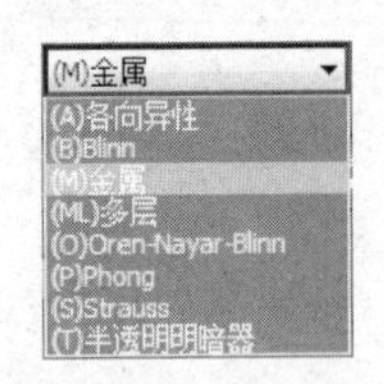

图 5.35　选择“金属”明暗器

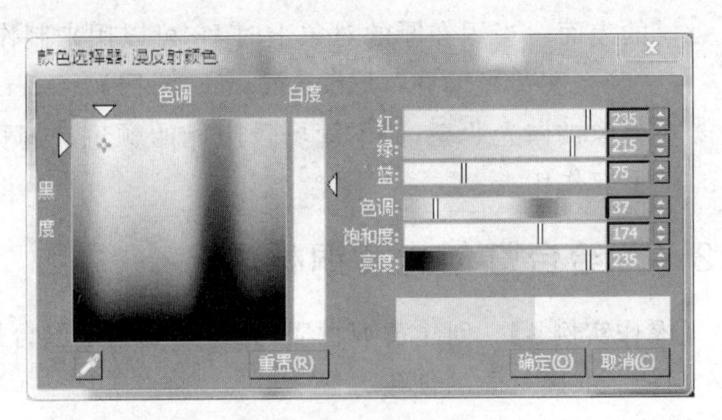

图 5.36　设定颜色值

(8) 单击“确定”按钮以关闭“颜色选择器：漫反射颜色”对话框。

(9) 在“金属基本参数(Metal Basic Parameters)”卷展栏中的“反射高光(Specular Highlights)”选项区域设置“高光级别(Specular Level)”为 60，“光泽度(Glossiness)”为 75，如图 5.37 所示。

(10) 在“贴图(Maps)”卷展栏中，将“反射(Reflection)”的“数量(Amount)”改为 20，单击紧靠“反射”的“无(None)”按钮。

(11) 在出现的“材质/贴图浏览器(Material/Map Browser)”对话框中选择“光线跟踪(Raytrace)”，然后单击“确定(OK)”按钮，如图 5.38 所示。

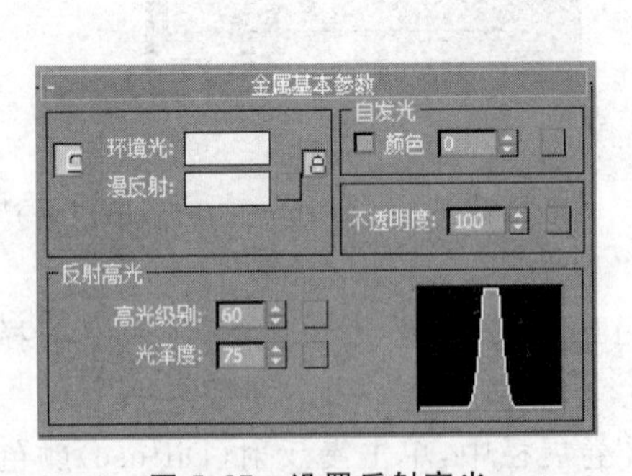

图 5.37　设置反射高光

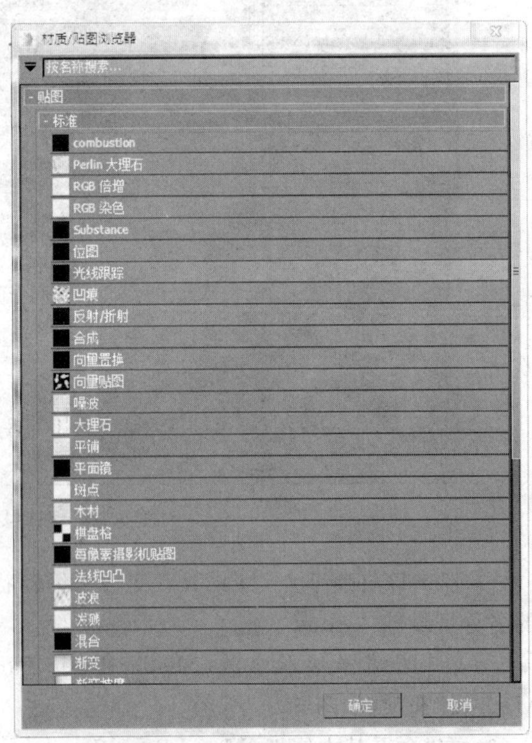

图 5.38　“材质/贴图浏览器”对话框

(12) 单击“反射”的贴图通道，会在活动视窗中看见贴图节点处于被编辑状态，如图 5.39 所示。

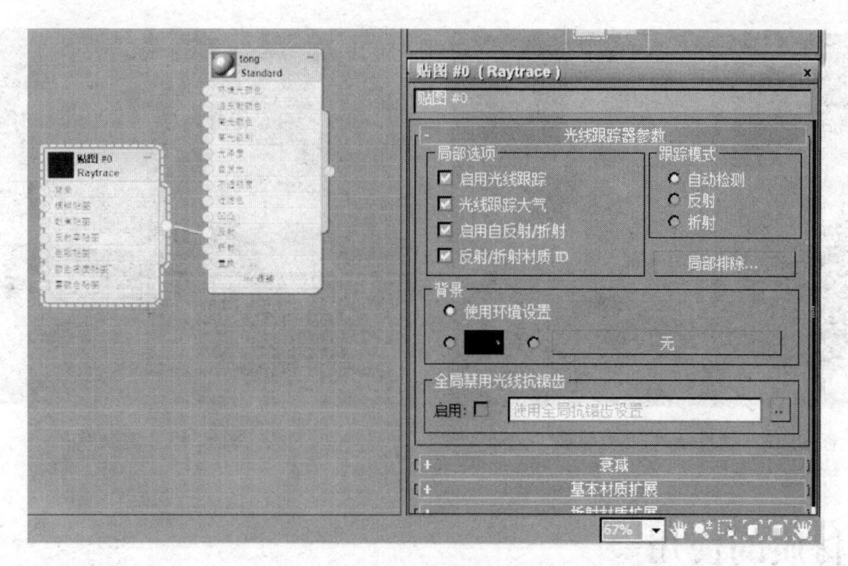

图 5.39　编辑节点

(13) 双击 tong 材质节点中的材质球，观看材质样本窗的 tong 材质并不太像，如图 5.40 所示。为看到刚加的反射效果，可打开样本窗的背景。在材质编辑器(Material Editor)的工具栏中单击“背景(Background)”按钮，如图 5.41 所示。

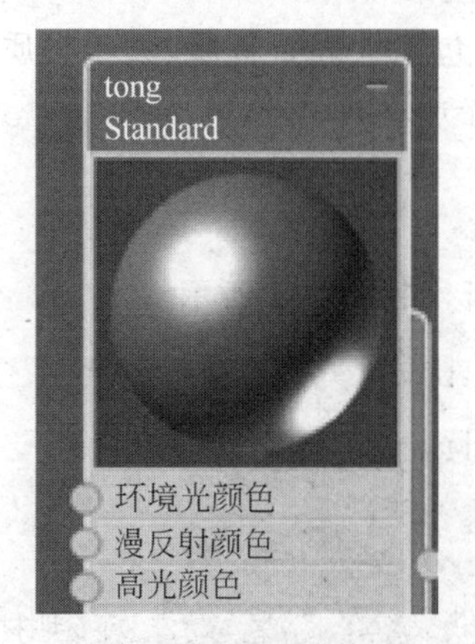

图 5.40　材质样本窗

图 5.41　添加背景的样本窗

说明：随着反射的加入，材质看起来更像黄铜。

(14) 将材质拖曳到场景中的 dengshen、deng quan01、dengbing、deng quan02 和 dengdizuo 对象上，如图 5.42 所示。同时将材质 dengzhao 赋予场景中的 dengzhao 和 dengpao 对象。

(15) 在主工具栏中单击快速渲染(Quick Render)按钮，渲染结果如图 5.43 所示。

图 5.42 给保龄球赋予材质

图 5.43 渲染结果

5.3 材质的使用

5.3.1 制作和修改材质

本节中将以室内卫浴空间为例进行材质的制作、修改。通过运用 3ds Max 中自带的材质类型，对场景中的对象进行材质的赋予，以及最后渲染出图。

【操作实例 5】 完成室内卫浴空间的材质制作，包括大理石材质、玻璃材质、金属材质、陶瓷材质等材质的制作、修改。为场景添加简单的灯光效果，并渲染出图。

目标：熟悉制作和修改材质。

操作过程：

在做材质之前，对场景中的材质进行简单的分析，如图 5.44 所示。

图 5.44 对场景中的材质进行分析

1. **大理石材质**

(1) 启动 3ds Max 2015，单击应用程序按钮，在下拉菜单中选择“文件”→“打开”命令，从本书配套的资料中打开文件 Samples\Ch05-04. max。打开后的场景如图 5.45 所示。

图 5.45　打开场景

(2) 按 M 键打开材质编辑器，在“活动视窗(View)”中单击右键，新建一个“标准(Standard)”材质，双击将材质变为可编辑状态，在“参数编辑器”中将该材质命名为 dalishi。

(3) 在“参数编辑器”中选择其明暗器为 Blinn。在“Blinn 基本参数”卷展栏中单击漫反射通道，在弹出的提示面板中找到“贴图/位图(Map/Bitmap)”，双击“位图”，在弹出的文件夹中选择本案例配套贴图 Beige Travertine，如图 5.46 所示。

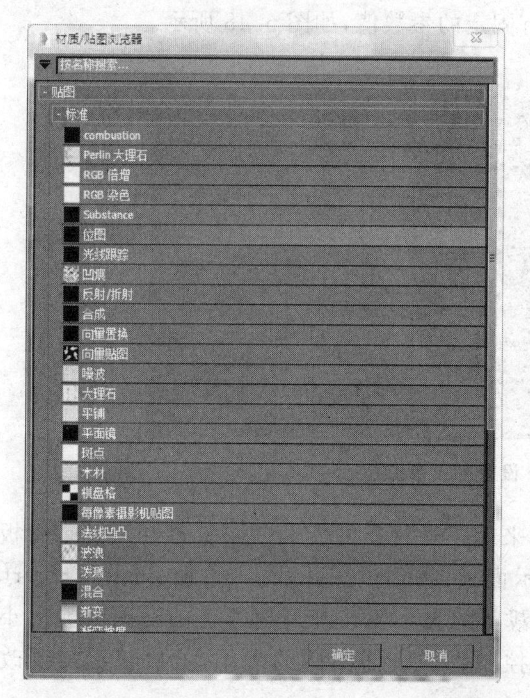

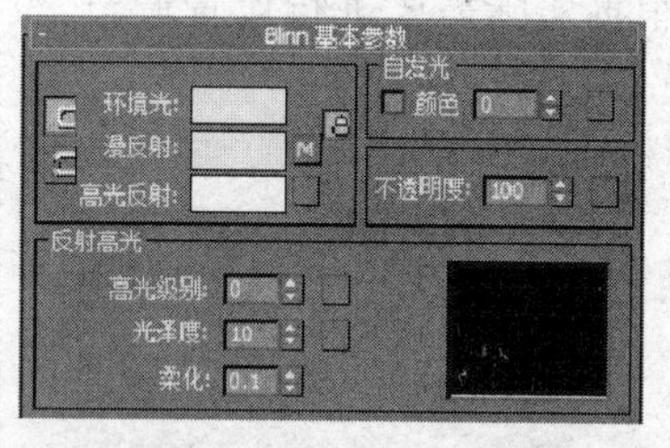

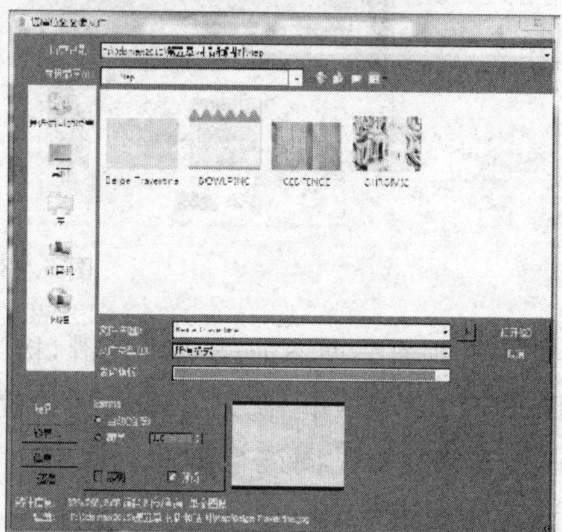

图 5.46　在漫反射通道中添加配套贴图

(4) 由于贴图上有字体显示,需要对其进行裁剪以消除字体。执行“漫反射”→“位图参数”→“裁剪/放置”命令,单击“查看图像”选项,对贴图进行裁剪编辑,如图 5.47 所示。编辑完贴图后,选中“查看图像”旁边的“应用”复选框。

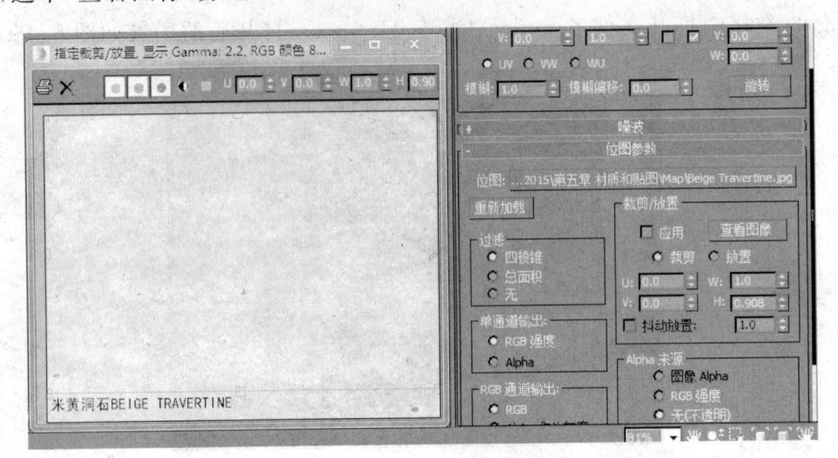

图 5.47　对贴图进行裁剪

(5) 双击该材质节点在“反射高光”区域中将“高光级别”设置为 20,“光泽度”设置为 40。它们分别控制物体表面的高光大小和表面光泽程度。大理石材质的表面一般都会具有一定的反射,我们给大理石添加反射效果。

(6) 进入“贴图”面板,单击“反射”复选框右边的“无(None)”,进入通道提示面板,找到并双击“光线跟踪”,将反射“数量(Amount)”改为 10。不同的大理石材质具有不同的参数设置,可以根据实际需要进行设置调节,没有固定的参数值,如图 5.48 所示。

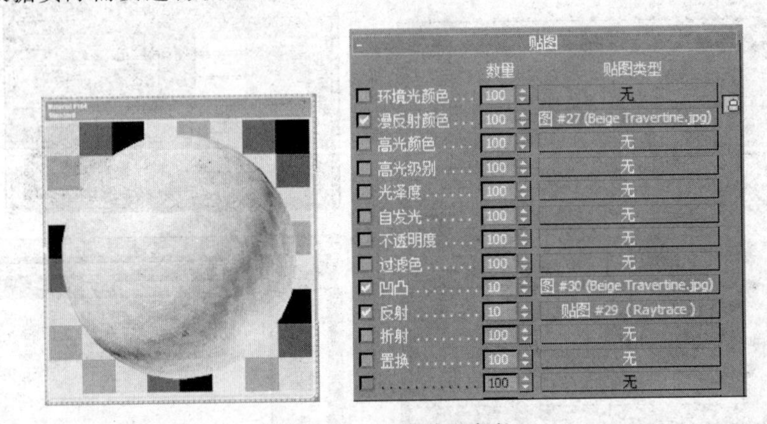

图 5.48　设置贴图参数

(7) 大理石表面不如玻璃般光滑,接下来就要做材质的凹凸效果。打开“贴图”面板找到“凹凸 (Bump)”,单击“无”,进入通道提示面板,找到位图并双击,添加 Beige Travertine 贴图,同样需要对贴图进行裁剪。注意,此裁剪的大小要与漫反射通道的贴图裁剪大小相同,设置其数量为 10。“凹凸”里的“数量”控制物体表面凹凸的大小,可以根据需要改变数值。

说明: 在为“凹凸”通道添加贴图类型时,可以通过拖曳“漫反射颜色”通道中的贴图类型进行复制，如图 5.49 所示。

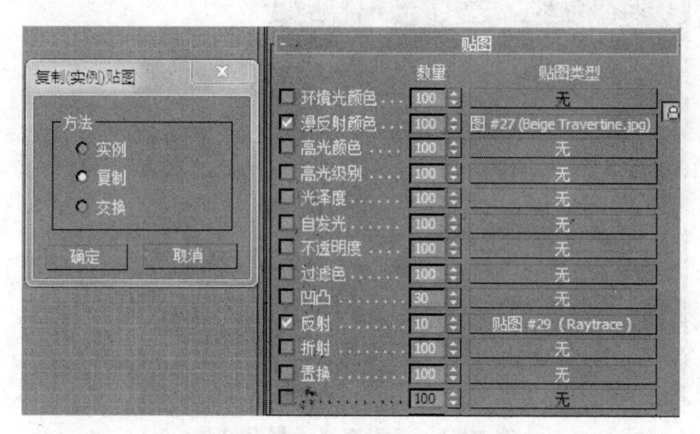

图 5.49 通过拖曳复制贴图类型

(8) 将调好的大理石材质赋予场景中的对象，即可完成大理石的材质赋予，如图 5.50 所示。

图 5.50 为场景中的对象赋予大理石材质

2. 玻璃材质

(1) 继续前面的练习。首先按 M 键打开材质编辑器，创建一个“光线跟踪”材质，命名为 boli。

(2) 明暗处理选择 Phong。单击漫反射颜色样本，在出现的“颜色选择器(Color Selector)”对话框中，设定颜色值为 R=210，G=210，B=210。同理，在反射颜色样本中，设定颜色值为 R=25，G=25，B=25。透明度颜色样本中，设定颜色值为 R=255，G=255，B=255。折射率设定为 1.6。根据真实世界的参数分析，玻璃的折射率为 1.5—1.7。

(3) 在“反射高光”选项区域中，设置“高光级别”为 80，“光泽度”为 40，如图 5.51 所示。

说明：设置完成后会看不清样本球。打开材质编辑器，在工具栏中选择“在预览中显示背景”▩，这时就可以清楚地看见玻璃材质样本球，如图 5.52 所示。

(4) 选择浴室玻璃 1，单击“将材质指定给选定对象(Assign Material to Selection)”▣，

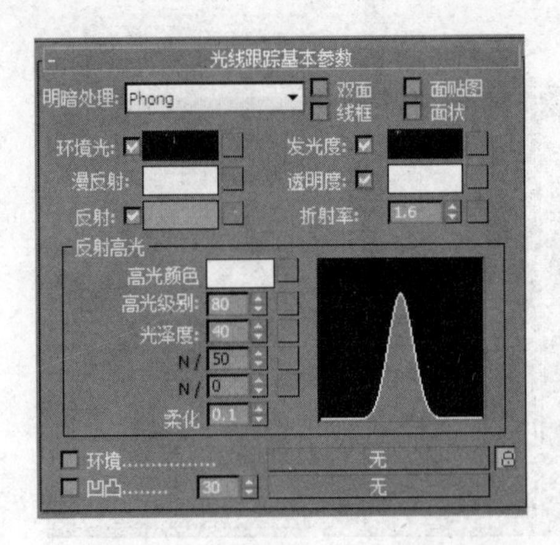

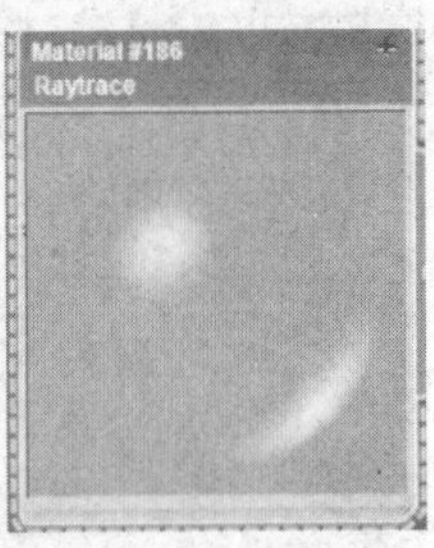

图 5.51　反射高光设置及结果

然后单击“在视口中显示标准材质(Show Standard Map in View)”。以同样的方法对浴室玻璃 2 进行材质赋予,即完成场景中玻璃材质的赋予,如图 5.53 所示。

图 5.52　为样本球添加背景

图 5.53　为场景中的对象赋予玻璃材质

3. 金属材质

(1) 继续前面的练习。按 M 键打开材质编辑器,创建一个“标准”材质,双击将材质变为可编辑状态,在“参数编辑器”中将该材质命名为 huangtong。设置其明暗器为“金属”。

(2) 在“金属基本属性”卷展栏中单击漫反射颜色样本。

(3) 在出现的“颜色选择器”对话框中,设定颜色值为 R=160,G=110 和 B=50,如图 5.54 所示。

(4) 关闭“颜色选择器”对话框。

(5) 在“金属基本属性”卷展栏的“反射高光”区域设置“高光级别”为 60,“光泽度”为 75,如图 5.55 所示。

(6) 在“贴图”卷展栏中将“反射”的“数量”改为 50,单击紧靠“反射”的“无(None)”按钮。

(7) 选择“材质/贴图浏览器”对话框中的“光线跟踪”,单击“确定”按钮,如图 5.56 所示。

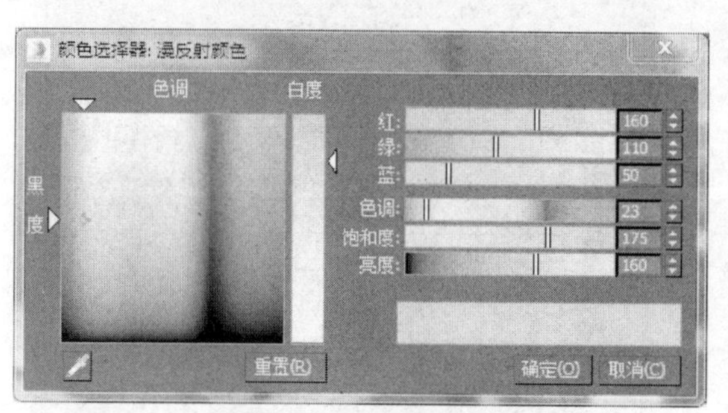

图 5.54　设置颜色值

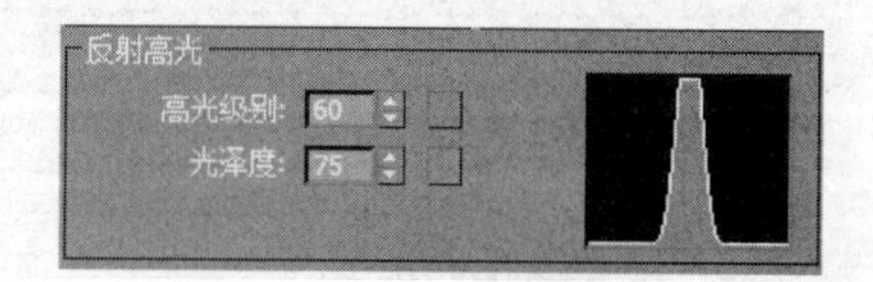

图 5.55　设置反射高光

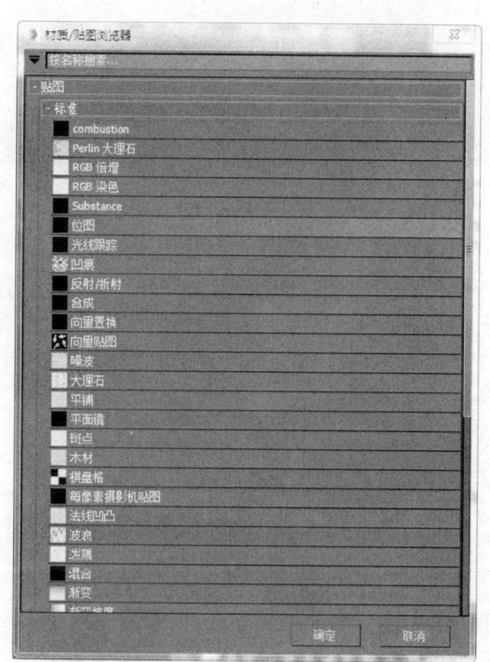

图 5.56　"材质/贴图浏览器"对话框

（8）为看到刚加的反射效果，可打开样本窗的背景。

（9）将编辑好的黄铜材质赋予场景中的对象："隔板 1"、"隔板 2"、"柜边框 1"、"柜边框 2"，如图 5.57 所示。

4. 柜子混合材质

（1）继续前面的练习。浴室底柜是在黄铜材质上进行白色雕花处理的混合，所以需要创建一个混合材质来对底柜进行材质赋予。

（2）按 M 键打开材质编辑器，创建一个"混合(Blend)"材质，双击将材质变为可编辑状态，在"参数编辑器"中将该材质命名为 hunhe，如图 5.58 所示。

图 5.57　为场景中的对象赋予金属材质

（3）双击材质 1 选项框，在其明暗器基本参数中选择 Blinn 明暗器。

（4）在"Blinn 基本参数"中调节"漫反射"的颜色数值为 R=160，G=110，B=50。

（5）在"Blinn 基本属性(Blinn Basic Parameters)"卷展栏中的"反射高光"选项区域设置"高光级别"为 60，"光泽度"为 75，如图 5.59 所示。

（6）在"贴图"卷展栏中，将"反射"的"数量"改为 80，单击紧靠"反射"的"无(None)"按钮。

（7）在出现的"材质/贴图浏览器"对话框中选择"光线跟踪"，然后单击"确定"按钮，如图 5.60 所示。

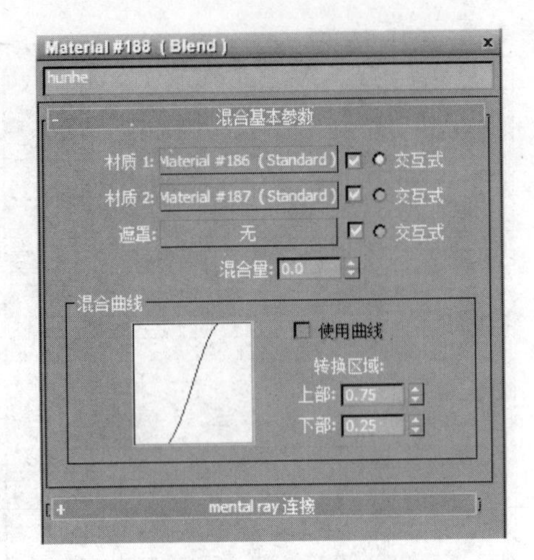

图 5.58　创建混合材质

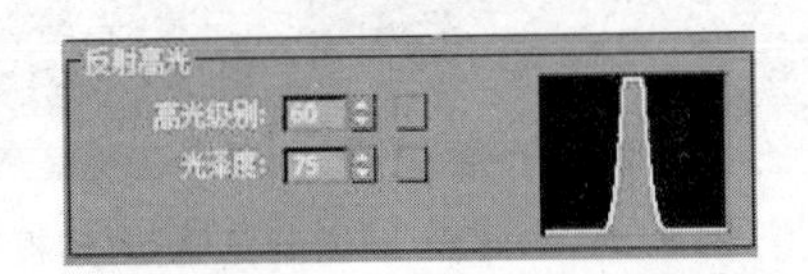

图 5.59　设置反射高光

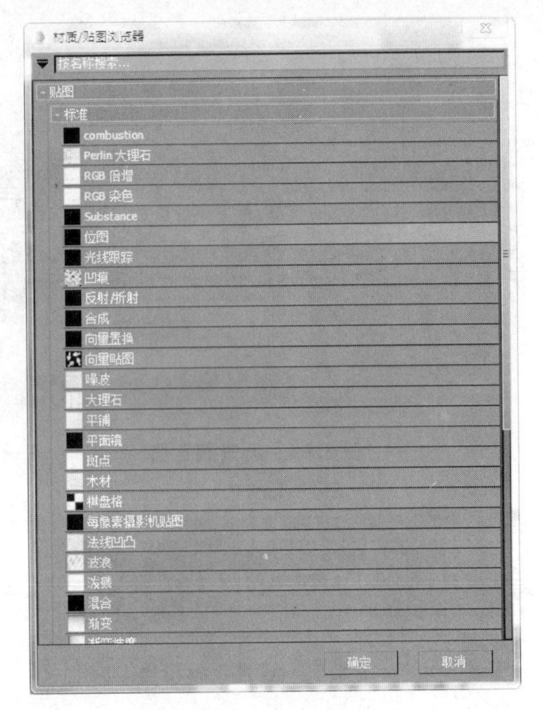

图 5.60　“材质/贴图浏览器”对话框

(8) 打开样本窗的背景,观察反射效果。

(9) 此时来设置材质 2。双击活动视窗中的 hunhe 材质节点,在混合基本参数中单击材质 2 通道,进入材质 2 参数面板。

说明:选择进入材质 2 参数编辑器可以有两种方法。(1)在活动视窗中双击 hunhe 材质,在参数编辑器中的“混合基本参数”卷展栏中单击材质 2 通道,进入材质 2 参数编辑面板。(2)在活动视窗中直接双击 hunhe 材质的子对象即可对其进行编辑,如图 5.61 所示。

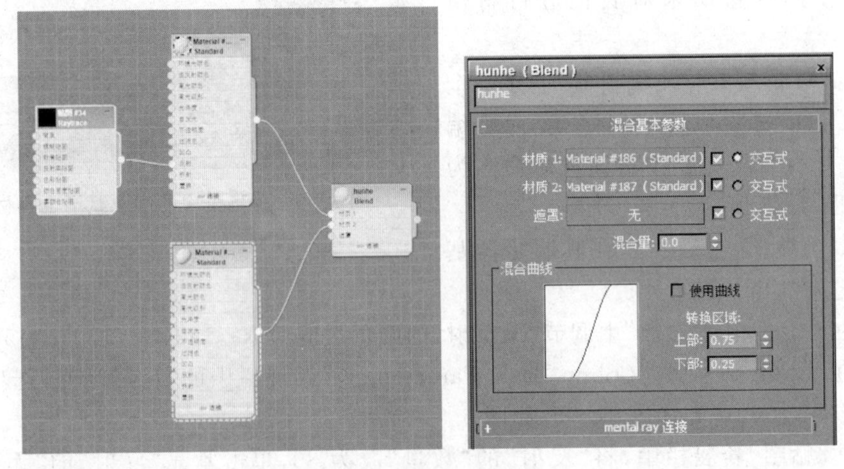

图 5.61　编辑混合材质

(10) 在“明暗器基本参数”卷展栏中设置其为 Blinn 明暗器。

(11) 在“Blinn 基本属性”卷展栏中单击漫反射颜色样本。

(12) 在出现的“颜色选择器”对话框中，设定颜色值为 R=255，G=255 和 B=255。关闭“颜色选择器”对话框。

(13) 在“贴图”卷展栏中将“不透明度”的“数量”改为 100，单击紧靠“不透明度”的“无(None)”按钮。

(14) 在出现的“材质/贴图浏览器”对话框中选择“位图”，在弹出的文件夹中找到“花纹”贴图。单击“打开”按钮，即可将贴图载入不透明度通道中，如图 5.62 所示。

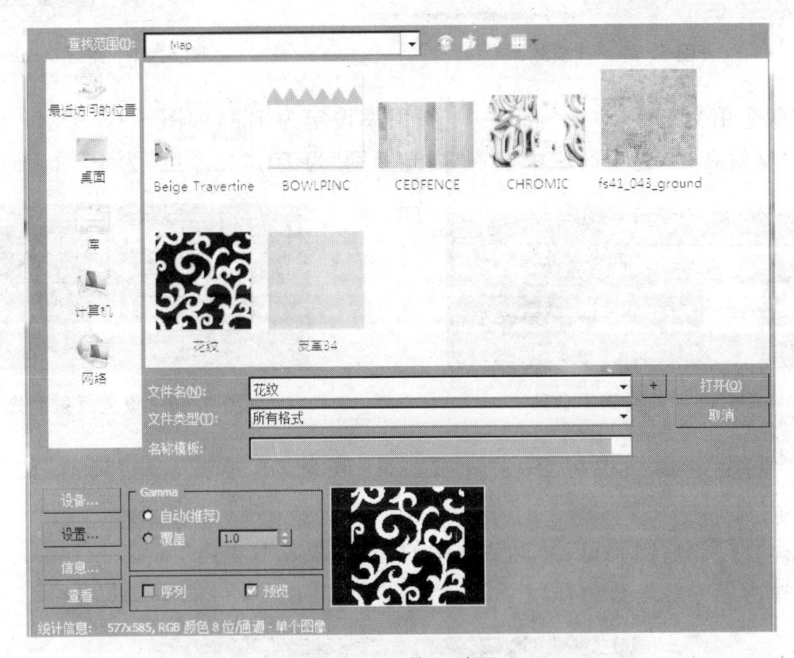

图 5.62　载入贴图

说明：由于选用的是混合材质，因此材质的表现效果是两种材质的混合效果。3ds Max 中，在“不透明度”通道上使用贴图，黑色区域为完全透明的，白色区域则为不透明的，其余颜色则根据灰度值来确定其半透明效果，如图 5.63 所示。

(15) 在活动视窗中双击 hunhe 材质，在参数编辑器中的“混合基本参数”卷展栏中单击遮罩通道，在弹出的“材质/贴图浏览器”对话框中选择“位图”，在弹出的文件夹中找到“花纹”贴图，单击“打开”按钮，将其载入遮罩通道中。

(16) 在活动视窗中双击 hunhe 材质球，并为其加上背景，如图 5.64 所示。

(17) 将做好的材质赋予场景中的“底柜 1”和“底柜 2”。

5. 陶瓷材质

(1) 继续前面的练习。按 M 键打开材质编辑器，创建一个“光线跟踪”材质，双击将材质变为可编辑状态，在“参数编辑器”中将该材质命名为 baitaoci。

(2) 明暗处理选择 Phong。单击环境光颜色样本，在出现的“颜色选择器”对话框中设定颜色值为 R=255，G=255，B=255。同理，在漫反射颜色样本中设定颜色值为 R=255，G=255，B=255。在反射颜色样本中设定颜色值为 R=50，G=50，B=50。在透明度颜色

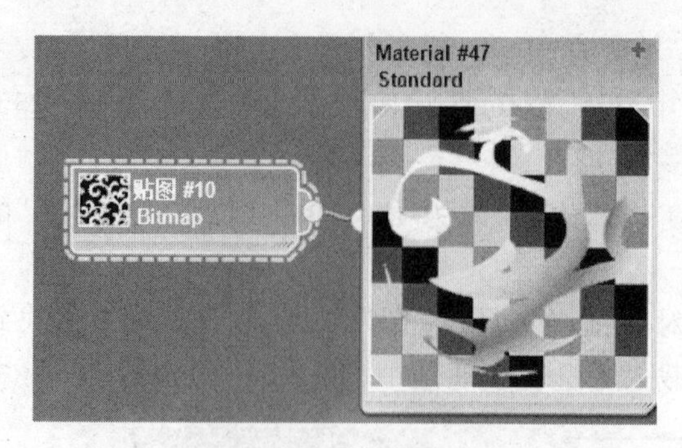

图 5.63 材质效果

图 5.64 完成 hunhe 材质球

样本中设定颜色值为 R=0,G=0,B=0。折射率设定为 1.4,如图 5.65 所示。

(3) 在“反射高光”选项区域中设置“高光级别”为 70,“光泽度”为 40,如图 5.66 所示。

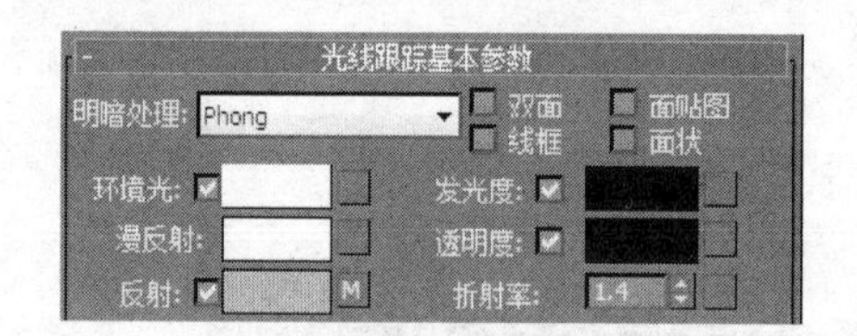

图 5.65 设置基本参数

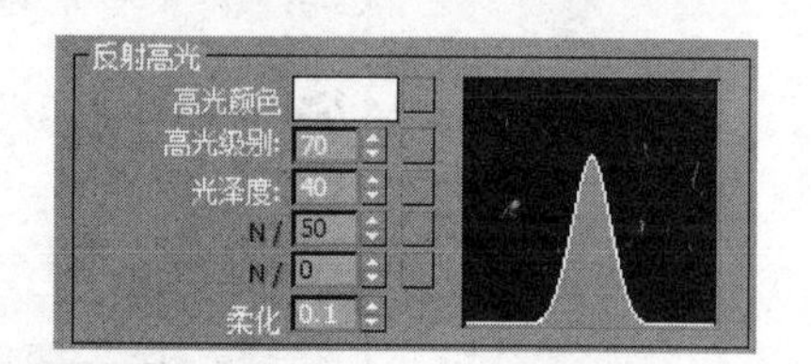

图 5.66 设置反射高光

(4) 在“贴图”卷展栏中将“反射”的“数量”改为 30,单击紧靠“反射”的“无(None)”按钮。

(5) 选择“材质/贴图浏览器”对话框中的“光线跟踪”,单击“确定”按钮。

(6) 选择场景中要进行材质赋予的对象进行材质的赋予,如图 5.67 所示。

图 5.67 为场景中的对象赋予陶瓷材质

6. 不锈钢材质

(1) 继续前面的练习。按 M 键打开材质编辑器,创建一个“标准”材质,双击将材质变为可编辑状态,在“参数编辑器”中将该材质命名为 buxiugang。

(2) 明暗器选择“金属”。单击“漫反射”,在“材质/贴图浏览器”对话框中选择“位图”中的 CHROMIC 贴图,如图 5.68 所示。

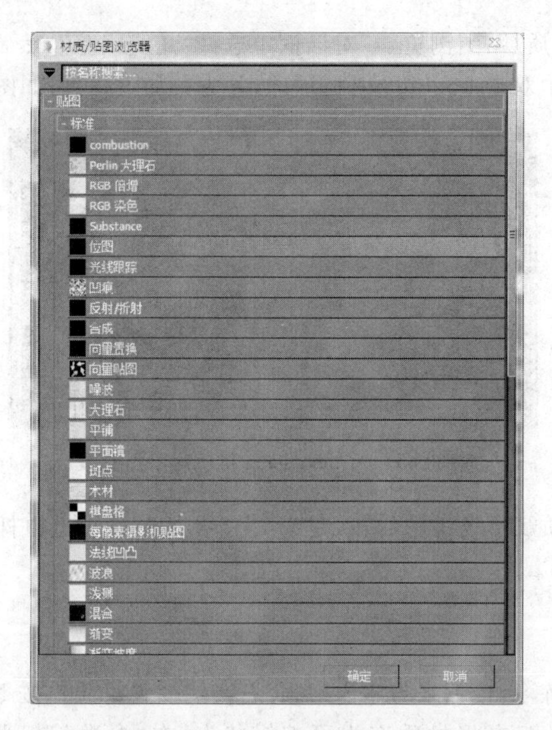

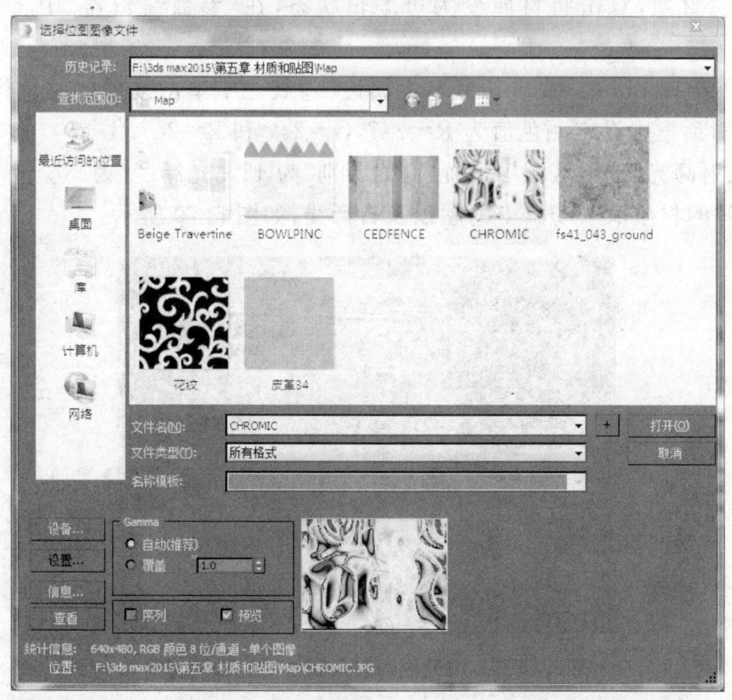

图 5.68　为漫反射通道添加配套贴图

(3) 在“反射高光”栏目框中设置“高光级别”为 60,“光泽度”为 75。

(4) 在“贴图”卷展栏中将“反射”的“数量”改为 100,单击紧靠“反射”的“无(None)”按钮。

(5) 在出现的“材质/贴图浏览器”对话框中选择“光线跟踪”,然后单击“确定”按钮。

(6) 在活动视窗中双击 buxiugang 材质球,并为其加上背景,如图 5.69 所示。

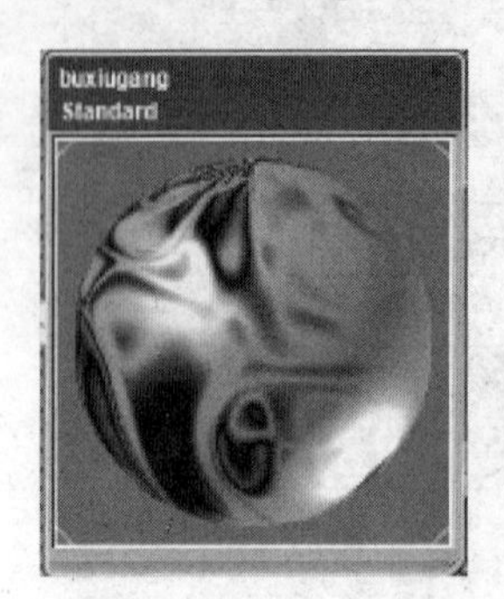

图 5.69 为 buxiugang 材质球添加背景

(7) 将做好的材质赋予场景中的“水龙头 1”、“水龙头 2”、“毛巾杆 1”、“毛巾杆 2”、towel_obj_01、towel_obj_04。

7. 白乳胶漆材质

(1) 继续前面的练习,接下来为室内房顶、石膏线设置材质。按 M 键打开材质编辑器,创建一个“标准”材质,双击将材质变为可编辑状态,在“参数编辑器”中将该材质命名为 baiqiang。

(2) 明暗器选择 Blinn。在“Blinn 基本属性”卷展栏中单击漫反射颜色样本,在出现的“颜色选择器”对话框中设定颜色值为 R=247,G=247 和 B=247。

(3) 在“反射高光”选项区域中设置“高光级别”为 48,“光泽度”为 60。

(4) 将做好的材质赋予场景中的屋顶及石膏线,如图 5.70 所示。

图 5.70 为场景中的对象赋予白乳胶漆材质

8. 吊灯多维/子对象材质

(1) 继续前面的练习,对吊灯进行材质赋予。选择“吊灯”时,在其修改面板中无任何信息显示。在主工具栏中打开“按名称选择”按钮,选择“吊灯”,发现其是一个组对象,如图 5.71 所示。

（2）在菜单栏中单击“组”按钮，在弹出的列表中选择“打开”按钮，此时可见“吊灯”对象上出现一红色虚线边框，如图 5.72 所示。

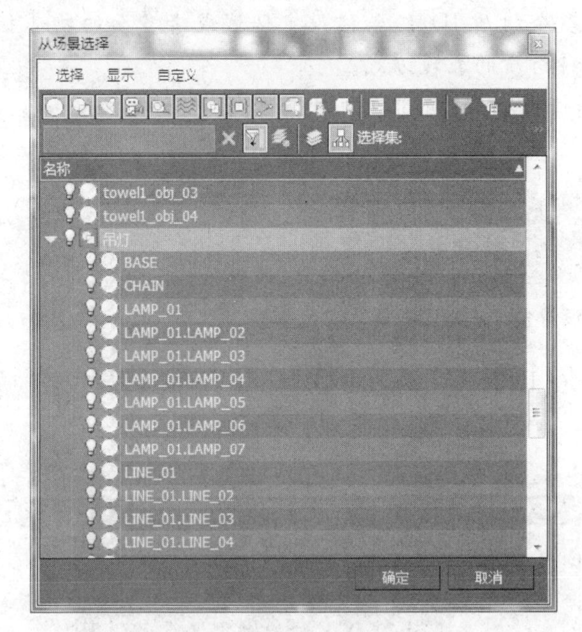

图 5.71　按名称选择列表

图 5.72　打开组

（3）为方便赋予“吊灯”对象的材质，可以将“吊灯”对象整体选中，单击右键，从弹出的快捷菜单中选择“隐藏未选定对象”命令。此时场景中只剩下“吊灯”对象，方便为其编辑，进行材质的赋予，如图 5.73 所示。

说明：对场景中的对象进行隐藏可以有两种方法进行处理。第一种方法即上面所讲述的方法。第二种方法是在场景中选择对象后单击“显示”按钮，进入“显示面板”。在“隐藏”卷展栏中可以选择隐藏类型（隐藏选定对象、隐藏未选定对象、按点击隐藏）。当然，这两种方法都可以对场景中已隐藏的对象取消隐藏，如图 5.74 所示。

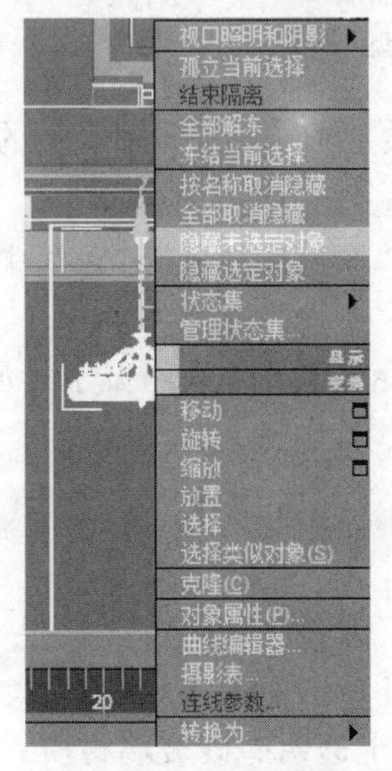

图 5.73　隐藏未选定对象

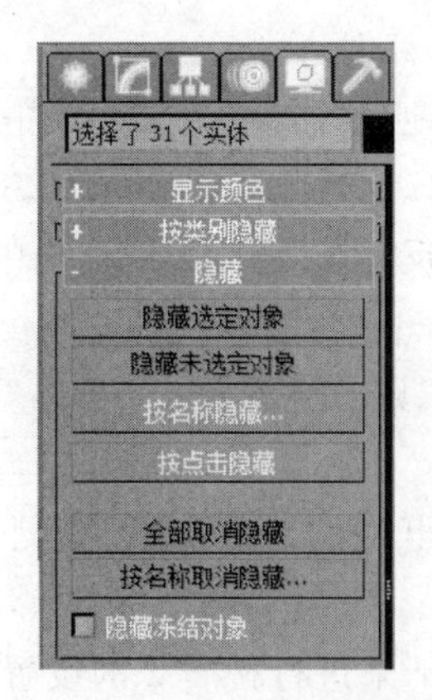

图 5.74　显示面板中隐藏选项

(4) 按M键打开材质编辑器,创建一个“多维/子对象(Multi/Sub-Object)”材质,双击将材质变为可编辑状态,在“参数编辑器”中将该材质命名为dengzhao。

说明:“多维/子对象”材质可以设置多个材质ID,给物体设定区域或者多面的物体指定材质,适合于同一个对象上需要赋予多种材质的表现方式。

(5) 在“多维/子对象基本参数”卷展栏中设置材质的数量为2,如图5.75所示。

图5.75　设置多维子材质数量

(6) 此时卷展栏中有两个“子材质”。在ID号为1的旁边单击“无”按钮,进入材质1通道,选择“标准”材质,如图5.76所示。

图5.76　为子材质选择材质类型

(7) 将材质1设置为灯罩底部的黄铜材质。单击材质1通道,进入材质1的参数编辑面板,如图5.77所示。

(8) 选择明暗器为“金属”,单击“漫反射”颜色样本,在“颜色选择器”对话框中设定颜色值为R=86,G=28,B=0,如图5.78所示。

(9) 在“反射高光”选项区域中设置“高光级别”为60,“光泽度”为75,如图5.79所示。

(10) 在“贴图”卷展栏中将“反射”的“数量”改为30,单击紧靠“反射”的None按钮。

(11) 在出现的“材质/贴图浏览器”对话框中选择“光线跟踪”,然后单击“确定”按钮。

(12) 接下来进行材质2的设置,材质2为灯罩的白色半透明磨砂玻璃材质。在“活动

图 5.77 进入材质 1 通道

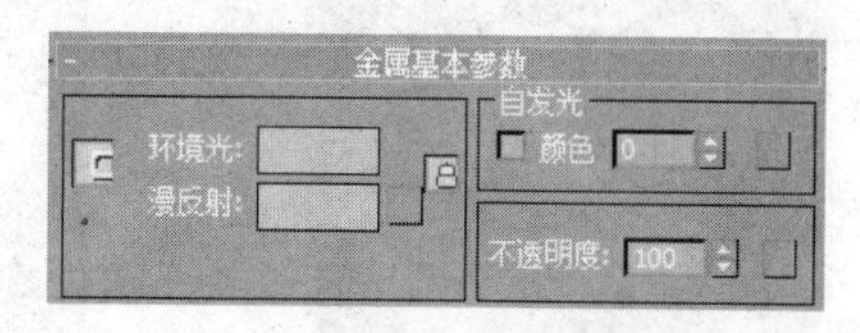

图 5.78 设置漫反射颜色

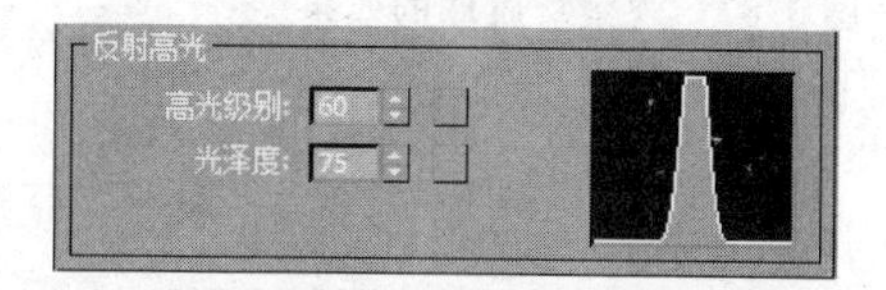

图 5.79 设置反射高光

视窗”中双击 dengzhao 材质，在 ID 号为 2 的旁边单击“无”按钮，进入材质 2 通道，选择“标准”材质。

(13) 在材质的“参数编辑器”中单击材质 2 通道，进入材质 2 的参数编辑面板。

(14) 选择明暗器为 Blinn，单击“漫反射”颜色样本，在“颜色选择器”对话框中设定颜色值为 R=255，G=255，B=255，不透明度为 85，如图 5.80 所示。

(15) 在“反射高光”选项区域中设置“高光级别”为 90，“光泽度”为 35，如图 5.81 所示。

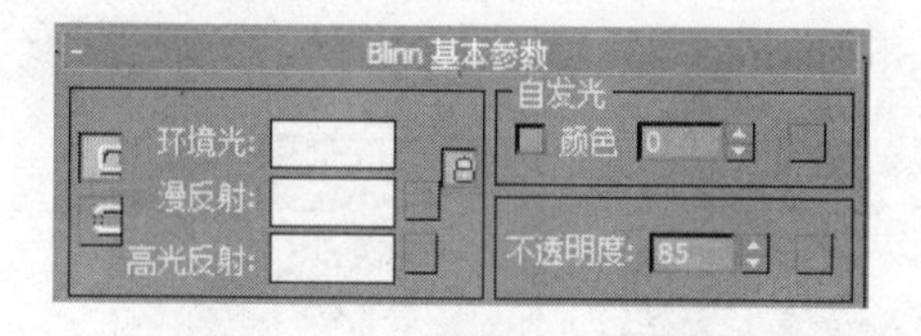

图 5.80 设置漫反射颜色

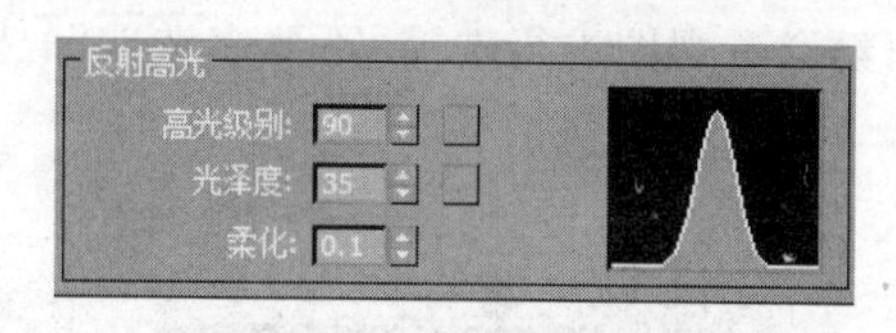

图 5.81 设置反射高光

(16) 在“贴图”卷展栏中将“凹凸”的“数量”改为 10，单击紧靠“凹凸”的“无”按钮。

(17) 在出现的“材质/贴图浏览器”对话框中选择“噪波”，然后单击“确定”按钮。

(18) 在“贴图”卷展栏中将“反射”的“数量”改为 10，单击紧靠“反射”的“无”按钮。

(19) 在“材质/贴图浏览器”对话框中选择“光线跟踪”，然后单击“确定”按钮。

(20) 打开背景，观察材质球的效果，如图 5.82 所示。

(21) 在场景中选择“吊灯”对象，以一个灯罩为例进行 ID 号的设置。在前视图中选择一个灯罩 LAMP_01. LAMP_05，执行命令面板中的“修改”→“可编辑网格”→“多边形”命令，如图 5.83 所示。

(22) 选中灯罩底部的面和顶部螺口的面，在“曲面属性”卷展栏中设置材质的 ID 号为 1，如图 5.84 所示。

图 5.82　观察材质球的效果

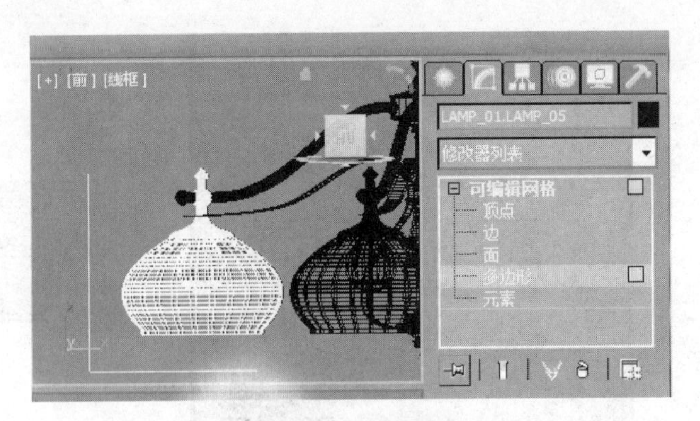

图 5.83　编辑灯泡

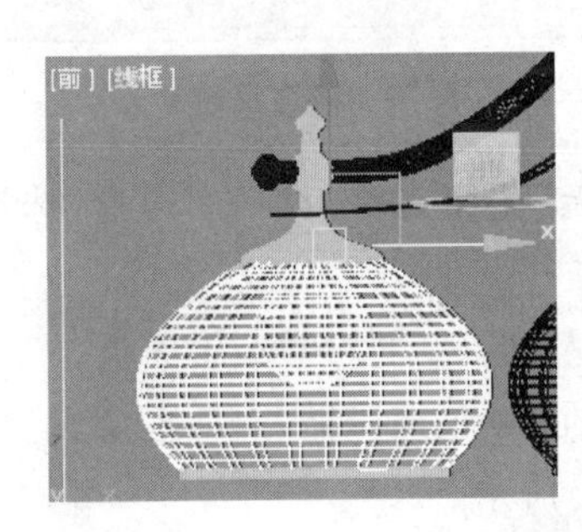

图 5.84　为灯泡编辑 ID 号为 1

(23) 将灯罩中间部分的面选中,在"曲面属性"卷展栏中设置材质的 ID 号为 2。注意,要结合三视图进行选择,不要多选或漏选,如图 5.85 所示。

图 5.85　为灯泡编辑 ID 号为 2

(24) 以同样的方式将 7 个灯罩都进行材质 ID 号的选择。

(25) 吊灯的主体材质为黄铜,则可编辑其材质 ID 号为 1,如图 5.86 所示。

(26) 将"吊灯"对象中的材质 ID 都选择好后,单击吊灯外的红色框。在主工具栏中的"组"按钮中选择关闭,此时场景中的"吊灯"以一个对象的方式存在,如图 5.87 所示。

(27) 按 M 键打开材质编辑器,选择已调制好的多维/子材质,将其赋予场景中的"吊

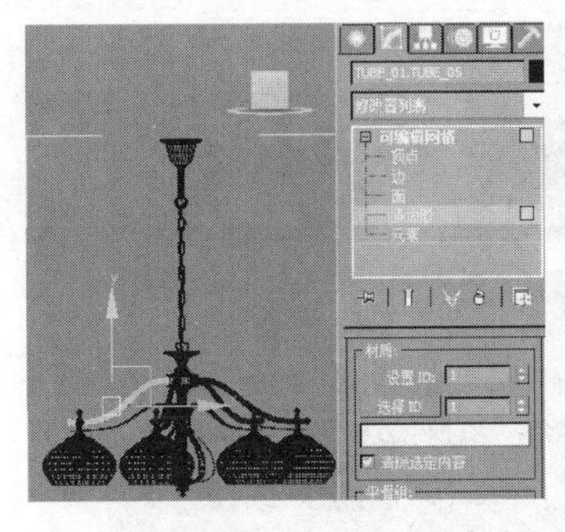

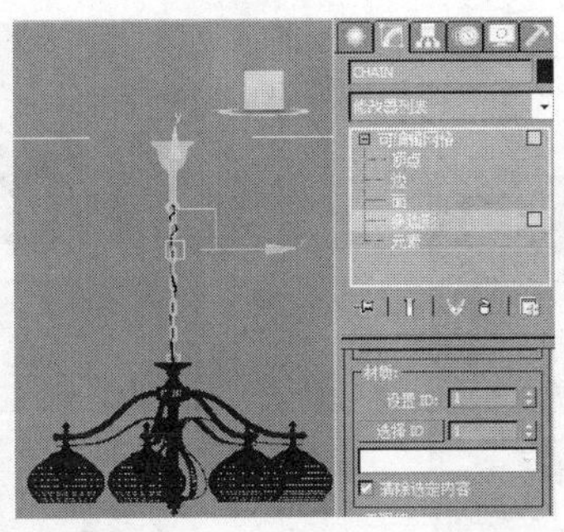

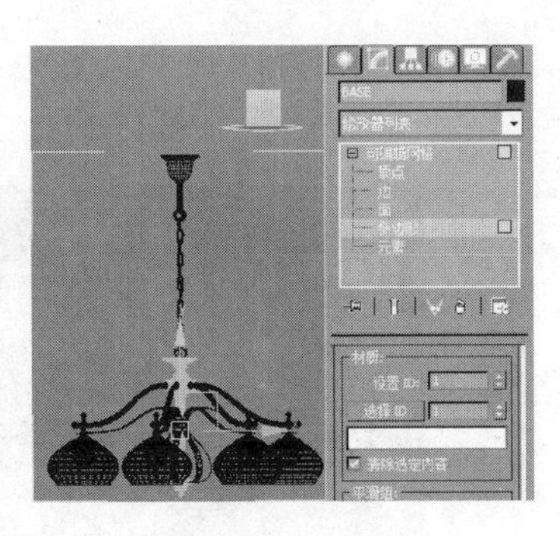

图 5.86　为吊灯主体材质编辑 ID 号

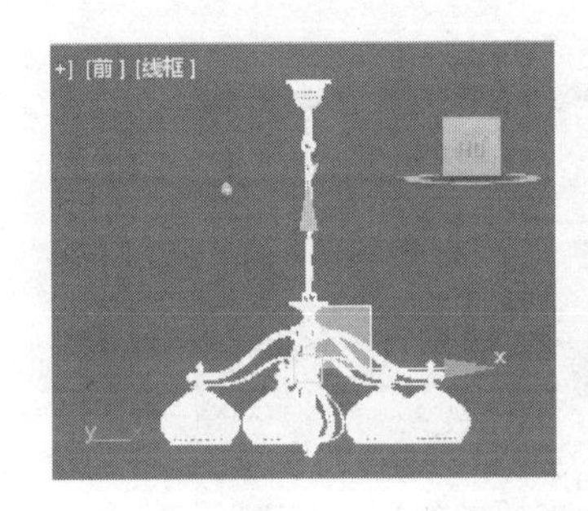

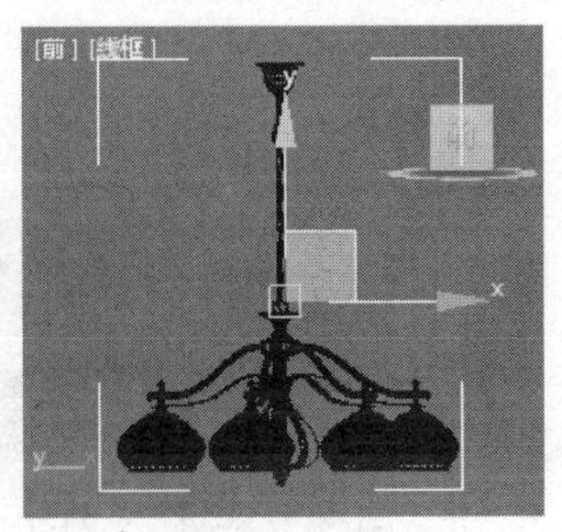

图 5.87　关闭组

灯”，如图 5.88 所示。

（28）此时可以选择对场景中的对象“全部取消隐藏”，为接下来的其他对象的材质赋予做准备。

9．镜子材质

（1）继续前面的练习。首先按 M 键打开材质编辑器，创建一个“光线跟踪”材质，命名为 jingzi。

（2）明暗处理选择 Phong。单击漫反射颜色样本，在出现的“颜色选择器”对话框中设定颜色值为 R=210，G=210，B=210。同理，在反射颜色样本中设定颜色值为 R=255，G=255，B=255。在透明度颜色样本中设定颜色值为 R=255，G=255，B=255。折射率设定为 1.6。

（3）在“反射高光”选项区域中设置“高光级别”为 248，“光泽度”为 80，如图 5.89 所示。

（4）将样本球的背板打开，以方便观察材质，如图 5.90 所示。选择场景中的 Line12、Line13、“镜子 1”、“镜子 2”对象进行材质赋予，即完成场景中镜子材质的赋予，如图 5.91 所示。

10．椅子材质

（1）继续前面的练习。场景中的椅子由椅子面和椅子腿两种材质组成。椅子面的材质为皮革材质，椅子腿的材质为白色木漆材质。

图 5.88 为场景中的对象赋予多维/子材质

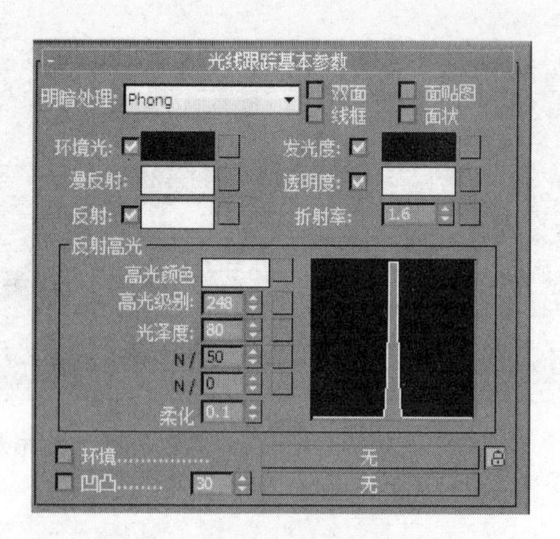

图 5.89 设置反射高光

图 5.90 镜子材质样本球

图 5.91 为场景中的对象赋予镜子材质

(2) 选择“椅子”对象,单击右键,从弹出的快捷菜单中选择“隐藏未选定对象”命令,这样场景中就剩下“椅子”对象,以方便我们编辑。

(3) 在主工具栏中选择“组”按钮,在其下拉菜单中选择“打开”按钮,将“椅子”这个组对象打开。

(4) 选择“椅面”对象,按 M 键打开材质编辑器,创建一个“标准”材质,命名为 pige。

(5) 明暗器选择 Blinn。单击“漫反射”通道,在弹出的“材质/贴图浏览器”对话框中选择“位图”,为其添加名称为“皮革 34”的贴图。

(6) 在“反射高光”选项区域中设置“高光级别”为 30,“光泽度”为 52,如图 5.92 所示。

(7) 在“贴图”卷展栏中将“凹凸”的“数量”改为 15,将“漫反射颜色”旁边的贴图类型复制到“凹凸”旁边的贴图类型上。

(8) 在“贴图”卷展栏中将“反射”的“数量”改为 5,单击紧靠“反射”的“无”按钮。

(9) 选择“材质/贴图浏览器”对话框中的“光线跟踪”,然后单击“确定”按钮。

(10) 椅面的样本球如图 5.93 所示,将材质赋予“椅面”对象上,即完成“椅面”的材质赋予。

(11) 接下来进行“椅腿”的白漆材质赋予。

(12) 按 M 键打开材质编辑器,创建一个“虫漆(Shellac)”材质,命名为 baiqi。

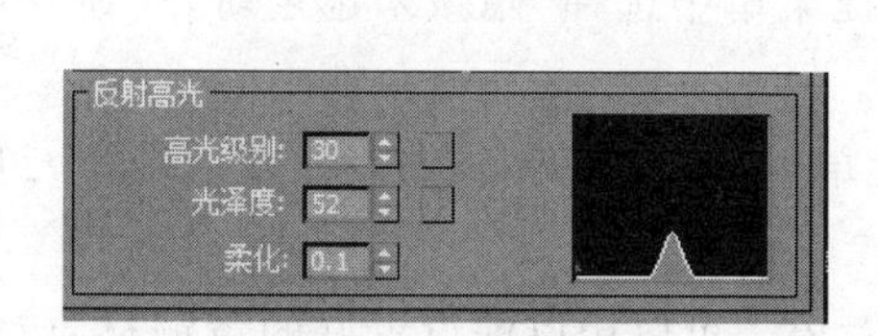

图 5.92 设置反射高光

图 5.93 椅面材质样本球

(13) 选择“虫漆基本参数”卷展栏中的“基础材质”通道。

(14) 设置其明暗器类型为 Blinn。在“Blinn 基本参数”中设置环境光和漫反射的颜色数值为 R=255,G=255,B=255。

(15) 在“反射高光”选项区域中设置“高光级别”为 30,“光泽度”为 54。

(16) 在“贴图”卷展栏中将“反射”的“数量”改为 20,单击紧靠“反射”的“无”按钮。

(17) 选择“材质/贴图浏览器”对话框中的“光线跟踪”,然后单击“确定”按钮。

(18) 在活动视窗中双击 baiqi 材质,选择“虫漆基本参数”卷展栏中的“虫漆材质”通道。

(19) 设置其明暗器类型为 Blinn。在“Blinn 基本参数”中设置环境光和漫反射的颜色数值为 R=240,G=240,B=240。

(20) 在“反射高光”选项区域中设置“高光级别”为 120,“光泽度”为 80。

(21) 将完成的材质赋予“椅腿”对象上,即完成“椅腿”的材质赋予。

(22) 椅腿的样本球如图 5.94 所示。材质都赋予完成后,在场景中单击“椅子”对象的红色框,然后单击主工具栏中的“组”按钮,在其下拉菜单中单击“关闭”按钮。此时“椅子”对象又以“组”的形式存在于场景中,如图 5.95 所示。

图 5.94 椅腿材质样本球

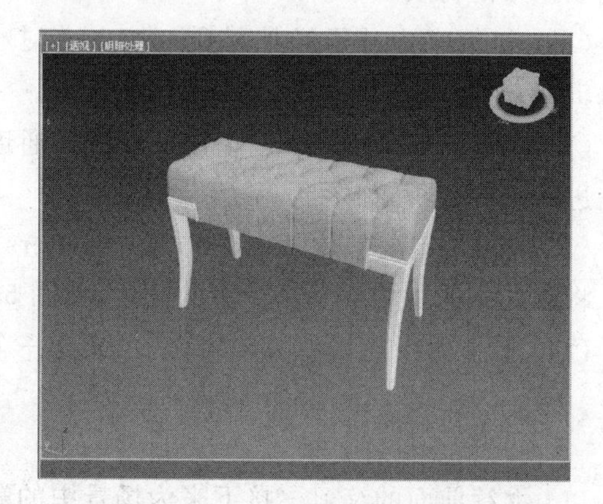

图 5.95 赋予材质的椅子

(23) 此时可以选择将场景中的对象“全部取消隐藏”,为接下来的其他对象的材质赋予做准备。

11. 花瓶材质

(1) 继续前面的练习。场景中的花瓶是由叶子、花朵和花瓶三种材质组成。叶子的材质为渐变材质,花朵的材质为半透明材质,而花瓶的材质则可用设置过的黄铜材质进行赋予。

(2) 选择"花瓶"对象,单击右键,从弹出的快捷菜单中选择"隐藏未选定对象"命令,这样场景中就剩下"花瓶"对象,以方便我们编辑。

(3) 在主工具栏中选择"组"按钮,在其下拉菜单中选择"打开"按钮,将"花瓶"这个组对象打开。

(4) 场景中的花瓶对象变为花瓶和花束两个对象。可以用以前设置好的黄铜材质对花瓶进行材质的赋予。

(5) 想要对花朵和叶子单独进行材质的赋予,还需要对花束进行组打开处理。

(6) 在打开后的对象中选择"花 1"、"花 2"对象。按 M 键打开材质编辑器,创建一个"标准"材质,命名为 honghua。

(7) 明暗处理选择"半透明明暗器"。单击漫反射颜色样本,在出现的"颜色选择器"对话框中设定颜色值为 R=255,G=5,B=5。

(8) 在"反射高光"选项区域中设置"高光级别"为 39,"光泽度"为 53。

(9) 在"半透明"选项区域中单击"半透明颜色"颜色样本,在出现的"颜色选择器"对话框中设定颜色值为 R=30,G=0,B=0。不透明度的数值为 90,如图 5.96 所示。

(10) 将完成的材质赋予"花 1"、"花 2"对象上,即完成花朵的材质赋予。

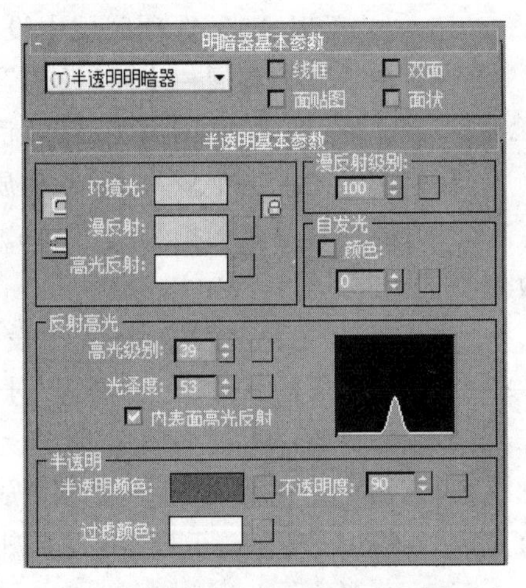

图 5.96 设置半透明颜色

(11) 接下来为叶子添加材质。按 M 键打开材质编辑器,创建一个"标准"材质,命名为 yezi。

(12) 明暗器选择 Blinn。单击"漫反射"通道,在弹出的提示面板中找到渐变,然后双击渐变进入渐变面板,如图 5.97 所示。

(13) 进入"渐变参数(Gradient Parameters)",把颜色设置为合适的颜色,如图 5.98 所示。将制作好的材质赋予场景里的叶子,如图 5.99 所示。

(14) 材质赋予完后就关闭组,使之成为一个组对象。

12. 白塑料材质

(1) 继续前面的练习。接下来为场景中的塑料窗帘赋予白塑料材质。

(2) 按 M 键打开材质编辑器,创建一个"光线跟踪"材质,命名为 baisuliao。

(3) 明暗处理选择 Blinn。单击环境光颜色样本,在出现的"颜色选择器"对话框中设定颜色值为 R=255,G=255,B=255。同理,在漫反射颜色样本中设定颜色值为 R=255,

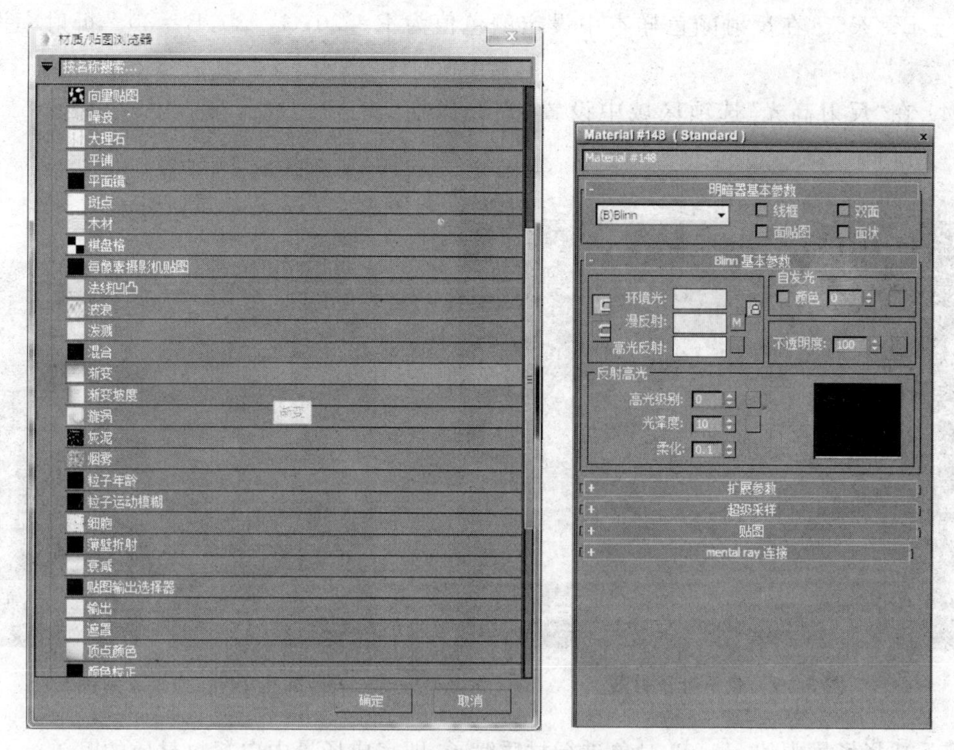

图 5.97　为漫反射通道添加渐变贴图

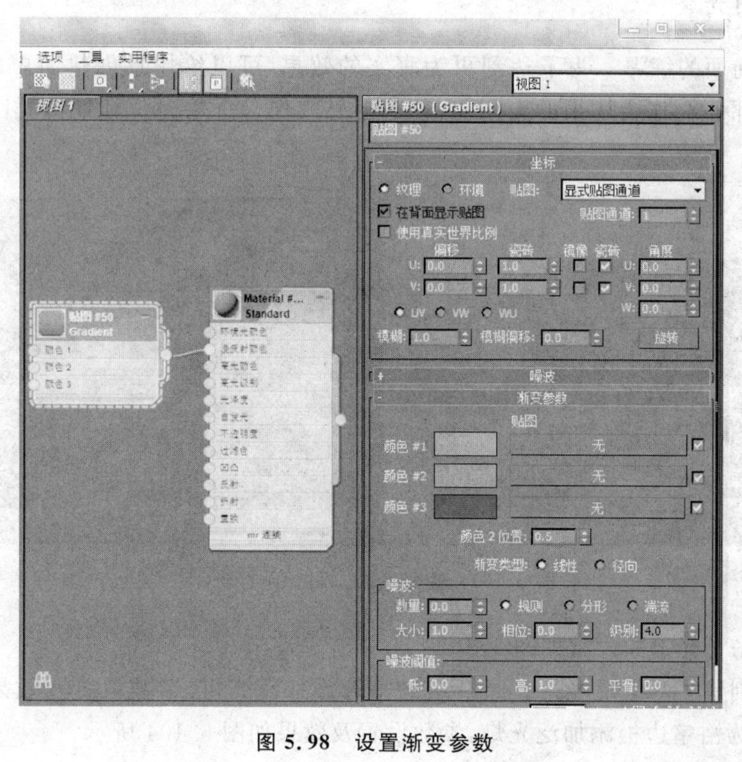

图 5.98　设置渐变参数

G=255,B=255。在反射颜色样本中设定颜色值为 R=30,G=30,B=30。折射率设定为 1.2。

(4) 在“反射高光”选项区域中设置“高光级别”为 80,“光泽度”为 57,如图 5.100 所示。

图 5.99　赋予叶子材质

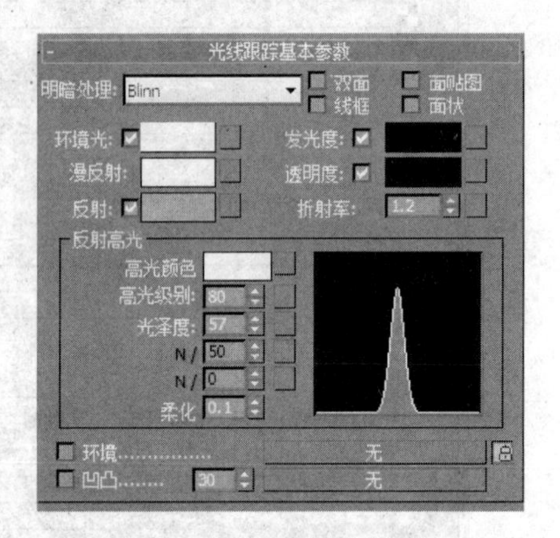

图 5.100　设置反射高光

(5) 选择场景中的 obj_03 对象进行材质赋予,即完成场景中白塑料材质的赋予。

13. 创建灯光

(1) 继续前面的练习。为了达到更为真实的效果,可以给场景创建简单的灯光效果。创建一个目标平行光作为场景的太阳光,创建泛光灯作为全局光。场景布光图如图 5.101 所示。

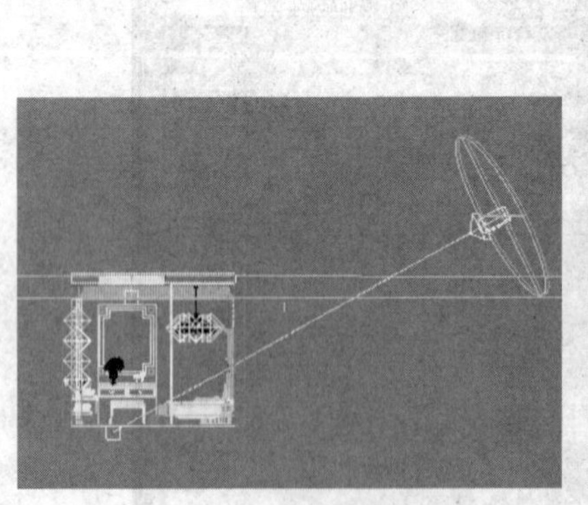

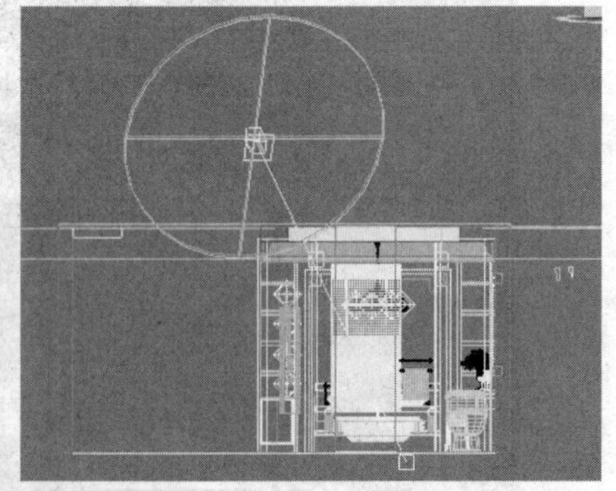

图 5.101　为场景添加目标平行光

(2) 目标平行光参数设置如图 5.102 所示。

(3) 我们创建了两组泛光灯。第一组为吊灯添加泛光灯,参数设置及效果如图 5.103 所示。第二组为浴室边柜添加泛光灯,参数设置及效果如图 5.104 所示。

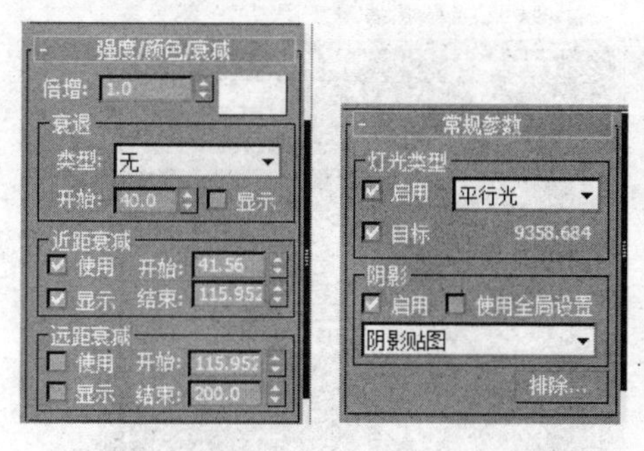

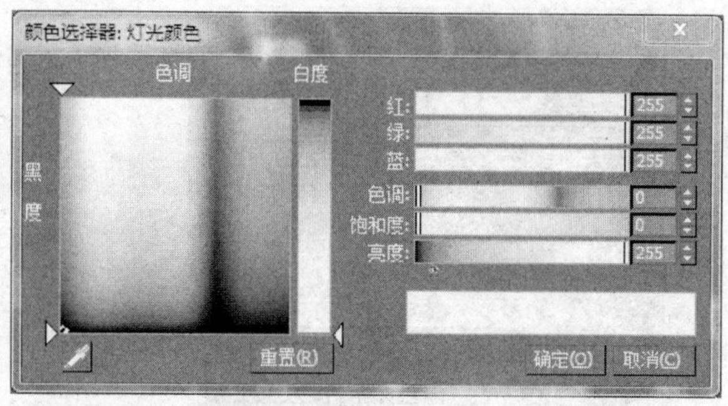

图 5.102 目标平行光参数设置

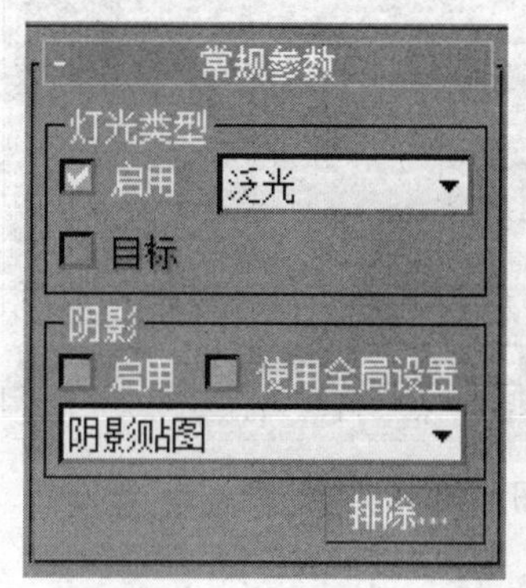

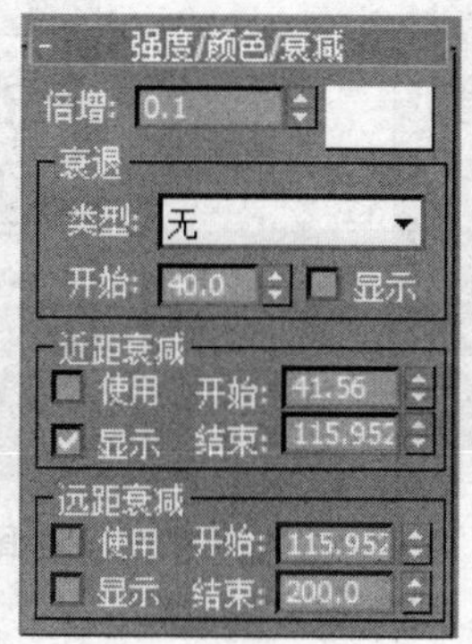

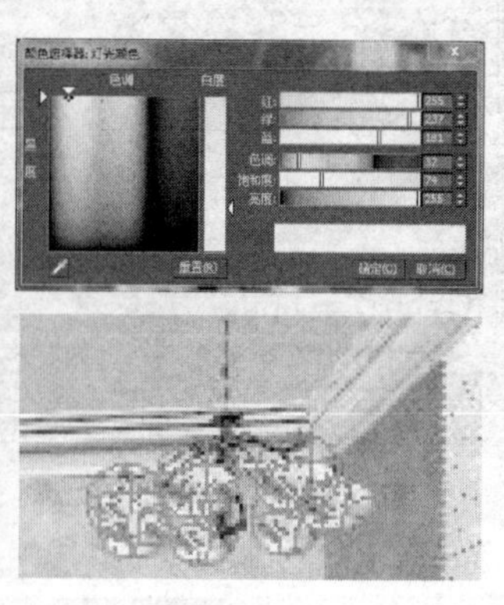

图 5.103 吊灯泛光灯参数设置

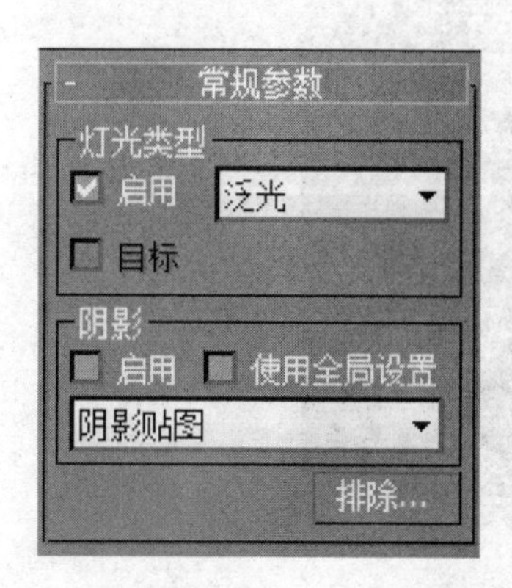

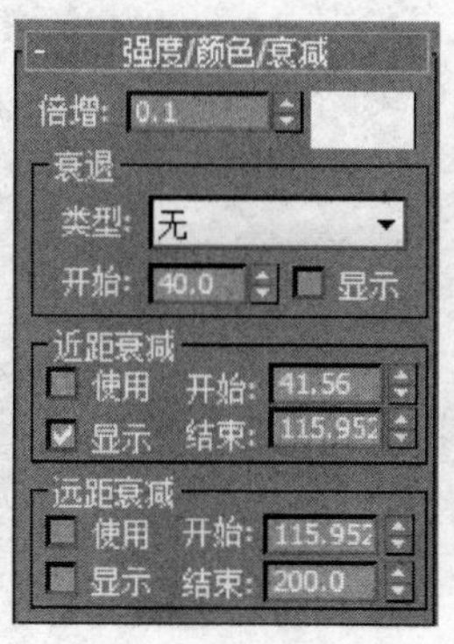

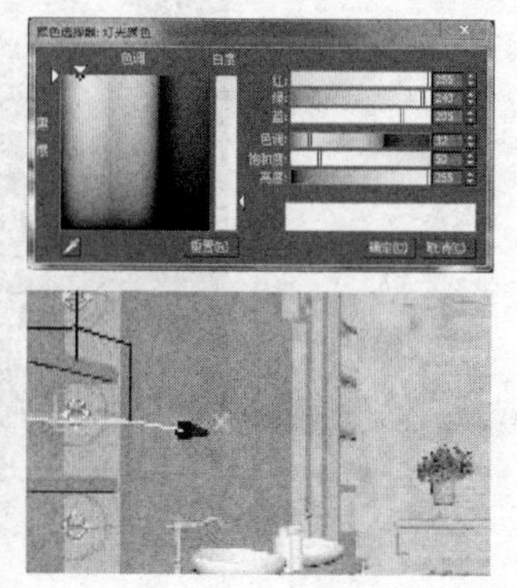

图 5.104 浴室边柜泛光灯参数设置

14. 渲染

(1) 继续前面的练习。按 F10 键，弹出“渲染设置(Render Setup)”对话框，在其中进行渲染参数调节。

(2) 选择“公用(Common)”→“单帧(Single)”命令，输出静态图像，并且设置输出大小为 720×486，如图 5.105 所示。

(3) 在“渲染器(Renderer)”选项卡中选择“启用全局超级采样器”。选择摄像机视口进行渲染，如图 5.106 所示。

(4) 单击“渲染(Render)”按钮，最终效果如图 5.107 所示。

图 5.105　设置输出大小

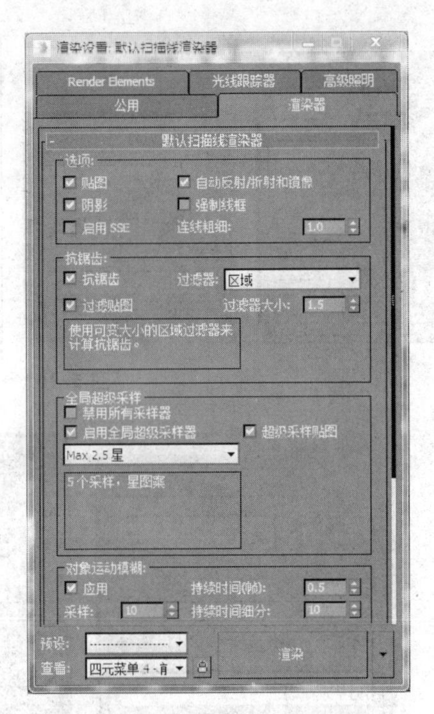

图 5.106　设置“渲染器”选项

图 5.107　渲染结果

5.3.2　创建材质库

尽管在“板岩材质编辑器(Slate Material Editor)”中的活动视窗可以设置多种材质，但纷繁的材质对使用者查看、寻找都不是非常便捷。3ds Max 可以使场景中的材质比活动视窗及示例窗中的材质多。可以将场景中的所有材质保存到材质库，或将场景中应用于对象的所有材质保存到材质库。下面将创建一个材质库。

【操作实例 6】　创建材质库。

目标：完成材质库的创建。

操作过程：

(1) 继续前面的练习，或者在菜单栏中选择“文件”→“打开”命令，从本书的配套资料中打开文件 Samples/Ch05_05.max。

（2）按 M 键打开材质编辑器。

（3）在“材质/贴图浏览器”对话框中单击“场景材质(Scene Material)”分组，显示区域出现场景中使用的材质，如图 5.108 所示。

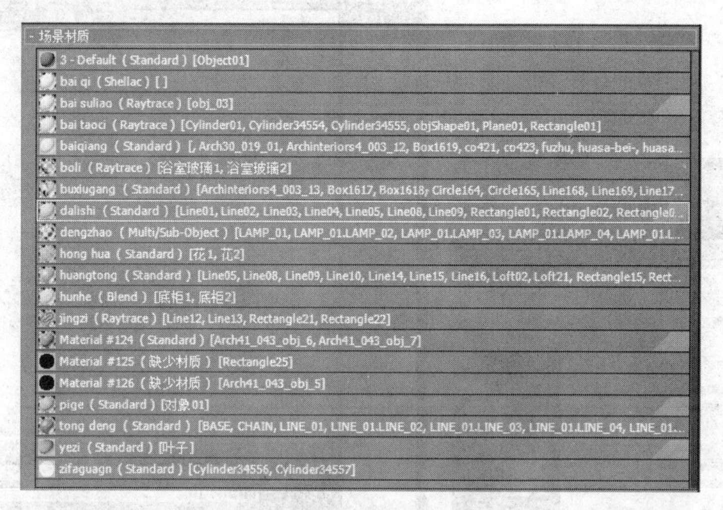

图 5.108　场景材质列表

（4）在“材质/贴图浏览器”对话框的左上角单击▼图标，选择“新材质库(New Material Library)”，命名为 bathroom，则在“材质/贴图浏览器”面板中出现 bathroom 分组，然后将“场景(Scene)”分组中使用的材质分别复制到 bathroom 分组中，如图 5.109 所示。

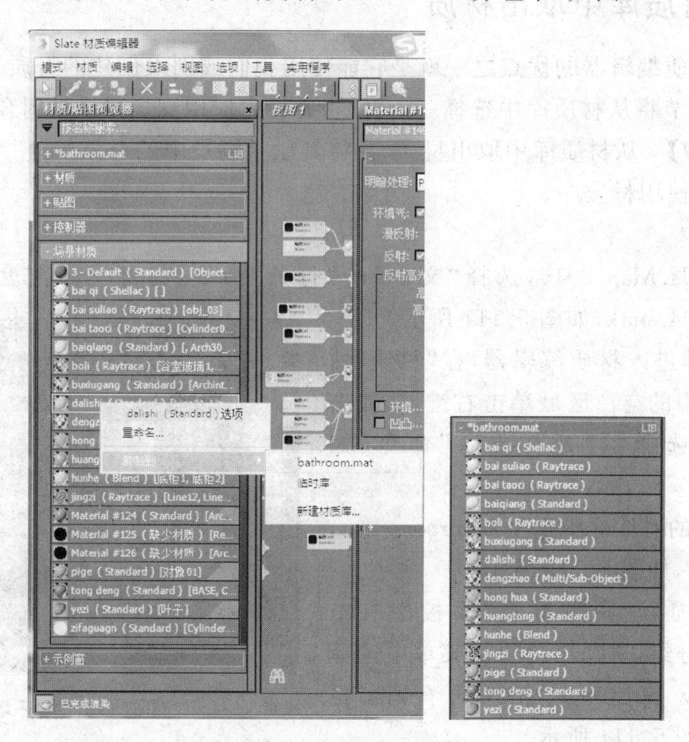

图 5.109　创建材质库

（5）在分组名称上单击右键，从弹出的快捷菜单中选择“另存为（Save as）”命令，在“导出材质库（Export Material Library）”对话框中将库保存在 materialibraries 目录下，名称为 bathroom，单击“保存”按钮，如图 5.110 所示。

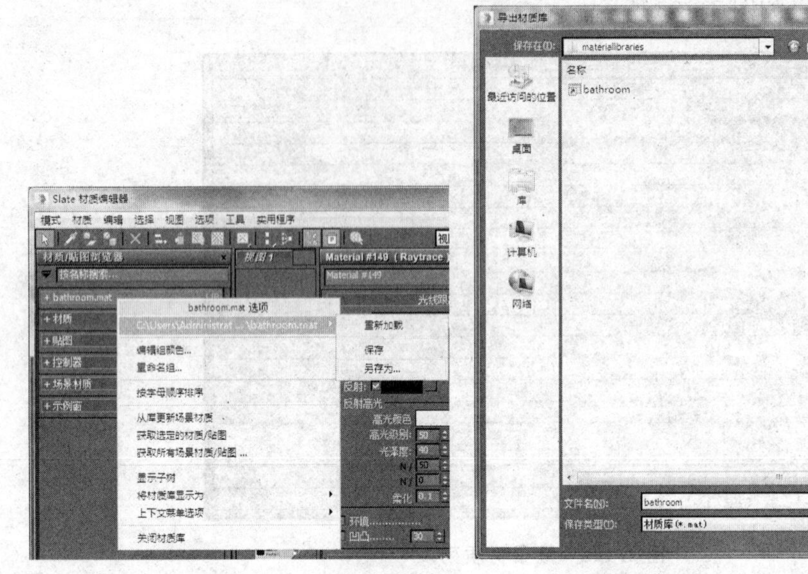

图 5.110　保存材质库

这样就将场景的材质保存到名为 bathroom.mat 的材质库中了。

5.3.3　从材质库中取出材质

3ds Max 材质编辑器的优点之一就是它能使用我们或别人创建的材质及储存在材质库中的材质。在本节将从材质库中选择一个材质，并将它应用到场景中的对象上。

【操作实例 7】 从材质库中取出材质，并将其赋予场景中的对象。

目标：学会使用材质库。

操作过程：

（1）启动 3ds Max 2015，选择“文件”→“打开”命令，打开本书配套资料中的文件 Samples/Ch05_04.max，如图 5.111 所示。

图 5.111　打开场景

（2）按 M 键进入材质编辑器，在“材质/贴图浏览器”面板中的空白区域单击右键，从弹出的快捷菜单中选择“打开材质库”命令，如图 5.112 所示。

（3）在弹出的对话框中选择 bathroom.mat，单击“打开”按钮，如图 5.113 所示。

（4）在“材质/贴图浏览器”面板中右击 bathroom.mat 分组，从弹出的快捷菜单中选择“显示子树（View Subtree）”命令，可看到其材质贴图结构，如图 5.114 所示。

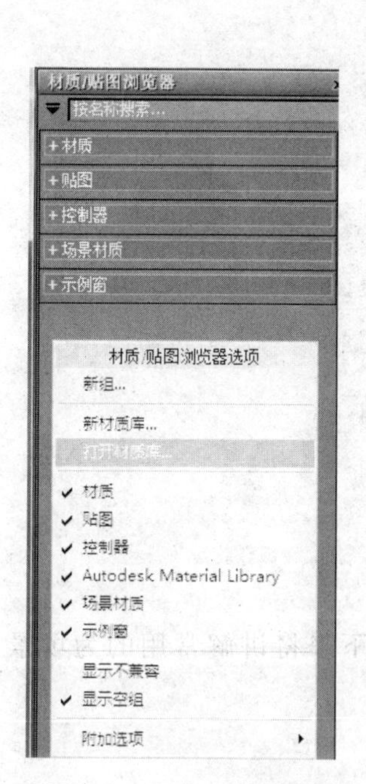

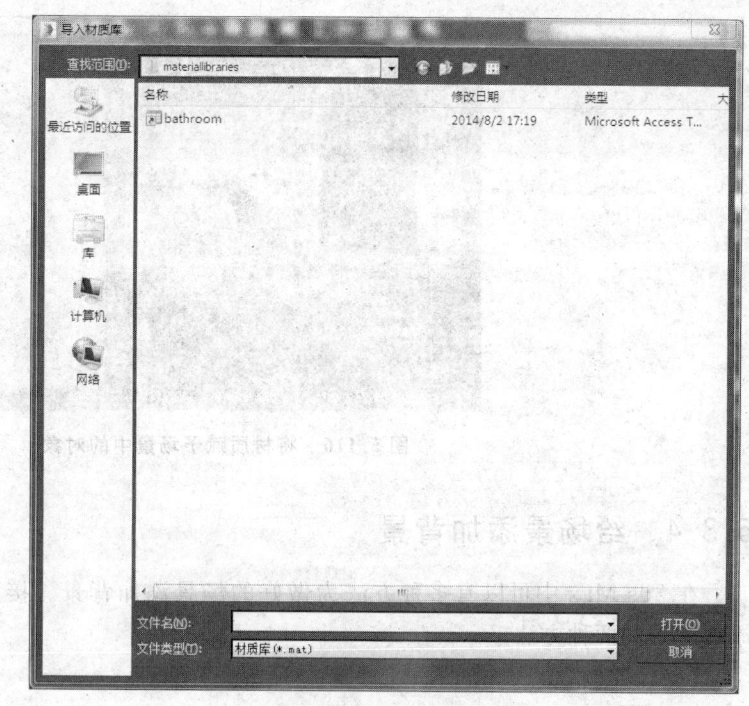

图 5.112　打开材质库　　　　图 5.113　选择材质库

(5) 在材质列表中双击 dalishi，这样将此材质复制到活动视窗中，如图 5.115 所示。

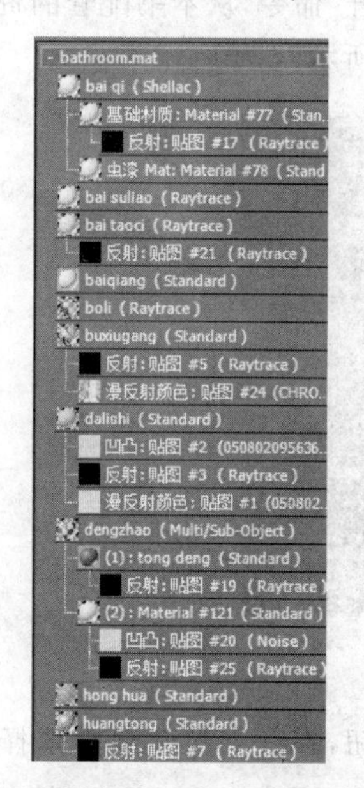

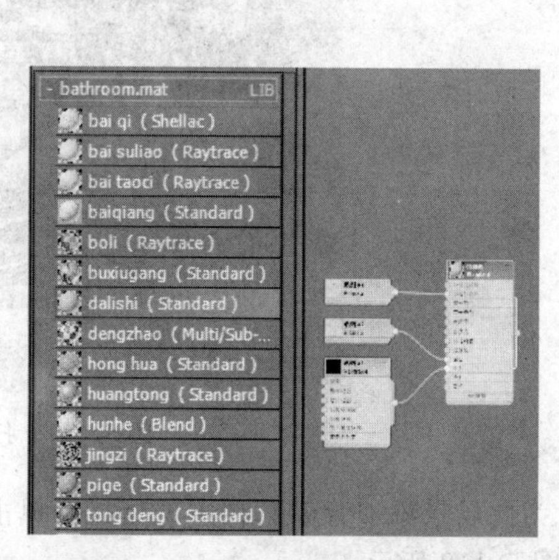

图 5.114　显示子树　　　　图 5.115　将材质复制到活动视窗

(6) 将这个材质赋予场景中的对象，效果如图 5.116 所示。

图 5.116　将材质赋予场景中的对象

5.3.4　给场景添加背景

在 3ds Max 中可以有多种方法为做好的场景添加背景。接下来将讲解常用的为场景添加背景的两种方法。

【操作实例 8】 给场景添加背景。

目标：为场景添加环境贴图。

操作过程：

(1) 启动 3ds Max 2015，从菜单栏中选择“文件”→“打开”命令，从本书配套的资料中打开文件 Samples\Ch05-06.max。打开后的场景如图 5.117 所示。

图 5.117　打开场景

(2) 为此场景添加背景。在主工具栏中单击“渲染”按钮，在其下拉菜单中选择“环境”选项，如图 5.118 所示。

说明：“环境”选项的快捷键是数字 8。

(3) 在弹出的窗口中的“公用参数”面板中选择“背景”选项区域中的“环境贴图”，单击“无”按钮，如图 5.119 所示。

(4) 在弹出的对话框中选择“位图”，如图 5.120 所示。

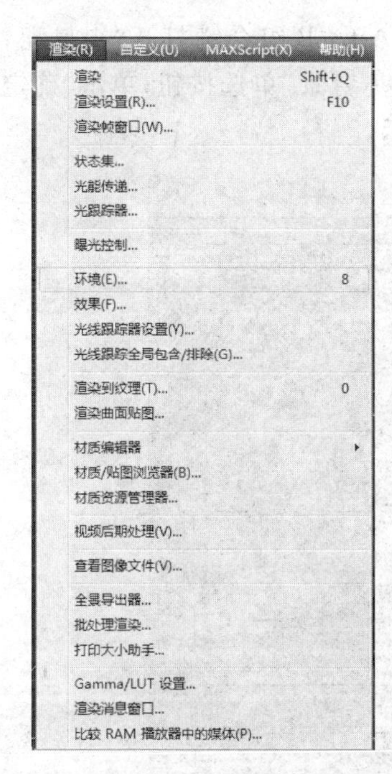

图 5.118　添加背景

图 5.119　“环境和效果”对话框

(5) 在弹出的对话框中，从本书配套的资料中打开文件 Map/天空.jpg，在“背景”选项区域中选中“使用贴图”复选框，如图 5.121 所示。

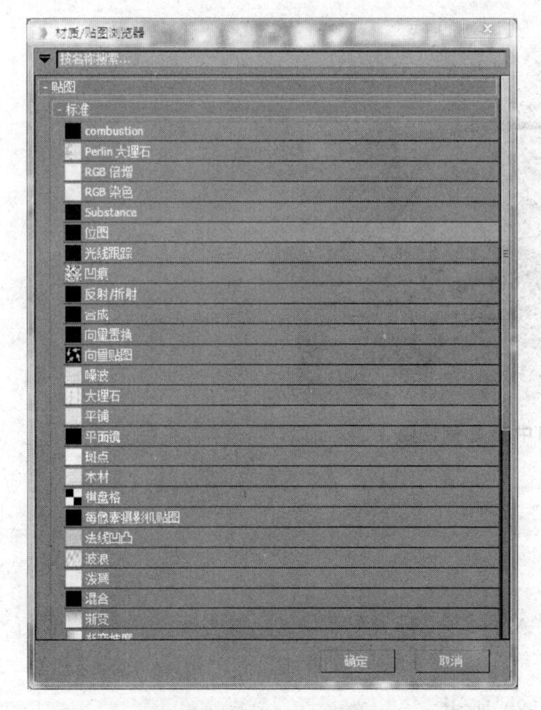

图 5.120　选择“位图”

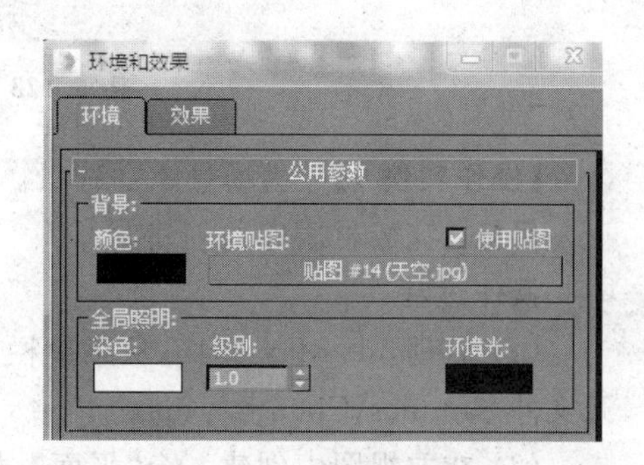

图 5.121　使用环境贴图

(6) 为了在视口中预览到背景贴图的效果，可按 Alt+B 组合键打开“视口配置”对话框，如图 5.122 所示。选择“背景”选项卡中的“使用环境背景”单选按钮，单击“确定”按钮，即可在视口中预览所设置的环境贴图，如图 5.123 所示。

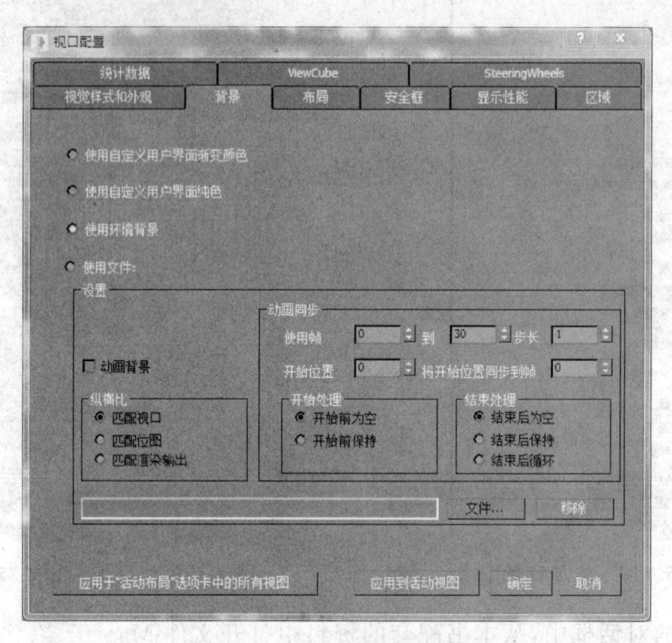

图 5.122 “视口配置”对话框

图 5.123 在视口中预览背景贴图

【操作实例 9】 为场景添加背景。

目标：完成材质库的创建。

操作过程：

(1) 启动 3ds Max 2015，从菜单栏中选择“文件”→“打开”命令，从本书配套的资料中打开文件 Samples\Ch05_06.max。

(2) 在左视图中创建一个“平面”，如图 5.124 所示。

(3) 在其余视图中调整此平面的位置，如图 5.125 所示。

(4) 按 M 键打开材质编辑器，在活动视窗中新建一个“标准”材质。

图 5.124　创建平面

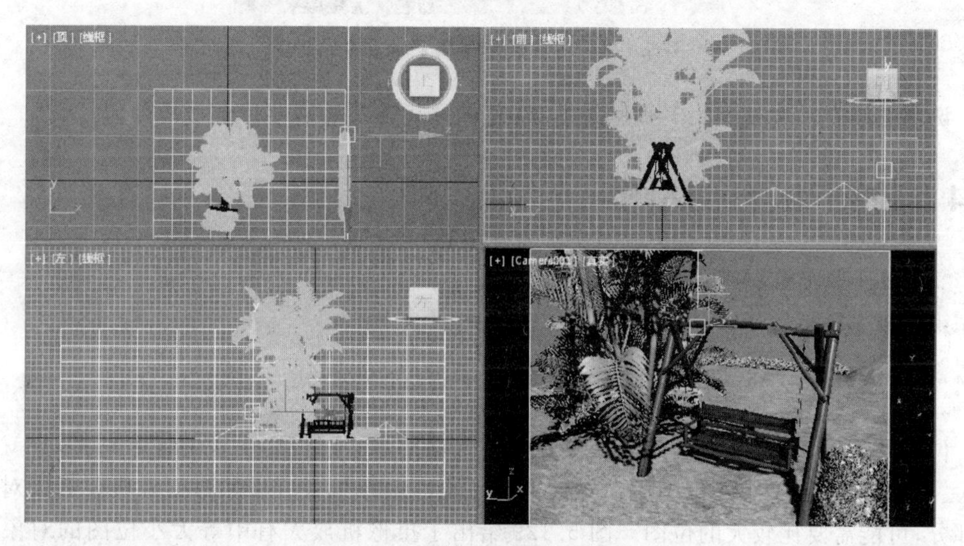

图 5.125　三视图中调整平面位置

(5) 在“参数编辑器”中选择其明暗器为 Blinn。在“Blinn 基本参数”卷展栏中单击漫反射通道，在弹出的提示面板中双击“位图”，在弹出的文件夹中选择本案例配套贴图“天空”。

(6) 在“反射高光”区域中将“高光级别”设置为 30，“光泽度”设置为 60，如图 5.126 所示，效果如图 5.127 所示。

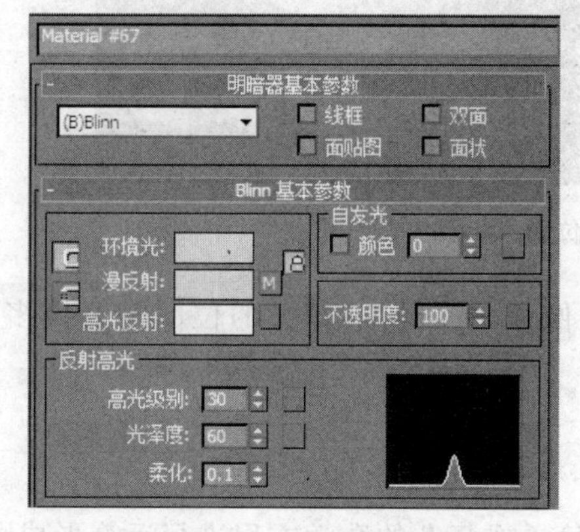

图 5.126　设置反射高光

图 5.127　材质样本球

(7) 将做好的材质赋予场景中新建的平面,如图 5.128 所示。

图 5.128 将背景贴图赋予场景中的对象

说明:如若背景与场景中的位置不符,可以调节背景对象进行手动匹配。

5.4 位图和程序贴图

3ds Max 材质编辑器包括两类贴图,即位图和程序贴图。有时这两类贴图看起来类似,但作用原理不同。

5.4.1 位图

位图是二维图像,单个图像由水平和垂直方向的像素组成。图像的像素越多,它就变得越大。小的或中等大小的位图用在对象上时不要离摄像机太近。如果摄像机要放大对象的一部分,可能需要比较大的位图。图 5.129 给出了摄像机放大有中等大小位图的对象时的情况,图像的右下角出现了块状像素,这种现象称作像素化。

图 5.129 摄像机距离"位图"远近的效果

在上面的图像中,使用比较大的位图会减少像素化。但是,较大的位图需要更多的内存,因此渲染时会花费更长的时间。

5.4.2 程序贴图

与位图不一样,程序贴图的工作原理是利用简单或复杂的数学方程进行运算形成贴图。

使用程序贴图的优点是当对它们放大时，不会降低分辨率，能看到更多的细节。

当放大一个对象（比如砖）时，图像的细节变得很明显，如图 5.130 所示。注意砖锯齿状的边和灰泥上的噪声。程序贴图的另一个优点是它们是三维的，能填充整个 3D 空间，比如用一个大理石纹理填充对象时，就像它是实心的，如图 5.131 所示。

图 5.130　程序贴图

3ds Max 提供了多种程序贴图，例如噪声、水、斑点、旋涡、渐变等，贴图的灵活性提供了外观的多样性。

5.4.3　组合贴图

3ds Max 允许将位图和程序贴图组合在同一个贴图里，这样就提供了更大的灵活性。图 5.132 所示是一个带有位图的程序贴图。

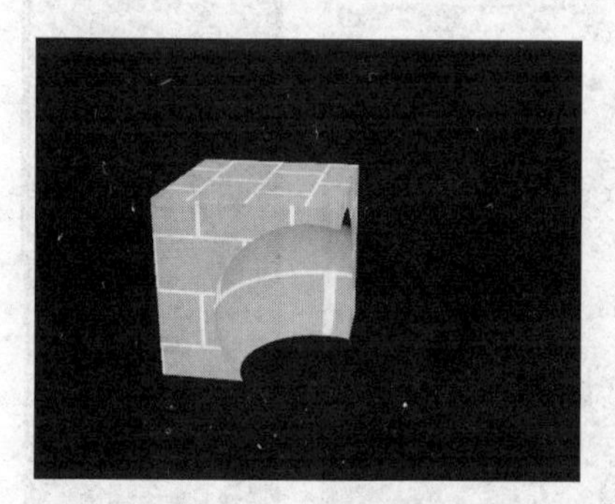

图 5.131　程序贴图

图 5.132　组合贴图

5.5　UVW 贴图

当给集合对象应用 2D 贴图时，经常需要设置对象的贴图信息，这些信息告诉 3ds Max 如何在对象上设计 2D 贴图。

许多 3ds Max 的对象有默认的贴图坐标。放样对象和 NURBS 对象也有它们自己的贴图坐标，但是这些坐标的作用有限。例如，如果应用了 Boolean 操作，或在材质使用 2D 贴图之前对象已经塌陷成可编辑的网格，则可能丢失默认的贴图坐标。

在 3ds Max 2015 中，经常使用如下几个编辑修改器来给几何体设置贴图信息：

- UVW 贴图（UVW Map）；

- 贴图缩放器(Map Scaler)；
- UVW 展开(Unwrap UVW)；
- 曲面贴图(Surface Mapper)。

本节介绍最为常用的“UVW 贴图”。

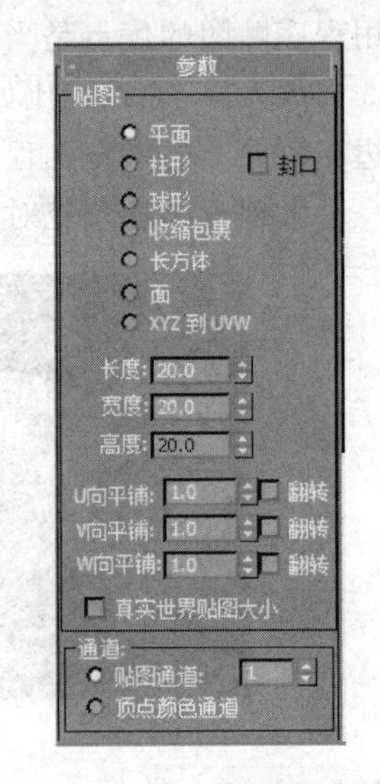

图 5.133　UVW 贴图基本参数卷展栏

1. UVW 贴图编辑修改器

“UVW 贴图”编辑修改器用来控制对象的 UVW 贴图坐标，其“参数”卷展栏如图 5.133 所示。

UVW 编辑修改器提供了调整贴图坐标类型、贴图大小、贴图的重复次数、贴图通道设置和贴图的对齐设置等功能。

2. 贴图坐标类型

贴图坐标类型用来确定如何给对象应用 UVW 坐标，共有 7 个选项，下面分别进行介绍。

(1)“平面(Planar)”。该贴图类型以平面投影方式给对象贴图，适合于平面的表面，如纸、墙等。图 5.134 所示是采用平面投影的结果。

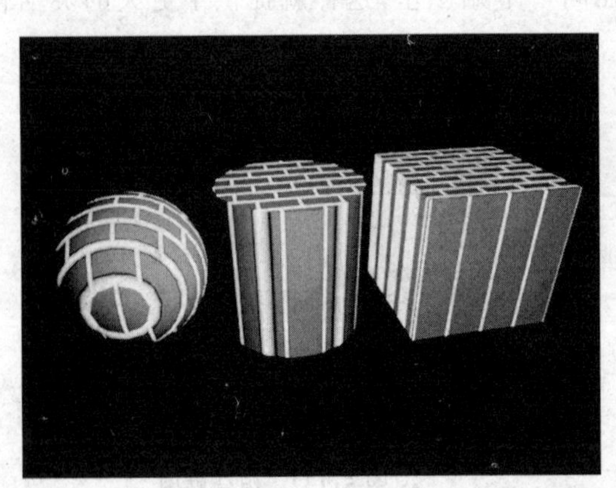

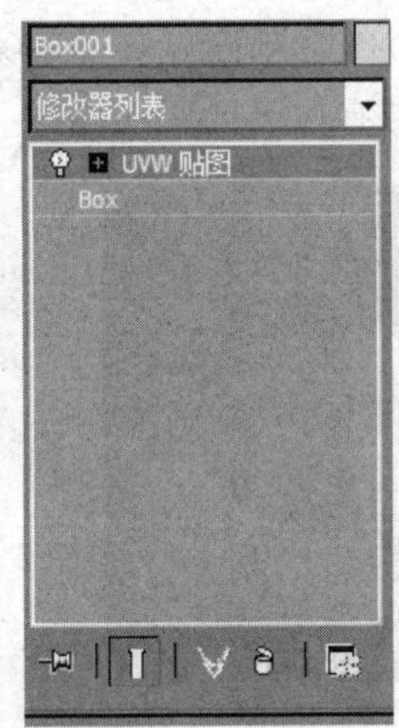

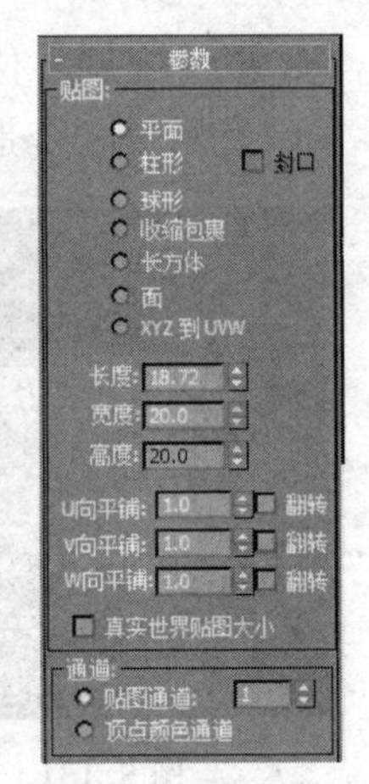

图 5.134　平面投影及参数设置

(2)“柱形(Cylindrical)”。该贴图类型使用圆柱投影方式给对象贴图。螺丝钉、钢笔、电话筒和药瓶都适于使用圆柱贴图。图 5.135 所示是采用圆柱投影的结果。

说明：选中“封口(Gap)”复选框，圆柱的顶面和底面设置的是平面贴图投影，如图 5.136 所示。

(3)“球形(Spherical)”。该类型围绕对象以球形投影方式贴图，会产生接缝。在接缝处，贴图的边汇合在一起，顶底也有两个接点，如图 5.137 所示。

(4)“收缩包裹(Shrink Wrap)”。像球形贴图一样，它使用球形方式向对象投影贴图。但是“收缩包裹”将贴图所有的角拉倒一个点，消除了接缝，只产生一个奇异点，如图 5.138 所示。

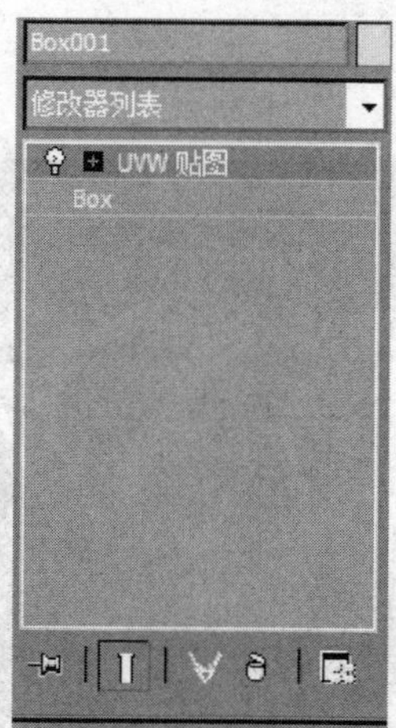

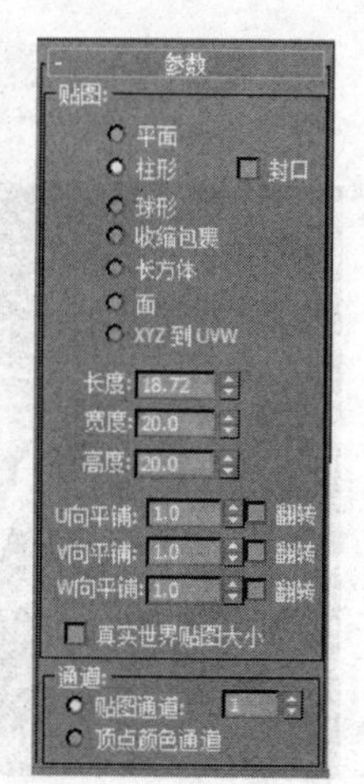

图 5.135　圆柱投影及参数设置

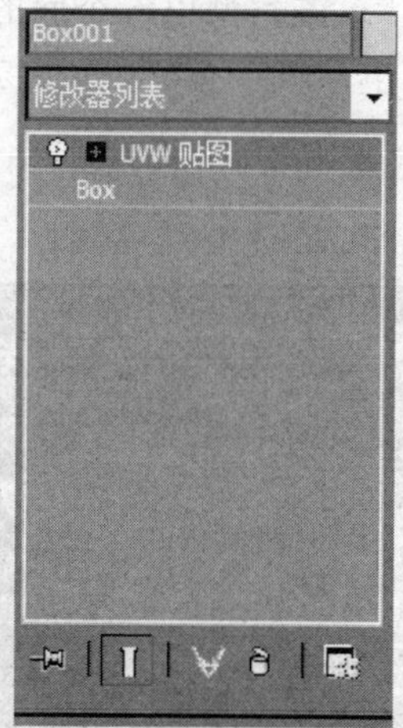

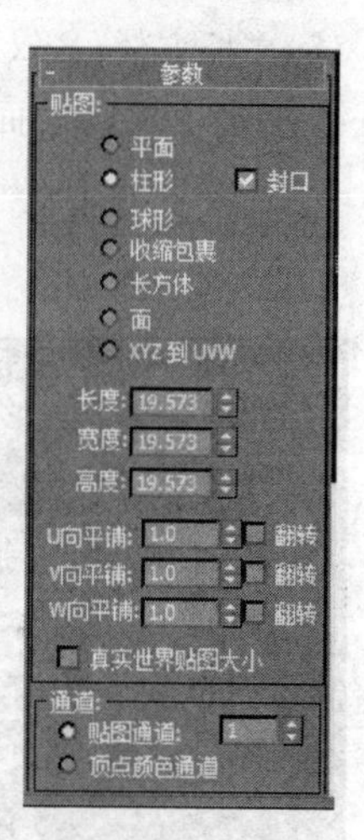

图 5.136　平面贴图投影及参数设置

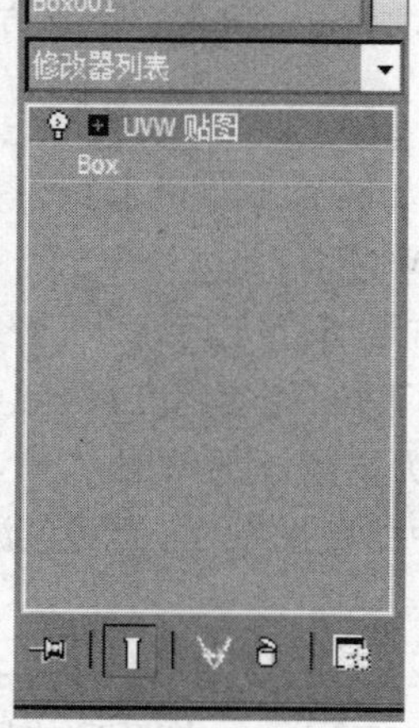

图 5.137　球形投影及参数设置

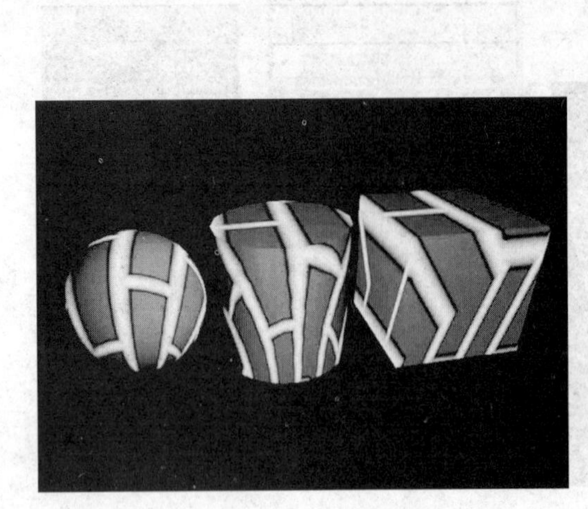

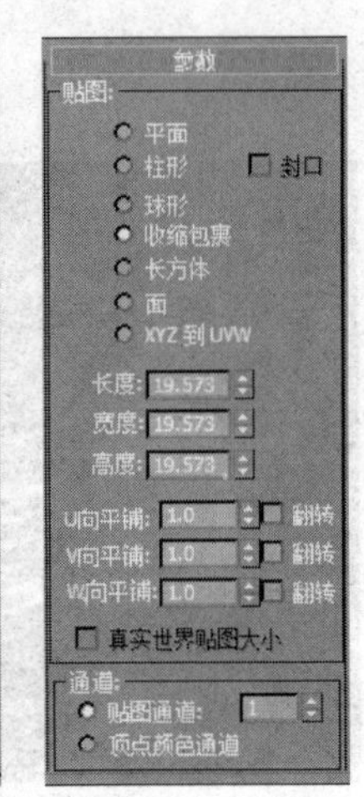

图 5.138　收缩包裹投影及参数设置

(5)“长方体(Box)”。该类型以 6 个面的方式向对象投影,每个面是一个 Planar 贴图。面法线决定不规则表面上贴图的偏移,如图 5.139 所示。

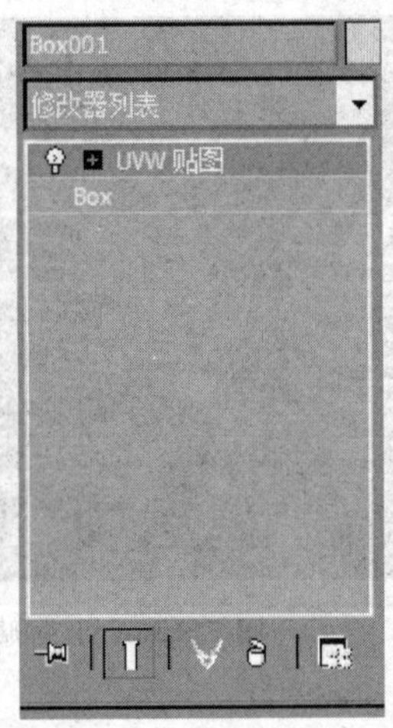

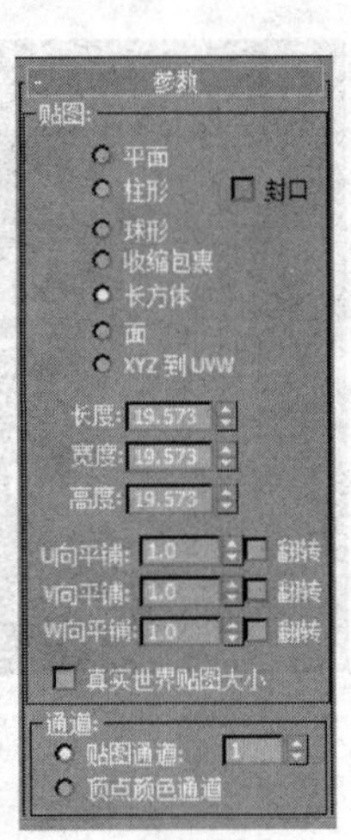

图 5.139　长方形投影及参数设置

(6)“面(Face)”。该类型对对象的每一个面应用一个平面贴图。其贴图效果与几何体面的多少有很大关系,如图 5.140 所示。

(7)“XYZ 到 UVW(XYZ to UVW)”。此类贴图设计用于 3D Maps。它使 3D 贴图“粘贴”在对象的表面上,如图 5.141 所示。

一旦了解和掌握了贴图的使用方法,就可以创建纹理丰富的材质了。

【操作实例 10】 为场景添加贴图。

目标:完成场景中的贴图赋予,为对象添加 UVW 贴图。

操作过程:

(1) 启动 3ds Max 2015,从菜单栏中选择“文件”→“打开”命令,从本书配套的资料中打开文件 Samples\Ch05_07.max。打开后的场景如图 5.142 所示。

(2) 为场景添加地面材质。选择 dimian01 对象,并按下 M 键。打开材质编辑器,创建

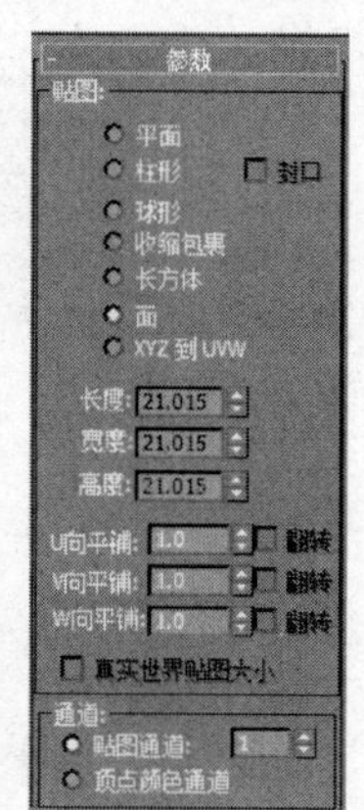

图 5.140　面投影及参数设置

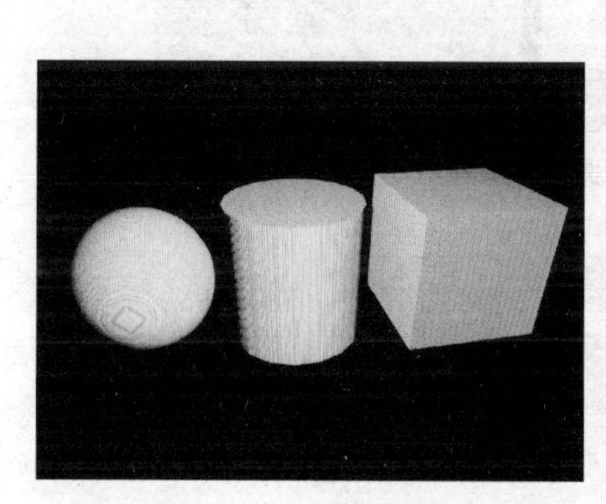

图 5.141　XYZ 到 UVW 投影及参数设置

图 5.142　打开后的场景

一个“标准”材质。选择“漫反射”中“贴图/位图”下的“位图”，然后选择“地砖贴图.jpg”，如图 5.143 所示。

（3）在“反射高光”选项区域中设置“高光级别”为 45，“光泽度”为 42，如图 5.144 所示。

（4）在“贴图”选项区域中为“反射”通道添加“光线跟踪”贴图，并设置反射值为 15。

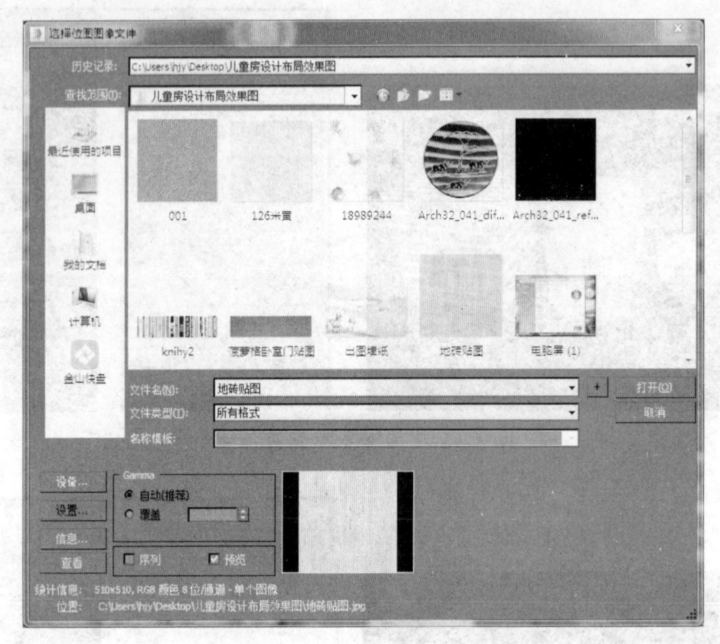

图 5.143　选择贴图文件

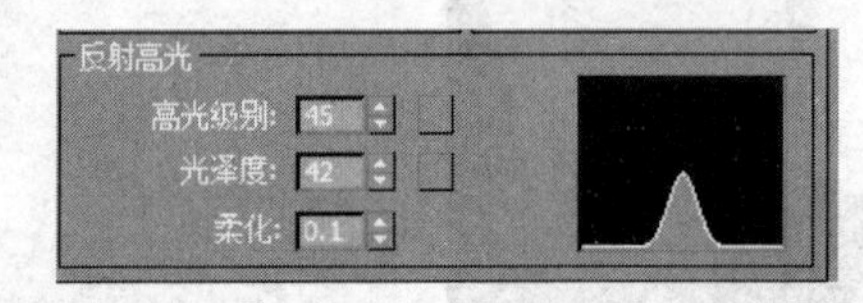

图 5.144　设置“反射高光”选项区域

(5) 将设置好的贴图赋予场景中的 dimian01 对象，并在对象的“修改器列表”中添加“UVW 贴图”，设置贴图为“长方形”类型，如图 5.145 所示。

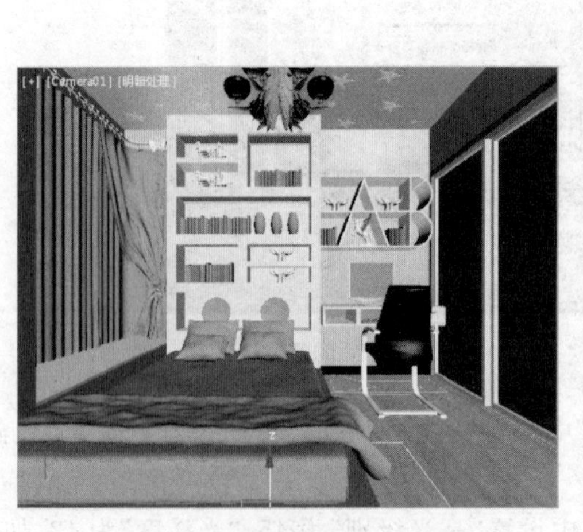
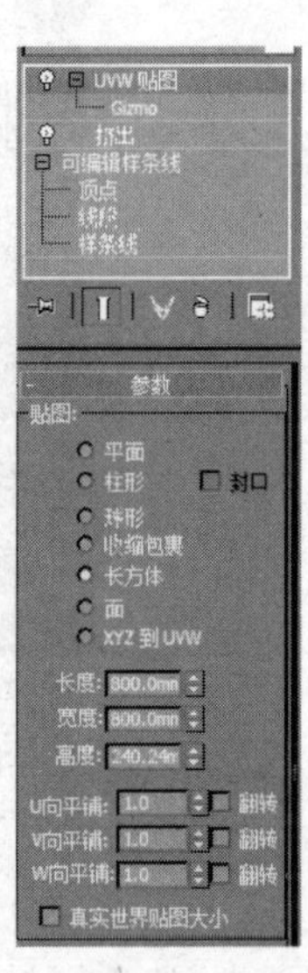

图 5.145　赋予对象

(6) 以同样的方式设置 dimian02 材质，为对象添加“UVW 贴图”。最终效果如图 5.146 所示。

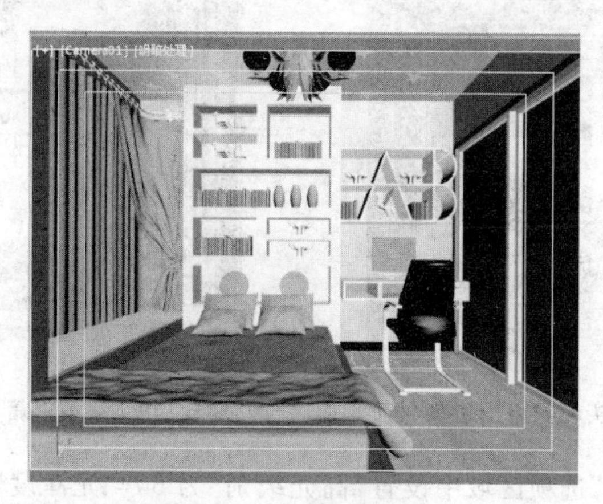

图 5.146　赋予对象

(7) 为床添加材质贴图。选择床对象，在主工具栏中单击“组”按钮，选择“打开”选项，选择 Arch37_073_obj_1 对象。

(8) 按 M 键新建一个标准材质。在其漫反射通道中添加位图，在弹出的对话框中选择“床单.jpg”文件。

(9) 在“反射高光”选项区域中设置“高光级别”为 66，“光泽度”为 67。将此材质赋予到对象上，并为对象添加“UVW 贴图”，如图 5.147 所示。

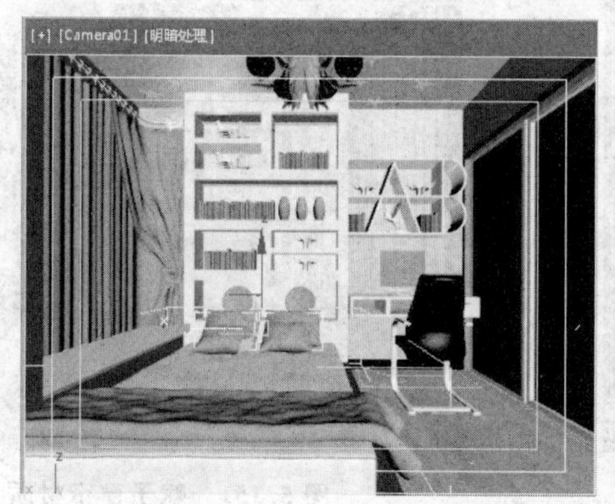

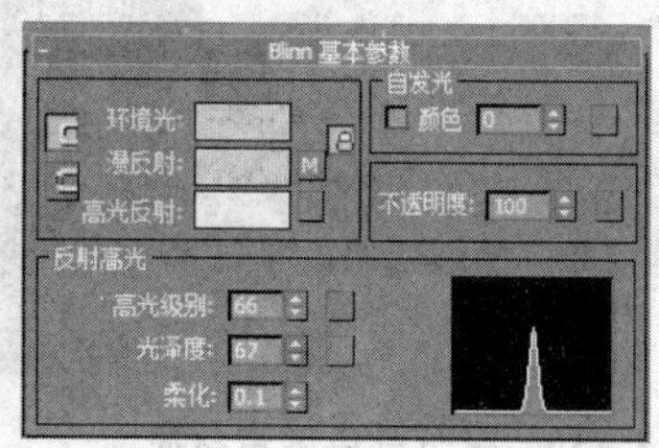

图 5.147　赋予对象

注意：为对象添加“UVW 贴图”时会根据物体的形状来选择贴图类型。一般方形物体会选择“长方体”的贴图方式。

(10) 以同样的材质创建方式为被子、枕头和衣柜门赋予材质，并添加“UVW 贴图”，选择“长方体”的贴图类型，如图 5.148 所示。

(11) 将场景中的 Group05 组对象打开，用上述方法为书架上的书籍、陶罐和装饰盘赋予材质，如图 5.149 所示。

(12) 下面设置白色纱帘材质。打开 Group04 组对象，选择 obj_89、obj_90 和 obj_91 对象。按 M 键打开材质编辑器，新建一个标准材质。将此材质的“环境光”和“漫反射”颜色都调为纯白色，“不透明度”值为 70。

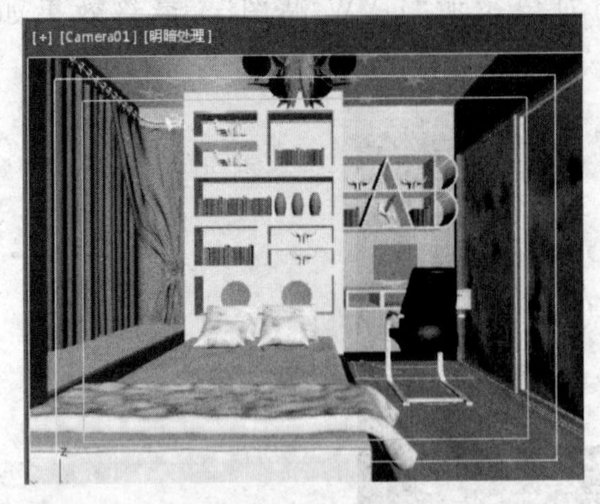

图 5.148 赋予被子、枕头和衣柜门对象材质

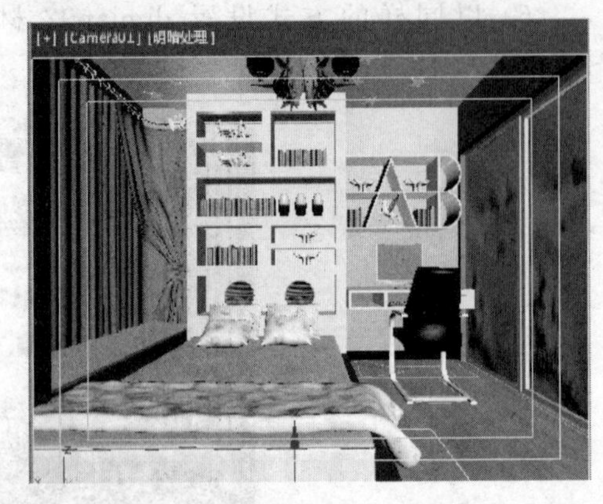

图 5.149 赋予书籍、陶罐和装饰盘对象材质

(13) 在“反射高光”选项区域中设置“高光级别”为 60,“光泽度”为 40。将材质赋予对象,如图 5.150 所示。

(14) 选择 obj_06、Plane08、Plane04 对象。在材质编辑器中新建一个标准材质,在“漫反射”通道中添加位图贴图,选择“窗帘.jpg”文件。

(15) 在“反射高光”选项区域中设置“高光级别”为 65,“光泽度”为 35。将设置好的材质赋予对象,并分别设置“UVW 贴图”,如图 5.151 所示。最终文件见光盘中的 Samples/Ch05_07f.max。

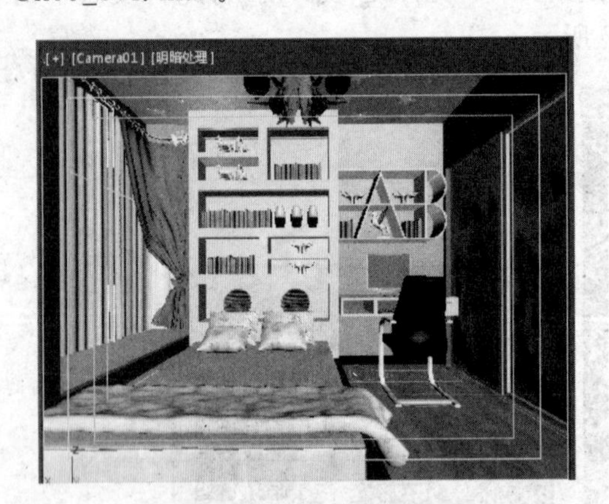

图 5.150 赋予白色纱帘材质

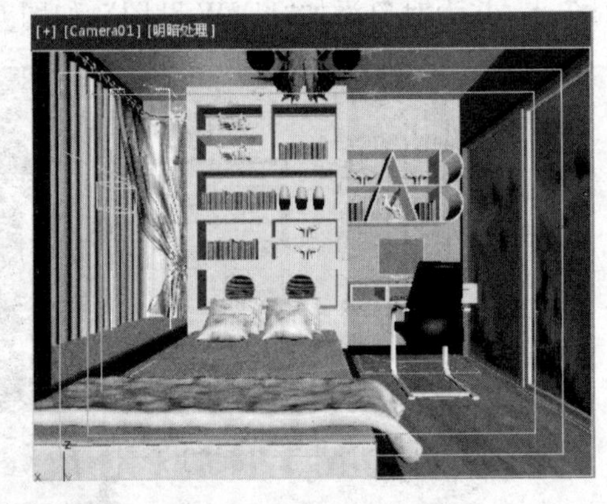

图 5.151 赋予窗帘材质

习题 5

1. 选择题

(1) 3ds Max 软件提供(　　)种贴图坐标。

A. 5　　B. 6　　C. 7　　D. 8

(2) 场景中镜子的反射效果应在“材质与贴图浏览器”中选择(　　)贴图方式。

A. Bitmap(位图)　　B. Flat Mirror(平面镜像)

C. Water(水)　　D. Wood(木纹)

(3) 透明贴图文件的(　　)表示完全透明。

A. 白色　　B. 黑色　　C. 灰色　　D. 黑白相间

(4) 在下列选项中,关于光线跟踪贴图叙述正确的是(　　)。

A. 该贴图只能在反射通道中使用　　B. 该贴图比光线跟踪材质功能多

C. 该贴图中没有菲涅尔的属性　　D. 该贴图中没有模拟模糊反射的控制

(5) 纹理坐标系用在下面(　　)中。

A. 自发光贴图　　B. 反射贴图　　C. 折射贴图　　D. 环境贴图

2. 判断题

(1) 平面镜贴图不能产生动画效果。(　　)

(2) 可以给平面镜贴图指定变形效果。(　　)

(3) 位图贴图类型的"坐标"选项区域中的"平铺"和"平铺"用来调整贴图的重复次数。(　　)

(4) 标准材质明暗器基本参数卷展栏中的"双面"选项与双面材质类型的作用是一样的。(　　)

(5) 材质编辑器中的灯光设置也影响场景中的灯光。(　　)

(6) 在调整透明材质的时候最好打开材质编辑器工具按钮中的 Background 按钮。(　　)

(7) 可以使用贴图来控制混合材质的混合情况。(　　)

(8) 在材质编辑器的"基本参数"卷展栏中,"不透明度"的数值越大,对象就越透明。(　　)

3. 简答题

(1) 球形贴图方式和收缩包裹贴图的投影方式有什么区别?

(2) UVW 坐标的含义是什么?如何调整贴图坐标?

(3) 如何从材质库中获取材质?如何从场景中获取材质?

(4) 如何建立自己的材质库?

(5) 尝试在贴图中使用 AVI 文件,观察其效果?

4. 答案

选择题:(1) C　(2) B　(3) B　(4) C　(5) A

判断题:(1) F　(2) T　(3) T　(4) F　(5) F　(6) T　(7) T　(8) F

第6章 动画和动画技术

动画制作分为二维动画制作、三维动画制作和定格动画制作,二维动画和三维动画是当今运用的比较广泛的动画形式。三维动画又称为3D动画,三维动画软件在计算机中首先建立一个虚拟的世界,设计师在这个虚拟的三维世界中建立模型及场景,再根据要求设定模型的运动轨迹、虚拟摄影机的运动和其他动画参数,为模型赋予材质,打上灯光。最后让计算机自动运算,生成最后的画面。

学习目标

- 理解关键帧动画的概念。
- 使用轨迹栏(Track Bar)编辑关键帧。
- 显示轨迹线(Trajectories)。
- 使用轨迹视图(Track View)创建和编辑动画参数。
- 理解基本的动画控制器。

6.1 关键帧动画

任何动画要表现运动或变化都十分依赖于关键帧技术。传统动画则是由动画设计师按照动画的发展顺序画出许多主要的帧,即关键帧,然后由助手去完成关键帧之间的帧。

3ds Max的工作方式与此类似。用户就是动画主设计师,负责设计在特定时刻、空间的动画关键帧,以精确设定所要发生的事情,以及什么时候发生。3ds Max就是用户的助手,它负责设计关键帧之间时段上的动画。

6.1.1 动画的帧

传统动画利用了电影原理,即人眼的视觉暂留现象,将一张张逐渐变化的并能清楚地反映一个连续动态过程的静止画面,经过摄像机逐张逐帧地拍摄,再通过电视的播放系统使之在屏幕上活动起来。"帧"是动画中最小单位的单幅影像画面,相当于电影胶片上的每一格镜头。"关键帧"相当于二维动画中的原画,指角色或者物体运动或变化中的关键动作所处的那一帧。关键帧与关键帧之间的动画可以由软件来创建,叫做过渡帧或者中间帧。

需要注意的是,在动画中位置并不是唯一可以动画的特征。在3ds Max中可以改变的任何参数,包括位置、旋转、比例、参数变化和材质特征等都是可以设置动画的。因此,3ds Max中的关键帧只是在时间的某个特定位置指定了一个特定数值的标记。

6.1.2　动画时间的配置

3ds Max 是根据时间来定义动画的，最小的时间单位是“点(Tick)”，一个点相当于 1/4800s。在用户界面中，默认的时间单位是帧。但需要注意的是，帧并不是严格的时间单位。同样是 25 帧的图像，对于 NTSC 制式电视来讲，时间长度不够 1s；对于 PAL 制式电视来讲，时间长度正好 1s；对于电影来讲，时间长度大于 1s。由于 3ds Max 记录与时间相关的所有数值，因此在制作完动画后再改变帧速率和输入格式，系统将自动进行调整以适应所做的改变。

默认情况下，3ds Max 显示时间的单位为帧，帧速率为 30fps(帧/秒)。可以单击“时间配置(Time Configuration)”按钮，在打开的“时间配置”对话框(如图 6.1 所示)中改变帧速率和时间的显示。

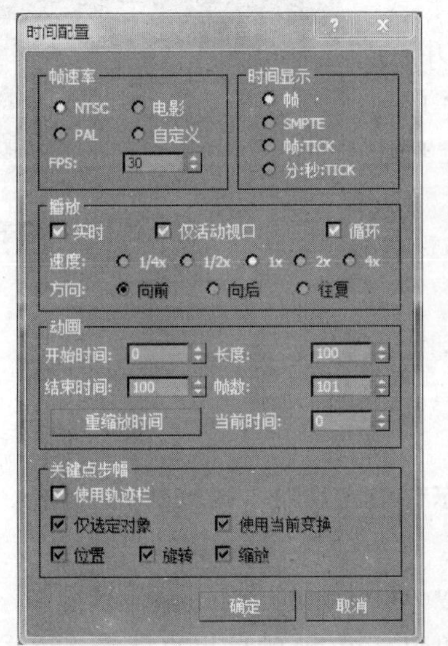

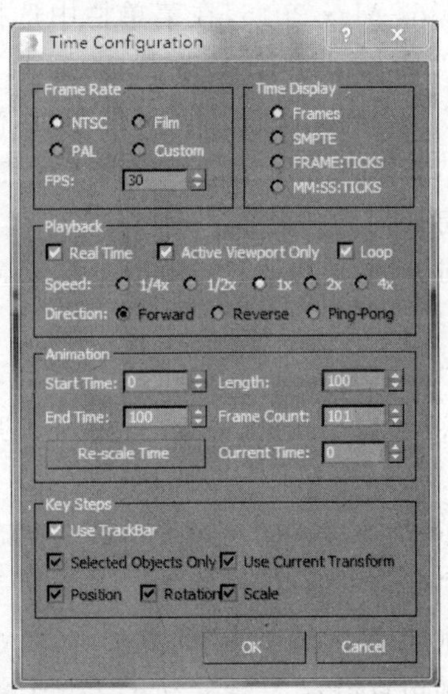

图 6.1　“时间配置”对话框

“时间配置”对话框包含以下几个区域。

(1) 帧速率(Frame Rate)。

在这个区域可以确定播放速度，可以在预设置的 NTSC(National Television Standards Committee)、“电影(Film)”或者 PAL(Phase Alternate Line)之间进行选择，也可以使用“自定义(Custom)”。NTSC 的帧速率是 30fps，PAL 的帧速率是 25fps，“电影”的帧速率是 24fps。

(2) 时间显示(Time Display)。

在这个区域指定时间的显示方式，有以下几种方式：

- 帧(Frames)：3ds Max 默认的显示方式。
- SMPTE(Society of Motion Picture and Television Engineers，电影电视工程协会)：显示方式为分、秒和帧。
- 帧：点：FRAME：TICKS。
- 分：秒：点：MM：SS：TICKS。

(3) 播放(Playback)。

这个区域是控制如何在视口中播放动画，可以使用实时播放，也可以指定帧速率。如果机器播放速度跟不上指定的帧速度，那么将丢掉某些帧。

(4) 动画(Animation)。

动画区域指定激活的时间段。激活的时间段是可以使用时间滑动块直接访问的帧数，可以在这个区域缩放总帧数，例如，如果当前的动画有300帧，现在需要将动画变成500帧，而且保留原来的关键帧不变，就需要缩放时间。

(5) 关键点步幅(Key Steps)。

该区域的参数控制如何在关键帧之间移动时间滑动块。

【操作实例1】 创建坦克行走的关键帧动画。

目标：掌握设置并编辑关键帧动画。

操作过程：

(1) 启动3ds Max 2015，在菜单栏中选择"文件"→"打开"命令，打开本节配套资料中的Samples\Ch06_01.max文件。该文件中包含了一辆坦克的模型，如图6.2所示。坦克位于世界坐标系的原点，没有任何动画设置。

图6.2 打开场景

(2) 拖曳时间滑动块，检查坦克是否已经设置了动画。

(3) 打开"自动关键点(Auto Key)"按钮，以便创建关键帧。

(4) 在透视视口单击坦克，然后单击工具栏中的"选择并移动(Select and Move)"按钮。

(5) 将时间滑动块移动至第50帧，在状态栏中键盘输入区域的X处输入275.0。

(6) 关闭"自动关键点"按钮。

(7) 在动画控制区域单击"播放动画(Play Animation)"按钮播放动画。

在前50帧坦克沿着X轴移动了275个单位。第50帧后坦克就停止了运动，这是因为50帧以后没有关键帧。

(8) 在动画控制区域单击"转至开始(Goto Start)"按钮停止播放动画，并把时间滑动块移动到第0帧。

注意观察轨迹栏(Track Bar)，如图6.3所示。在第0帧和第50帧处创建了两个关键帧。当创建第50帧处的关键帧时，自动在第0帧创建了关键帧。

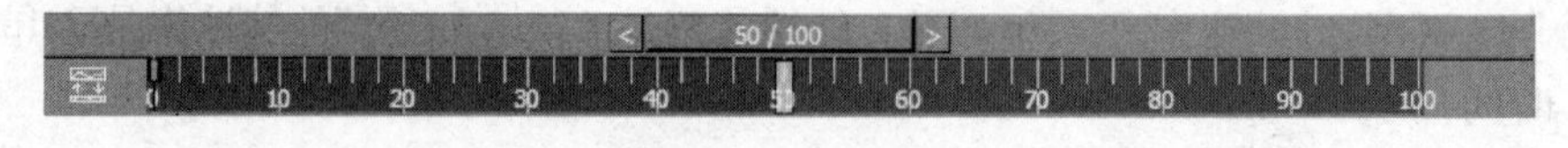

图6.3 时间轴

说明：如果没有选择对象，轨迹栏将不显示对象的关键帧。

(9) 在前视口的空白地方单击，取消对象的选择。

6.1.3 创建关键帧动画

要在3ds Max中创建关键帧，需要打开"自动关键点"按钮，在非第0帧改变某些对象。一旦进行了某些改变，原始数值被记录在第0帧，新的数值或者关键帧数值被记录在当前帧。这时第 0 帧和当前帧都是关键帧。这些改变可以是变换的改变,也可以是参数的改变。例如,如果创建了一个球,然后打开动画按钮,到非第 0 帧改变球的半径参数,这样 3ds Max 将创建一个关键帧。只要“自动关键点”按钮处于打开状态,就一直处于记录模式,3ds Max 将记录在非第 0 帧所做的任何改变。创建关键帧之后就可以拖曳时间滑动块来观察动画。

【操作实例 2】 创建画轴展开的动画效果。

目标:进一步熟悉使用关键帧制作动画。

操作过程:

(1) 执行命令面板中的“创建”→“几何体”→“平面”命令,在“顶视图”中创建一个长为 170,宽为 300,长度分段为 6,宽度分段为 20 的长方形面片,并将其命名为“卷画”,如图 6.4 所示。

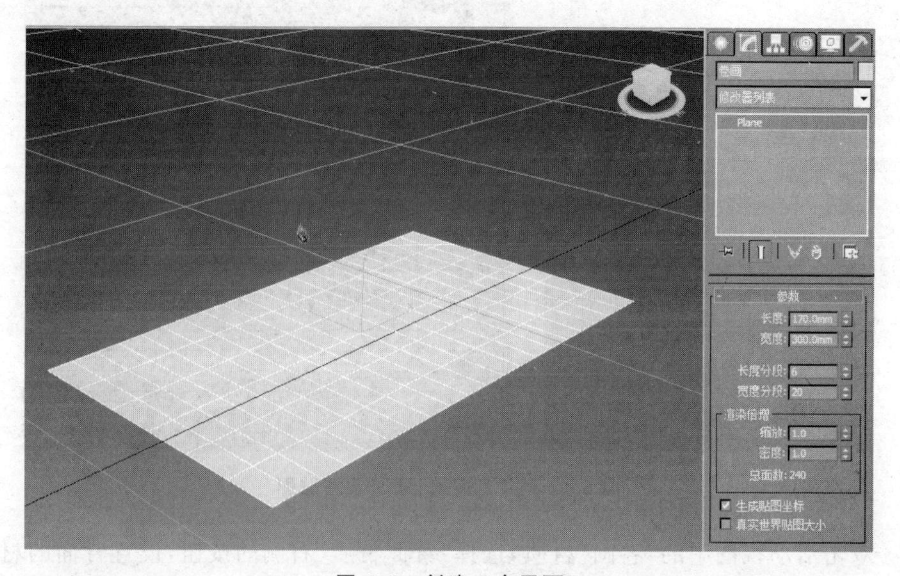

图 6.4　创建一个平面

(2) 按 M 键进入“材质编辑器”对话框,在“活动视图”中创建一个“双面”材质,将其命名为“卷画”,如图 6.5 所示。

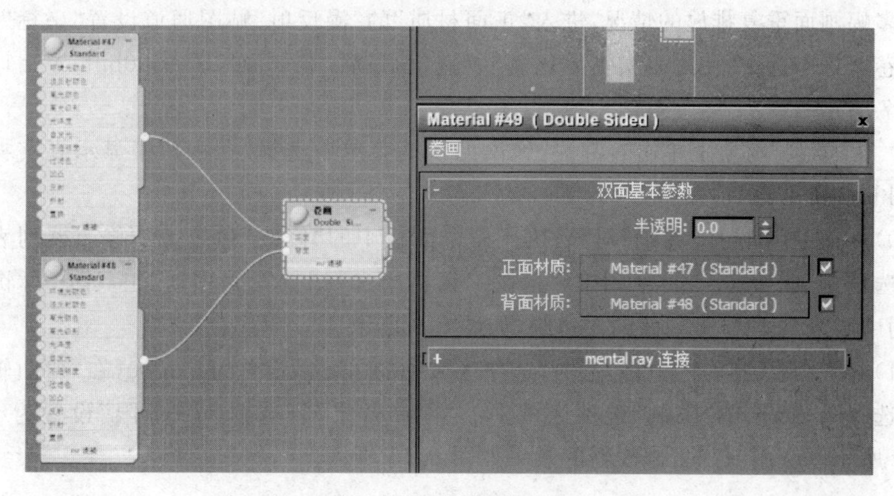

图 6.5　创建“双面”材质

(3) 在“双面基本参数”卷展栏中单击“正面材质”右侧的按钮，设置正面的材质。在基本参数卷展栏中设置明暗器类型为 Blinn。

(4) 在“Blinn 基本参数”卷展栏中的“自发光”选项区域中设置“颜色”为 100。

(5) 在“漫反射”中选择“位图”，然后选择“山水画.jpg”文件，如图 6.6 所示。

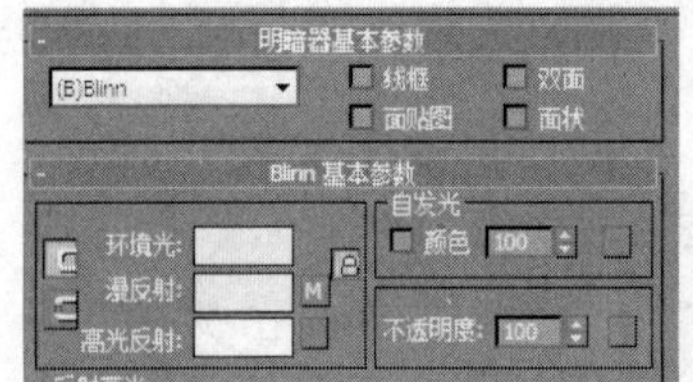

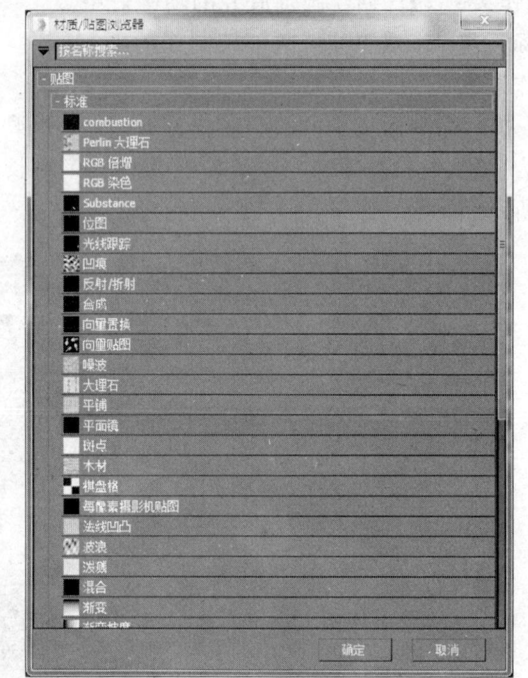

图 6.6 为“漫反射”通道添加贴图

(6) 双击活动视图中的“卷画”材质，选择“背面材质”右侧的按钮，设置背面的材质。同样选择明暗器类型为 Blinn。

(7) 在“Blinn 基本参数”卷展栏中设置“漫反射”的颜色为 R=255，G=255，B=255。

(8) 将设置好的“卷画”材质赋予到场景中的“卷画”对象上。这时发现场景中的正面材质出现多幅画面重复排放的情况，进入“正面材质”的“漫反射”贴图通道设置“坐标”值。在“坐标”卷展栏中选中“使用真实世界比例”复选框，设置“瓷砖”的 U=300mm，V=170mm，如图 6.7 所示。

(9) 在“卷画”材质上单击右键，从弹出的快捷菜单中选择“在视口中显示真实材质”命令，如图 6.8 所示。

(10) 在视图中选择“卷画”对象，执行命令面板中的“修改”命令，在“修改器列表”下拉列表中选择“弯曲”，定义集为“中心”。在工具栏中选择“选择并移动”工具，再将“顶视图”中的中心沿 X 轴拖至平面的左边缘，如图 6.9 所示。

(11) 在“参数”卷展栏中将“弯曲”选项区域中的“角度”设置为 -1080，在“弯曲轴”选项区域中选择 X 轴，选中“限制”选项区域中的“限制效果”复选框，将“上限”设置为 300，如图 6.10 所示。应用“弯曲”修改器的效果如图 6.11 所示。

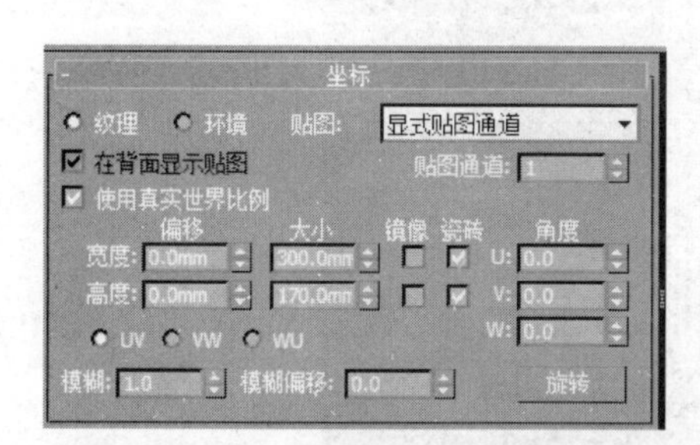

图 6.7　设置贴图坐标的 UV 值

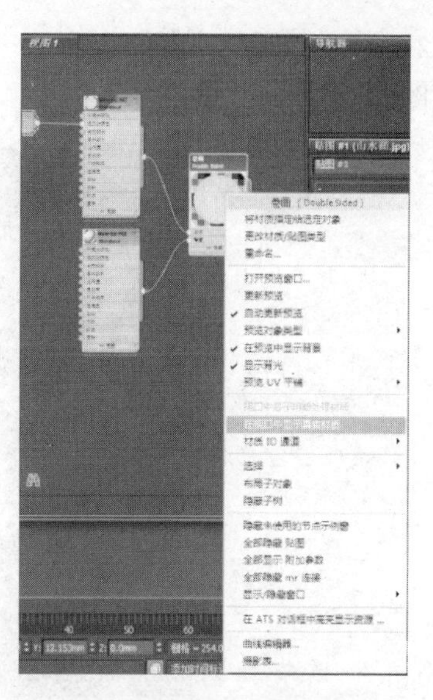
图 6.8　在视口中显示真实材质

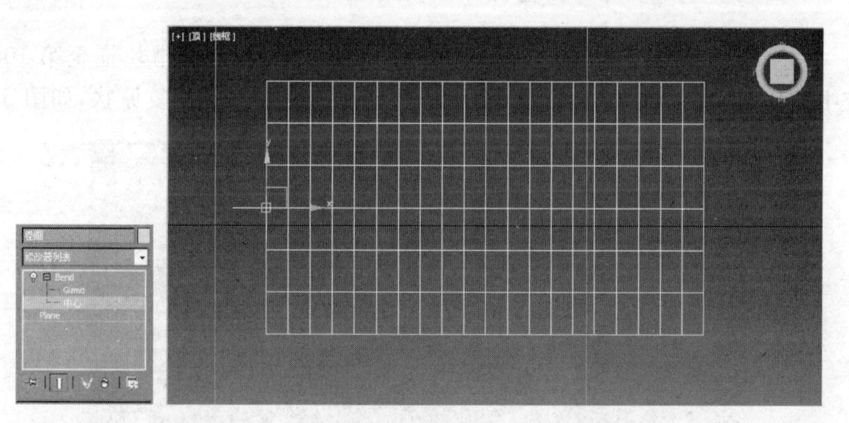
图 6.9　为“卷画”对象添加“弯曲”修改器

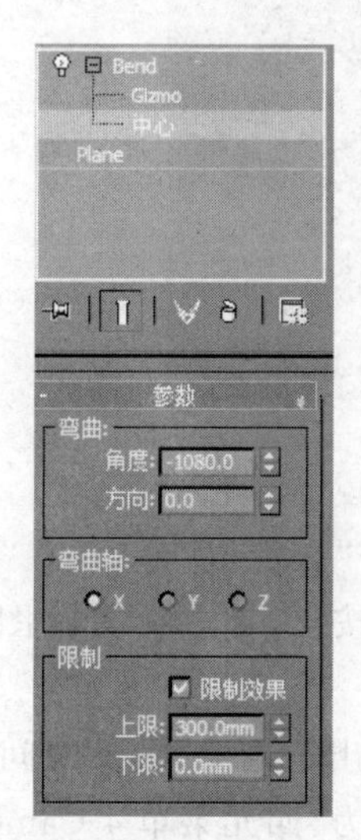

图 6.10　设置修改器的参数

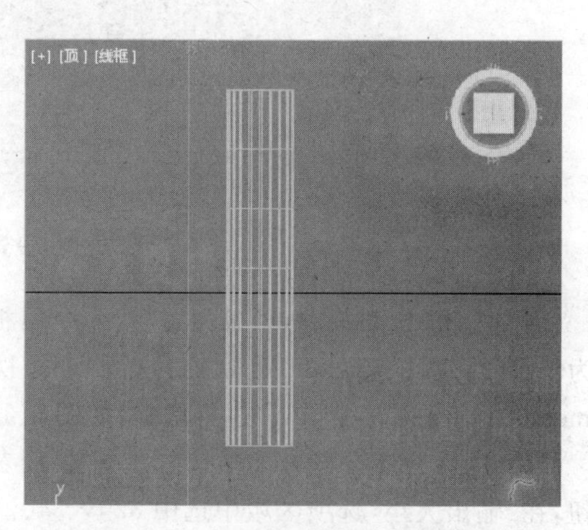

图 6.11　应用“弯曲”修改器的效果

(12) 此时发现“卷画”的弯曲过于弯，在“顶视图”中使用“选择并移动”工具向右拖动中心到如图 6.12 所示的位置。

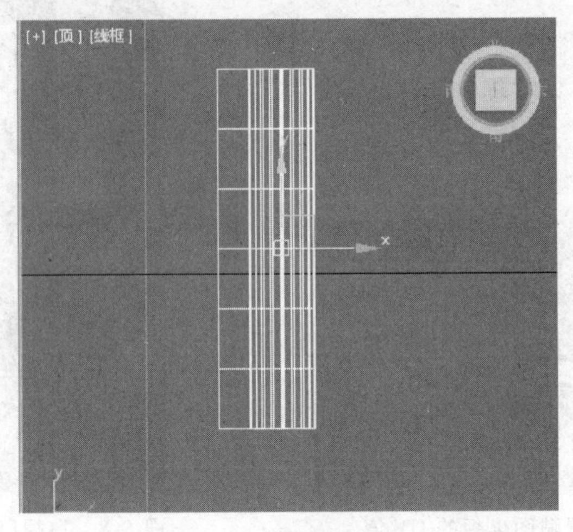

图 6.12　向右拖曳中心

(13) 单击“自动关键点”按钮，打开动画关键点的记录，将时间滑块拖至第 100 帧处，在“顶视图”中使用“选择并移动”工具拖动弯曲的“中心”，使“卷画”恢复原状，如图 6.13 所示。

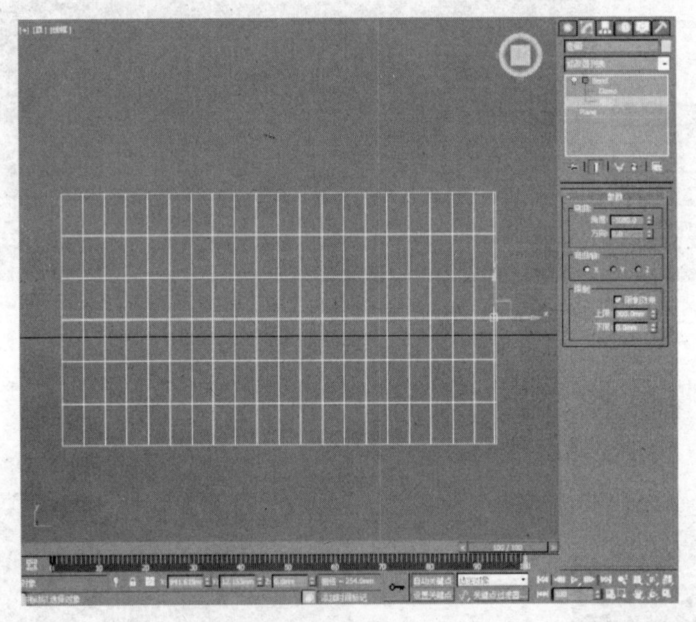

图 6.13　设置关键点

(14) 关闭“自动关键点”按钮，执行命令面板中的“创建”→“摄像机”命令，在“顶视图”中为场景创建一架目标摄像机。选择“透视视图”，然后按 C 键，将该视图转换为 Camera001，并在“左视图”中进行调整，如图 6.14 所示。

(15) 执行工具栏中的“渲染设置”→“公用参数”→“时间输出”，选中“活动时间段”单选按钮，在“输出大小”选项区域中选中 320×240。将“查看”设置为“四元菜单 4-Camera001”，

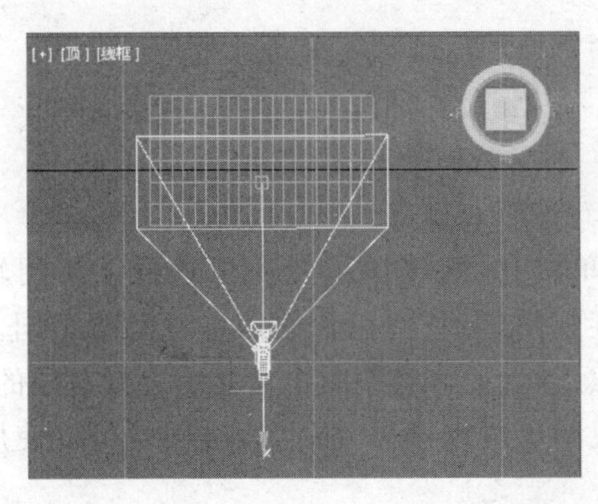

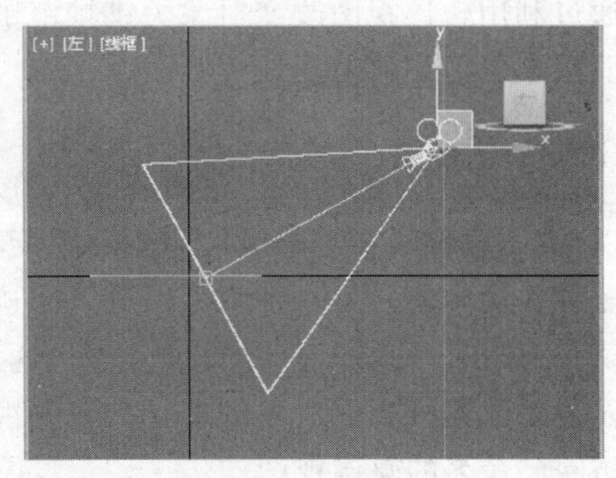

图 6.14　设置摄像机的位置

并单击其右侧的🔒按钮。单击“渲染输出”选项区域中的“文件”按钮，在打开的对话框中选择保存路径，将“文件名”命名为“画轴展开”，将“保存类型”定义为.AVI，单击“保存”按钮。弹出“AVI 文件压缩设置”对话框，将“主帧比率”设置为 0，单击“确定”按钮，最后单击“渲染”按钮，如图 6.15 所示。

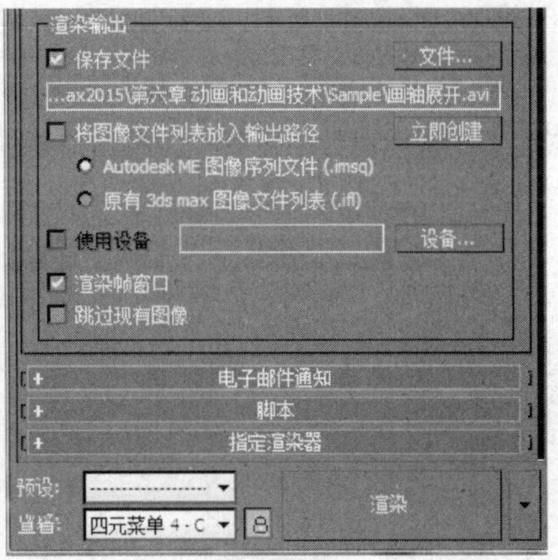

图 6.15　渲染设置

（16）最终完成效果见本书配套资料 Sample/Ch06_02f.max。

6.2　轨迹视图

轨迹视图是制作动画的主要工作区域，基本上在 3ds Max 中的任何动画都可以通过轨迹视图进行编辑。

6.2.1　使用轨迹视图

轨迹视图是非模式对话框，就是说在进行其他工作的时候，它仍然可以打开放在屏幕上。轨迹视图显示场景中所有对象及它们的参数列表、相应的动画关键帧。轨迹视图不但允许单独地改变关键帧的数值和它们的时间，还可以同时编辑多个关键帧。使用轨迹视图，可以改变被设置了动画参数的控制器，从而改变 3ds Max 在两个关键帧之间的插值方法。

还可以通过利用轨迹视图改变对象关键帧范围之外的运动特征来产生重复运动。

下面就来学习如何使用轨迹视图。

1. 访问轨迹视图

可以从“图表编辑器(Graph Editors)”菜单、四元组菜单或者主工具栏下访问轨迹视图。这三种方法中的任何一种都可以打开轨迹视图,但它们包含的信息量有所不同。使用四元组菜单可以打开选择对象的轨迹视图,这意味着在轨迹视图中只显示选择对象的信息,这样可以清楚地调整当前对象的动画。轨迹视图也可以被另外命名,这样就可以使用菜单快速地访问已命名的轨迹视图。

下面就来尝试各种打开轨迹视图的方法。

【操作实例 3】 打开轨迹视图。

目标:掌握三种打开轨迹视图的方法。

操作过程:

第一种方法:

(1) 启动 3ds Max 2015,在菜单栏中选择“文件”→“打开”命令,打开本书配套资料中的 Samples\Ch06_03.max 文件。这个文件中包含了一个动画茶壶。

(2) 在菜单栏中选择“图表编辑器(Graph Editors)”→“轨迹视图-曲线编辑器(Track View-Curve Editor)”命令或者“图表编辑器(Graph Editors)”→“轨迹视图-摄影表(Track View-Dope Sheet)”命令,如图 6.16 所示。

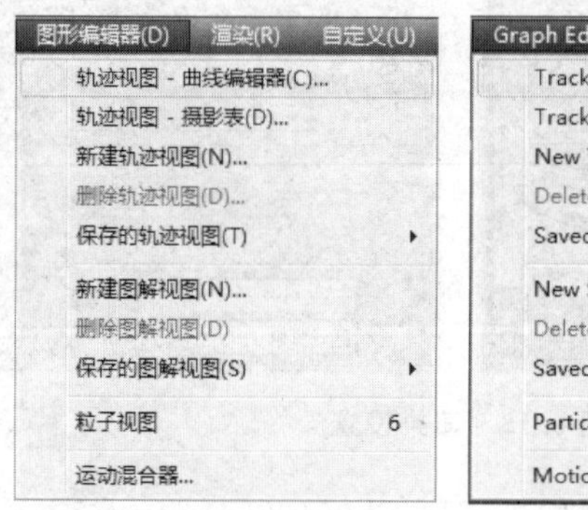

图 6.16 视图

显示“轨迹视图-曲线编辑器”对话框(如图 6.17 所示)或者“轨迹视图-摄影表”对话框(如图 6.18 所示)。

(3) 单击 x 按钮,关闭“轨迹视图”对话框。

第二种方法:

(1) 在主工具栏中单击“曲线编辑器(打开)(Curve Editor[Open])”按钮,显示“轨迹视图-曲线编辑器”对话框。

(2) 单击 x 按钮,关闭“轨迹视图-曲线编辑器”对话框。

第三种方法:

(1) 在透视视口单击茶壶,以便选择它。

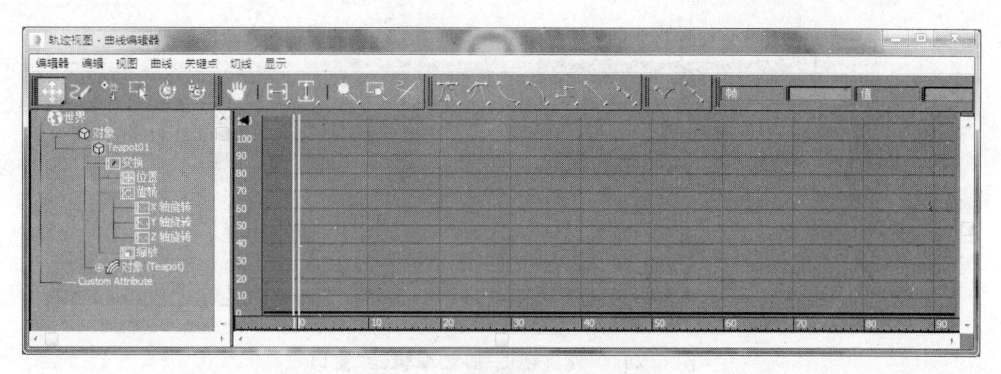

图 6.17　轨迹视图-曲线编辑器

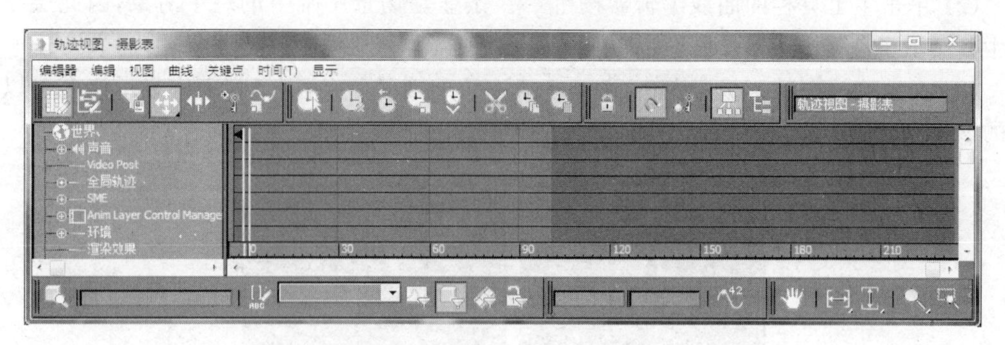

图 6.18　轨迹视图-摄影表

（2）在茶壶上单击鼠标右键，弹出的四元组菜单如图 6.19 所示。从菜单中选择"曲线编辑器"命令，显示"轨迹视图-曲线编辑器"对话框。

（3）单击 [x] 按钮，关闭"轨迹视图-曲线编辑器"对话框。

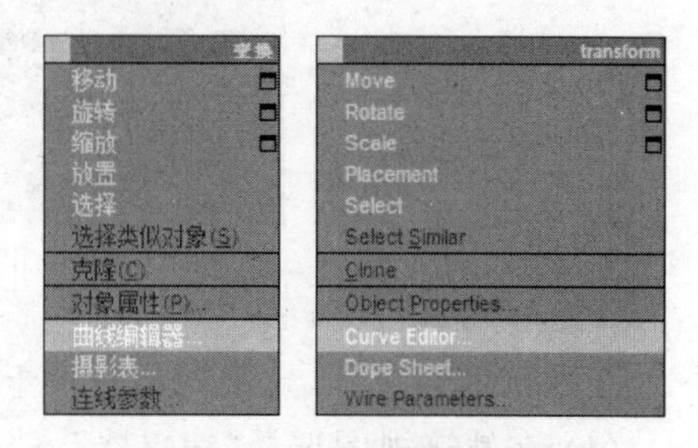

图 6.19　弹出的四元组菜单

2. **轨迹视图的用户界面**

轨迹视图的用户界面有 4 个主要部分，它们是层级列表、编辑窗口、菜单栏和工具栏，如图 6.20 所示。

轨迹视图的层级提供了一个包含场景中所有对象、材质和其他可以动画参数的层级列表。单击列表中的加号（+），将访问层级的下一个层次。层级中的每个对象都在编辑窗口中有相应的轨迹，下面就举例说明如何使用轨迹视图。

【操作实例 4】　使用轨迹视图。

目标：了解、编辑轨迹视图。

操作过程：

1. **曲线编辑器**

（1）启动 3ds Max 2015，在菜单栏中选择"文件"→"打开"命令，打开本书配套资料中的 Samples\Ch06_03.max 文件。

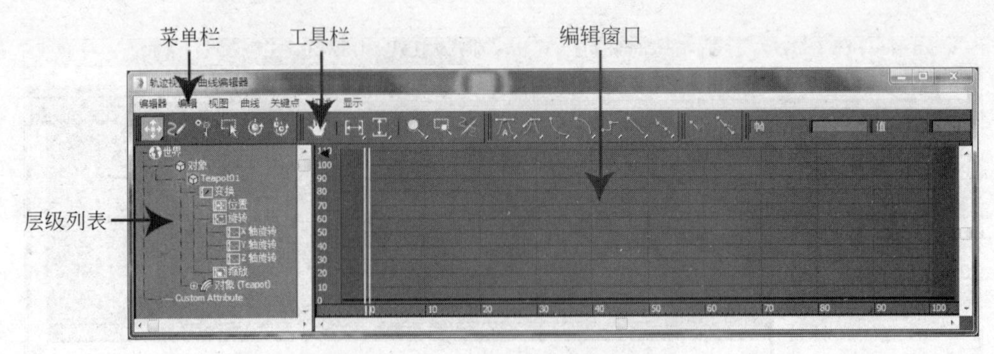

图 6.20 “轨迹视图-曲线编辑器”窗口

(2) 单击主工具栏的曲线编辑器按钮。茶壶是场景中唯一的一个对象,因此层级列表中只显示了茶壶。

(3) 在轨迹视图的层级中单击 Teapot01 左边的加号(+),层级列表中显示出了可以动画的参数,如图 6.21 所示。

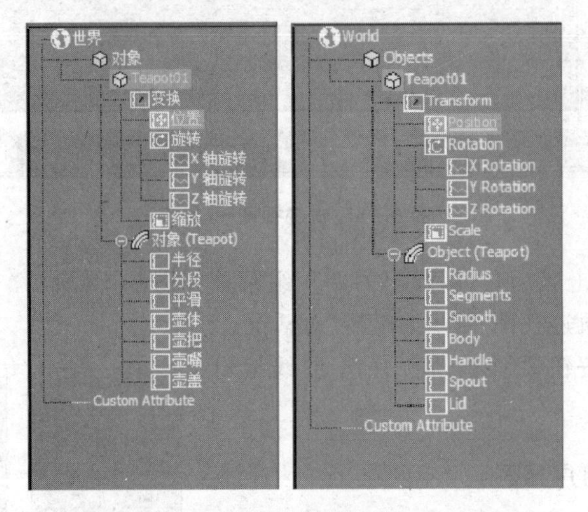

图 6.21 层级列表

在默认的情况下,轨迹视图是处于曲线编辑模式,可以通过菜单改变这个模式。

(4) 在轨迹视图选择“编辑器”→“摄影表”命令,这样轨迹视图就变成了摄影表编辑器,如图 6.22 所示。

图 6.22 转换编辑器

(5) 通过单击 Sphere01 左边的加号(+)展开层级列表。

2. 使用编辑窗口

(1) 继续前面的练习。单击轨迹视图中视图导航控制区域的框选水平范围(Frame

Horizontal Extents)按钮▣。

（2）在轨迹视图的层级列表中单击“变换(Transform)”，编辑窗口中的变换轨迹变成了白色，表明选择了该轨迹。变换控制器由位置、旋转和缩放三个控制器组成，其中只有位置轨迹被设置了动画。

（3）在轨迹视图的层级列表中单击“位置(Position)”。位置轨迹上有三个关键帧。

（4）在轨迹视图的编辑窗口的第 2 个关键帧上单击鼠标右键，出现“Teapot01\位置”对话框，如图 6.23 所示。该对话框与通过轨迹栏得到的对话框相同。

（5）单击▣按钮，关闭“Teapot01\位置”对话框。

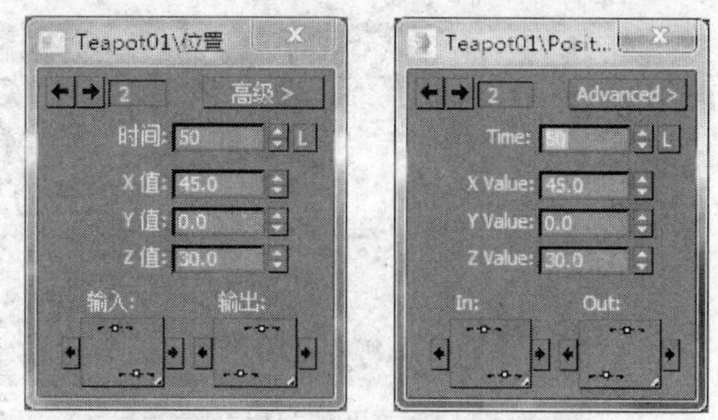

图 6.23　“Teapot01\位置”对话框

在轨迹视图的编辑窗口中可以移动和复制关键帧。

3. 移动和复制关键帧

（1）在“轨迹视图”的编辑窗口中将鼠标光标放在第 50 帧上。

（2）将第 50 帧拖曳到第 40 帧的位置。

（3）按 Ctrl+Z 组合键，撤销关键帧的移动。

（4）按住 Shift 键将第 50 帧处的关键帧拖曳到第 40 帧，这样就复制了关键帧。

（5）按 Ctrl+Z 组合键，撤销关键帧的复制。

可以通过拖曳范围栏来移动所有动画关键帧。当场景中有多个对象，而且需要相对于其他对象来改变其中一个对象的时间时，这个功能非常有用。

4. 使用范围栏

（1）进入摄影表模式，单击轨迹视图工具栏中的“编辑范围(Edit Ranges)”按钮▣。轨迹视图的编辑区域显示小球动画的范围栏，如图 6.24 所示。

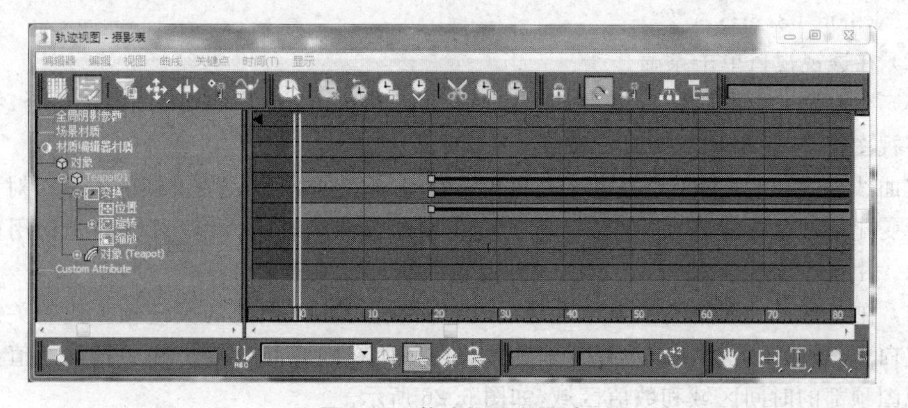

图 6.24　轨迹视图-摄影表

（2）在“轨迹视图”的编辑区域将光标放置在范围栏的最上层(Teapot01 层次)，这时光标的形状发生了改变，表明可左右移动范围栏。

(3) 将范围栏的开始处向右拖曳 20 帧。状态栏中显示选择关键帧的新位置,如图 6.25 所示。

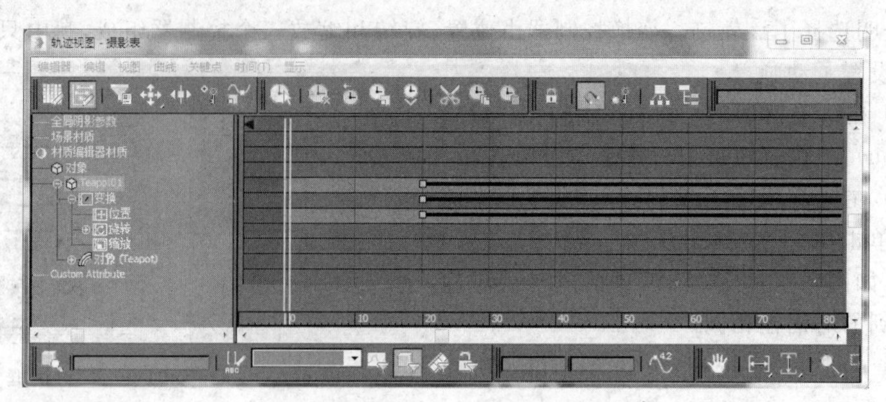

图 6.25　将范围栏的开始处向右拖曳 20 帧

注意:只有当鼠标光标为双箭头的时候才是移动。如果是单箭头,拖曳鼠标的结果就是缩放关键帧的范围。

(4) 在动画控制区域单击"播放动画(Play Animation)"按钮,茶壶从第 20 帧开始运动。

(5) 在动画控制区域单击"停止播放动画(Stop Animation)"按钮。

(6) 在轨迹视图的编辑区域将光标放置在范围栏的最上层(Teapot01 层次),这时光标的形状发生了改变,表明左右移动范围栏。

(7) 将范围栏的开始处向左拖曳 20 帧,这样就将范围栏的起点拖曳到第 0 帧。

5. 使用曲线模式

要观察两个关键帧之间的运动情况,需要使用曲线。在曲线模式,也可以移动、复制和删除关键帧。下面举例说明如何使用曲线模式。

(1) 启动 3ds Max 2015,在菜单栏中选择"文件"→"打开"命令,打开本书配套资料中的 Samples\Ch06_03.max 文件。

(2) 在透视视口单击茶壶。

(3) 在茶壶上单击鼠标右键,从弹出的四元组菜单上选择"曲线编辑器"命令,打开一个轨迹视图窗口,层级列表中只有茶壶。

在曲线模式下,编辑区域的水平方向代表时间,垂直方向代表关键帧的数值。对象沿着 X 轴的变化用红色曲线表示,沿着 Y 轴的变化用绿色曲线表示,沿着 Z 轴的变化用蓝色曲线表示。由于茶壶在 Y 轴没有变化,因此蓝色曲线与水平轴重合。

(4) 在编辑区域选择代表 X 轴变化的红色曲线上第 80 帧处的关键帧。代表关键帧的点变成白色,表明该关键帧被选择了。选择关键帧所在的时间(帧数)和关键帧的值显示在轨迹视图顶部的时间区域和数值区域,如图 6.26 所示。

在该图中,左边的时间区域显示的数值是 80,右边的数值区域显示的数值是 45.000。用户可以在这个区域输入新的数值。

(5) 在时间区域输入 60,在数值区域输入 50。在第 80 帧处的所有关键帧(X、Y 和 Z 三

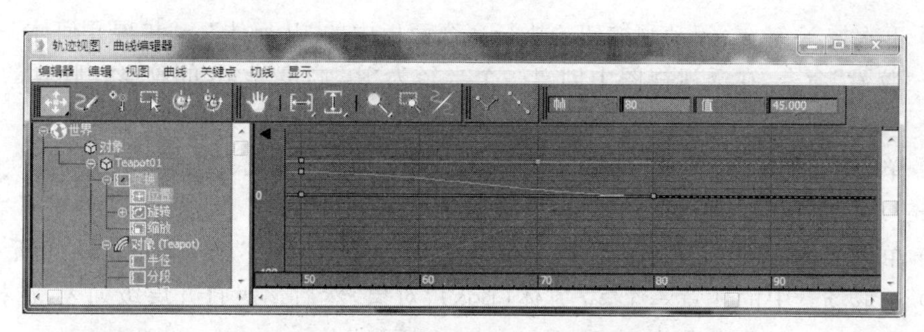

图 6.26　选择关键帧的时间和数值

个轴向)都被移到了第60帧。对于现在使用的默认控制器来说,三个轴向的关键帧必须在同一个位置,但是关键帧的数值可以不同。

(6) 按住轨迹视图工具栏中的"移到关键帧(Move Key)"按钮。

(7) 从弹出的按钮上选择"水平移动(Move Keys Horizontal)"按钮。

(8) 在轨迹视图的编辑区域将X轴的关键帧从第60帧移动到第80帧。由于使用了水平移动工具,因此只能沿着水平方向移动。

6. 轨迹视图的实际应用

下面以实例来介绍使用曲线编辑器的对象参数复制功能制作动画,动画效果如图6.27所示。

【操作实例5】 制作胶囊弹跳的动画。

目标:学习使用轨迹视图。

操作过程:

(1) 启动或者重新设置3ds Max 2015。单击"系统(System)"中的"环形阵列(Ring Array)"按钮,在透视视图中通过拖曳创建一个环形阵列,然后将"半径(Radius)"设置为80,"振幅(Amplitude)"设置为30,"周期数(Cycles)"设置为3,"相位(Phase)"设置为1,"数量(Number)"设置为10,如图6.28和图6.29所示。

图 6.27　动画完成后的一帧静态图片

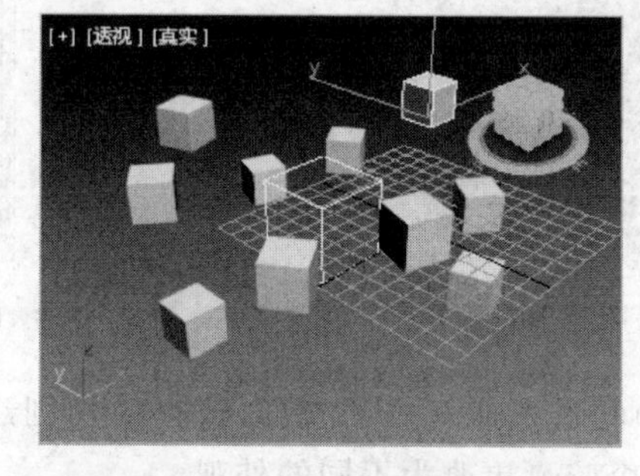

图 6.28　透视图效果

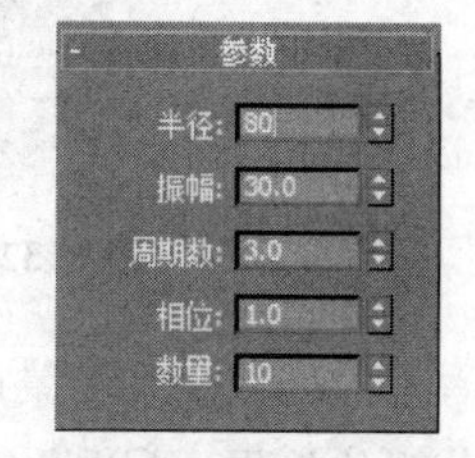

图 6.29　参数设置

(2) 按N键,打开"自动关键点"按钮,将时间滑动块移动到第100帧,将"相位"设置为5。

(3) 单击"播放动画"按钮播放动画,可以看到方块在不停地跳动。观察完后,单击"停止播放动画"按钮停止播放动画。

(4) 再次按 N 键,关闭动画按钮。执行命令面板中的“几何体”→“扩展几何体”→“对象类型”→“胶囊”命令,在透视视图中创建一个半径为 10,高度为 40 的胶囊。胶囊的位置没有关系。

(5) 单击按钮,打开轨迹视图。逐级打开层级列表,选择“对象(Capsule)(Object(Capsule))”,如图 6.30 所示。

(6) 单击鼠标右键,在弹出的快捷菜单中选择“复制(Copy)”命令,如图 6.31 所示。

(7) 选取场景中的任意一个“立方体(Box)”对象,然后逐级打开层级列表,选择“对象(Box)(Object(Box))”,如图 6.32 所示。

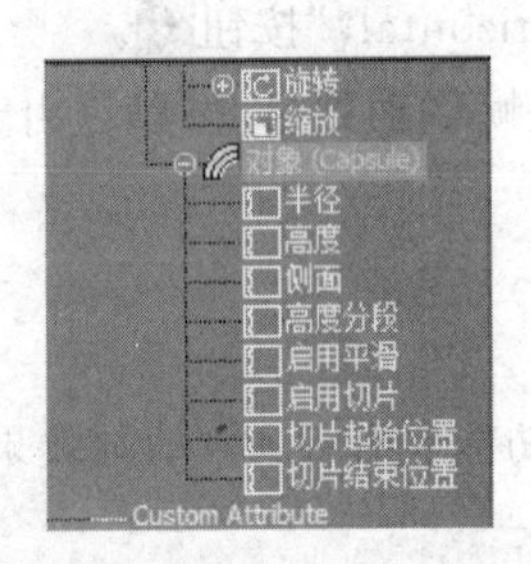

图 6.30　选择“对象(Capsule)”

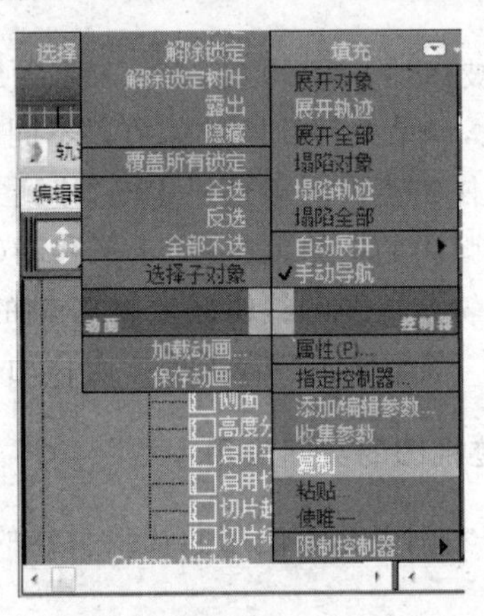

图 6.31　选择“复制”命令

(8) 单击鼠标右键,在弹出的快捷菜单中选择“粘贴(Paste)”命令,弹出“粘贴”对话框。在“粘贴”对话框中的“粘贴目标”选项区域中选中“替换所有实例(Replace All Instances)”复选框,然后单击“确定”按钮,如图 6.33 所示。

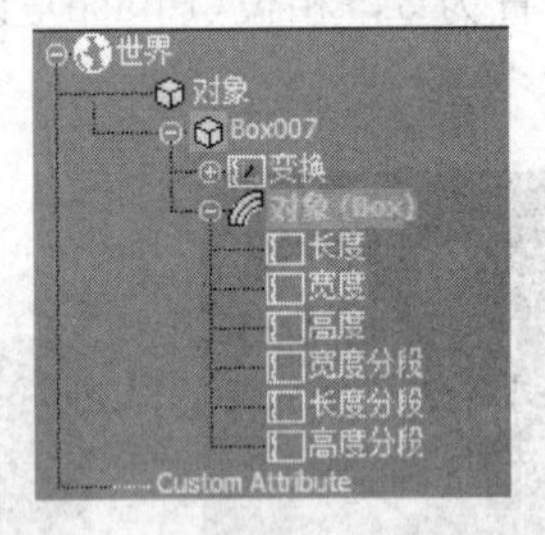

图 6.32　选择“对象(Box)”

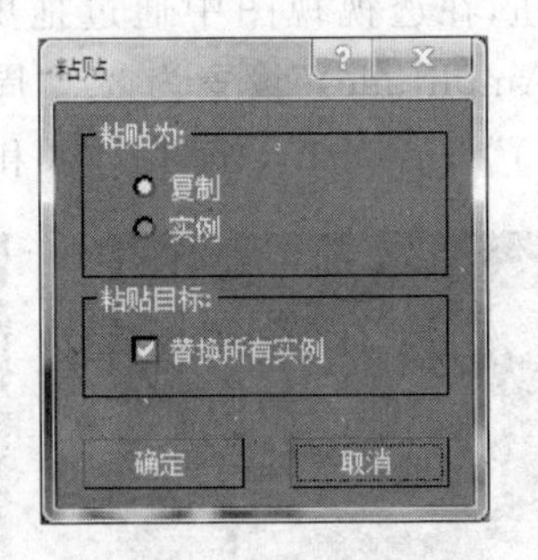

图 6.33　“粘贴”对话框

(9) 这时场景中的盒子都变成了胶囊,选择最初创建的胶囊并删除。为了实现更为美观的效果,可以将各个胶囊更改为不同的外观。

(10) 单击“播放动画”按钮播放动画,可以看到众多颜色各异的胶囊在不停地跳动。观察完后,单击“停止播放动画”按钮停止播放动画。

(11) 最后结果可参看保存在本书配套资料中的 Samples/Ch06_04.max 文件。

6.2.2 轨迹线

轨迹线是一条对象位置随时间变化的曲线,如图 6.34 所示。曲线上的白色标记代表帧,曲线上的方框代表关键帧。

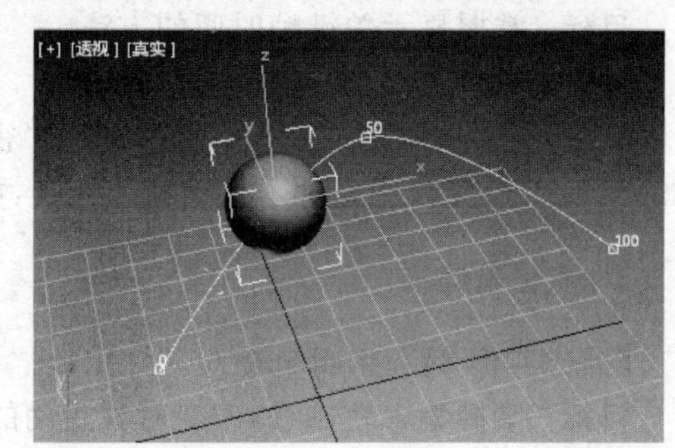

图 6.34 轨迹线

轨迹线对分析位置动画和调整关键帧的数值非常有用。通过使用运动(Motion)面板上的选项,可以在次对象层次访问关键帧。可以沿着轨迹线移动关键帧,也可以在轨迹线上增加或删除关键帧。选择菜单栏中的"视图(View)"→"显示关键点时间(Show Key Times)"命令就可以显示出关键帧的时间。

需要说明的是,轨迹线只表示位移动画,其他动画类型没有轨迹线。

可以用两种方法来显示轨迹线:

(1) 选择"对象属性(Object Properties)"对话框中的"轨迹(Trajectories)"选项。

(2) 选择"显示(Display)"面板中的"轨迹"选项。

1. 显示轨迹线

【操作实例 6】 显示轨迹线。

目标:掌握显示轨迹线的方法。

操作过程:

(1) 启动 3ds Max 2015,在菜单栏中选择"文件"→"打开"命令,打开本书配套资料中的 Sample\Ch06_05. max 文件。

(2) 在动画控制区域单击"播放动画"按钮,可以看到球弹跳了三次。

(3) 在动画控制区域单击"停止动画"按钮。

(4) 在透视视口选择球。

(5) 执行命令面板中的"显示(Display)"→"显示属性(Display Properties)"命令,选择"轨迹"复选框,如图 6.35 所示。在透视视口中显示了球运动的轨迹线,如图 6.36 所示。

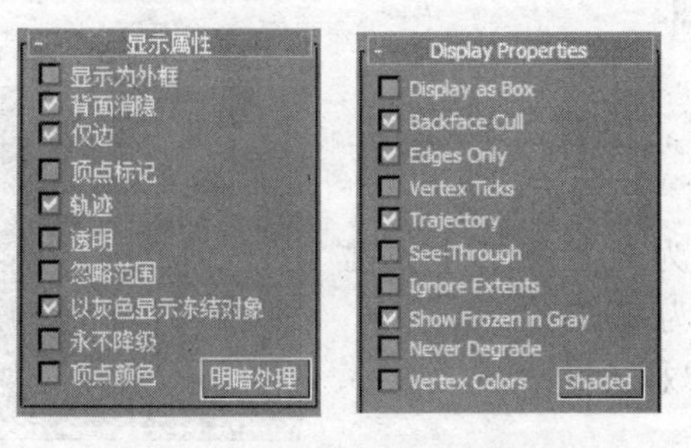

图 6.35 "显示属性"卷展栏

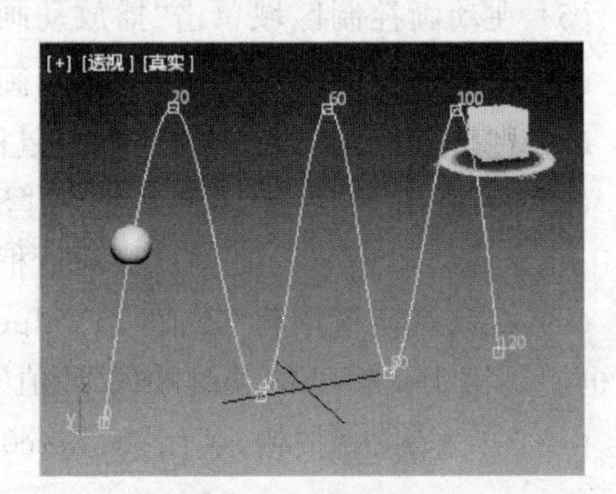

图 6.36 球运动轨迹

(6) 拖曳时间滑动块,球沿着轨迹线运动。

2. 显示关键帧的时间

【操作实例 7】 显示关键帧的时间。

目标：掌握显示关键帧时间的方法。

操作过程：

继续前面的练习，在菜单栏中选择“视图(View)”→“显示关键点时间(Show Key Times)”命令，视口中显示了关键帧的帧号，如图 6.37 所示。

3. 编辑轨迹线

【操作实例 8】 编辑轨迹线。

目标：掌握编辑轨迹线，改变对象运动的方法。

操作过程：

(1) 继续前面的练习，确认球仍处于被选择状态，并且在视口中显示了它的轨迹线。

(2) 在“运动”面板的轨迹标签单击子对象(Sub-Object)按钮。

说明：只有在“运动”面板的子对象层次才能访问关键帧。

(3) 在前视口使用窗口的选择方法选择顶部的三个关键帧。

(4) 单击主工具栏的“选择并移动”按钮，在透视视口将选择的关键帧沿着 Z 轴向下移动约 20 个单位，移动结果如图 6.38 所示。在移动时可以观察状态行中的数值来确定移动的距离。

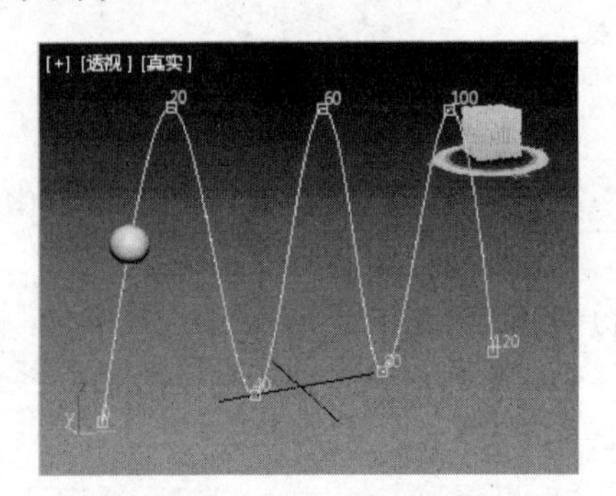

图 6.37 显示关键点时间

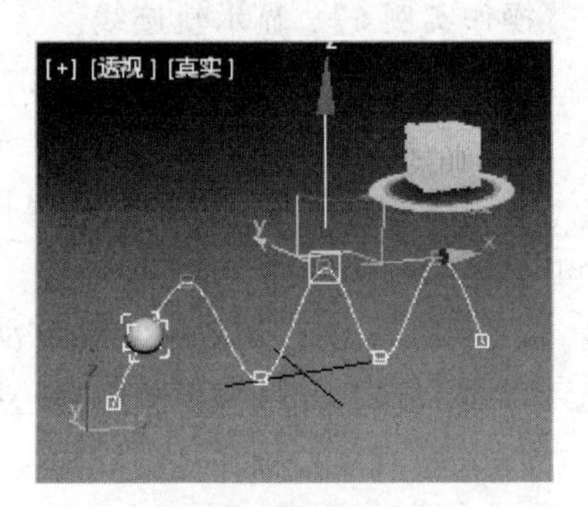

图 6.38 沿 Z 轴向下移动

(5) 在动画控制区域单击“播放动画”按钮，球按调整后的轨迹线运动。

(6) 在动画控制区域单击“停止动画”按钮。

(7) 在轨迹栏的第 100 帧处单击鼠标右键。

(8) 在弹出的快捷菜单中选择“Sphere01：位置(Sphere01：Position)”，显示“Sphere01：位置”对话框，如图 6.39 所示。

(9) 在该对话框中将“Z 值(Z Value)”设置为 20。第 6 个关键帧，也就是第 100 帧处的关键帧的“Z 值”被设置为 20。

(10) 单击按钮，关闭“Sphere01：位置”对话框。

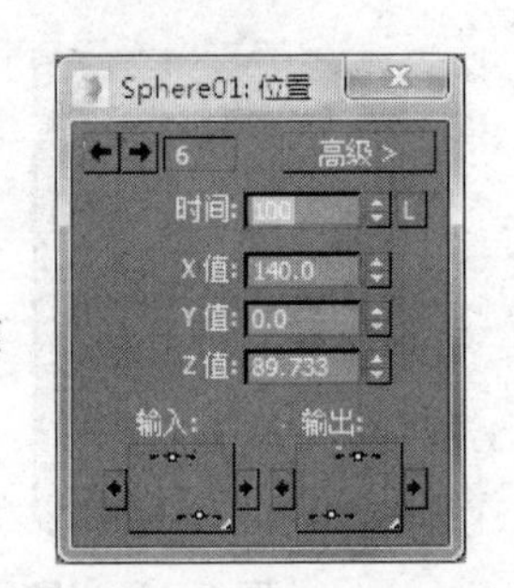

图 6.39 “Sphere01：位置”对话框

4. 增加关键帧和删除关键帧

【操作实例 9】 使用运动面板中的工具增加和删除关键帧。

目标：掌握编辑轨迹线的方法。

操作过程：

(1) 启动 3ds Max 2015，在菜单栏中选择“文件”→“打开”命令，打开本书配套资料中的 Sample\Ch06_05. max 文件。

(2) 在透视视口中选择球，选择命令面板中的“运动”→“轨迹”→“子对象”按钮。

(3) 在“轨迹”卷展栏上单击“添加关键帧(Add Key)”按钮打开。

(4) 在透视视口中最后两个关键帧之间单击，这样就增加了一个关键帧，如图 6.40 所示。

(5) 在“轨迹”卷展栏上再次单击“添加关键帧”按钮关闭。

(6) 单击主工具栏中的“选择并移动”按钮。

(7) 在透视视口选择新的关键帧，然后将它沿着 X 轴移动一段距离，如图 6.41 所示。

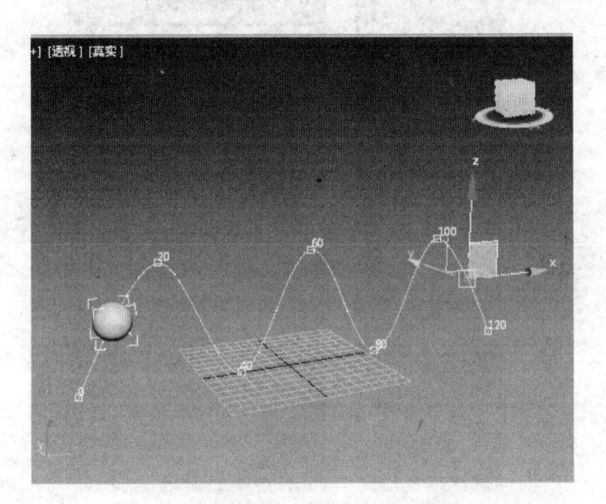

图 6.40　添加关键点

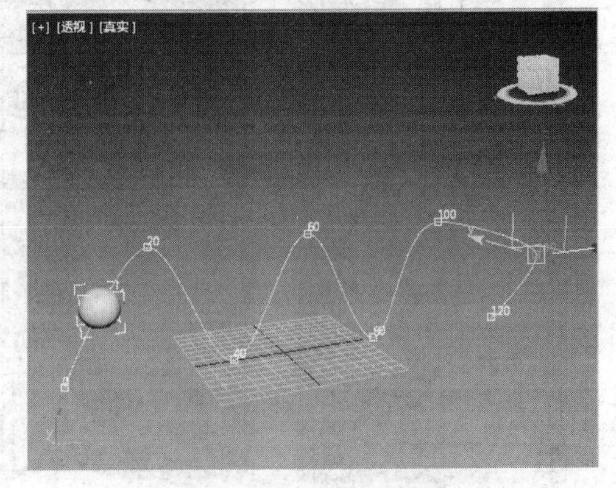

图 6.41　移动关键点

(8) 在动画控制区域单击“播放动画”按钮，球按调整后的轨迹线运动。

(9) 在动画控制区域单击“停止动画”按钮。

(10) 确认新的关键帧仍然被选择。单击“轨迹”卷展栏的“删除关键帧(Delete Key)”按钮，选择的关键帧被删除。

(11) 单击“子对象”按钮，返回到对象层次。

(12) 单击“运动”面板的“参数”标签，场景中的轨迹线消失了。

5. 轨迹线和关键帧的应用

【操作实例 10】　通过为字体添加关键帧制作三维字体动画，并通过编辑轨迹线使文字按照一定的顺序进行运动。

目标：掌握基本动画与轨迹线的应用。

操作过程：

(1) 启动或者重置 3ds Max，在菜单栏中选择“文件”→“打开”命令，打开本书配套资料中的 Sample/Ch06_06. max 文件，如图 6.42 所示。

图 6.42　打开场景效果

说明：在场景中创建文字需要进入“创建”命令面板，并且单击“图形”按钮下的“文本”选项，如图 6.43 所示。下面为场景中的文字添加倒角效果。进入“修改”命令面板，在“修改器列表”中添加“倒角”编辑器，如图 6.44 所示。

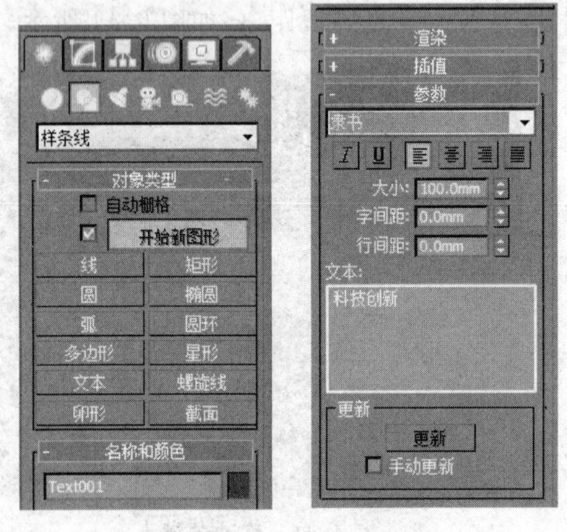

图 6.43　创建“文字”图形

图 6.44　添加并设置“倒角”编辑器

(2) 按 M 键打开“材质编辑器”面板，选择一个新的材质样本球，将其命名为“金属”。

(3) 在“明暗器基本参数”卷展栏中选择明暗器类型为“金属”。将“环境光”和“漫反射”前方的链接打开，并设置“环境光”的 R=0，G=0，B=0；“漫反射”的 R=255，G=213，B=0。设置“高光级别”的值为 100，“光泽度”的值为 60，如图 6.45 所示。

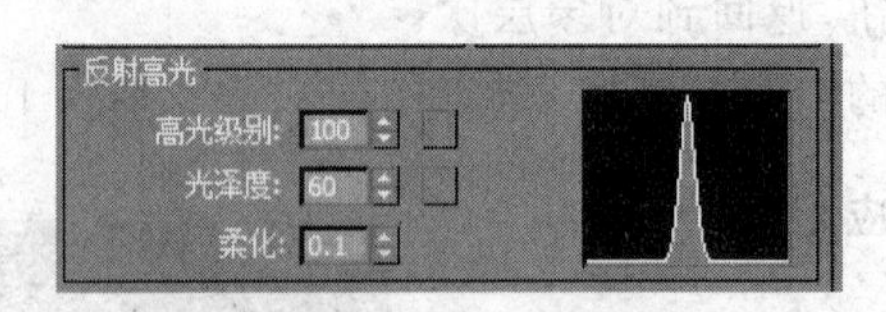

图 6.45　设置 Blinn 基本参数

(4) 在“贴图”卷展栏中单击“反射”右侧的 None 按钮，在弹出的“材质/贴图浏览器”对话框中选择“位图”贴图，再在弹出的对话框中选择 2331.jpg 文件，单击“打开”按钮，进入贴图层级面板，并将此材质赋予到场景中的文字。

(5) 在时间控制中单击按钮，在弹出的“时间配置”对话框中设置“结束时间”为 200，单击“确定”按钮，如图 6.46 所示。

(6) 将时间滑块拖曳到 200 帧处，选中“自动关键点”按钮，在材质贴图层级面板中设置“偏移”的 U=0.3，V=0.3。将此材质指定给场景中的文本对象，如图 6.47 所示。取消选中的“自动关键点”按钮。

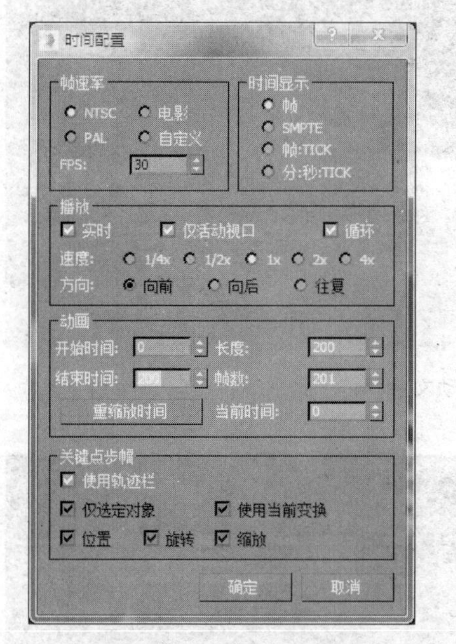

图 6.46　设置“时间配置”

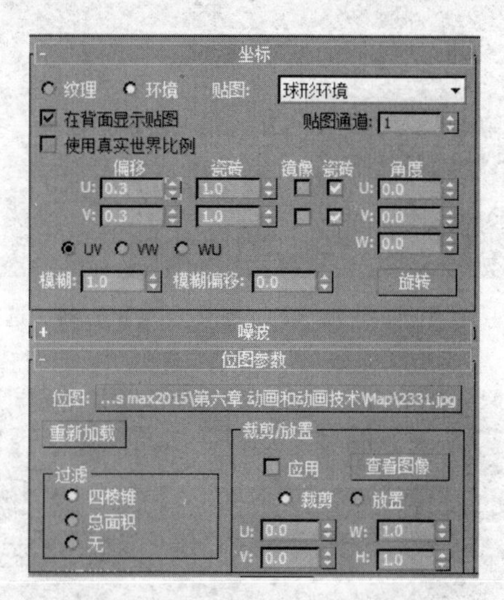

图 6.47　设置贴图的“偏移”值

(7) 执行命令面板中的“创建”,在“左视图”中创建一个目标摄影机,并调整其位置与设置参数。单击“透视”视图,按 C 键将其转换为摄影机视图,如图 6.48 所示。

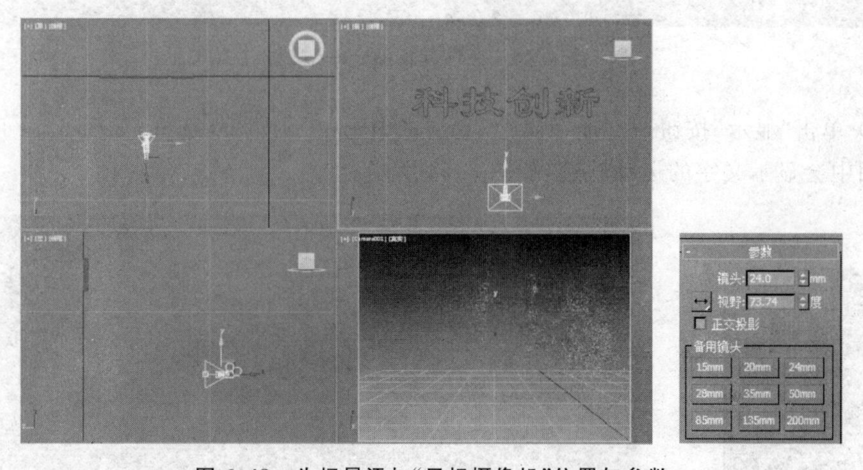

图 6.48　为场景添加“目标摄像机”位置与参数

(8) 将时间滑块拖到第 20 帧,打开“自动关键点”按钮。

(9) 在“前视图”中选择文字“科”,单击“选择并移动”按钮,将文字移动到如图 6.49 所示的位置。

(10) 将时间滑块拖到第 35 帧,在“顶视图”中选择文字“科”,并将其移动到如图 6.50 所示的位置。

(11) 单击“自动关键帧”按钮,关闭动画记录。这时单击“播放动画”按钮,在摄像机视图播放动画,可以看到随着时间滑块的移动,文字上方落下并前进。

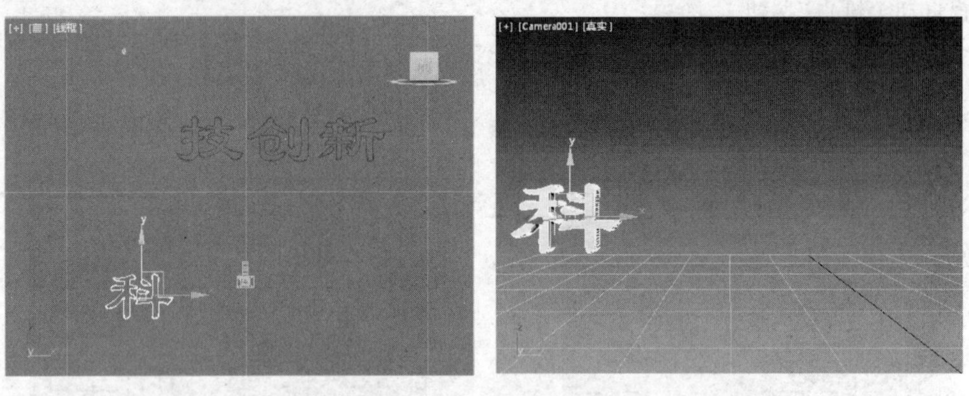

图 6.49　选择并移动文字“科”

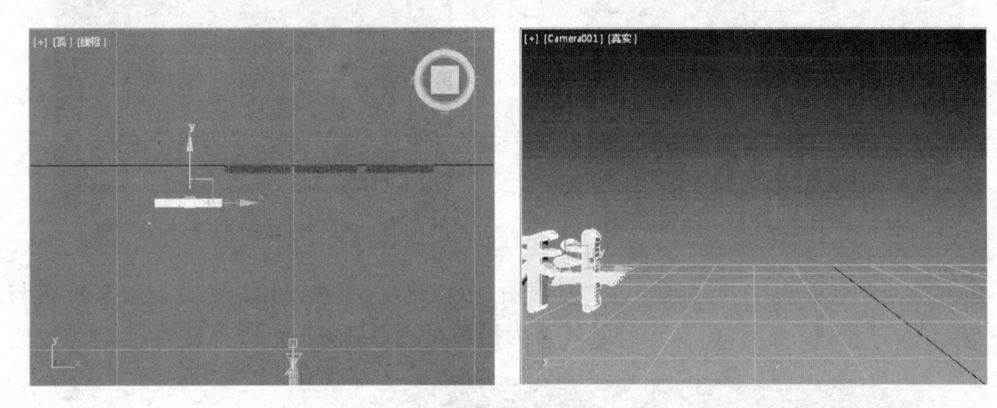

图 6.50　选择并移动文字“科”

(12) 单击“显示”按钮，在“显示属性”卷展栏中选中“轨迹”复选框，如图 6.51 所示。这时在视图中会显示文字的运动轨迹，如图 6.52 所示。

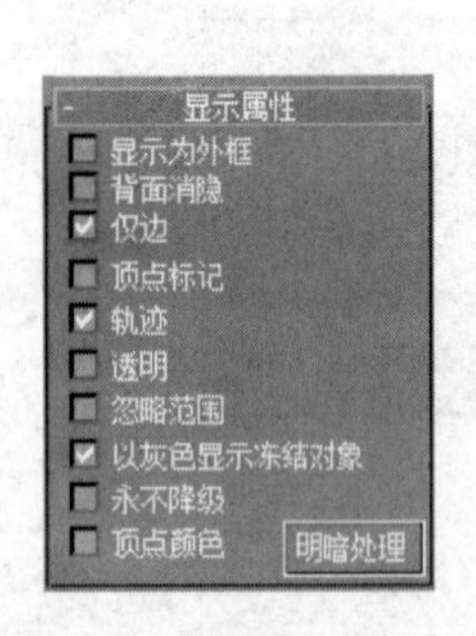

图 6.51　显示轨迹线选项

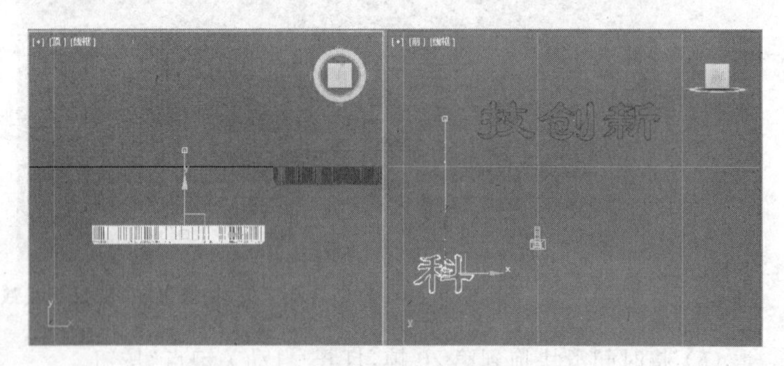

图 6.52　在视图中显示“科”的轨迹线

(13) 执行命令面板中的“运动”，选择文字“科”，单击“轨迹”按钮，再单击“子对象”按钮，进入子对象编辑，如图 6.53 所示。

(14) 单击“添加关键点”按钮，在“顶视图”中选择文字的轨迹线中间单击鼠标，添加两个关键帧，如图 6.54 所示。

(15) 单击“选择并移动”按钮，移动新添加的关键帧，位置如图 6.55 所示。

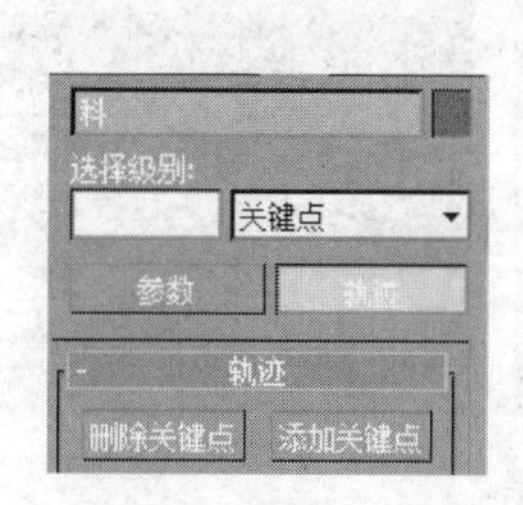

图 6.53　为文字编辑轨迹

图 6.54　为文字添加轨迹关键帧

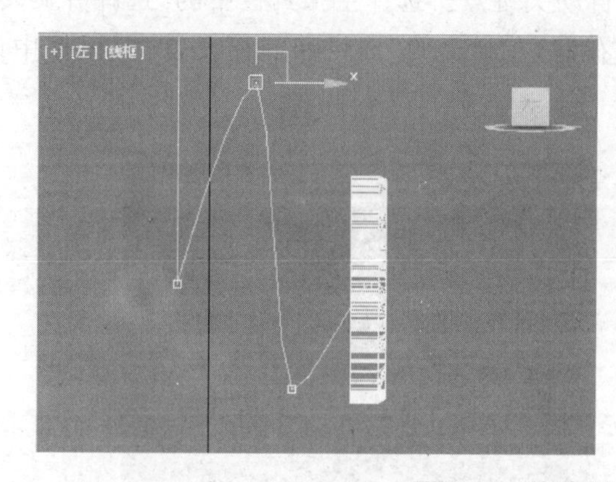

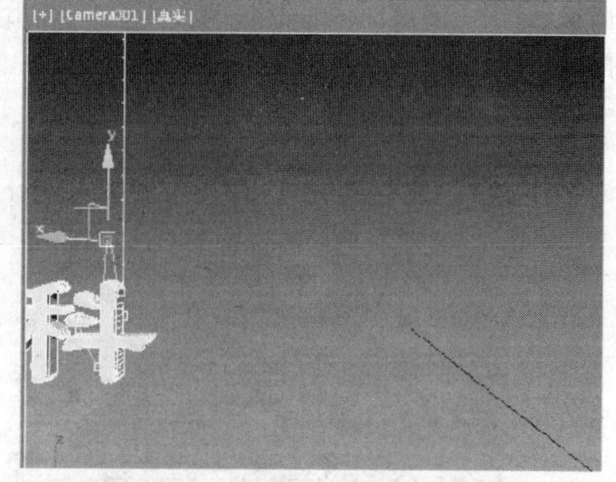

图 6.55　移动新添加的关键帧

注意：在本步的操作过程中，一定要先选中文字，再进入子对象，只能在子对象层次中添加并修改关键帧。在修改另一个文字时，必须先再次单击“子对象”按钮，退出子对象编辑层次，然后选中要修改的文字，再进入子对象，添加关键帧。

(16) 用同样的方式修改所有文字的轨迹，最终结果如图 6.56 所示。

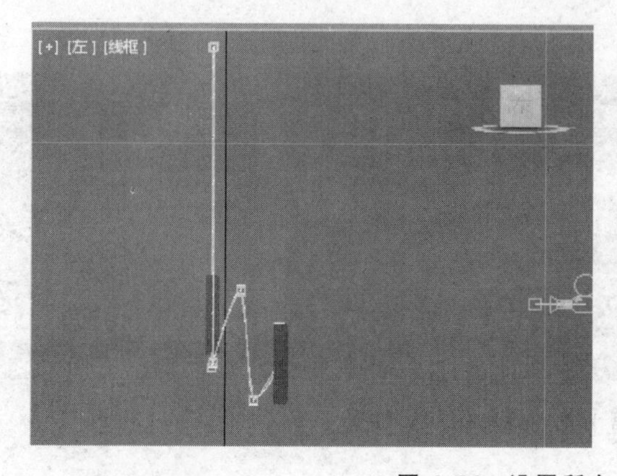

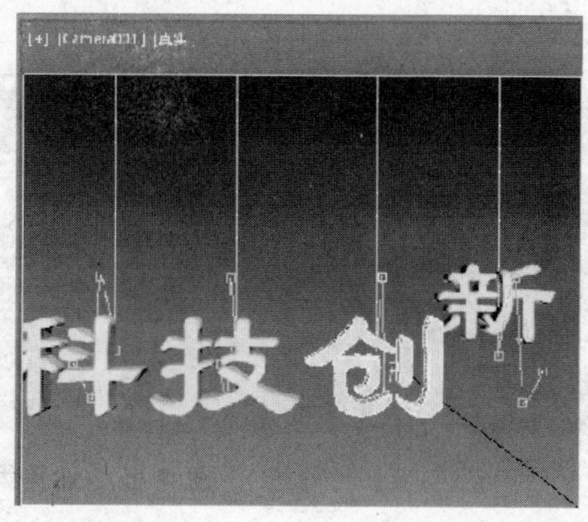

图 6.56　设置所有字体的轨迹

说明：创建“技”字的开始时间为第 30 帧，“创”字的开始时间为第 60 帧，“新”字的开始时间为第 90 帧。每个字体的时间间隔为 35 帧。

(17) 在第130帧时按下“自动关键帧”按钮。选中所有字体,在第150帧时于“顶视图”中将所有字体向上拖曳,如图6.57所示。

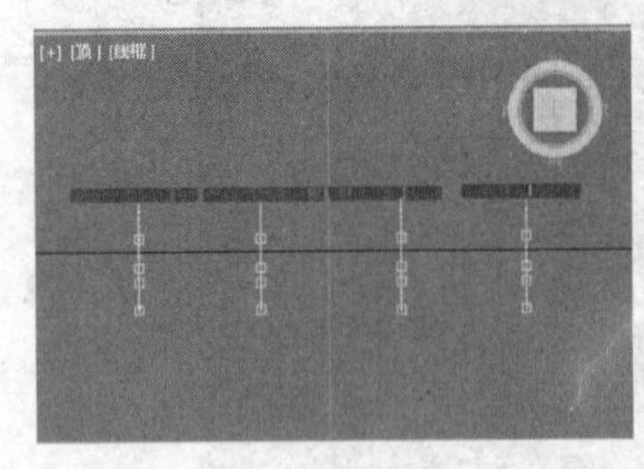

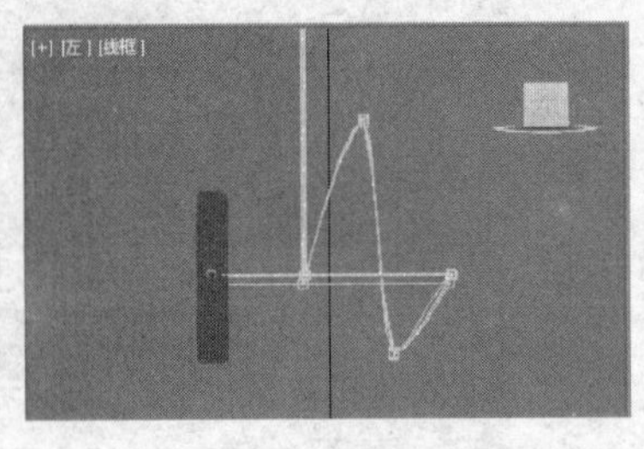

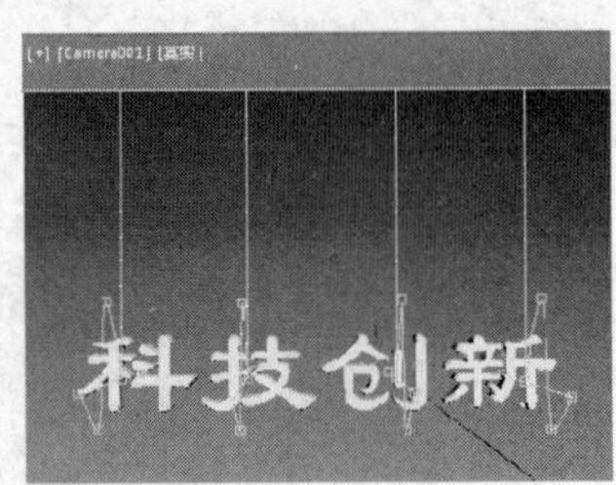

图6.57　在第150帧时创建关键帧效果

(18) 选择字体“科”,在第160帧时打开自动关键点。选择主工具栏中的“选择并旋转”按钮,打开“角度捕捉切换”按钮并单击右键,在弹出的“栅格和捕捉设置”对话框中设置“角度”的值为90,如图6.58所示。

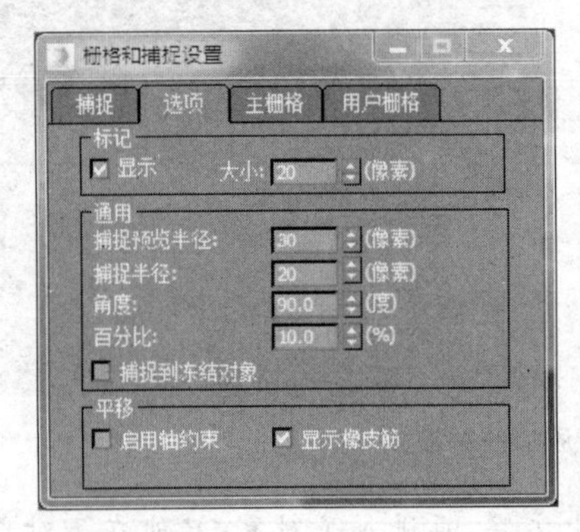

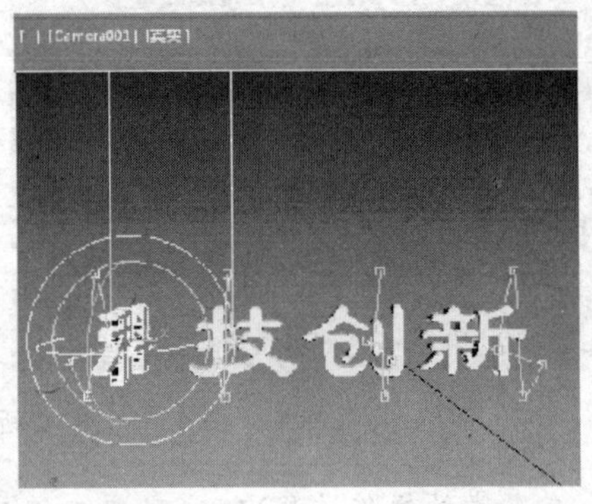

图6.58　设置第160帧的字体旋转

(19) 这时单击“播放动画”按钮,在摄像机视图播放动画,可以看到随着时间滑块的移动,文字一直在旋转。需要在第150帧时为字体“科”设置一个初始状态的位置,如图6.59所示。

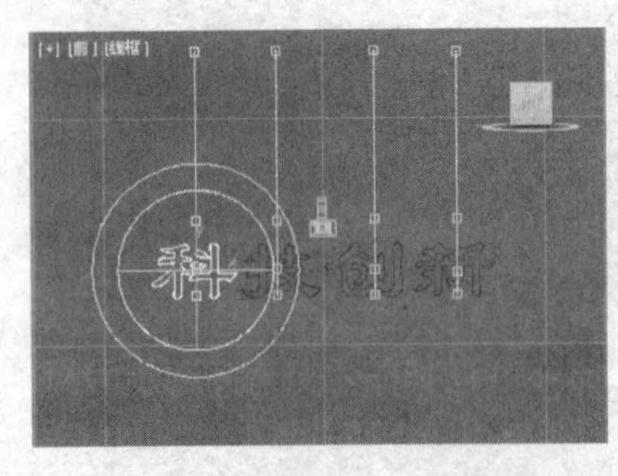

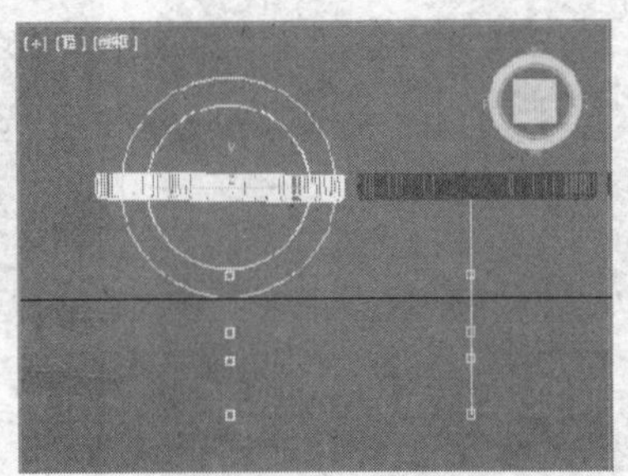

图6.59　设置第150帧旋转的初始位置

(20) 在第170帧、第180帧、第190帧分别旋转字体,并记录下关键帧,如图6.60所示。

(21) 以同样的方法为其余字体添加关键帧。

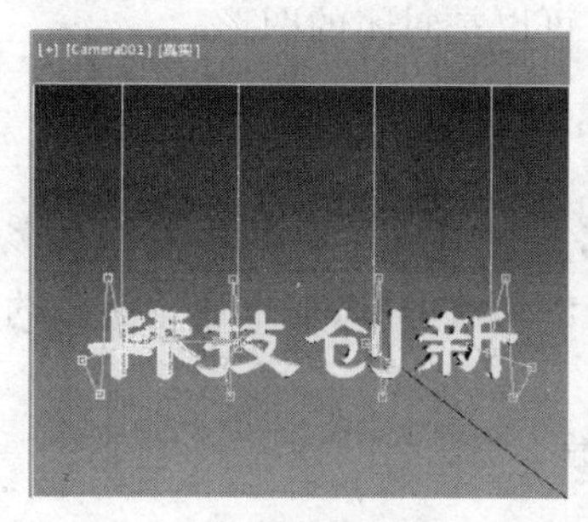

(a) 第170帧旋转结果

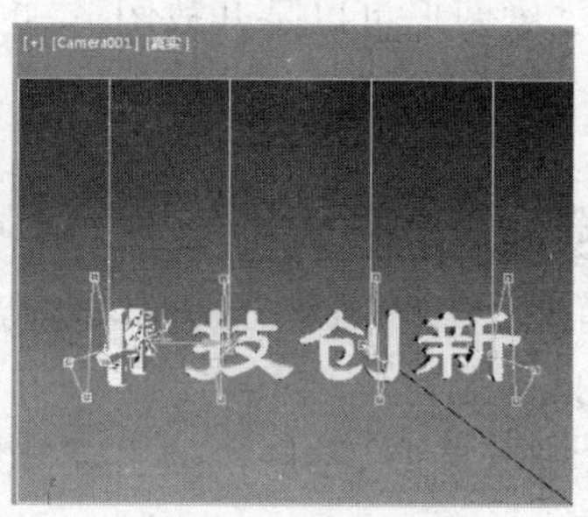
(b) 第180帧旋转结果

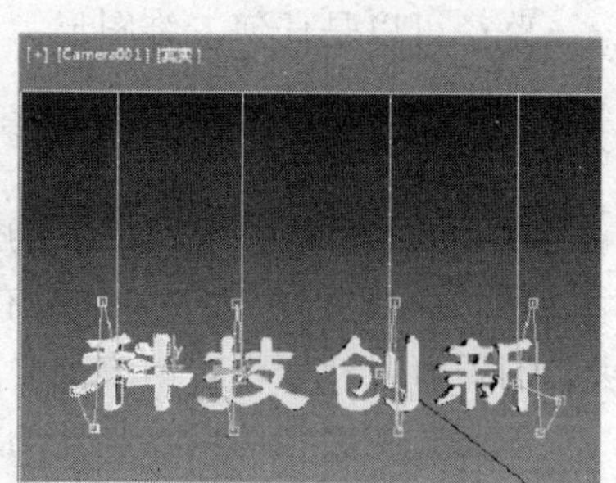

(c) 第190帧旋转结果

图 6.60 为字体添加"旋转"关键帧

(22) 设置完成后,关闭"自动关键点"按钮。按 F10 键,打开"渲染设置"对话框。在"时间输出"选项区域中选择"范围"为 0 至 200。在"渲染输出"选项区域中单击"文件"按钮,选择所要保存的位置,并选择"保存类型"为.avi 格式,如图 6.61 所示。

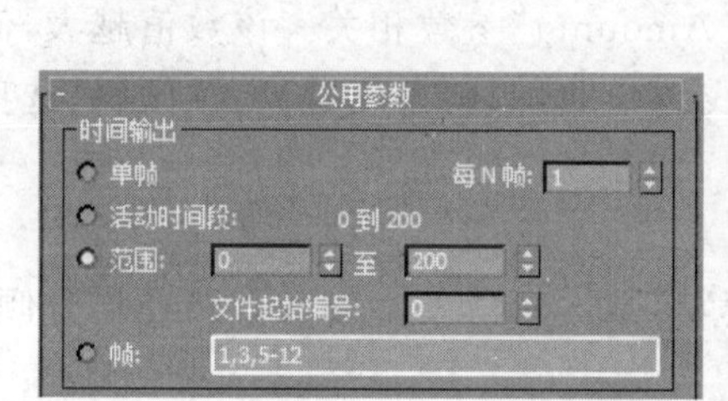

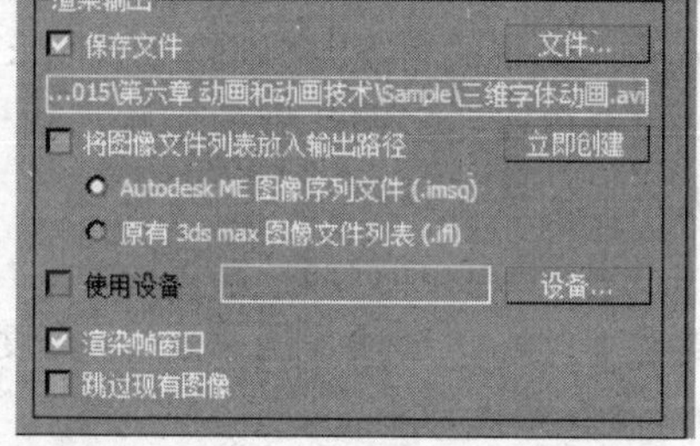

图 6.61 设置渲染参数

(23) 设置完成后单击"渲染"按钮,进行动画的渲染。该例子的效果可参看本书配套资料 Samples/Ch06_06f.max 文件。

6.3 动画控制器

轨迹线是运动控制器的直观表现。在 3ds Max 中很多的动画设置都可以通过控制器完成。控制器存储所有关键帧的数值,在关键帧之间执行插值操作,从而计算关键帧所有帧的位置、旋转角度和比例。利用动画控制器可以设置出很多应用关键帧等方法难以实现的动画效果。控制器可以约束对象的运动状态,比如可以使对象沿特定的路径运动和使对象某个轴始终朝向另一个对象等特殊效果。

6.3.1 路径约束控制器

在这一节中将学习如何使用路径约束(Path Constraint)控制器。路径约束控制器使用一个或多个图形来定义动画中对象的空间位置。

如果使用默认的 Bezier 位置(Bezier Position)控制器,需要打开动画(Animate)按钮,然后在非第 0 帧变换才可以设置动画。当应用了路径约束控制器后,就取代了默认的 Bezier 位置控制器,对象的轨迹线变成了指定的路径。

路径可以是任何二维图形。二维图形可以是开放图形，也可以是封闭的图形。

1. 路径约束控制器的主要参数

在 3ds Max 2015 中，路径约束控制器允许指定多个路径，这样对象运动的轨迹线是多个路径的加权混合。例如，如果有两个二维图形分别定义弯弯的河流两岸，那么使用路径约束控制器可以使船沿着河流的中央行走。

下面介绍路径约束控制器的“路径参数”卷展栏的主要参数。

(1) “跟随(Follow)”选项。

“跟随”选项使对象的某个局部坐标系与运动的轨迹线相切。与轨迹线相切的默认轴是X，也可以指定任何一个轴与对象运动的轨迹线相切。默认情况下，对象局部坐标系的Z轴与世界坐标系的Z轴平行。如果给摄像机应用了路径约束控制器，可以使用“跟随”选项使摄像机的观察方向与运动方向一致。

(2) “倾斜(Bank)”选项。

“倾斜”选项使对象局部坐标系的Z轴朝向曲线的中心。只有复选了“跟随”选项后才能使用该选项。倾斜的角度与“倾斜量(Bank Amount)”参数相关。该数值越大，倾斜的越厉害。倾斜角度也受路径曲线度的影响。曲线越弯曲，倾斜角度越大。“倾斜”选项可以用来模拟飞机飞行的效果。

(3) “光滑度(Smoothness)”参数。

只有复选了“倾斜”选项才能设置“光滑度”参数。光滑度参数沿着路径均分倾斜角度。该数值越大，倾斜角度越小。

(4) “恒定速度(Constant Velocity)”选项。

在通常情况下，样条线是由几个线段组成的。当第一次给对象应用路径约束控制器后，对象在每段样条线上的运动速度是不一样的。样条线越短，对象运动得越慢；样条线越长，对象运动的越快。复选该选项后，就可以使对象在样条线的所有线段上的运动速度一样。

(5) 控制路径运动距离的选项。

在“路径参数”卷展栏中还有一个“%沿路径(% Along Path)”选项，该选项指定对象沿着路径运动的百分比。

当选择一个路径后，就在当前动画范围的百分比轨迹的两端创建了两个关键帧。关键帧的值是0～100之间的一个数，代表路径的百分比。第一个关键帧的数值是0%，代表路径的起点；第二个关键帧的数值是100%，代表路径的终点。

就像对其他关键帧操作一样，百分比(Percent)轨迹的关键帧也可以被移动、复制或者删除。

2. 使用路径约束控制器控制沿路径的运动

当一个对象沿着路径运动的时候，可能需要在某些特定点暂停一下。假如给摄像机应用了路径约束控制器，使其沿着一条路径运动，有时就需要停下来四处观察一下。可以通过创建有同样数值的关键帧来完成这个操作。两个关键帧之间的间隔就代表运动停留的时间。

暂停运动的另外一种方法是使用百分比轨迹。在默认的情况下，百分比轨迹使用的是

Bezier Float 控制器。这样,即使两个关键帧有同样的数值,两个关键帧之间的数值也不一定相等。为了使两个关键帧之间的数值相等,需要将第一个关键帧的输出(Out)切线类型和第二个关键帧的输入(In)切线类型指定为线性。

【操作实例 11】 使用路径约束控制器,让对象沿指定路径运动。

目标:学会使用路径约束控制器。

操作过程:

1. 创建纸飞机沿路径运动

(1) 启动 3ds Max 2015,在菜单栏中选择“文件”→“打开”命令,然后从本书的配套资料中打开 Samples\Ch06_07. max 文件。场景中包含一个纸飞机和一个有圆角的矩形,如图 6.62 所示。

(2) 在透视视口单击纸飞机。

(3) 执行命令面板中的“运动”→“参数”,打开“指定控制器(Assign Controller)”卷展栏。

(4) 选择“位置: 位置 XYZ(Position: Position XYZ)”,如图 6.63 所示。

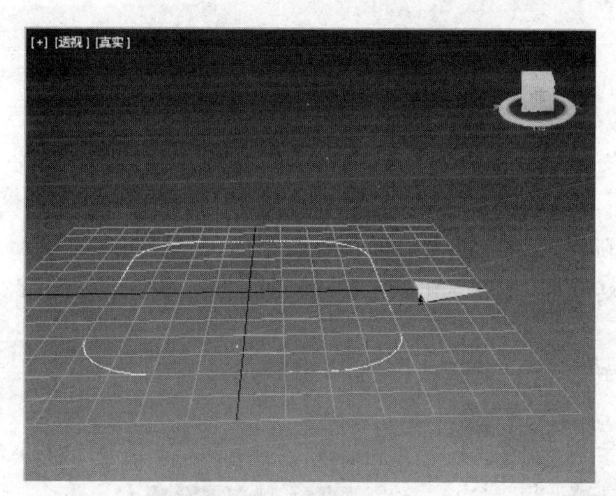

图 6.62　打开场景

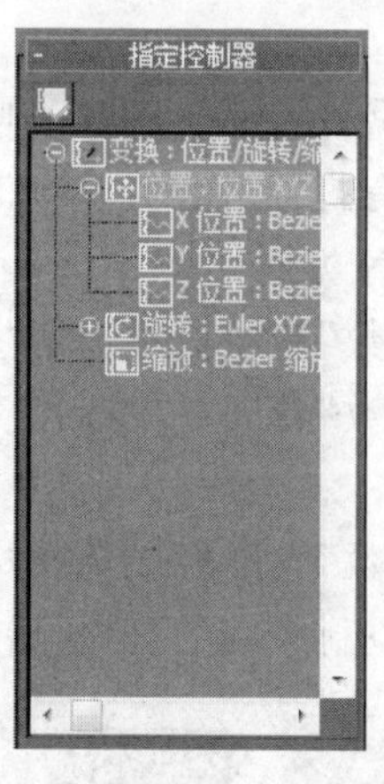

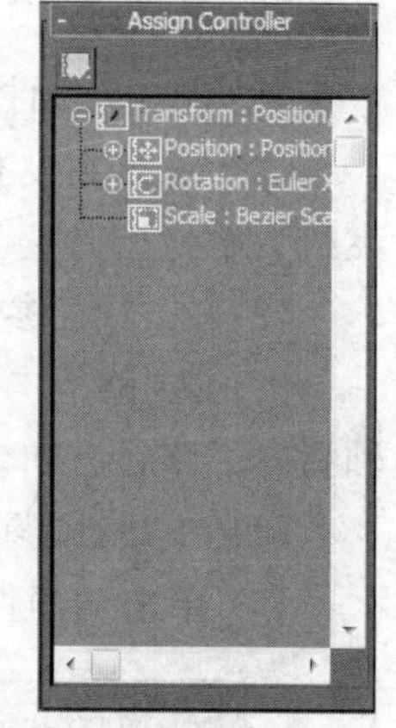

图 6.63　“指定控制器”卷展栏

(5) 在“指定控制器”卷展栏中单击“指定控制器”按钮,出现“指定控制器”对话框,如图 6.64 所示。

(6) 在“指定控制器”对话框中单击“路径约束”,然后单击“确定”按钮。在“运动”命令面板上出现“路径参数”卷展栏,如图 6.44 所示。

(7) 在“路径参数”卷展栏中单击“添加路径”按钮,然后在透视视口中单击矩形。

(8) 在透视视口单击鼠标右键结束“添加路径”操作。现在矩形被增加到路径列表中,如图 6.65 所示。

(9) 反复拖曳时间滑动块,观察纸飞机的运动。纸飞机沿着路径运动。

现在纸飞机沿着路径运动的时间是 100 帧。当拖曳时间滑动块的时候,“路径选项”区域的“%沿路径”数值跟着改变。该数值指明当前帧时完成运动的百分比。

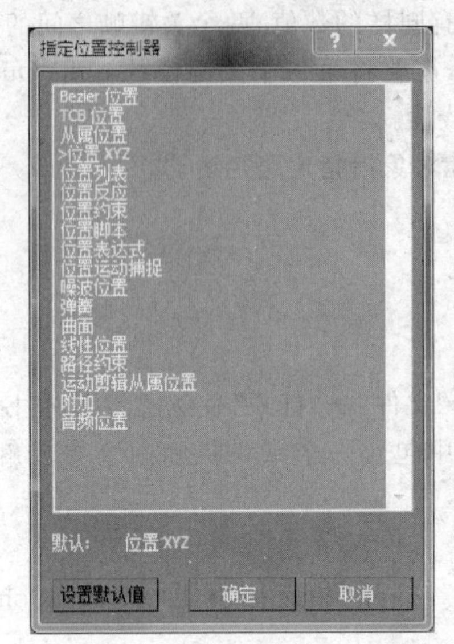

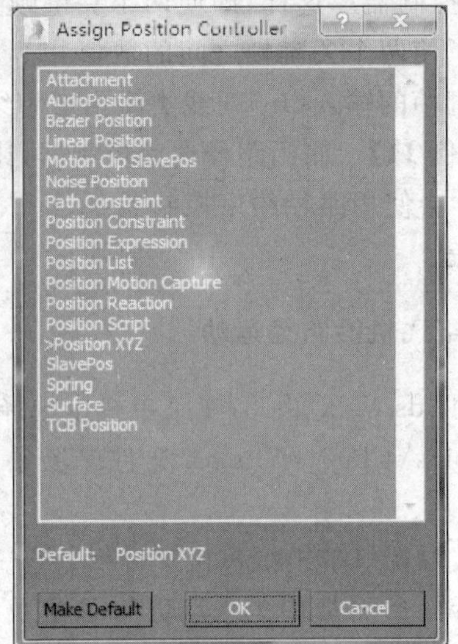

图 6.64 "指定位置控制器"对话框

2. "跟随"选项

(1) 单击动画控制区域的播放动画按钮▷。

注意观察在没有打开"跟随"选项时茶壶运动的方向。纸飞机沿着有圆角的矩形运动，飞机头始终指向正 X 方向。

(2) 在"路径参数"卷展栏中选定"跟随"复选框，纸飞机的飞机头指向了路径方向。

(3) 在"路径参数"卷展栏中选择 Y 复选框，如图 6.66 所示，纸飞机的局部坐标轴的 Y 轴指向了路径方向。

(4) 在"路径参数"卷展栏中选择"翻转(Flip)"复选框，如图 6.67 所示。

(5) 单击动画控制区域的"停止播放动画"按钮⏸。

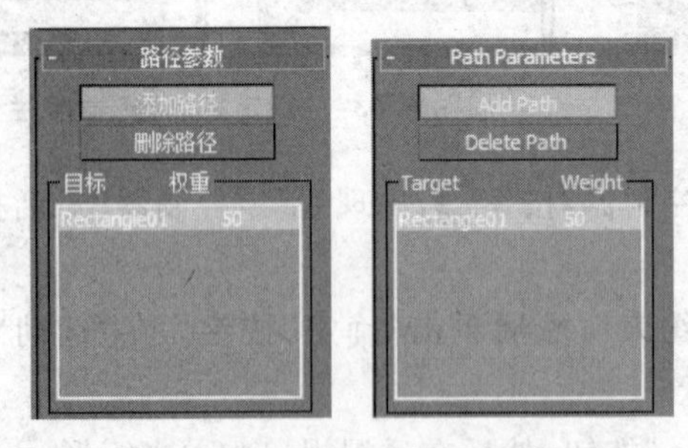

图 6.65 "路径参数"卷展栏

图 6.66 选择跟随 Y 轴

图 6.67 选择"翻转"复选框

3. "倾斜"选项

(1) 启动 3ds Max 2015，在菜单栏中选择"文件"→"打开"命令，然后从本书的配套资料中打开 Samples/Ch06_08. max 文件。场景中包含了一个茶壶和一个有圆角的矩形。茶壶已经被指定了控制器并设置了动画。

(2) 在透视视口单击茶壶。

(3) 执行命令面板中的“运动”，打开“路径参数”卷展栏，在“路径选项”选项区域中选中“倾斜”复选框，如图 6.68 所示。

(4) 单击动画控制区域的“播放动画”按钮，可以看到茶壶在矩形的圆角处向里倾斜，但是倾斜的太过分了。

(5) “路径选项”选项区域中的“倾斜量(Bank Amount)”数值越小，倾斜的角度就越小。矩形的圆角半径同样会影响对象的倾斜，半径越小，倾斜角度就越大。

(6) 单击动画控制区域的“停止播放动画”按钮。

(7) 在透视视口单击矩形。

(8) 执行命令面板中的“修改”，打开“参数”卷展栏，将“角半径(Corner Radius)”改为 100，如图 6.69 所示。

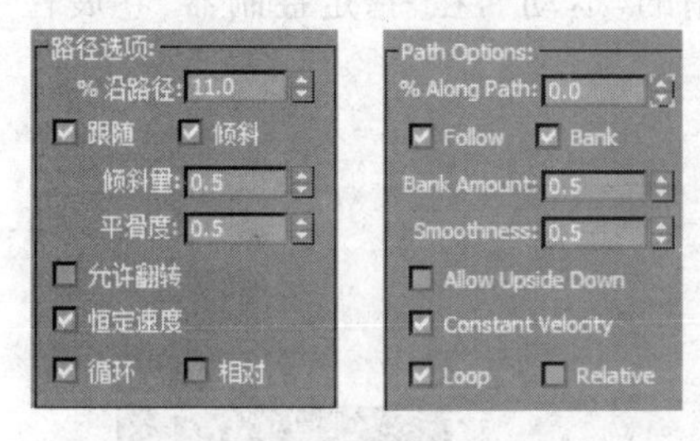

图 6.68 路径选择对话框

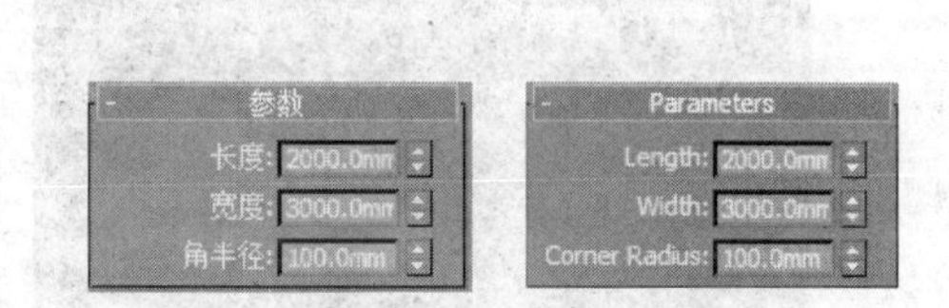

图 6.69 圆角矩形的修改参数

(9) 来回拖曳时间滑动块，以便观察动画效果。茶壶的倾斜角度变大了。

4. “平滑度”参数

(1) 在透视视口单击茶壶。

(2) 执行命令面板中的“运动”，在“路径参数”卷展栏中的“路径选项”选项区域中设置“平滑度”为 0.3。

(3) 来回拖曳时间滑动块，以便观察动画效果。

茶壶在圆角处突然倾斜，如图 6.70 所示。

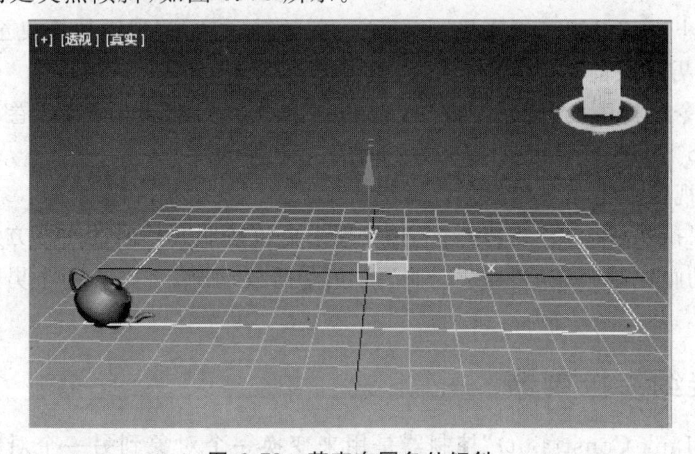

图 6.70 茶壶在圆角处倾斜

6.3.2 注视约束控制器

该控制器使一个对象的某个轴一直朝向另外一个对象。

【操作实例12】 使用注视约束控制器，完成场景动画。

目标：使用注视约束控制器。

操作过程：

(1) 启动3ds Max 2015，在菜单栏中选择“文件”→“打开”命令，然后从本书的配套资料中打开Samples/Ch06_09.max文件。

场景中有一个小男孩、一个纸飞机和一条样条线，如图6.71所示。纸飞机已经被指定为“路径约束”控制器。

(2) 来回拖曳时间滑动块，观察动画的效果。可以看到纸飞机沿着路径运动。

(3) 在透视视口中单击小男孩，执行命令面板中的“运动”，在“指定控制器”卷展栏中选择“旋转”，如图6.72所示。

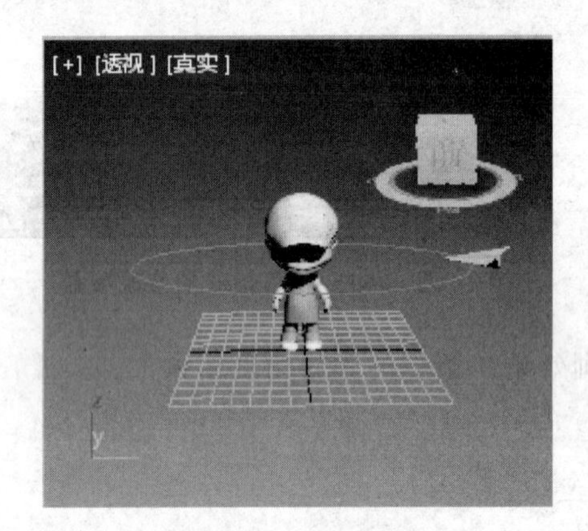

图6.71 打开场景

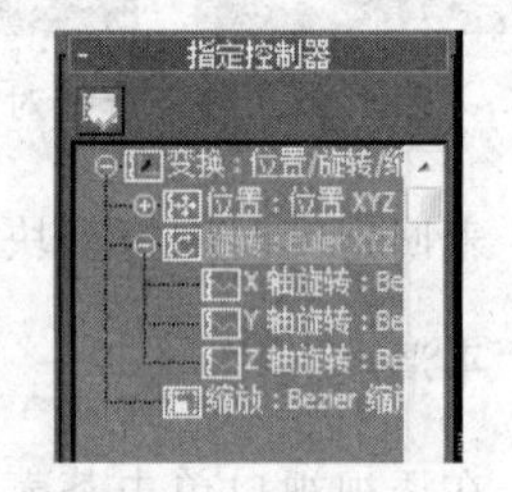

图6.72 指定控制器

(4) 单击“指定控制器”卷展栏中的“指定控制器”按钮。

(5) 在出现的“指定旋转控制器(Assign Rotation Controller)”对话框中单击“注视约束(Look At Constraint)”，如图6.73所示，然后单击“确定”按钮。

(6) 为了使小男孩目视到纸飞机，并随之一起运动，将时间滑动块拖曳至70帧左右，以便纸飞机位于小男孩眼前。

(7) 执行命令面板中的“运动”，在“注视约束(Look At Constraint)”卷展栏中单击“添加注视目标(Add Look At Target)”按钮，如图6.74所示。

(8) 在透视视口单击纸飞机对象。

(9) 选中“保持初始偏移”复选框，这时发现小男孩按照开始时的站立方式站立。

(10) 单击动画控制区域的“播放动画”按钮播放动画，可以看到小男孩在运动，一直注视纸飞机。

6.3.3 链接约束控制器

“链接约束(Link Constraint)”控制器是用来变换一个对象到另一个对象的层级链接。有了这个控制器，3ds Max的位置链接不再是固定的了。

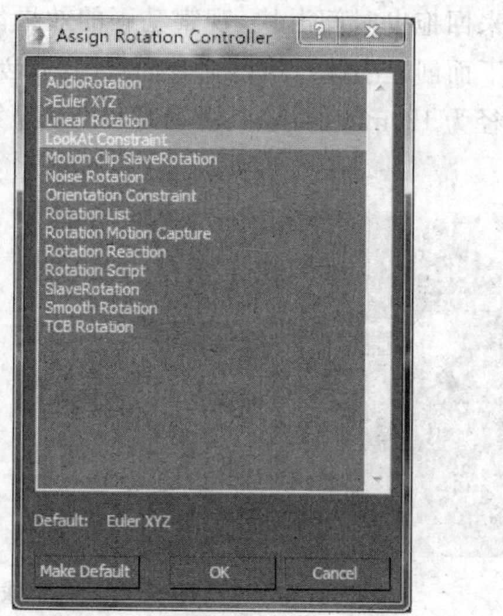

图 6.73　选择注视约束控制器

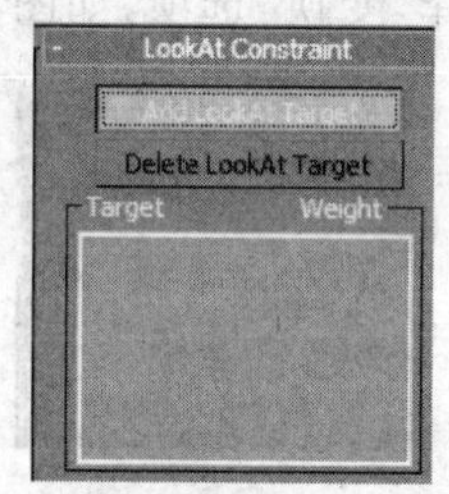

图 6.74　添加注视目标

下面使用"链接约束"控制器制作传接小球的动画，图 6.75 所示是其中的一帧。

【操作实例 13】　使用链接约束控制器制作动画。

目标：完成传接小球的动画。

操作过程：

(1) 启动或重置 3ds Max 2015。在菜单栏中选择"文件"→"打开"命令，然后从本书的配套资料中打开 Sample/Ch06_10.max 文件。场景中有三条管状体，如图 6.76 所示。

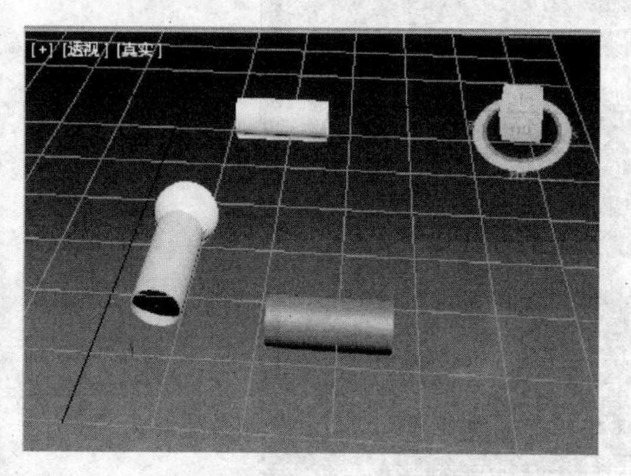

图 6.75　传接小球其中一帧

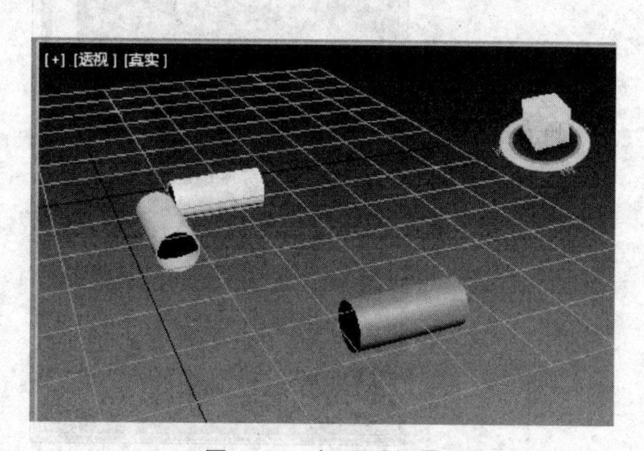

图 6.76　打开后场景

（2）来回拖曳时间滑块，观察动画的效果。可以看到三条管状体来回交接。

（3）下面创建小球。执行命令面板中的“创建”，单击“球体(Sphere)”按钮，在前视图中创建一个半径为120mm的小球，滑动时间滑块至第20帧与Tube001对齐，如图6.77所示。

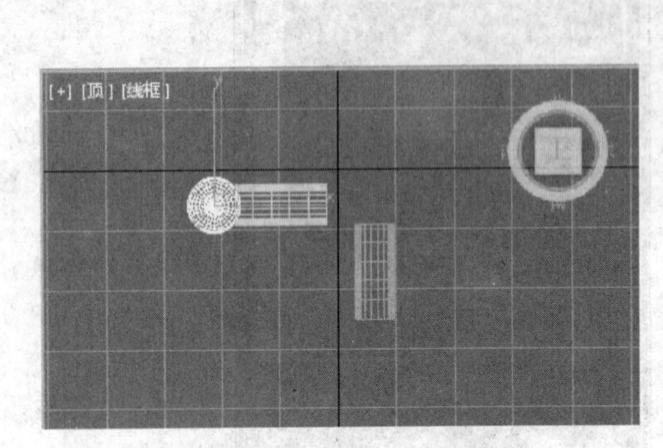

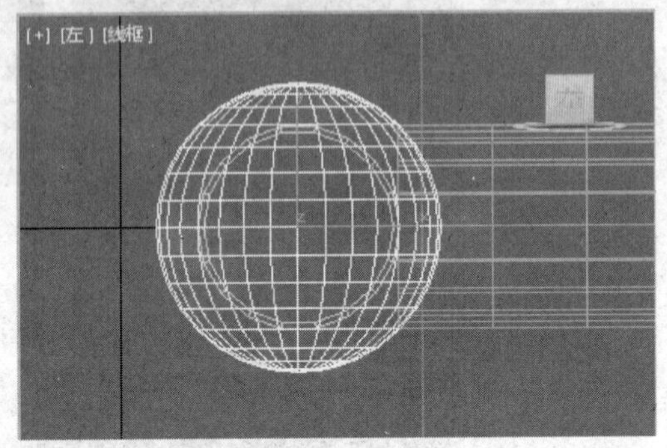

图6.77　将小球与Tube001对齐

（4）下面制作小球的动画。选择小球，执行命令面板中的“运动”，单击“参数”按钮，在“指定控制器”卷展栏中选择“变换”选项，如图6.78所示。

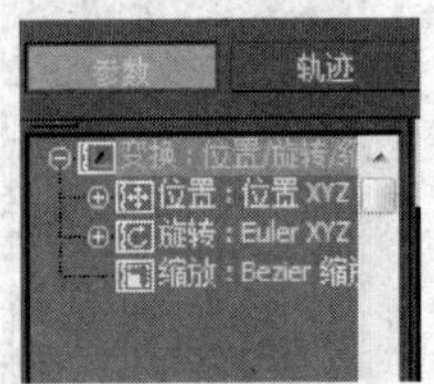

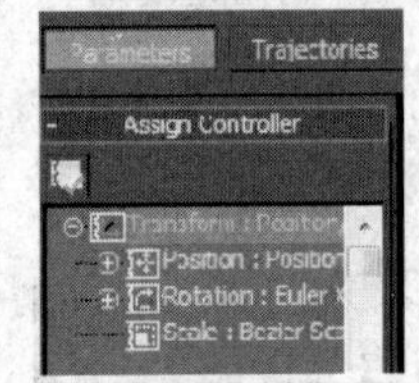

图6.78　选择“变换”选项

（5）单击“指定控制器”按钮，在打开的“指定变换控制器(Assign Transform Controller)”对话框中选择“链接约束(Link Constraint)”选项，单击“确定”按钮，如图6.79所示。

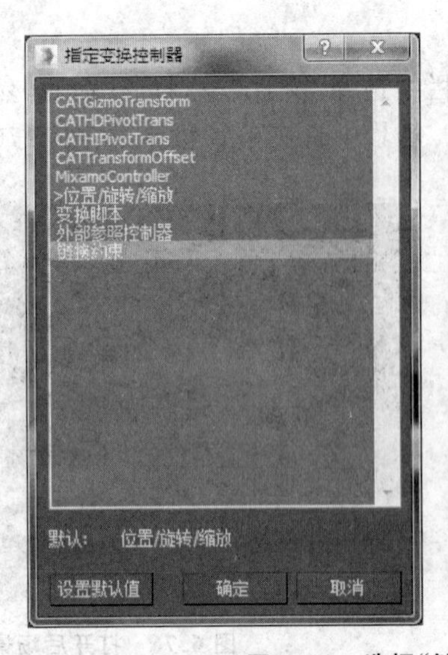

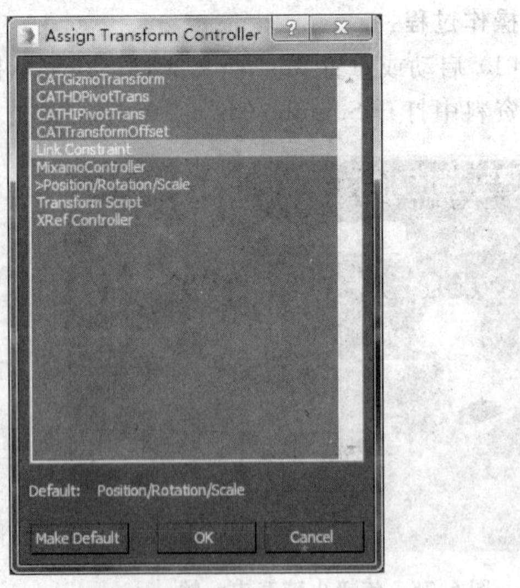

图6.79　选择“链接约束”控制器

(6) 打开“链接参数(Link Parameters)”卷展栏,单击“链接到世界(Link to World)”按钮,将时间滑动块调整到第 0 帧;单击“添加链接(Add Link)”按钮,将时间滑动块调整到第 20 帧,选取 Tube001;将时间滑动块调整到第 40 帧,选取 Tube002;将时间滑动块调整到第 60 帧,选取 Tube003;将时间滑动块调整到第 80 帧,单击“链接到世界”按钮。

(7) 这时的“链接参数”卷展栏如图 6.80 所示。

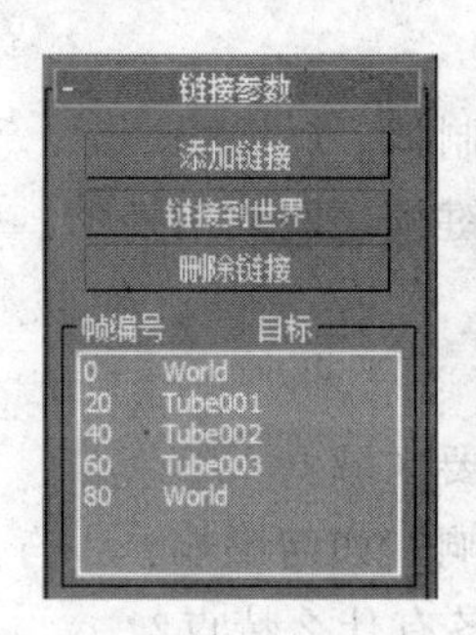

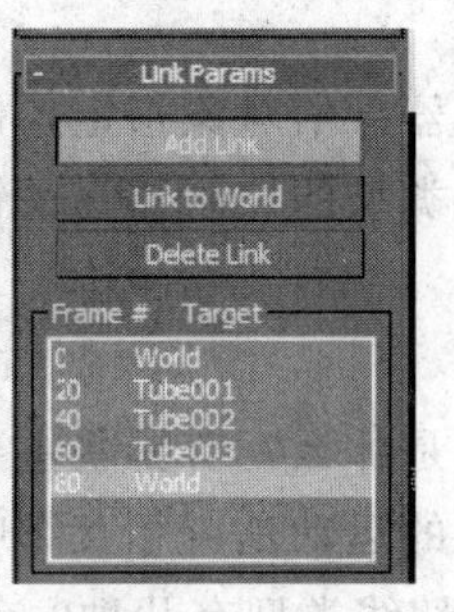

图 6.80　添加链接

(8) 观看动画,然后停止播放。最后结果参看在本书配套资料中的 Samples/Ch06_10f.max 文件。

习题 6

1. 选择题

(1) 在轨迹视图中,给动画增加声音的选项为(　　)。

A. 环境(Environment)　　B. 渲染效果(Renderer)

C. Video Post　　D. 声音(Sound)

(2) 块控制器属于曲线编辑器层级树的(　　)。

A. 对象　　B. 全局轨迹

C. 材质编辑器材质　　D. 环境

(3) 在 3ds Max 中动画时间的最小计量单位是(　　)。

A. 1 帧　　B. 1 秒

C. 1/2400 秒　　D. 1/4800 秒

(4) 要显示运动对象的轨迹线,应在显示面板中选中(　　)项。

A. Edges Only　　B. Trajectory

C. Backface Cull　　D. Vertex Ticks

(5) 要显示对象的关键帧的时间,应选择的命令为(　　)。

A. “视图”→“显示关键帧”　　B. “视图”→“显示重影”

C. “视图”→“显示变换轴”　　D. “视图”→“显示从属关系”

2. 判断题

(1) 制作动画时,帧的数量必须是 100 帧。(　　)

(2) 在运动面板中不能进行“显示对象的运动轨迹”的操作。( )

(3) 不可以使用“曲线编辑器”复制标准几何体和扩展几何体的参数。( )

(4) 只能在曲线编辑器中给对象指定控制器。( )

(5) 在制作旋转动画的时候,不用考虑轴心点问题。( )

(6) 采用“平滑”插值类型的控制器可以调整通过关键帧的曲线的切线,以保证平滑通过关键帧。( )

(7) 只能在曲线编辑器中给对象指定控制器。( )

(8) 采用“线性”插值类型的控制器在关键帧之间均匀插值。( )

3. 简答题

(1) 轨迹视图的作用是什么?有哪些主要区域?

(2) 子对象和父对象的运动是否相互影响?如何影响?

(3) Bezier 控制器的切线类型有几种?各有什么特点?

(4) 解释路径约束控制器的主要参数。

(5) 如何制作一个对象沿着某条曲线运动的动画?

4. 答案

选择题:(1) D (2) B (3) D (4) B (5) A

判断题:(1) F (2) T (3) F (4) F (5) F (6) T (7) F (8) T

第 7 章 摄像机和灯光

当布置完场景后，一般要创建摄像机来观察场景。本章将对摄像机和灯光的应用做一个详细介绍。首先学习如何创建并使用摄像机，然后讨论如何用控制器控制摄像机的运动，最后通过有代表性的实例进行演示。

学习目标

- 创建并控制摄像机。
- 使用自由和目标摄像机。
- 理解摄像机的参数。
- 制作简单的摄像机漫游动画。
- 理解灯光类型的不同。
- 创建和使用灯光。
- 日光系统简介。

7.1 摄像机的使用

在三维世界中，摄像机就相当于自然界中人的眼睛，从特定的观察点模拟现实世界中静态、动态的事物来进一步增强场景的真实感。本节将对摄像机做进一步的介绍与练习。

7.1.1 摄像机的类型

"摄像机(Cameras)"是 3ds Max 中的对象类型之一。摄像机有两种类型，即自由摄像机和目标摄像机。这两种摄像机的参数基本相同，但基本用法不同。

1. 自由摄像机

自由摄像机就像一个真实的摄像机，能够被推拉、倾斜及自由移动。自由摄像机显示一个视点和一个锥形图标，没有目标点，摄像机是唯一的对象。

当给场景创建自由摄像机时，摄像机的最初方向是指向屏幕里面的，这样创建摄像机时所在的视口就与摄像机的观察方向有关。当在顶视口创建摄像机时，摄像机的观察方向是世界坐标的负 Z 方向。

【操作实例 1】 创建和使用自由摄像机。

目标： 能够创建和使用自由摄像机。

操作过程：

(1) 启动 3ds Max 2015，或者在菜单栏中选择"文件"→"重置"命令，复位 3ds Max。

（2）在菜单栏中选择“文件”→“打开”命令，然后从本书配套资料中打开 Samples/Ch07_01.max 文件。

（3）执行命令面板中的“创建”，选择“摄像机”中的“自由摄像机”。

（4）在前视口中单击，创建一个自由摄像机，并于其他视图中调整其位置，如图 7.1 所示。

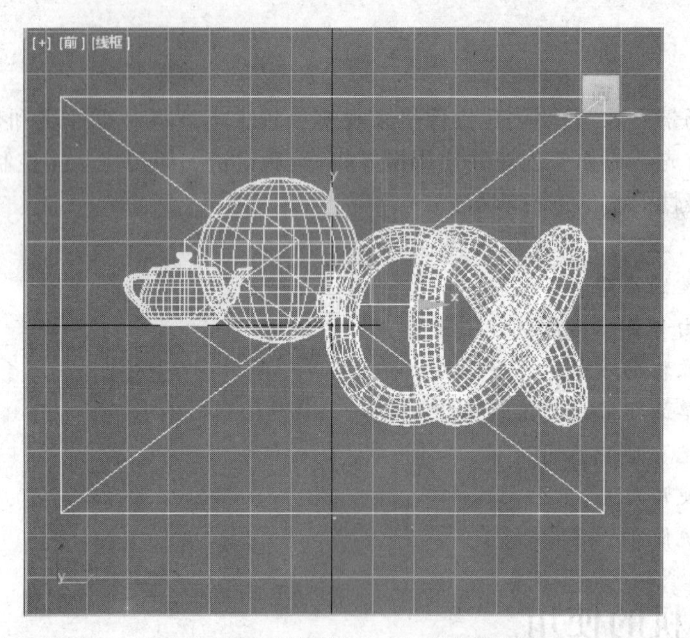

图 7.1　在前视图创建一个自由摄像机

（5）在透视视口中单击鼠标右键激活它。

（6）按 C 键切换到摄像机视口，如图 7.2 所示。

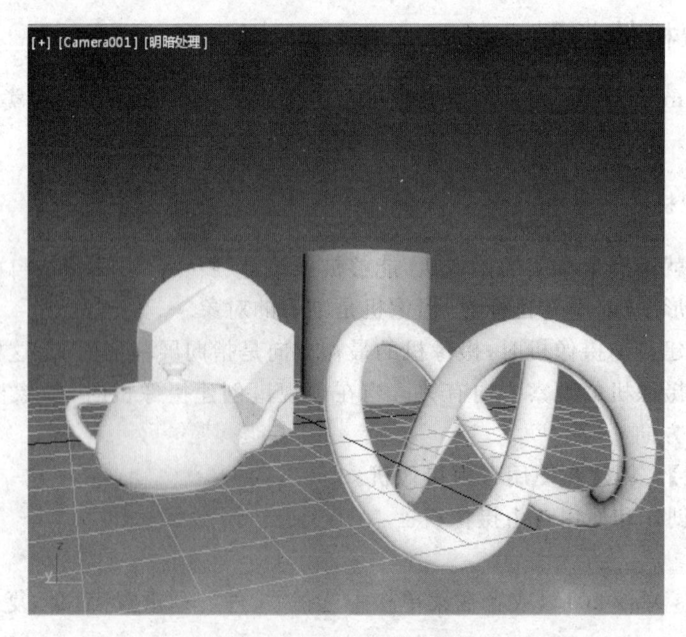

图 7.2　切换到摄像机视口

说明：切换到摄像机视口后，视口导航控制区域的按钮就变成“摄像机控制”按钮。通过调节按钮就可以改变摄像机的参数。自由摄像机的一个优点就是便于沿着路径或者轨迹运动。

2. 目标摄像机

目标摄像机的功能与自由摄像机类似，它有两个对象，第一个对象是摄像机，第二个对象是目标点。摄像机总是盯着目标点，如图 7.3 所示。目标点是一个非渲染对象，它用来确定摄像机的观察方向。目标点的另一个用途是可以决定目标距离，从而方便进行 DOF 渲染。

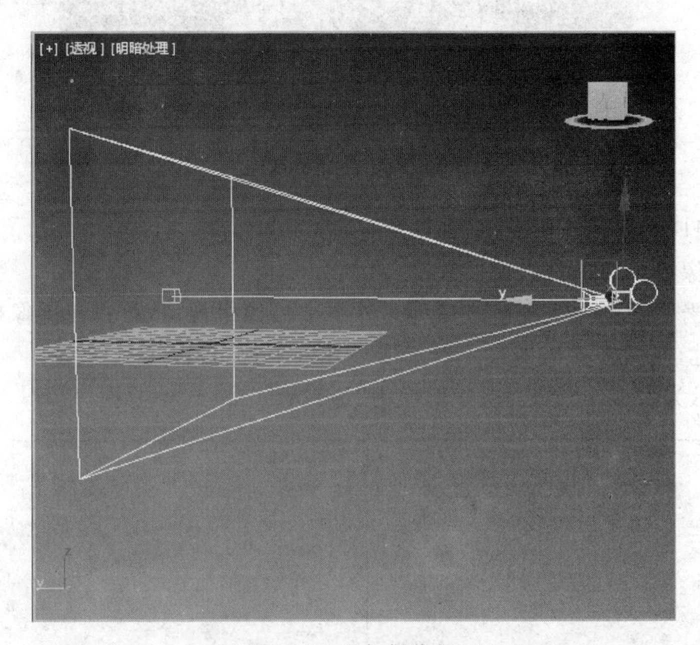

图 7.3 目标摄像机

【操作实例 2】 创建和使用目标摄像机。

目标：能够创建和使用目标摄像机。

操作过程：

(1) 启动 3ds Max 2015，在菜单栏中选择“文件”→“打开”命令，然后从本书配套资料中打开 Samples/Ch07_01.max 文件。

(2) 执行命令面板中的“创建”，选择“摄像机”中的“目标摄像机”。

(3) 在顶视口中单击并拖曳一个目标摄像机，如图 7.4 所示。

(4) 在摄像机导航控制区域中单击“视野(Field of View)”按钮，然后调整前视口的显示，以便视点和目标点显示在前视口中。

(5) 确认在前视口中选择了摄像机。

(6) 单击主工具栏中的“选择并移动”按钮。

(7) 在前视口沿着 Y 轴将摄像机向上移动 20 个单位。

(8) 在前视口选择摄像机的目标点。

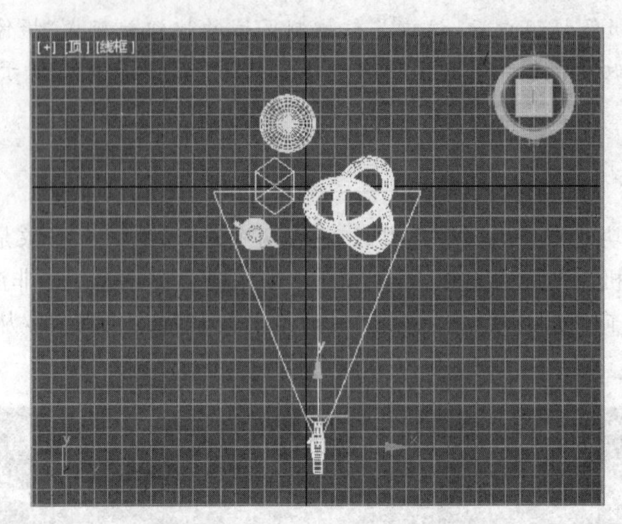

图 7.4 摄像机视图

(9) 在前视口将目标点沿着 Y 轴向上移动大约 4 个单位。

(10) 在摄像机视口中单击鼠标右键激活它。

(11) 要将当期的摄像机视口改变为另外一个摄像机视口,可以在摄像机的“视口”标签上单击鼠标左键,然后在弹出的菜单上选取另外一个视口。

图 7.5 所示为将 Camera01 视口切换为“透视(Perspective)”视口。

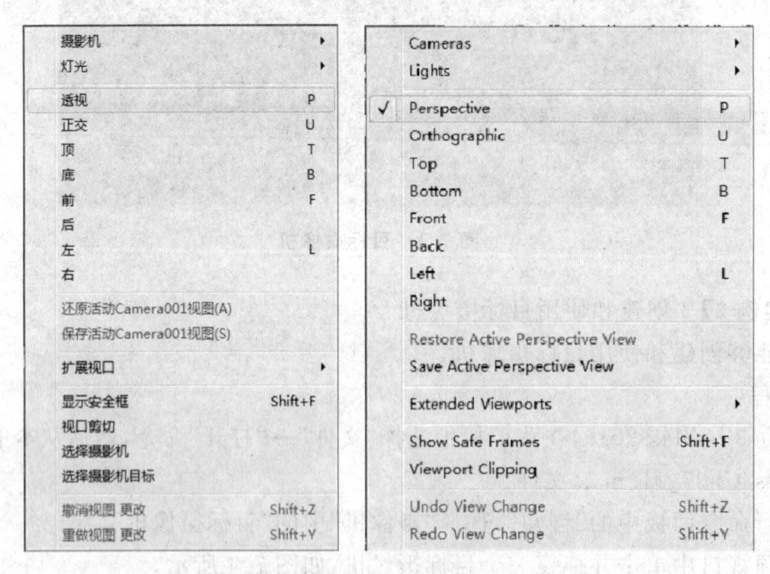

图 7.5 将 Camera01 视口切换为“透视”视口

7.1.2 摄像机的参数

创建摄像机后,3ds Max 系统会指定摄像机的默认参数。但是在实际操作中,经常需要改变这些参数来达到所需要的效果。改变摄像机的参数可以在“修改”命令面板的“参数”卷展栏中进行,如图 7.6 所示。

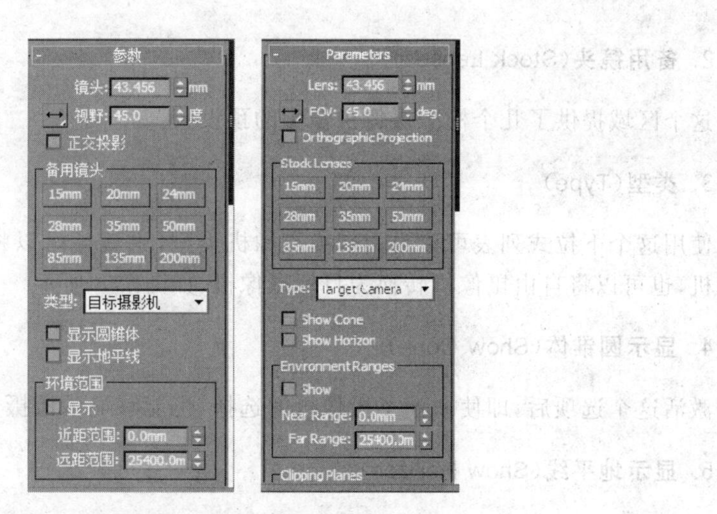

图 7.6　摄像机参数卷展栏

1．“镜头(Lens)”和“视野(FOV)”

镜头和视野是相关的，改变镜头的长短，自然会改变摄像机的视野。真正的摄像机的镜头长度和视野是约束在一起的，但是不同的摄像机和镜头配置会有不同的视野和镜头长度比。影响视野的另外一个因素是图像的纵横比，用 X 方向的数值比 Y 方向的数值来表示。例如，如果镜头长度是 20mm，图像的纵横比是 2.35，则视野将是 94°；如果镜头长度是 20mm，图像的纵横比是 1.33，则视野将是 62°。

在 3ds Max 中有几种测量视野的方法，在命令面板中分别用↔、↕和⤢表示。

- ↔：沿水平方向测量视野。这是测量视野的标准方法，也是默认形式。
- ↕：沿垂直方向测量视野。
- ⤢：沿对角线测量视野。

在测量视野的按钮下面还有一个“正交投影(Orthographic Projection)”复选框。如果选中该复选框，将去掉摄像机的透视效果，如图 7.7 所示。当通过正交摄像机观察的时候，所有平行线仍然保持平行，没有灭点存在。

(a) 不勾选正交投影情况

(b) 勾选正交投影情况

图 7.7　勾选“正交投影”复选框

注意：如果使用正交摄像机，则不能使用大气渲染选项。

2. 备用镜头(Stock Lenses)

这个区域提供了几个标准摄像机镜头的预设置。

3. 类型(Type)

使用这个下拉式列表可以自由转换摄像机类型,也就是可以将目标摄像机转换为自由摄像机,也可以将自由摄像机转换为目标摄像机,如图 7.8 所示。

4. 显示圆锥体(Show Cone)

激活这个选项后,即使取消了摄像机的选择,也能够显示该摄像机的视野的锥形区域。

5. 显示地平线(Show Horizon)

选中这个复选框后,在摄像机视口会绘制一条线来表示地平线,如图 7.9 所示。

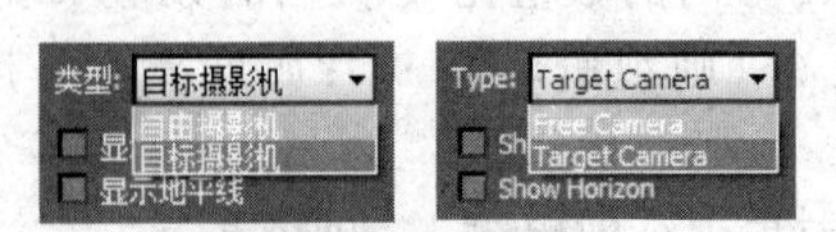

图 7.8 摄像机类型

图 7.9 显示地平线

6. 环境范围(Environmental Range)

按距离摄像机的远近设置环境范围,距离的单位就是系统单位。"近距范围(Near Range)"决定场景的什么距离范围外开始有环境效果;"远距范围(Far Range)"决定环境效果最大的作用范围。选中"显示(Show)"复选框就可以在视口中看到环境的设置。

7. 剪切平面(Clipping Plane)

设置在 3ds Max 中渲染对象的范围,在范围外的任何对象都不被渲染。如果没有特别要求,一般不需要改变这个数值的设置。与环境范围的设置类似,"近距剪切(Near Clip)"和"远距剪切(Far Clip)"根据到摄像机的距离决定远、近剪切平面。激活"手动剪切(Clip Manually)"选项后,就可以在视口中看到剪切平面了,如图 7.10 所示。

8. 多过程效果(Multi-Pass Effect)

多过程效果可以对同一帧进行多遍渲染。这样可以准确渲染"景深(Depth of Field)"和对象"运动模糊(Motion Blur)"效果,如图 7.11 所示。选中"启用(Enable)"复选框将激活"多过程(Multi-Pass)"渲染效果和"预览(Preview)"按钮。"预览"按钮用来测试在摄像机视口中的设置。

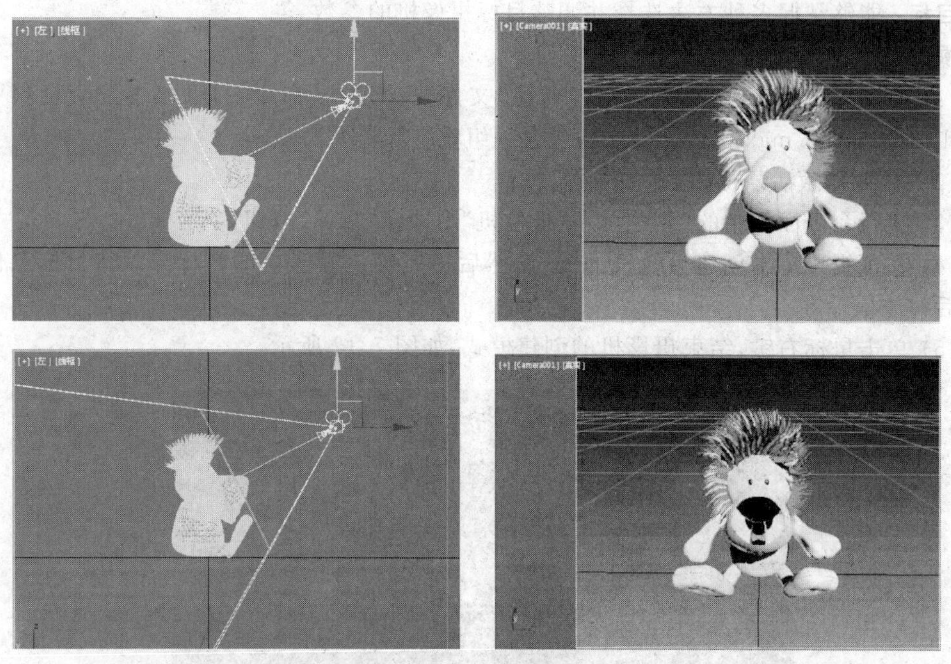

图 7.10　开启“手动剪切”

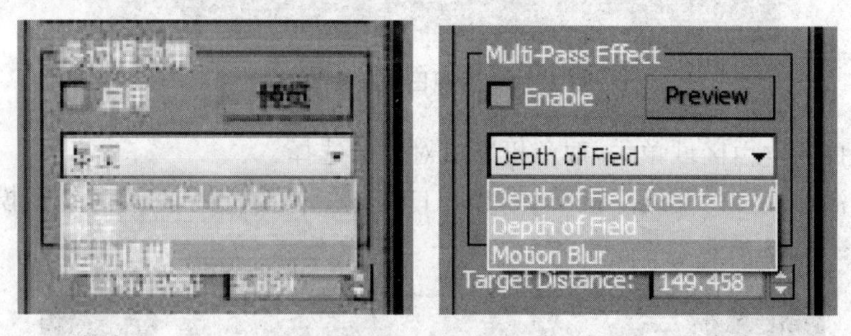

图 7.11　多过程效果

“多过程效果”选项区域中的下拉列表中有“景深(mental ray)”、“景深”和“运动模糊”3种选择，它们是互斥使用的，默认使用“景深”效果。

9. **渲染每过程效果**(Render Effects Per Pass)

如果选中这个复选框，则每遍都渲染诸如辉光等特殊效果。

10. **目标距离**(Target Distance)

这个距离是摄像机到目标点的距离。可以通过改变这个距离来使目标点靠近或者远离摄像机。当使用“景深”时，这个距离非常有用。在目标摄像机中可以通过移动目标点来调整这个距离，但是在自由摄像机中只有通过这个参数来改变目标距离。

7.1.3　使用摄像机

【操作实例 3】　使用目标摄像机。

目标：能够掌握多种方法选择并调整目标摄像机的参数。

操作过程：

(1) 启动 3ds Max，在主菜单栏中选择“文件”→“打开”命令，打开本书配套资料中的 Samples/Ch07_02.max 文件。该文件包含一组教室场景模型。

(2) 按 T 键激活顶视图。

(3) 执行命令面板中的“创建”，在“摄像机”中选择“目标”按钮。

(4) 在顶视口单击创建摄像机的视点，然后拖曳确定摄影机的目标点。待目标点位置满意后释放鼠标键。

(5) 单击鼠标右键，结束摄影机的创建模式，如图 7.12 所示。

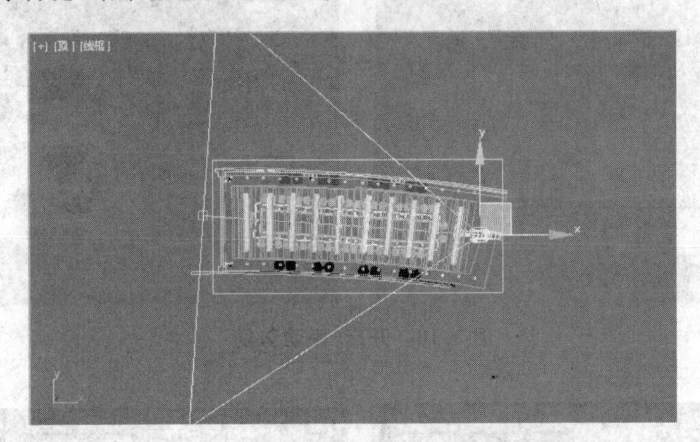

图 7.12 顶视图创建摄影机

(6) 在视口的空白区域单击，取消摄影机对象的选择。

(7) 在激活顶视口的情况下按 C 键，顶视口变成了摄像机视口，将其线框模式改为明暗处理模式，如图 7.13 所示。

图 7.13 摄像机视口效果

(8) 完成摄像机的设置时，可以在透视视口的“视口”标签上单击鼠标左键。

(9) 从弹出的菜单中选择“摄像机”→Camera01 命令，透视视口变成了摄像机视口。也可以使用键盘上的快捷键激活摄像机视口。

(10) 激活左视口，然后按 C 键激活摄像机视口。现在有了 3 个摄像机视口，如图 7.14

所示。

图 7.14　四视图效果

(11) 激活摄像机视口后，视口导航控制区域的按钮变成了摄像机视口专用导航控制按钮，如图 7.15 所示。

图 7.15　摄像机视口专用导航控制按钮

说明：摄像机视口专用导航控制按钮有 8 个按键，分别是“推拉摄像机(Dolly Camera)”按钮(此按钮下拉列表包含“推拉目标(Dolly Target)”按钮、“推拉摄像机＋目标点(Dolly Camera＋Target)”按钮)、“透视(Perspective)”按钮、“侧推摄像机(Roll Camera)”按钮、“视野(Field of View)”按钮、“平移摄像机(Truck Camera)”按钮、“环游摄像机”按钮(此按钮下拉列表包含“摇移摄像机(Pan Camera)”按钮)、“最大化视口切换(Maximize Viewport Toggle)”按钮、“所有视图最大化显示选定对象(Zoom Extents All Select)”按钮。

【操作实例 4】　使用自由摄像机制作漫游动画。

目标：使摄像机沿着路径运动。使用轨迹栏或者轨迹视图进行调整。

操作过程：

(1) 启动 3ds Max 2015，在菜单栏中选择“文件”→“打开”命令，然后从本书的配套资料中打开 Samples/Ch07_03. max 文件。

场景中包含了一条样条线，如图 7.16 所示。该样条线将被用于摄像机的路径。

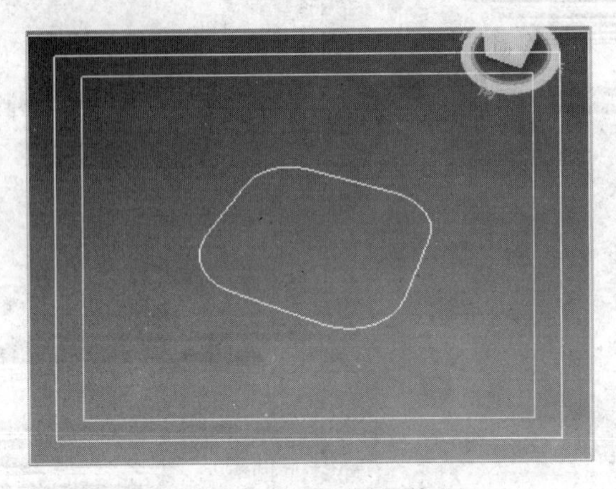

图 7.16 场景透视图效果

说明：作为摄像机路径的样条线应该尽量避免有尖角，以避免摄像机方向的突然改变。

下面给场景创建一个自由摄像机。可以在透视视口创建自由摄像机，但最好在正交视口创建自由摄像机。自由摄像机的默认观察方向是激活绘图平面的负 Z 轴方向，创建之后必须变换摄像机的观察方向。

(2) 执行命令面板中的“创建”，在“摄像机”下的“对象类型”中选择“自由”按钮。

(3) 在“前”视口单击，创建一个自由摄像机，如图 7.17 所示。

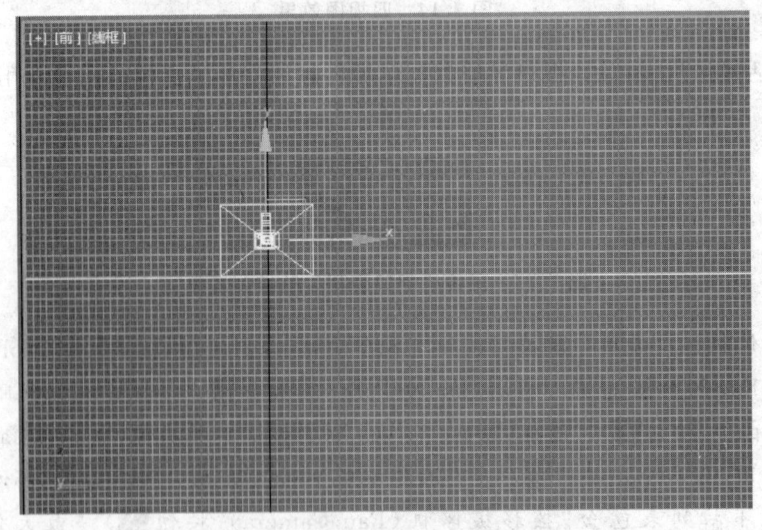

图 7.17 在“前”视图创建自由摄像机

(4) 在前视口单击鼠标右键结束摄影机的创建操作。接下来给摄影机指定一个“路径约束”控制器。

由于 3ds Max 是面向对象的程序，因此给摄像机指定路径控制器与给几何体指定路径控制器的过程是一样的。

(1) 确认选择了摄像机，执行命令面板中的“运动”，打开“指定控制器”卷展栏。

(2) 单击“位置：位置 XYZ”，如图 7.18 所示。

(3) 单击“指定控制器”按钮。

(4) 在“指定控制器”对话框中单击“路径约束”，然后单击“确定”按钮关闭该对话框。

(5) 在“路径参数”卷展栏中单击“添加路径”按钮。

(6) 按 H 键打开“拾取对象”对话框，选择 Camera Path，单击“拾取”按钮，关闭“拾取对象”对话框。这时摄像机移动到作为路径的样条线上，如图 7.19 所示。

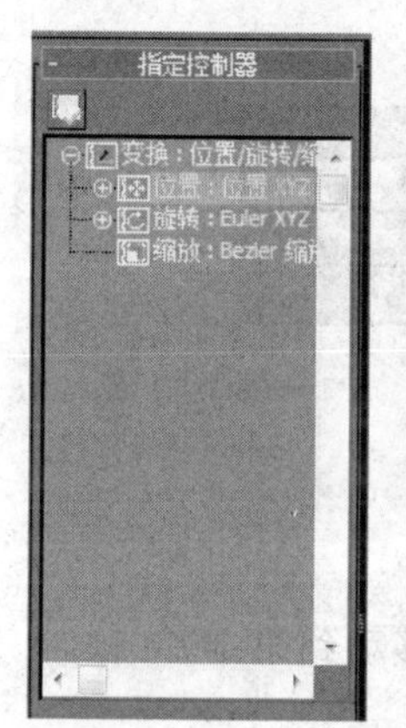

图 7.18　指定控制器

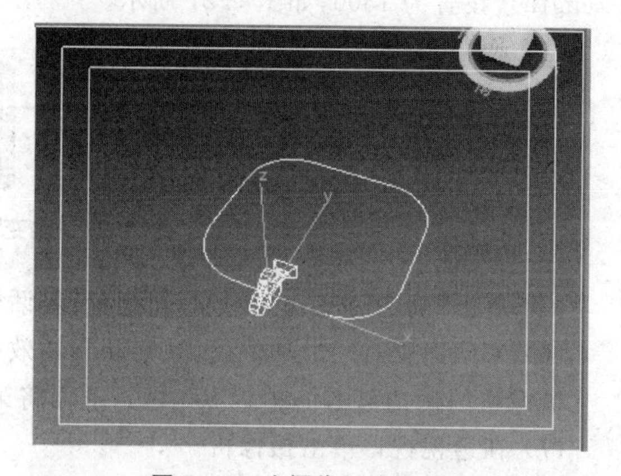

图 7.19　为摄像机拾取路径

(7) 来回拖曳时间滑动块，观察动画的效果。现在摄像机的动画还有两个问题：第一是观察方向不对，第二是观察方向不随路径改变。

首先解决第二个问题。

(8) 在“路径参数”卷展栏中选中“路径选项”下的“跟随”。

(9) 来回拖曳时间滑动块，以观察动画的效果。

现在摄像机的方向随着路径改变，但是观察方向仍然不对。下面就来解决这个问题。

(10) 选择“路径参数”卷展栏中“轴”下的 X 单选按钮。

(11) 来回拖曳时间滑动块，观察动画的效果。现在摄像机的观察方向也对了。

(12) 执行命令面板中的“显示”，在“隐藏”下选择“全部取消隐藏(Unhide All)”按钮，场景中显示出了所有隐藏的对象。

(13) 激活透视视口，按 C 键将它改为摄像机视口，在摄像机视口观察对象，如图 7.20 所示。

图 7.20　摄像机视口中的一帧

(14) 单击动画控制区域的“播放动画”按钮▷,看见摄像机在路径上快速运动。

(15) 单击动画控制区域的“停止动画”按钮⏸。

接下来调整摄像机在路径上的运动速度。

(1) 继续前面的练习,或者在菜单栏中选择“文件”→“打开”命令,然后从本书的配套资料中打开 Samples/Ch07_04. max 文件。

(2) 来回拖曳时间滑动块,以观察动画的效果。发现动画的播放速度过快。

在默认的 100 帧动画中摄像机正好沿着路径运行一圈。当按 25 帧/s 的速度回放动画的时候,100 帧正好 4s。如果希望运动的速度稍微慢一些,可以将动画时间调整得稍微长一些。

(3) 在动画控制区域单击“时间配置(Time Configuration)”按钮。

(4) 在出现的“时间配置”对话框中的“动画(Animation)”选项区域中将“长度(Length)”设置为 1500,如图 7.21 所示。

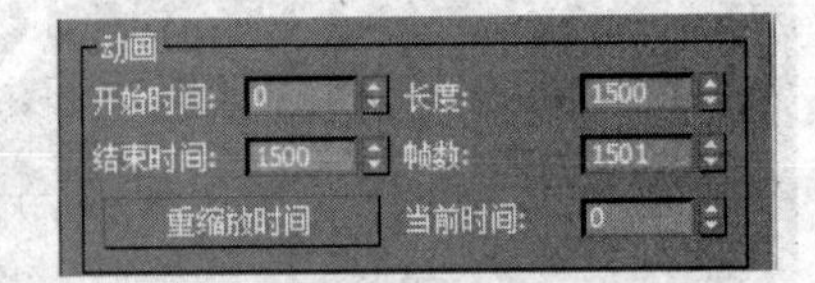

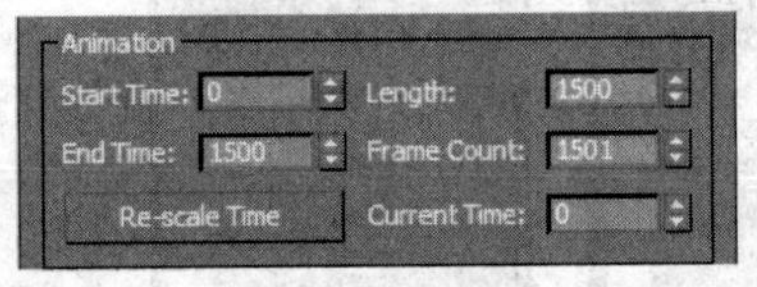

图 7.21　改变动画长度

(5) 单击“确定”按钮,关闭“时间配置”对话框。

(6) 来回拖曳时间滑动块,以观察动画的效果。

摄像机的运动范围仍然是 100 帧。下面将第 100 帧处的关键帧移动到第 1500 帧。

(7) 在透视视口单击摄像机。

(8) 将鼠标光标放在轨迹栏上第 100 帧处的关键帧上,然后将这个关键帧移动到第 1500 帧处。

(9) 单击动画控制区域的“播放动画”按钮▷,这时的播放速度是不一样的。

(10) 单击动画控制区域的“停止动画”按钮⏸,停止播放。

下面来调整一下摄像机的运动速度。

(11) 确认仍然选择了摄像机,执行命令面板中的“运动”,在“路径选项”下选择“恒定速度”选项。

(12) 单击动画控制区域的“播放动画”按钮▷,摄像机在路径上匀速运动。

(13) 单击动画控制区域的“停止动画”按钮⏸,停止播放。

如果制作摄像机漫游的动画,经常需要摄像机走一走,停一停。下面就来设置摄像机暂停的动画。

(1) 启动或重新设置 3ds Max,在菜单栏中选择“文件”→“打开”命令,然后从本书的配套资料中打开 Samples/Ch07_05. max 文件。

该文件包含一组建筑、植物群体、一个摄像机和一条样条线,摄像机沿着样条线运动,总长度为 1500 帧。

(2) 将时间滑动块调整到第 200 帧。

下面从这一帧开始将动画暂停 100 帧。

(3) 在透视视口单击摄像机。

(4) 在透视视口单击鼠标右键,在弹出的快捷菜单中选择“曲线编辑器”命令。

这样就为摄像机打开了一个“轨迹视图-曲线编辑器”对话框。在“曲线编辑器”编辑区域显示一条垂直的线,指明当前编辑的时间,如图 7.22 所示。

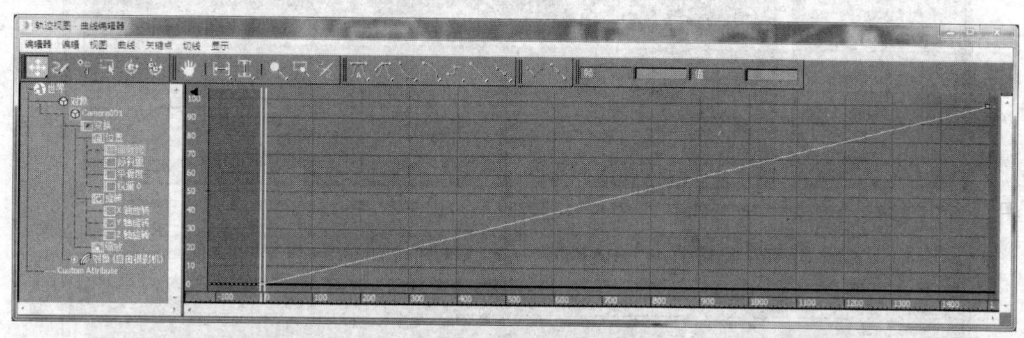

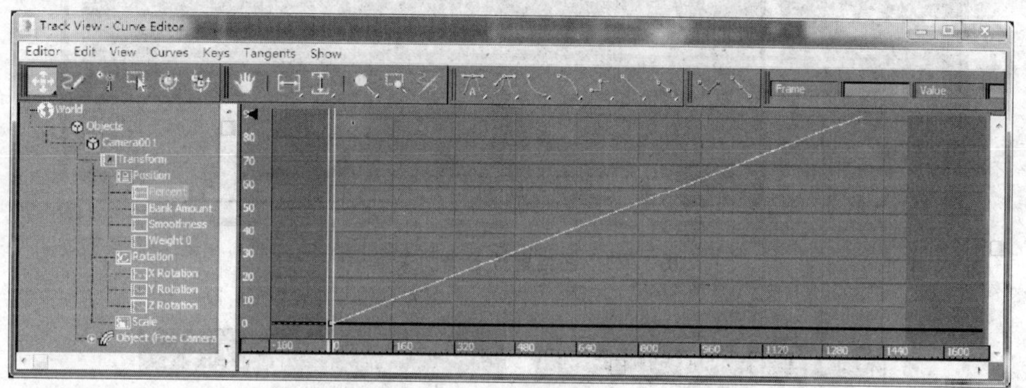

图 7.22　“轨迹视图-曲线编辑器”对话框

(5) 在层级列表区域单击百分比(Percent)轨迹。

(6) 在“轨迹视图”的垂直线处单击右键,选择“添加关键帧”按钮。

(7) 在“轨迹视图”的编辑区域百分比轨迹的当前帧处单击,增加一个关键帧,如图 7.23 所示。

(8) 在编辑区域选择刚刚增加的关键帧。

(9) 如果增加的关键帧不是正好在第 200 帧,则在“轨迹视图”的时间区域输入 200,如图 7.24 所示。

(10) 在编辑区域的第 200 帧处右边“值”文本框中输入 20。这意味着摄像机用了 200 帧完成了总运动的 20%。由于希望摄像机在这里暂停 100 帧,因此需要将第 300 帧处的关键帧值也设置为 20。

(11) 单击“轨迹视图”工具栏中的“移动关键点”按钮,按 Shift 键,在“轨迹视图”的编辑区域将第 200 帧处的关键帧拖曳到第 300 帧,在复制时保持水平移动。这样就将第 200 帧处的关键帧复制到了第 300 帧,如图 7.25 所示。

(12) 单击动画控制区域的“播放动画”按钮 ▷,播放动画。现在摄影机在第 200～300 帧之间没有运动。

(13) 单击动画控制区域的“停止动画”按钮 ⏸ 停止播放。

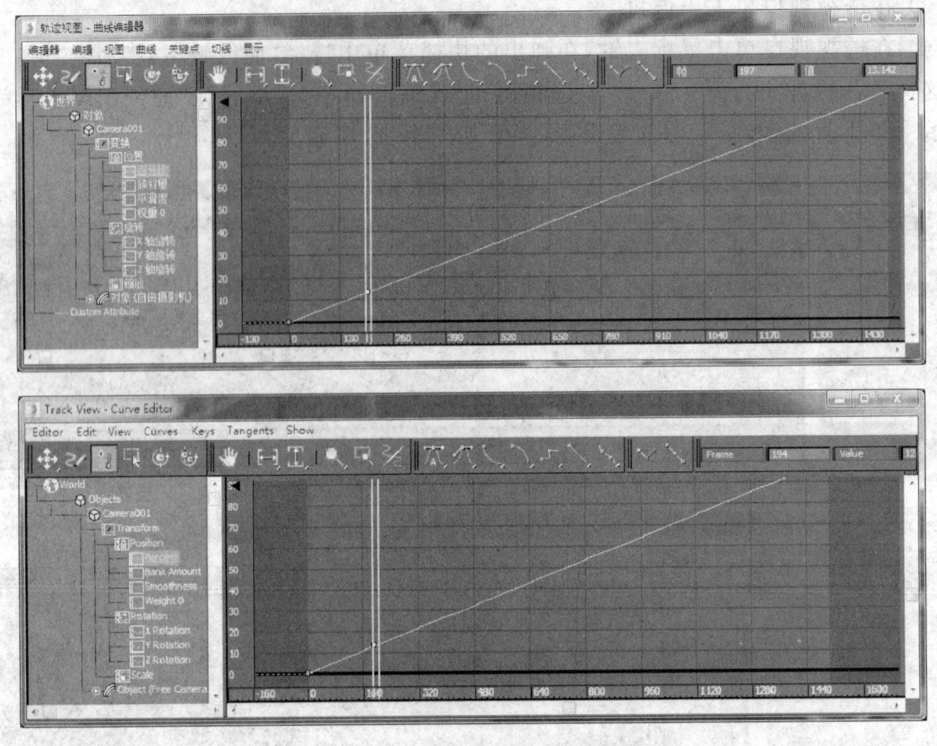

图 7.23 在当前位置添加关键帧

图 7.24 输入正确的帧数

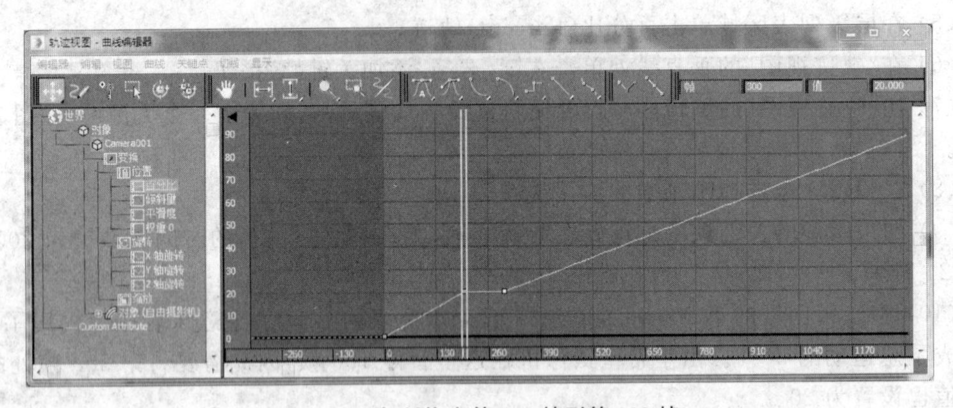

图 7.25 复制拖曳第 200 帧到第 300 帧

7.2 灯光的特性

3ds Max 2015 的灯光有两种类型，即标准灯光（Standard Light）和光度学灯光。所有灯光的类型在视口中都显示为灯光对象。3ds Max 2015 灯光的特性与自然界中灯光的特性不完全相同。

7.2.1 标准灯光

标准灯光是基于计算机的一种传统光线模拟系统，这种系统的速度快，在表达直接照明和阴影方面效果很好，例如家用或办公室灯、舞台和电影工作时使用的灯光设备以及太阳光本身。不同类型的灯光对象可用不同的方法投射灯光，模拟不同种类的光源。

3ds Max 提供了 5 种标准灯光类型的灯光，分别是聚光灯、平行光、泛光灯、太阳光和区域光，对应的 8 种标准灯光对象分别是目标聚光灯、自由聚光灯、目标平行光、自由平行光、泛光灯、天光、mr 区域泛光灯和 mr 区域聚光灯。

1. 聚光灯(Spotlight)

聚光灯是最为常用的灯光类型，是一种具有方向性和范围性的灯光。它的光线来自一点，沿着锥形延伸。光锥有两个设置参数，它们是聚光区和衰减区，如图 7.26 所示。聚光区决定光锥中心区域最亮的地方，衰减区决定从亮衰减到黑的区域。

图 7.26 “聚光灯参数”卷展栏

目标聚光灯的优点是定位方便、准确，可以模拟路灯、舞台上的追光灯等效果。自由聚光灯包含了目标聚光灯的所有特性，只是没有目标点。自由聚光灯的特点是不会改变灯光照射的方向，所以比较适合制作 3D 动画中的灯光。聚光灯的光锥角度决定场景中的照明区域。较大的锥角产生较大的照明区域，如图 7.27 所示，用来照亮整个场景；较小的锥角照亮较小的区域，可以产生戏剧性的效果，如图 7.28 所示。

图 7.27 聚光灯使用较大光锥

图 7.28 聚光灯使用较小光锥

3ds Max 允许不均匀缩放圆形光锥，形成一个椭圆形光锥，如图 7.29 所示。同时还可将光锥改变成矩形的。如果使用矩形聚光灯，就不需要使用缩放功能来改变它的形状，可以使用“纵横比”参数改变聚光灯的形状，如图 7.30 所示。

从图 7.31 中可以看出，Aspect=0.5 将产生一个高的光锥，Aspect=1.0 将产生一个正方形光锥，Aspect=2.0 将产生一个宽的光锥。

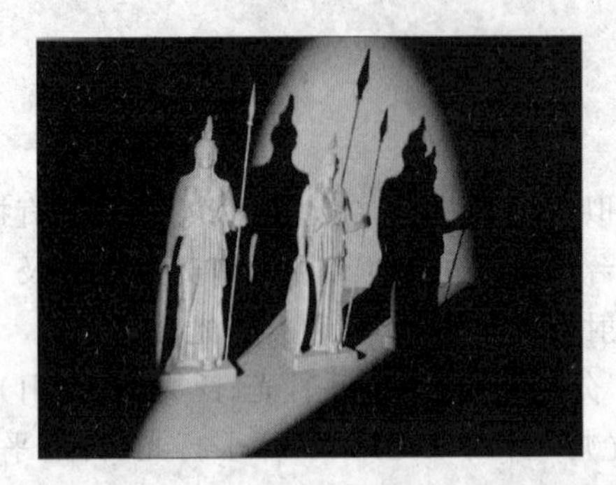

图 7.29 不均匀缩放圆形光锥

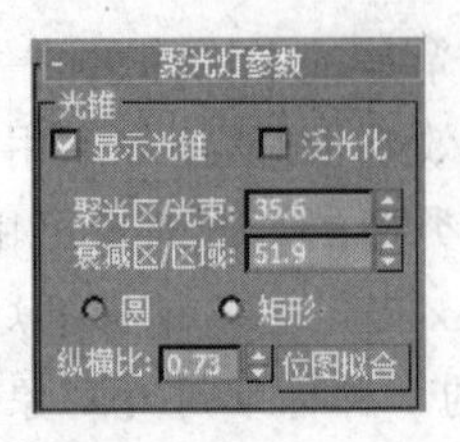

图 7.30 改变光锥为矩形

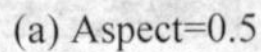
(a) Aspect=0.5

(b) Aspect=1.0

(c) Aspect=2.0

图 7.31 不同“纵横比”参数产生不同效果

2. 平行灯(Direct)

平行光与聚光灯一样具有方向性和范围性，不同的是它投射的光线是平行的，因此阴影没有变形，如图 7.32 所示。平行光分为目标平行光与自由平行光两种，主要用途是模拟太阳光。

(a) 聚光灯产生的阴影

(b) 有向光源产生的阴影

图 7.32 聚光灯和平行光投射效果

3. 泛光灯(Omni)

泛光灯是点光源，它向全方位发射光线，就像是一个裸露的灯泡一样。通过在场景中单击就可以创建泛光灯。它常用于模拟室内灯光效果，例如灯泡、吊灯等，如图 7.33 所示。

4. 天光(Skylight)

天光用来模拟日光效果,它可以从四面八方同时对物体投射光线。可以通过设置天空的颜色或为其指定贴图来建立天空的模型。其参数卷展栏如图 7.34 所示。

图 7.33　场景添加泛光灯效果

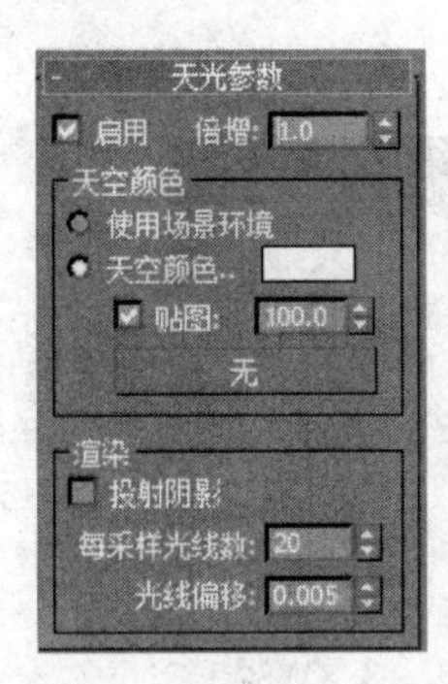

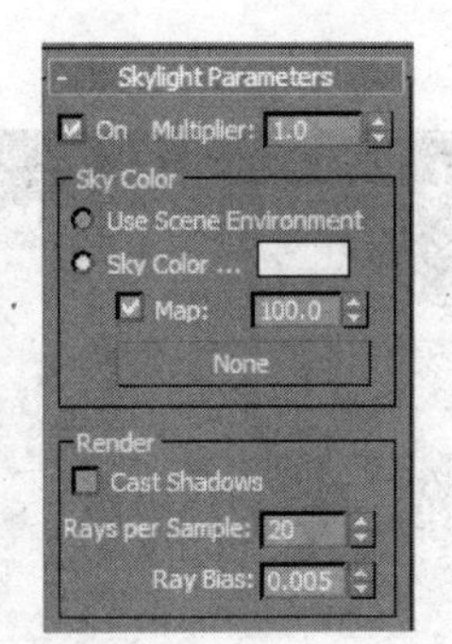

图 7.34　"天光参数"卷展栏

5. 区域光(Area Light)

区域灯光是专门为 mental ray 渲染器设计的,支持全局光照、聚光等功能。使用 mental ray 渲染器进行渲染时,可以从矩形或者圆形区域发射光线,产生柔和的照明和阴影。而在使用 3ds Max 默认扫描线渲染器时,其效果等同于标准泛光灯、聚光灯。区域光的渲染时间比点光源的渲染时间长。

说明:在 3ds Max 中还存在光度学灯光。在光度学灯光中,光线通过环境的传播是基于对真实世界的物理模拟。光度学灯光可以设置其分布、强度、色温和其他真实世界灯光的特性,也可以导入照明制造商的特定光度学文件以便设计基于商用灯光的照明。在操作实例 5 中将使用光度学灯光做场景的部分照明使用。

7.2.2　自由灯光和目标灯光

在 3ds Max 中创建的灯光有两种形式,即自由灯光和目标灯光。聚光灯和有向光源都有这两种形式。

1. 自由灯光

与泛光灯类似,通过单击就可以将自由灯光放置在场景中,不需要指定灯光的目标点。在视口中创建完自由灯光后,可以通过整体移动或旋转来调整。这种灯光常用来模拟吊灯(模拟效果如图 7.35 所示)和汽车车灯的效果,适用于对灯光范围有固定要求的动画灯光,如模拟运动汽车的灯光。

2. 目标灯光

目标灯光的创建方式与自由灯光不同,必须先指定灯光的初始位置,然后再指定灯光的目标点,如图 7.36 所示。目标灯光非常适用于模拟舞台灯光,可以方便地指明照射位置。目标灯光有两个对象:光源和目标点。两个对象可以分别运动,但光源总是照向目标点。

在照射区域外的物体不受灯光的影响。

图 7.35 创建自由聚光灯

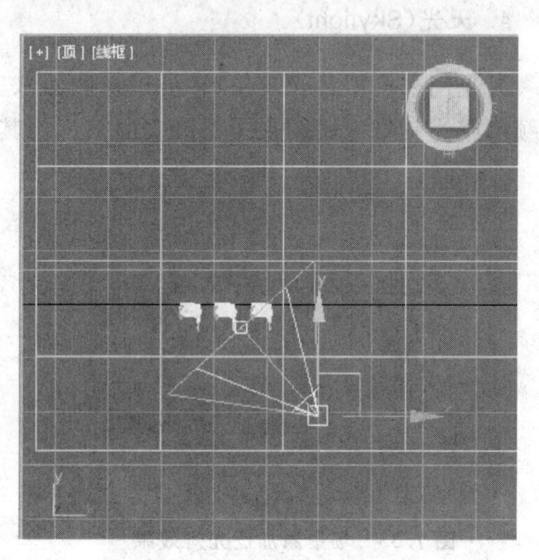

图 7.36 创建目标聚光灯

3. 灯光的共同参数卷展栏

在 3ds Max 中除了天光之外，所有不同的灯光对象都共有一些设置参数，主要集中在 4 个卷展栏中："名称和颜色"卷展栏、"常规参数"卷展栏、"阴影"卷展栏和"高级效果"卷展栏。

(1) "名称和颜色"卷展栏。

在该卷展栏中可以更改灯光的名称和灯光的几何颜色，如图 7.37 所示。但是更改灯光的几何颜色不会对灯光本身的颜色产生影响。要想改变灯光本身的颜色，在"强度/颜色/衰减"卷展栏中进行更改。

(2) "常规参数"卷展栏。

该卷展栏主要控制对灯光的启用与关闭、排除或包含及阴影方式，如图 7.38 所示。

图 7.37 "名称和颜色"卷展栏

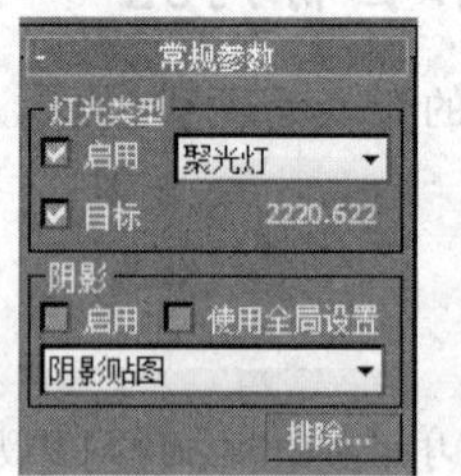

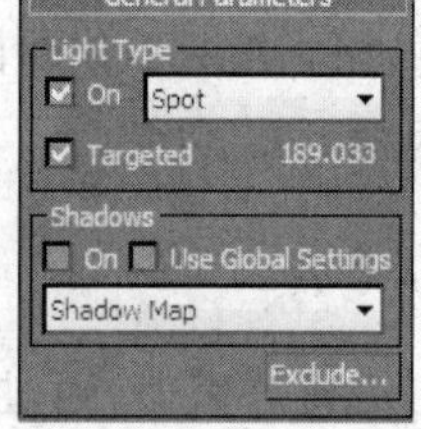

图 7.38 "常规参数"卷展栏

① "灯光类型"选项区域。

- 启用：启用和禁用灯光。该选项打开时，使用灯光着色和渲染以照亮场景。
- 灯光类型列表：更改灯光的类型。如果选中标准灯光类型，可以将灯光更改为泛光灯、聚光灯或平行光。如果选中光度学灯光，可以将灯光更改为点光源、线光源或区域灯光。
- 目标：启用该选项后，灯光将成为目标。灯光与其目标之间的距离显示在复选框的右侧。对于自由灯光，可以设置该值。对于目标灯光，可以通过禁用该复选框或移动灯光或灯光的目标对象对其进行更改。

② “阴影”选项区域。

• 启用：决定当前灯光是否投射阴影。默认设置为启用。
• 阴影方法下拉列表：决定渲染器是否使用阴影贴图、光线跟踪阴影、mental ray 阴影贴图、高级光线跟踪阴影或区域阴影生成该灯光的阴影。每种阴影方式都有对应的参数卷展栏进行高级设置。
• 使用全局设置：启用该选项以使用该灯光投射阴影的全局设置。
• 排除：使用该选项将选定对象排除于灯光效果之外。

(3) “阴影参数”卷展栏。

该卷展栏的参数用于控制阴影的颜色、浓度以及是否使用贴图来代替颜色作为阴影，如图 7.39 所示。

① “对象阴影”选项区域。

• 颜色：设置阴影的颜色，默认设置为黑色。
• 密度：设置阴影的浓度。
• 贴图：将贴图指定给阴影。
• 灯光影响阴影颜色：启用此选项后，将灯光颜色与阴影颜色混合。

② “大气阴影”选项区域。

• 启用：启用此选项后，大气效果投射阴影。
• 不透明度：设置阴影的不透明度的百分比量。默认设置为 100。
• 颜色量：调整大气颜色与阴影颜色混合的百分比量。

(4) “高级效果”卷展栏。

该卷展栏提供了灯光影响曲面方式的控件，包括很多微调和投影灯的设置，如图 7.40 所示。

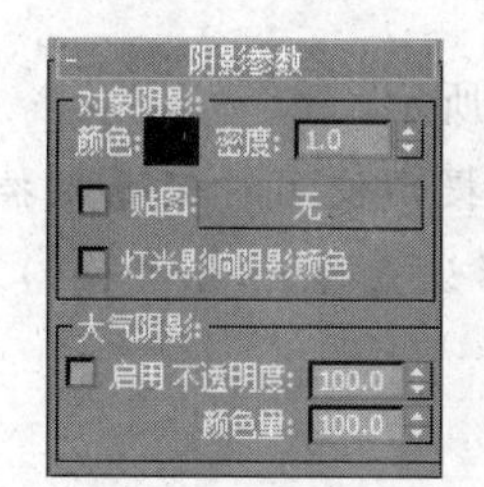

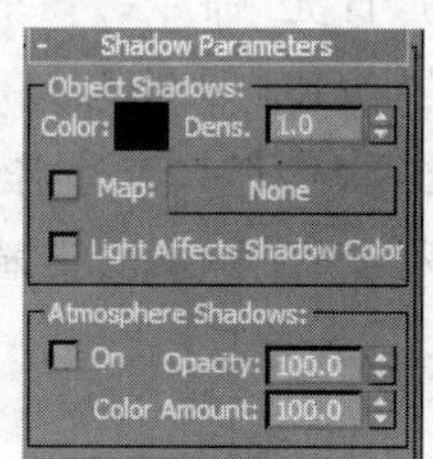

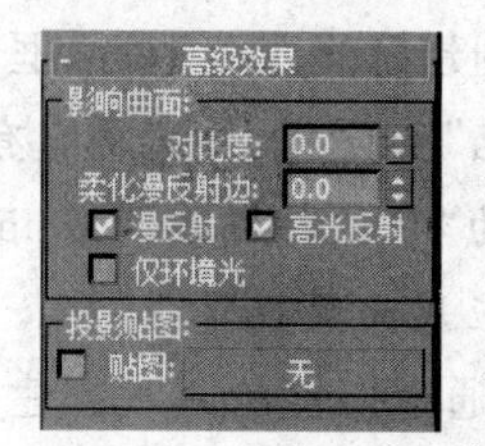

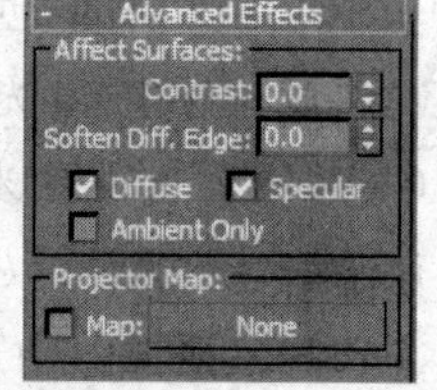

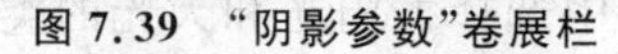

图 7.39　“阴影参数”卷展栏　　**图 7.40　“高级效果”卷展栏**

① “影响曲面”选项区域。

• 对比度：设置曲面的漫反射区域和环境光区域之间的对比度。
• 柔化漫反射边：通过设置该值可以柔化曲面漫反射部分与环境光部分之间的边缘。
• 漫反射：启用此选项后，灯光将影响对象曲面的漫反射属性。
• 高光反射：启用此选项后，灯光将影响对象曲面的高光属性。
• 仅环境光：启用该复选框可以通过贴图按钮投射选定的贴图。

②“投影贴图”选项区域。

- 贴图：启用该复选框可以通过贴图按钮投射选定的贴图。
- 贴图按钮：单击该按钮可以从材质库中指定用作投影的贴图，也可以从任何其他贴图按钮上拖动复制贴图。

7.2.3 日光系统简介

“日光”系统遵循太阳与地球之间的现实关系，符合地理学的角度和运动。用户可以选择位置、日期、时间和指南针方向，也可以设置日期和时间的动画。

“日光”系统是将太阳光和天光相结合。太阳光组件可以是IES天光、mr天光，也可以是标准灯光(目标平行光)。天光组件可以是IES天光、mr天光，也可以是天光。

(1) IES太阳光和IES天光均为光度学灯光。如果要通过曝光控制来创建使用光能传递的渲染效果，最好使用这种灯光。

(2) mr太阳光和mr天光也是光度学灯光，但是专门在mental ray太阳和天空解决方案中使用。

(3) 标准灯光和天光不是光度学灯光。如果场景使用标准照明(具有平行光的太阳光也适用于这种情况)，或者要使用光线跟踪，则最好使用这种灯光。

最初创建日光系统时，默认创建参数设置为夏至当天(6月21日)的正午。使用“控制参数”卷展栏中的“获取位置”按钮选择正确的地理位置。如果该卷展栏不可用，请选择视口中的Daylight01对象以进行访问。

【操作实例5】 为场景添加日光系统。

目标：掌握创建日光系统的方法。

操作过程：

(1) 启动3ds Max 2015，在菜单栏中选择“文件”→“打开”命令，从本书的配套资料中打开Samples/Ch07_06.max文件。

(2) 执行命令面板中的“创建”，选择“系统”下的“日光”命令。

(3) 在弹出的“创建日光系统”对话框中单击“是”按钮，如图7.41所示。

注意：创建“日光”系统时，如果没有有效的曝光控制，那么程序将提示使用对数曝光控制(如果渲染器设置为“默认扫描线”)或mr摄影曝光控制(如果渲染器设置为mental ray)。建议单击“是”按钮，应用此更改。

(4) 在顶视图中通过拖曳的方式创建一个日光。

(5) 执行命令面板中的“修改”，在“日光参数”卷展栏中选择太阳光和天光的类型。这里选用默认的设置，不需要更改。

注意：可以在“太阳光”下拉列表中的“IES太阳光”、“mr太阳光”和“标准(平行)”之间进行选择。通过“天光”下拉列表可以在“IES天空”、“mr Sky”和“天光”之间进行选择，如图7.42所示。

(6) 选中“位置”选项区域中“日期、时间和位置”下方的“设置”按钮，可以设置照射日光的时间、地理方位等因素。设置时间为2015年10月1日，12时0分0秒，其余参数保持不变，如图7.43所示。

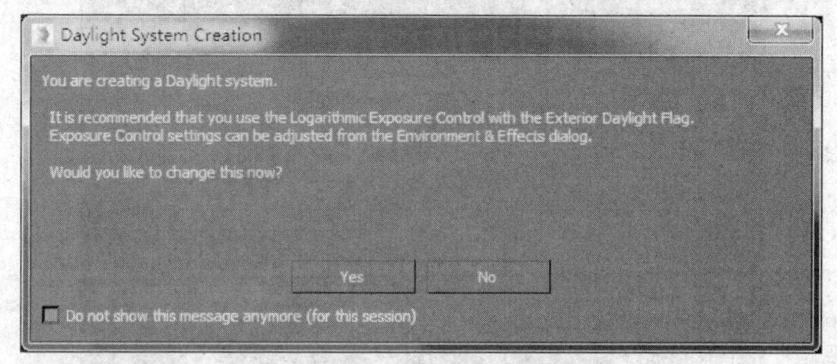

图 7.41　“创建日光系统”对话框

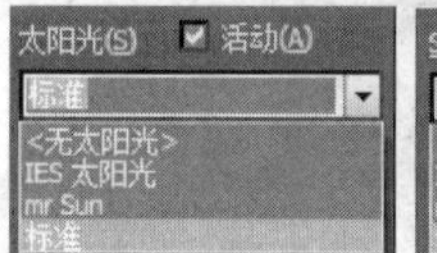

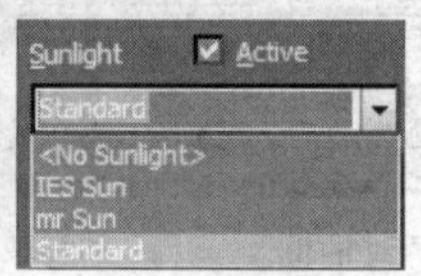

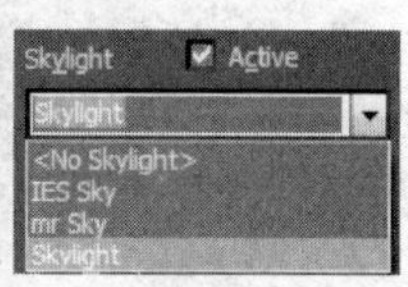

(a) “太阳光”下拉列表　　(b) “天光”下拉列表

图 7.42　“太阳光”和“天光”下拉列表

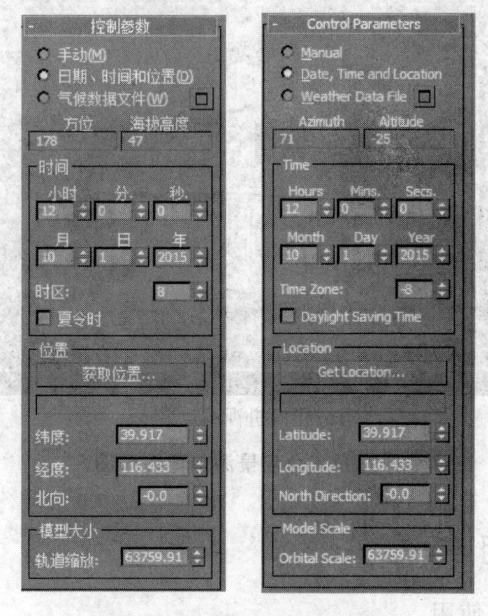

图 7.43　设置“控制参数”

注意：系统创建的平行光由两个特殊控制器进行管理："太阳日期"和"太阳时间"。创建系统后，可以在平行光的"运动"面板中访问其创建参数(时间和日期、位置及轨道缩放)。这些参数相互关联，因此可以按任意顺序进行调整。

(7) 按 8 键为场景添加一张环境贴图。单击"环境贴图"下方的"无"按钮，选择"位图"。在弹出的"选择位图图像文件"对话框中打开本书配套资料中的"贴图 Map/正午天空.jpg"。按 Alt+B 组合键，在弹出的"视口配置"对话框中选择使用环境背景，如图 7.44 所示。

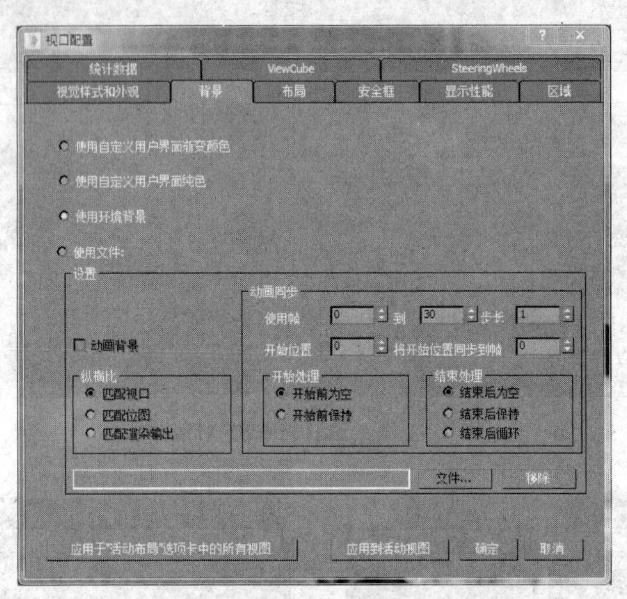

(a)"视口配置"对话框

(b) 摄像机视图效果

图 7.44 为场景添加环境贴图

7.2.4 灯光的应用

本节学习灯光的具体使用。

【操作实例6】 为室内客厅场景设置标准灯光和光度学灯光。

目标：灵活使用泛光灯、聚光灯的设置，创建场景的主体照明灯光。

操作过程：

(1) 启动3ds Max 2015，在菜单栏中选择“文件”→“打开”命令，从本书的配套资料中打开Samples/Ch07_07.max文件。

(2) 执行命令面板中的“创建”，在“灯光”下选择“标准”选项。

(3) 选择“目标平行光”作为场景的太阳光。在“顶视图”中进行创建，如图7.45所示。

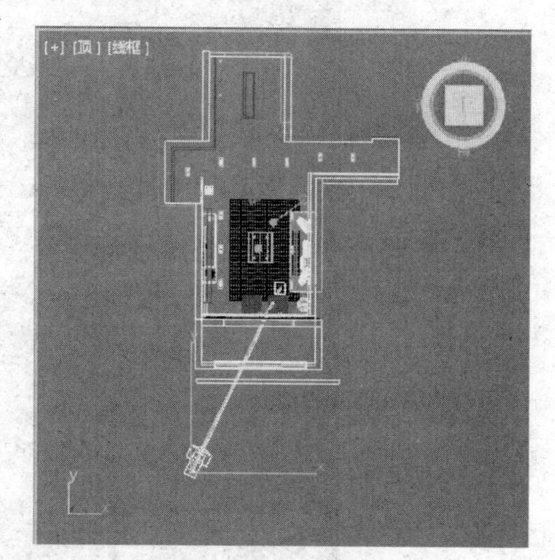

图7.45 创建一个“平行光”

(4) 选中“修改”面板中“平行光参数”卷展栏中“光锥”选项区域中的“显示光锥”复选框，设置“聚光区/光束”为1200，“衰减区/区域”为1800。此设置根据场景需要，设置合理即可，无固定参数，如图7.46所示。

(5) 在“常规参数”卷展栏中开启“阴影”选项，并在“强度/颜色/衰减”卷展栏中设置“倍增”为0.01，颜色为R=240，G=250，B=250。

(6) 在“顶视图”中创建一个泛光灯，并以实例的方式复制3盏灯，如图7.47所示。以实例的方式将这一排泛光灯进行复制，并在三视图中调整其位置，如图7.48所示。

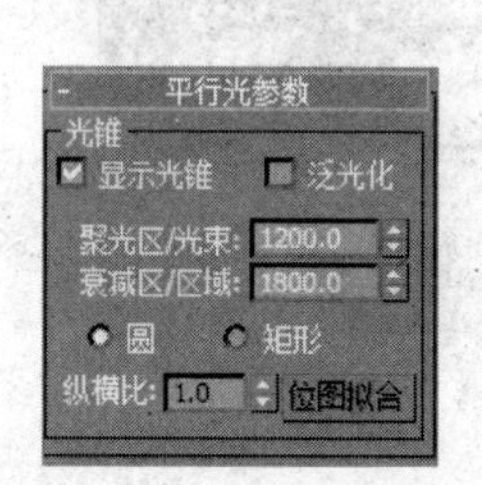

图7.46 设置“平行光参数”

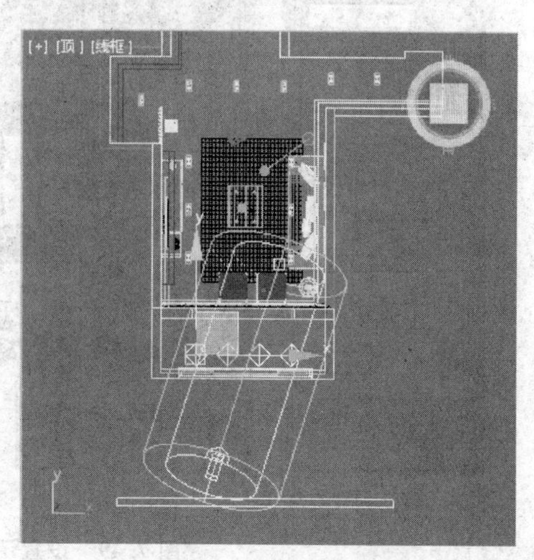

图7.47 实例复制泛光灯

(7) 选中其中一个泛光灯，在“常规参数”卷展栏中选中“阴影”选项区域中的“启用”复选框，在“强度/颜色/衰减”卷展栏中设置“倍增”为0.1，颜色为R=225，G=245，B=250，如图7.49所示。

(8) 选中这两组泛光灯，在“顶视图”中按下Shift键进行拖曳。在弹出的对话框中选择以“复制”的方式进行复制。以同样的方式进行多组泛光灯的复制，如图7.50所示。

(9) 设置这些泛光灯的“倍增”为0.05，选中“阴影”选项区域中的“启用”复选框，颜色为

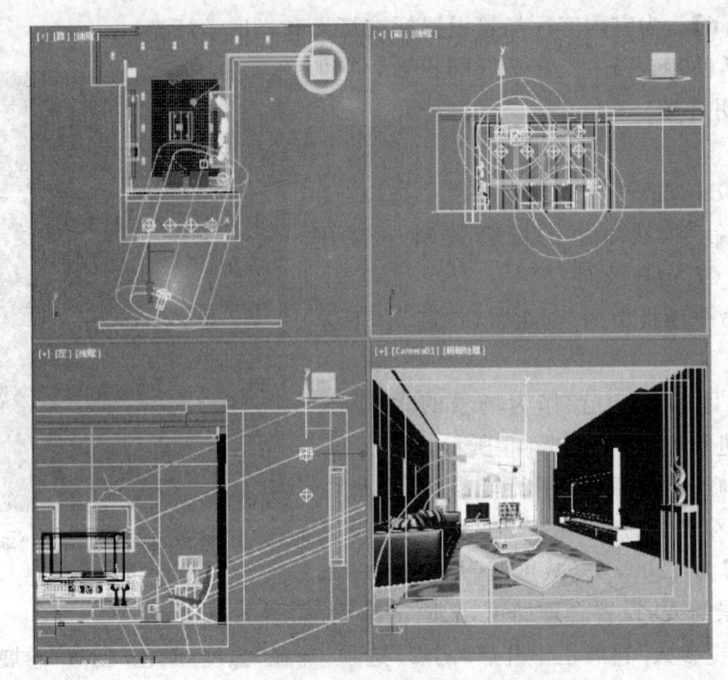

图 7.48 在三视图中调整泛光灯位置

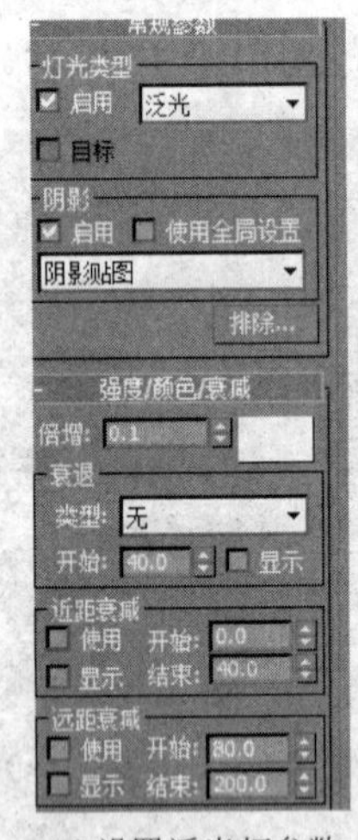

(a) 设置泛光灯参数

(b) 设置完灯光的渲染结果

图 7.49 设置泛光灯参数

R=225,G=245,B=250。渲染结果如图 7.51 所示。

(10) 从场景中分析可以看出,场景有两个灯带区域,可以通过添加泛光灯的方式为场景创建灯带。

(11) 先来创建第一个灯带区域。在"顶视图"中创建一个泛光灯,找准灯带的所在位置,通过实例复制的方法复制出合适的泛光灯数量,如图 7.52 所示。

(12) 选中其中任意一个泛光灯,设置"倍增"为 0.5,颜色为 R=255,G=156,B=0。

(13) 选中"强度/颜色/衰减"卷展栏中"远距衰减"选项区域中的"使用"复选框,设置

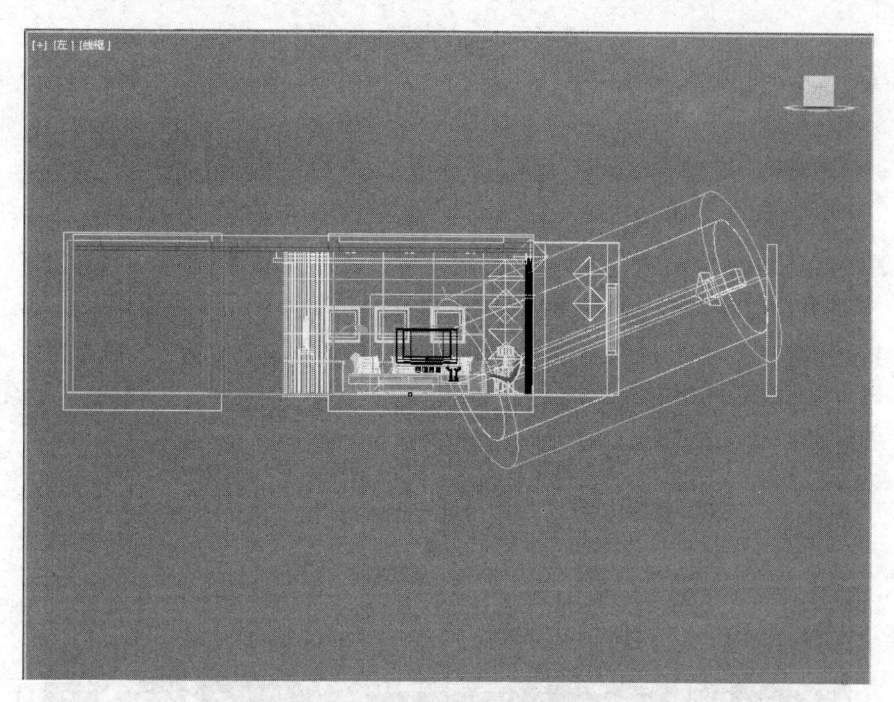

图 7.50　进行多组泛光灯的复制

图 7.51　渲染结果

“开始”为 350，“结束”为 750，如图 7.53 所示。

(14) 选中此灯带中的一盏泛光灯，在“常规参数”卷展栏中单击“排除”按钮，在弹出的对话框中将除了 Line05、Line07、Line08、Line011、Line12 以外的对象进行排除，灯光的方式选择“照明”。操作完成后单击“确定”按钮即完成排除工作，如图 7.54 所示。

注意：此操作是将灯光的照射范围进行选择处理。可以将灯光只照射到所需要的对象上。

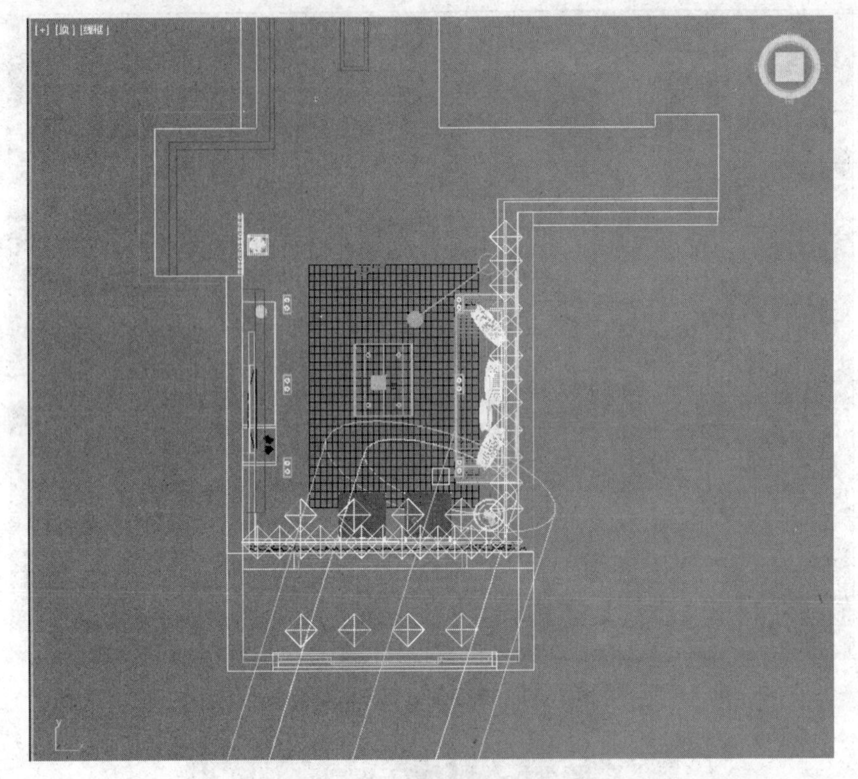

图 7.52 创建第一条灯带灯光

图 7.53 设置灯光参数

图 7.54 排除对象

(15) 以同样的方法为另一条灯带创建灯光，如图 7.55 所示。

(16) 此泛光灯的设置参数与上一条灯带一致。但在“排除”选项中将保留 Rectangle27，如图 7.56 所示。

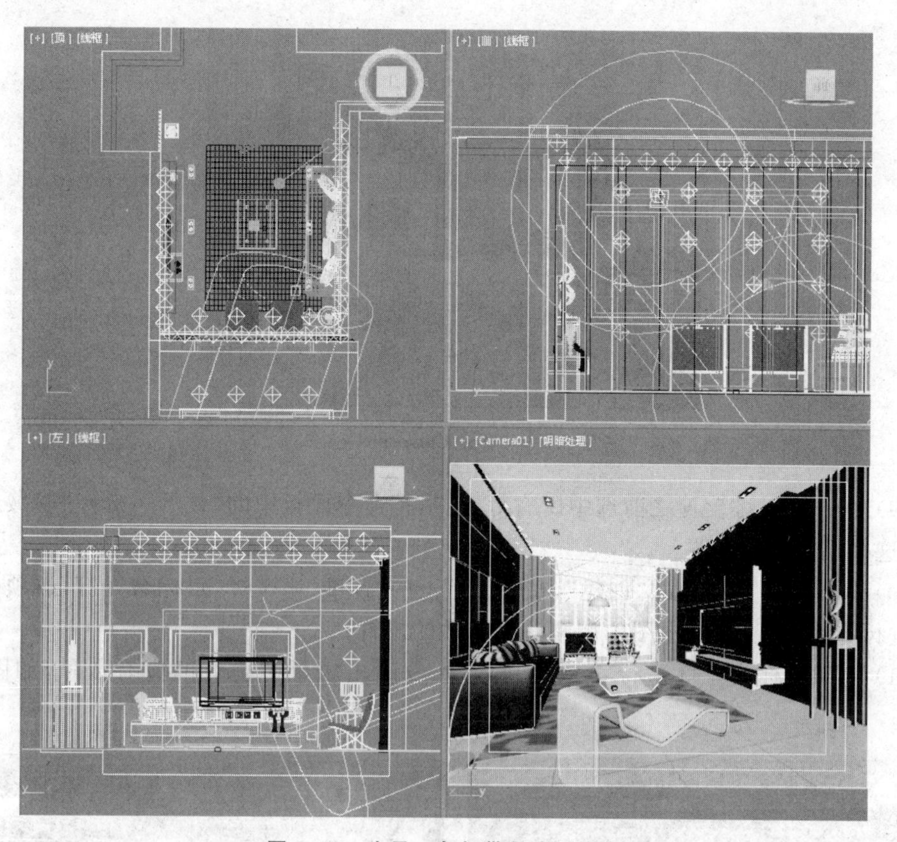

图 7.55　为另一条灯带创建泛光灯

图 7.56　“排除”对话框

(17) 渲染 Camera01 视图,如图 7.57 所示。

(18) 场景中的射灯用目标聚光灯进行设置。

图 7.57 渲染 Camera01 视图

(19) 在开始射灯设置之前选中所有灯光，执行命令面板中的“显示”，选择“隐藏选定对象”，将这些灯光进行隐藏。

(20) 执行命令面板中的“创建”，在“灯光”下的“标准”中选择“目标聚光灯”选项，在“左视图”进行拖曳创建，在三视图中调整它到合适的位置。

(21) 对此目标聚光灯进行实例复制处理，复制出场景中射灯的应有数量，如图 7.58 所示。

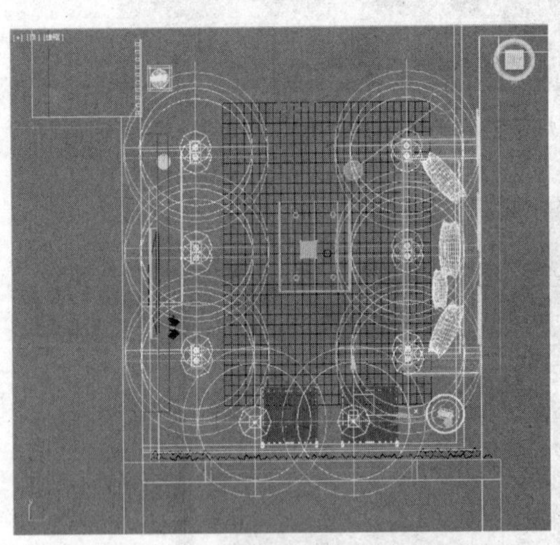

(a) 顶视图观察创建的目标聚光灯

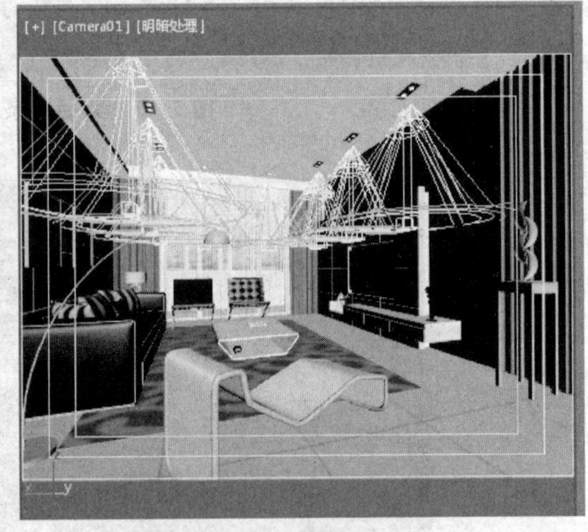

(b) Camera01视图观察创建的目标聚光灯

图 7.58 创建目标聚光灯

(22) 选择其中一个目标聚光灯进行参数设置。执行命令面板中的“修改”，在“常规参数”卷展栏中选中“阴影”选项区域中的“启用”复选框，在“强度/颜色/衰减”卷展栏中设置“倍增”为 0.1，颜色为 R=255，G=220，B=110，如图 7.59 所示。

(23) 在“聚光灯参数”卷展栏中选中“显示光锥”复选框，将“聚光区/光束”设置为 20，“衰减区/区域”设置为 40，如图 7.60 所示。

(24) 渲染出的图片如图 7.61 所示，图中沙发、塑料椅等物体光线照射的强度不够，这时为其添加辅光来补充光照。

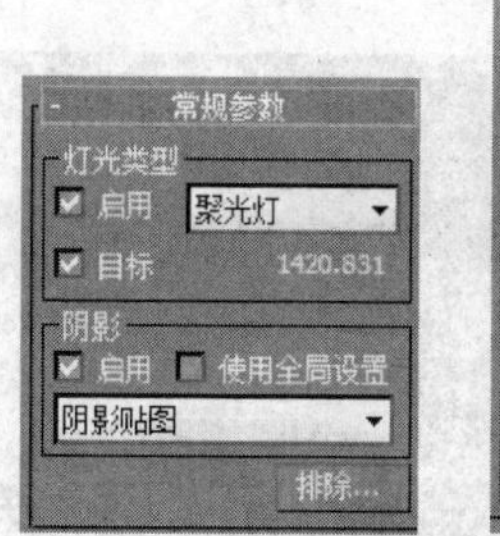

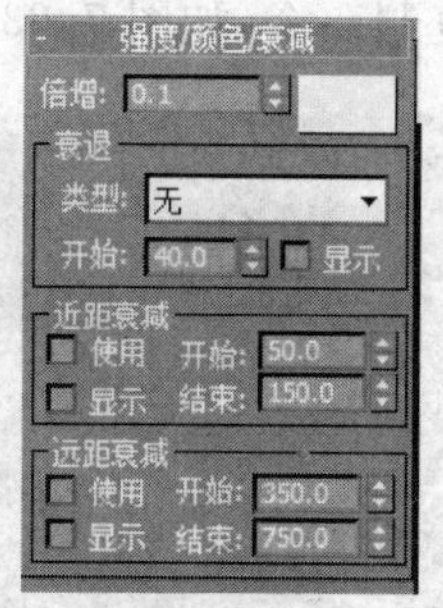

图 7.59　部分参数设置

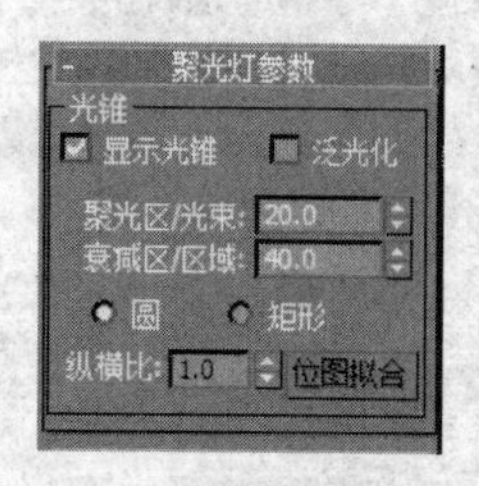

7.60　聚光灯参数设置

图 7.61　Camera01 视图渲染结果

(25) 在创建泛光灯之前，可以先将刚才创建好的目标聚光灯进行隐藏，然后进行泛光灯的创建。辅助光可以根据场景需要自行创建，设置仅供参考如图 7.62 所示。

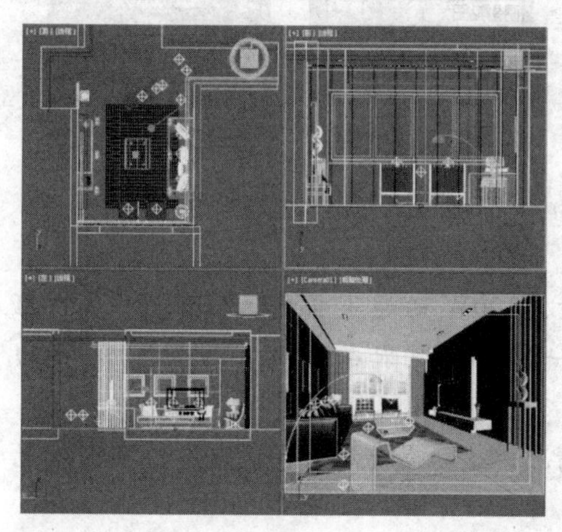

图 7.62　创建辅光

注意：辅光通常被放置在较低的位置，亮度也是主光的一半到 2/3，这个灯光产生的阴影很弱。

(26) 接下来用光度学灯光制作画框上 3 条光束效果。执行命令面板中的"创建"，在"灯光"下的"光度学"中选择"目标灯光"选项，在"左视图"进行拖曳创建。在三视图中调整它到合适的位置，并以实例复制的方式再复制一个，如图 7.63 所示。

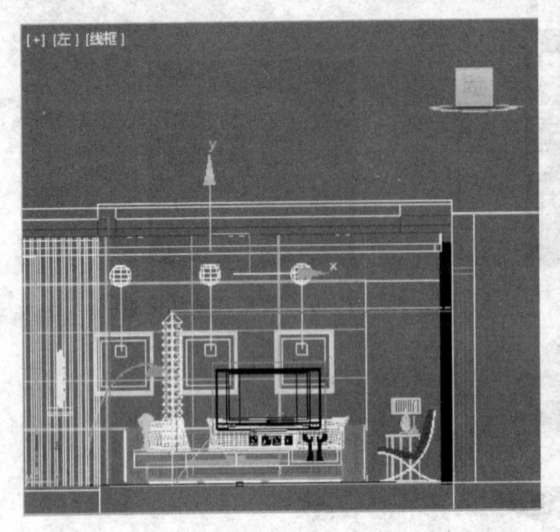

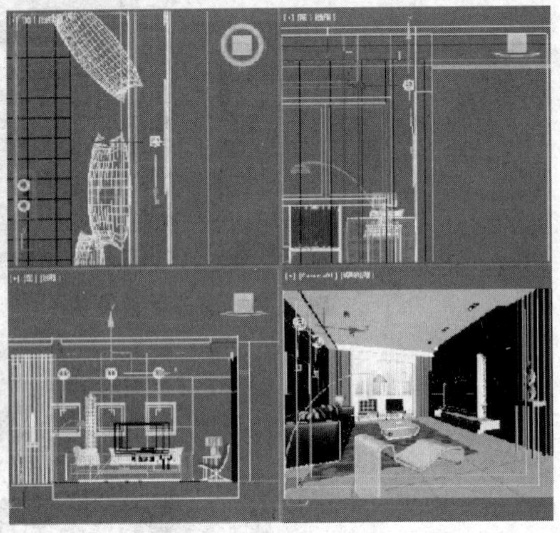

图 7.63　调整灯光在三视图的位置

注意：本案例中创建光度学灯光时不需要打开“对数曝光控制”。

(27) 选择该目标聚光灯进行参数设置。执行命令面板中的“修改”，在“常规参数”卷展栏中的“灯光分布(类型)”选项区域中选择“光度学 Web”选项。

(28) 在“分布(光度学 Web)”卷展栏中单击“选择光度学文件”按钮，在弹出的对话框中选择本书配套资料中的 SD-116.IES 文件，如图 7.64 所示。

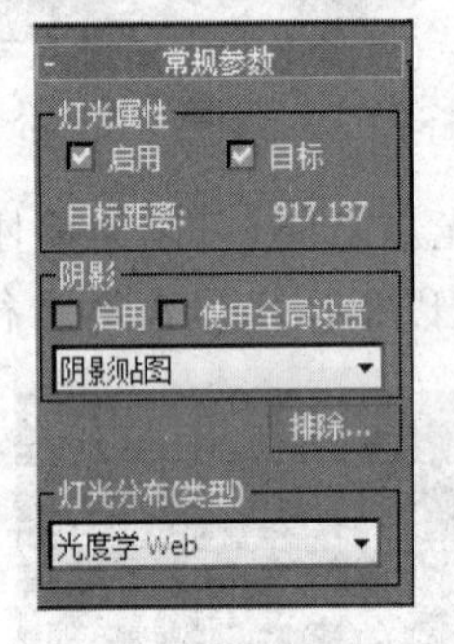

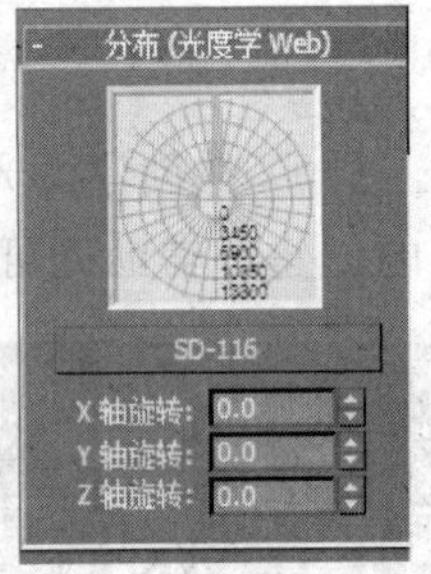

图 7.64　选取光度学文件

(29) 在“强度/颜色/衰减”卷展栏中设置“过滤颜色”的值为 R=250，H=226，B=151，“强度”设置为 1000lm。

注意：“强度”选项组包含 3 种灯光单位。lm(流明)：整个灯光(光通量)的输出功率。100W 的通用电灯泡约有 1750lm 的光通量。cd(坎德拉)：灯光的最大发光强度，通常沿着目标方向进行测量。100W 的通用电灯泡约有 139cd 的光通量。lx(勒克斯)：由灯光引起的照度，灯光以一定距离照射在曲面上，并面向光源的方向。

(30) 渲染整个场景，还有地方出现光照弱的情况。这时需要对这些地方进行增加灯光的处理手法。

(31) 对场景添加泛光灯和聚光灯，如图 7.65 所示。所设参数根据情况可自行设置，这里将不再复述。

(32) 最终渲染效果如图 7.66 所示。可在 Photoshop 等后期处理软件中进行处理。

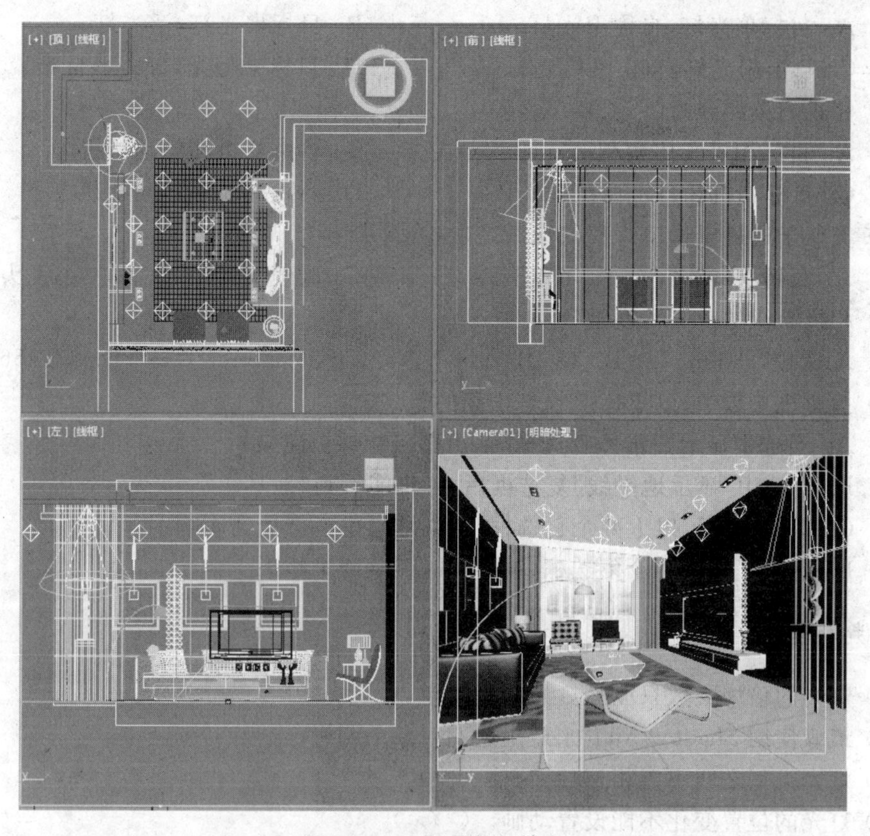

图 7.65　为场景添加辅光

图 7.66　渲染效果

习题 7

1. 选择题

(1) 在 3ds Max 中应用比较广泛的两种灯光是(　　)。

A. 目标聚光灯，自由聚光灯　　B. 目标聚光灯，泛光灯
C. 自由聚光灯，自由平行光　　D. 目标平行光，自由平行光

(2) 相机的类型分为(　　)。
A. 目标相机和广角相机　　B. 自由相机和望远相机
C. 目标相机和自由相机　　D. 自由相机和广角相机

(3) 类似于通过望远镜观察的镜头是(　　)。
A. 长镜头　　B. 短镜头　　C. 大镜头　　D. 小镜头

(4) 相机默认的镜头长度是(　　)。
A. 24.123mm　　B. 48.214mm　　C. 36.24mm　　D. 43.456mm

(5) 摄影机参数中，以下(　　)是正确的。
A. 当选中显示圆锥体复选框后，摄影机能够被渲染
B. 当选中"显示地平线"复选框后，一定能看到"地平线"
C. 即使选中了以上两个复选框，渲染结果也不会受到影响
D. 选中了以上两个复选框，将会同时显示两个结果

2. 判断题

(1) 灯光的倍增参数只能是灯光的亮度增加。(　　)
(2) 最好使用 Shadow Map 来产生透明对象的阴影。(　　)
(3) 灯光类型之间不能相互转换。(　　)
(4) 灯光的位置变化不能设置动画。(　　)
(5) 使用灯光中阴影设置中的"光线跟踪阴影"能够产生透明的阴影效果。(　　)
(6) 灯光的排除选项可以排除对象的照明和阴影。(　　)
(7) 使用灯光阴影设置中的"阴影贴图"肯定不能产生透明的阴影效果。(　　)
(8) 一个对象要产生阴影就一定要被灯光照亮。(　　)

3. 简答题

(1) 简述灯光布局的基本原则。
(2) 简述产生阴影的条件。
(3) 聚光灯的 Hotspot 和 Falloff 是什么含义?
(4) 如何设置阴影的偏移效果?
(5) 灯光是否可以投影动画文件(例如 avi、mov、flc、ifl 等)?

4. 答案

选择题：(1) B　(2) C　(3) A　(4) D　(5) C
判断题：(1) T　(2) T　(3) F　(4) F　(5) T　(6) T　(7) T　(8) T

第 8 章
渲染、特效和后期合成

计算机制作的各种动画片、虚拟环境、装饰效果图等都是通过建模、赋予材质、色彩、光照后进行渲染计算所获得的效果。3ds Max 使用扫描线、光线跟踪和光能传递相结合的渲染器。在渲染的过程中还可以使用各种特效，增加可观性和透视感。本章将详细介绍有关渲染的知识。学习如何对场景进行渲染，以及如何选用常用的文件格式。

学习目标

- 了解渲染。
- 掌握渲染公用参数的设置。
- 使用 mental ray 渲染器的设置。
- 使用环境与效果编辑器。
- 通过实例制作环境光、镜头特效、火特效、雾特效。

8.1 渲染

在 3ds Max 2015 中创建完模型，设置好动画、材质的贴图和灯光效果等以后，都需要通过渲染的手段来显示最终的效果。渲染是生成图像的过程。一般情况下，一两次的渲染是难以看出效果或难以满足整体效果的，需要多次修改灯光的布置、强度、色温等参数，同时也要调整物体表面的材质才能最终取得满意的效果。

8.1.1 渲染介绍

渲染在整个三维创作中是非常重要的。在之前所制作的材质与贴图、灯光与特效等都是通过渲染表达出来的。渲染是基于模型的材质和灯光位置，以摄像机的角度利用计算机每一个像素的着色位置的全过程。

渲染，即是对图像的渲染，一般分为静态图像和动态图像。在 3ds Max 2015 中，可以使用相同的渲染器进行渲染，但是渲染的设置不同。

1. 静态图像的渲染

常见的室内效果图、建筑效果图、广告中的平面设计图等都属于静态图像。这种图像的渲染操作比较简单。

【操作实例 1】 渲染静态图像。

目标：能够设置图像大小并渲染出图。了解静态图像的保存格式。

操作过程：

(1) 启动 3ds Max 2015，在菜单栏中选择“文件”→“打开”命令，从本书的配套资料中打开 Samples/Ch08_01.max 文件。

(2) 单击透视视图，按 C 键或者在“透视”上单击右键，从弹出的快捷菜单中选择 Camera01 命令，如图 8.1 所示。

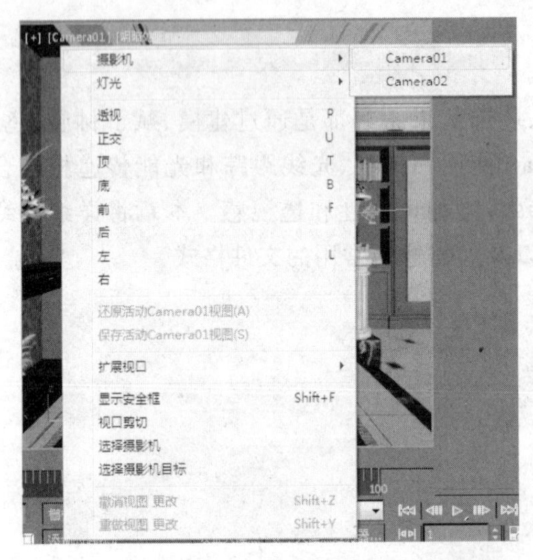

(a) 单击“透视”按钮，选择Camera01视图

(b) Camera01视图效果

图 8.1　选择 Camera01 视图渲染

(3) 单击渲染产品按钮，快速渲染当前视图，渲染效果如图 8.2 所示。

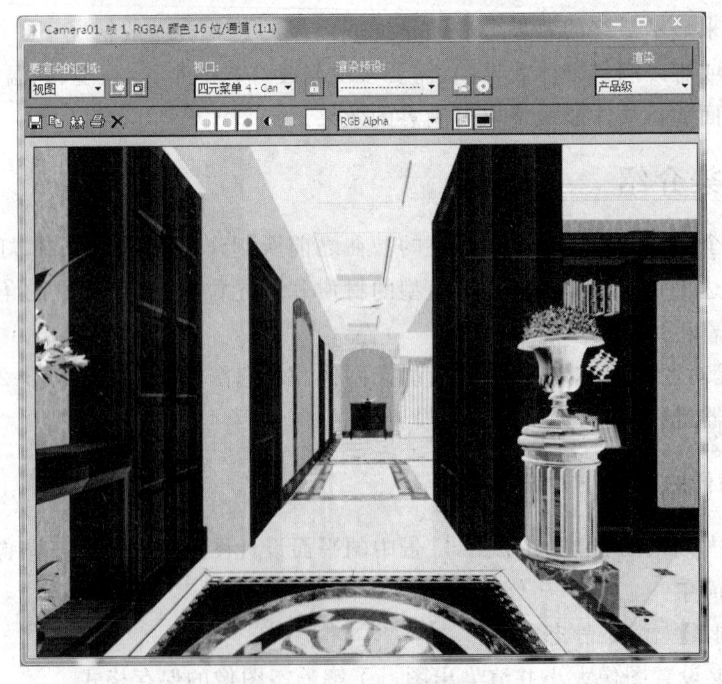

图 8.2　Camera01 渲染效果

注意：快速渲染产品可以按 F9 键。

(4) 如果对效果感到满意，可以单击该对话框左上角的保存按钮，打开“保存图像”对话框，如图 8.3 所示。该对话框可设置保存文件的路径、文件的名称和文件的格式，然后单击“保存”按钮就可以保存到计算机硬盘上。

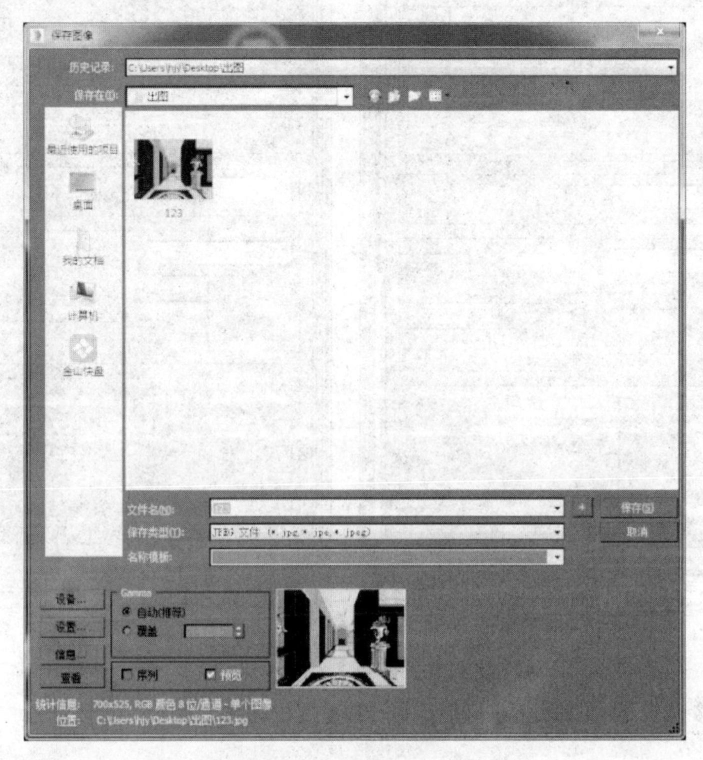

图 8.3　“保存图像”对话框

注意：对图像进行渲染也可以单击按钮(或按 F10 键)，打开“渲染设置”对话框，进行一些必要的设置之后对当前场景进行渲染，比如文件的大小。系统默认的图像大小为宽 640，高 480，如图 8.4 所示。

在 3ds Max 中可以采用不同的方法渲染图像。一种方法是直接渲染某种格式的动画文件，例如 avi、mov 或 flc。当渲染完成后就可以播放渲染的动画。播放的速度与文件大小和播放速率有关。第二种方法如刚才所渲染的静态位图文件，格式可分为 tga、bmp、jpg 或 tif 等。当然，也可以使用非线性编辑软件编辑独立的位图文件，最后输出 DVD 和计算机能播放的格式等。

在默认情况下，3ds Max 的渲染器可以生成如下格式的文件：avi、flc、mov、mp、cin、jpg、png、rla、rpf、ep、rgb、tif、tga 等。

2. 动态图像的渲染

动态图像一般指的是动画。在把动画设置好之后就可以进行渲染了，但是这种文件都要使用“渲染设置”对话框进行一些设置。

【**操作实例 2**】　渲染动态图像。

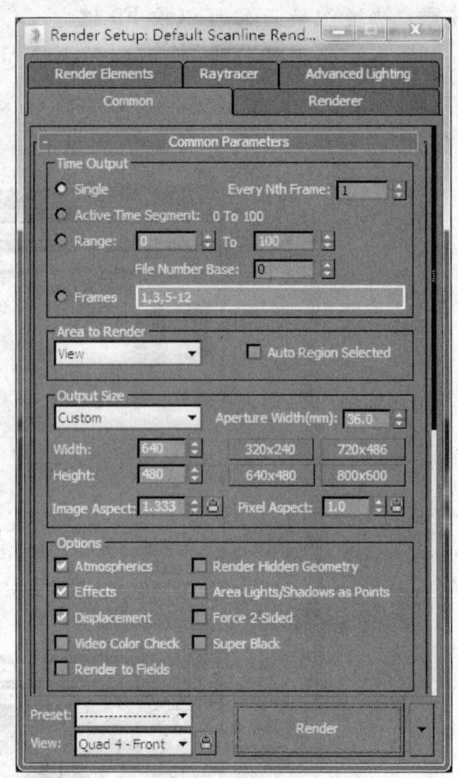

图 8.4　“渲染设置”对话框

目标：能够设置动画渲染的时间范围，并渲染出漫游动画。

操作过程：

(1) 继续前面的练习，或在菜单栏中选择“文件”→“打开”命令，从本书的配套资料中打开 Samples/Ch08_01.max 文件。

(2) 按照实例 1 同样的方式打开 Camera02 视图，如图 8.5 所示。

(3) 在“顶视图”可以观察到，Camera02 摄像机已被应用了路径约束控制器。拖动底部的时间滑块可以看到动态漫游的效果。

(4) 在菜单栏中选择“渲染(Rendering)”→“渲染设置(Render Setup)”命令或按 F10 键，弹出“渲染设置”对话框。

(5) 选择“公用”选项卡中“公用参数”卷展栏中的“范围(Range)”单选按钮。

(6) 在“范围”区域的第一个数值框中输入 0，在第二个数值框中输入 100，如图 8.6 所示。

(7) 在“输出大小”选项区域中单击 720×486 按钮，如图 8.7 所示。“图像纵横比(Image Aspect)”指的是图像的宽高比，720/486＝1.33。

(8) 单击“渲染输出”中的“文件”按钮。

(9) 在出现的“渲染输出文件(Render Output Files)”对话框的文件名区域指定一个文件名，例如 Ch08_01。

(10) 在“保存类型”下拉列表中选择 *.avi，如图 8.8 所示。

图 8.5　Camera02 视图

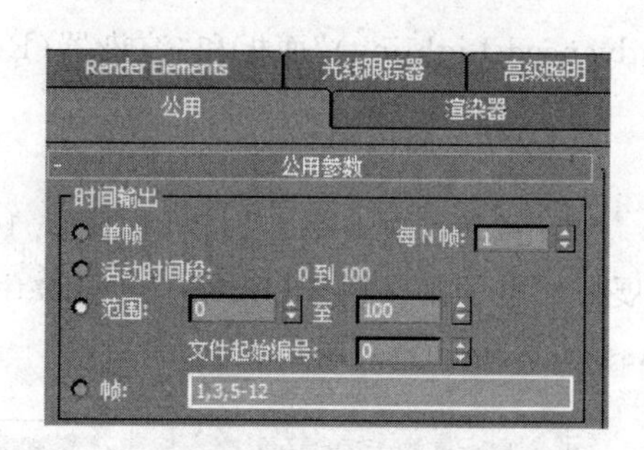

图 8.6　“范围”选择

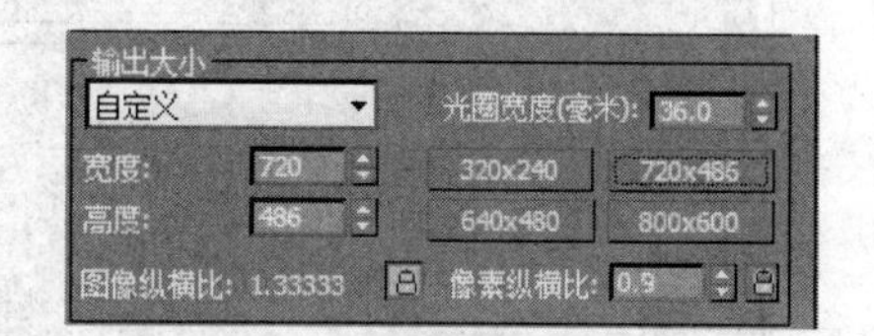

图 8.7　选择“输出大小”

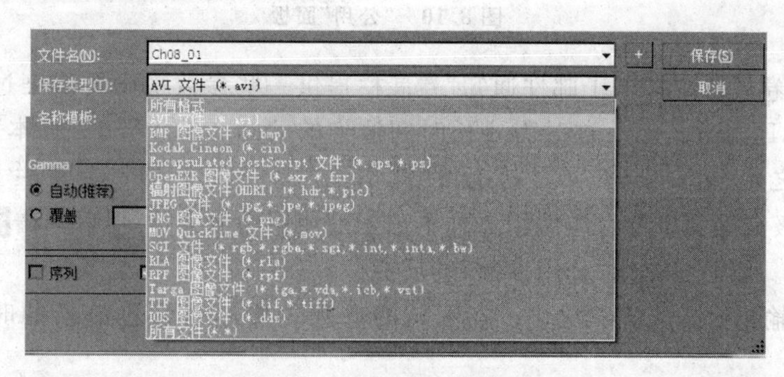

图 8.8　保存为 avi 格式

(11) 单击“渲染输出文件”中的“保存”按钮。

(12) 在“AVI 文件压缩设置(AVI File Compression Setup)”对话框中单击“确定”按钮,如图 8.9 所示。

说明:压缩质量的数值越大,图像质量就越高,文件也越大。

(13) 单击“渲染”按钮,出现“渲染”进程对话框。

(14) 完成了动画渲染后,关闭“渲染场景(Render Scene)”对话框。

(15) 在保存的目录下选择打开保存的 avi 文件,观察效果,效果可参见 Sample/Ch08_01.avi 文件。

AVI 文件压缩设置
压缩器
MJPEG Compressor
质量(100 = 最佳)　100
主帧比率:　0
设置　确定　取消

图 8.9　“AVI 文件压缩设置”对话框

8.1.2　公共参数设置

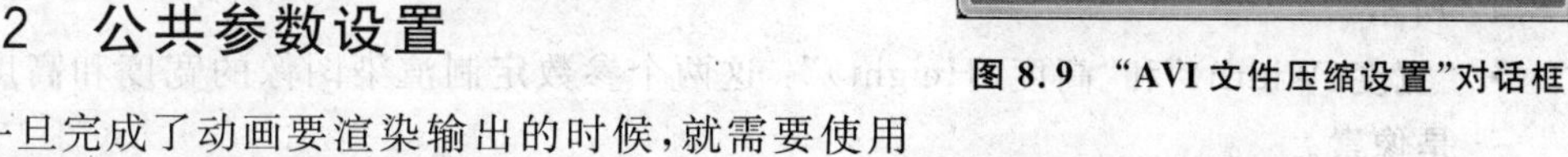

一旦完成了动画要渲染输出的时候,就需要使用“渲染设置”对话框。这个对话框包含 5 个用来设置渲染效果的卷展栏,分别是“公用(Common)”面板、Render Elements 面板、“光线跟踪器(Raytracer)”面板、“高级照明

(Advanced Lighting)”面板和“渲染器(Renderer)”面板。下面分别进行介绍。

1. “公用”面板

“公用”面板有4个卷展栏,如图8.10所示,分别为“公用参数(Common Parameters)”卷展栏、“电子邮件通知(Email Notification)”卷展栏、“脚本(Script)”卷展栏、“指定渲染器(Assign Renderer)”卷展栏。

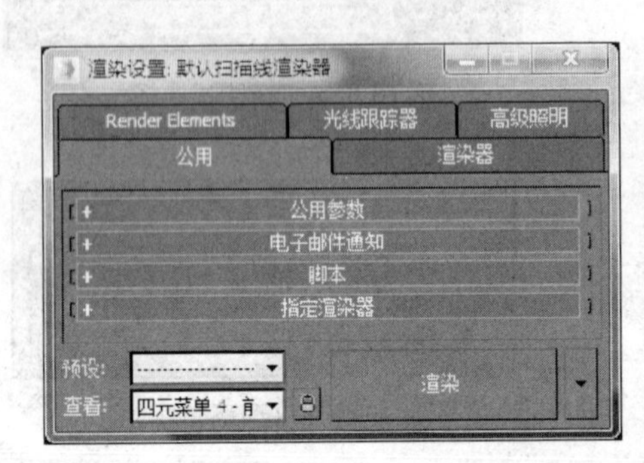

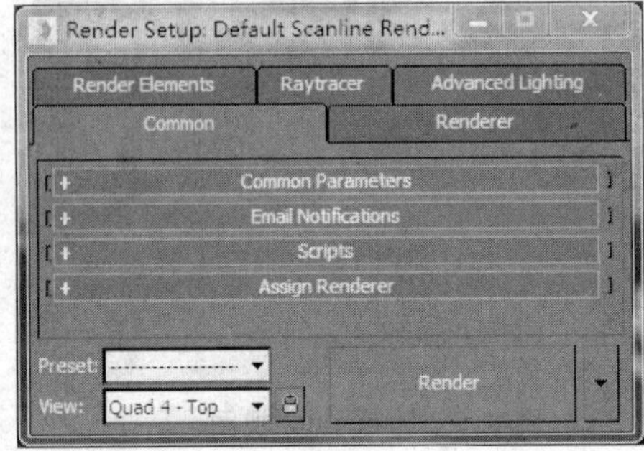

图 8.10 “公用”面板

在这4个卷展栏中,“电子邮件通知”卷展栏提供一些参数来设置渲染过程中出现的问题时给用户发E-mail提示。这对需要长时间渲染的动画非常重要。“脚本”卷展栏允许用户指定渲染之前或渲染之后要执行的脚本。“指定渲染器”卷展栏显示产品级和ActiveShade级渲染引擎及材质编辑器样本球当前使用的渲染器,可以单击▪按钮改变当前的渲染器设置。下面将介绍“公用参数”卷展栏。

(1) 时间输出(Time Output):该区域的参数主要用来设置渲染的时间,如图8.11所示。

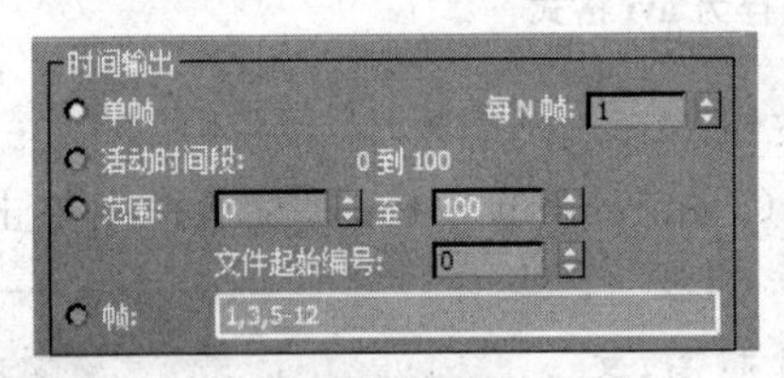

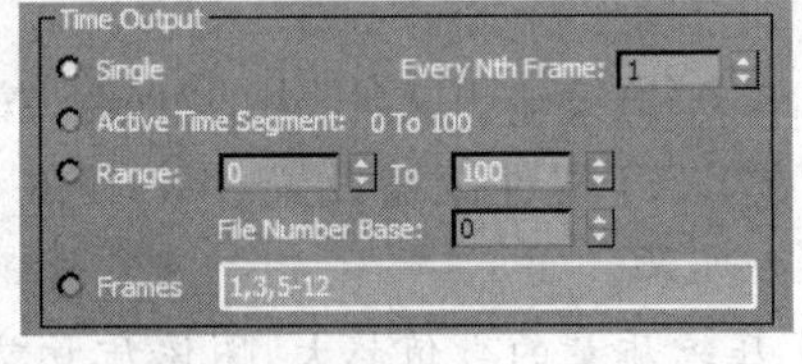

图 8.11 时间输出区域

- 单帧(Single):渲染当前帧。
- 活动时间段(Active Time Segment):渲染轨迹栏中指定的帧范围。
- 范围(Range):指定渲染的起始和结束帧。
- 帧(Frame):指定渲染一些不连续的帧,帧与帧之间用逗号隔开。

(2) 输出大小(Output Size):该区域可以使用户控制最后渲染图像的大小和比例,如图8.12所示。

- “宽度(Width)”和“高度(Height)”:这两个参数定制渲染图像的宽度和高度,单位是像素。
- 预设的分辨率按钮:单击其中的任何一个按钮将把渲染图像的尺寸改变成按钮指定的大小。在按钮上单击鼠标右键,可以在出现的“配置预设(Configure Preset)”对

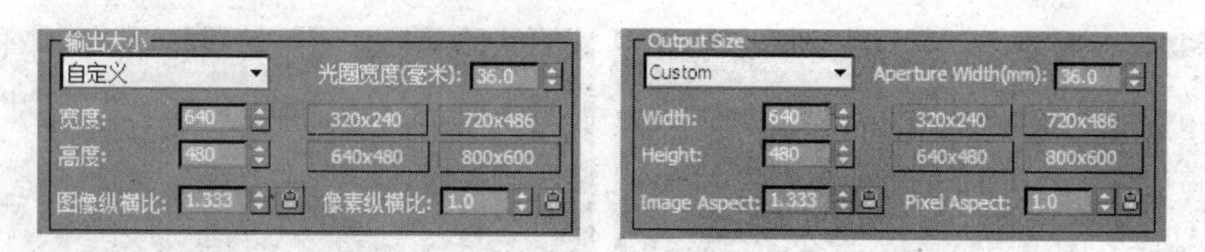

图 8.12 输出大小区域

话框中定制按钮的设置,如图 8.13 所示。

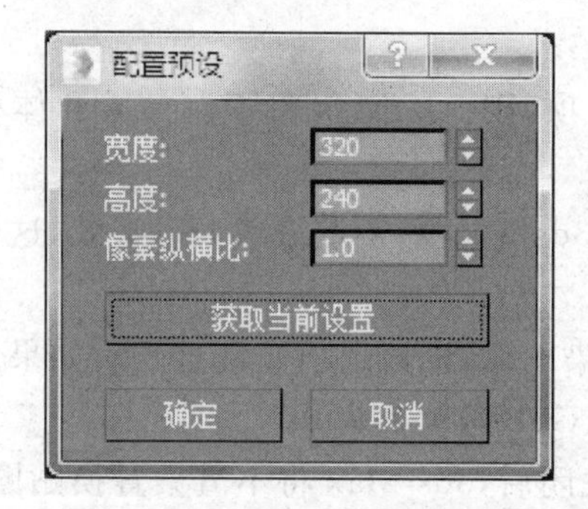

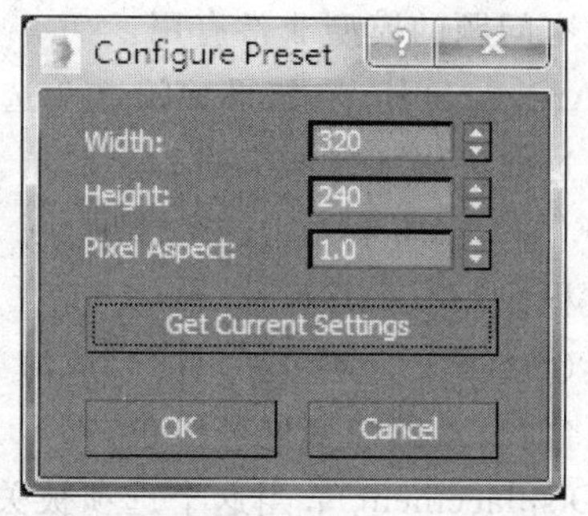

图 8.13 “配置预设”对话框

- 图像纵横比(Image Aspect):这个设置决定渲染图像的长宽比,如图 8.14 所示。

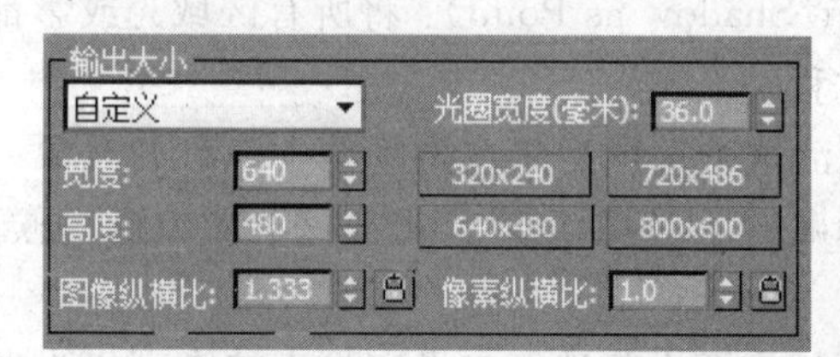

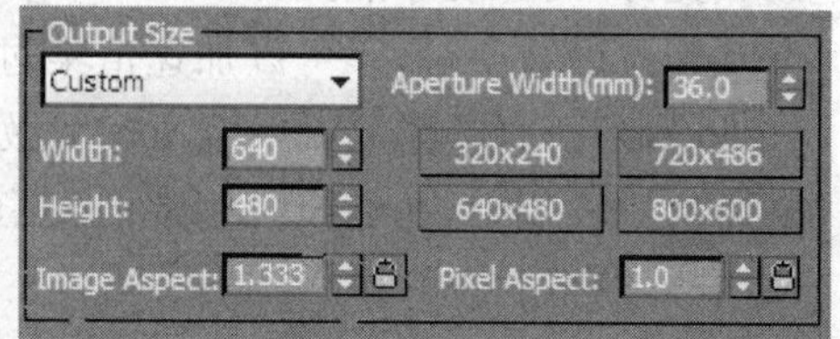

图 8.14 图像纵横比

- 像素纵横比(Pixel Aspect):该项设置决定图像像素本身的长宽比,如图 8.15 所示。当该参数等于 0.5 的时候,图像在垂直方向被压缩;当该参数等于 2 的时候,图像在水平方向被压缩。

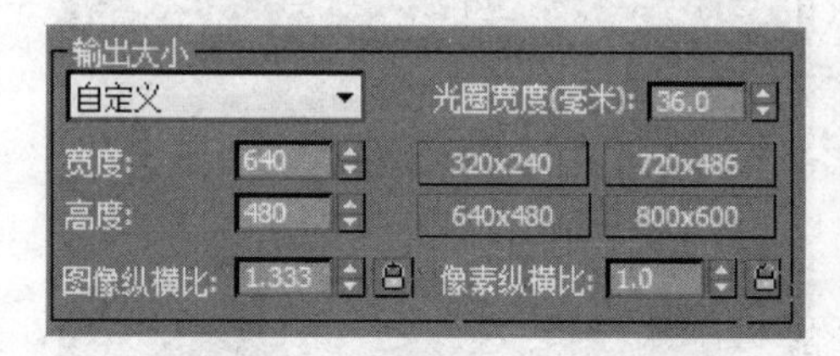

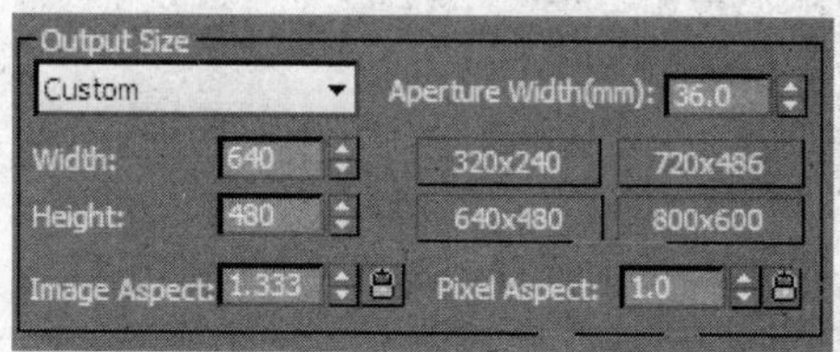

图 8.15 像素纵横比

(3) 选项(Option):这个区域包含 9 个复选框,用来激活不同的渲染选项,如图 8.16 所示。

- 视频颜色检查(Video Color Check):这个选项扫描渲染图像,寻找视频颜色之外的颜色。
- 强制双面(Force 2-Sided):这个选项将强制 3ds Max 渲染场景中所有面的背面。这

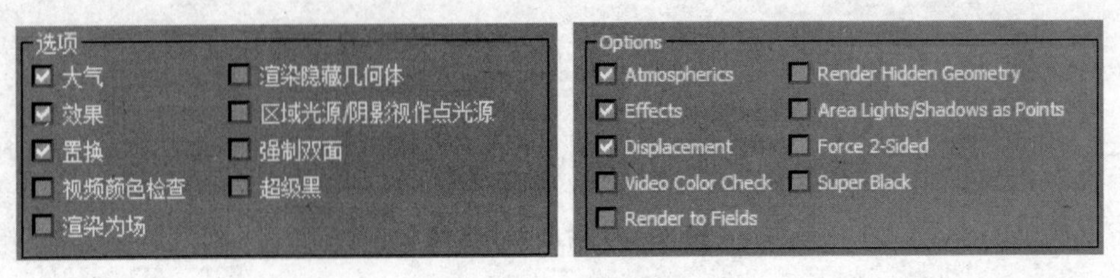

图 8.16 选项区域

对法线有问题的模型非常有用。

- 大气(Atmospheric)：如果关闭这个选项，则 3ds Max 将不渲染雾和体积光等大气效果。这样可以加速渲染过程。
- 效果(Effect)：如果关闭这个选项，则 3ds Max 将不渲染辉光等特效，这样可以加速渲染过程。
- 超级黑(Super Black)：如果要合成渲染图像，则该选项非常重要。如果选中这个复选框，将使背景图像变成纯黑色，即 R、G、B 数值都为 0。
- 置换(Displacement)：当这个选项被关闭后，3ds Max 将不渲染置换贴图，这样可以加速测试渲染的过程。
- 渲染为场(Render to Field)：这将使 3ds Max 渲染到视频场，而不是视频帧。
- 区域光源/阴影视作点光源(Area Light/Shadow as Point)：将所有区域光或影都当作发光点来渲染，这样可以加速渲染过程。
- 渲染隐藏几何体(Render Hidden)：激活这个选项后将渲染场景中隐藏的对象。如果场景比较复杂，在建模时经常需要隐藏对象，而渲染时又需要这些对象的时候，该选项非常有用。

(4) 高级照明(Advanced Lighting)：该区域有两个复选框来设定是否渲染高级光照效果，以及什么时候计算高级光照效果。

(5) 渲染输出(Render Output)：用来设置渲染输出文件的位置(如图 8.17 所示)，有如下选项：

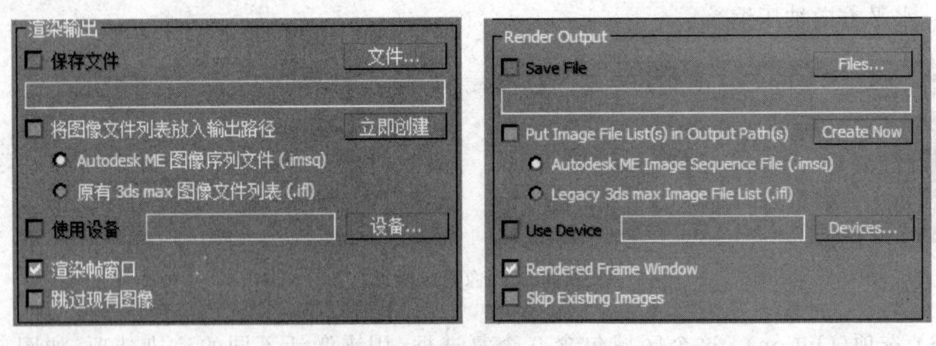

图 8.17 “渲染输出”区域

- “保存文件(Save File)”复选框和“文件”按钮。当“保存文件”复选框被勾选后，渲染的图像就被保存在硬盘上。“文件”按钮用来指定保存文件的位置。
- 使用设备(Use Device)：除非选择了支持的视频设备，否则该复选框不能使用。使用该选项可以直接渲染到视频设备上，而不生成静态图像。

• 渲染帧窗口(Rendered)：在渲染帧窗口中显示渲染的图像。
• 跳过现有图像(Skip Existing Image)：这将使 3ds Max 不渲染保存文件的文件夹中已经存在的帧。

8.1.3　渲染器设置

在使用默认扫描线渲染器时，渲染器面板只包含一个卷展栏——默认扫描线渲染器(Default Scanline Renderer)卷展栏，如图 8.18 所示。

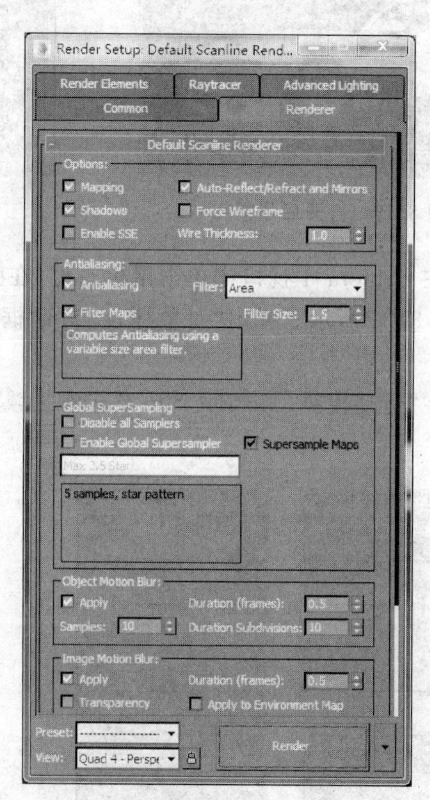

图 8.18　默认扫描线渲染器卷展栏

在前面的案例中经常会使用到默认扫描线渲染器。接下来将介绍使用 3ds Max 中的 mental ray 渲染器。该渲染器是一个专业的渲染系统，它可以生成令人难以置信的高质量真实感图像。

【操作实例 3】　使用 mental ray 渲染运动场景。

目标：能够完成场景中动画、mental ray 渲染器的指定和场景运动模糊效果的表现。

操作过程：

(1) 启动 3ds Max 2015，在菜单栏中选择“文件”→“打开”命令，从本书的配套资料中打开 Samples/Ch08_02.max 文件。场景中包含一辆小汽车、一个平面和一个摄像机，如图 8.19 所示。

(2) 单击“播放动画”按钮▶，可以看到汽车已经设置了动画。在前一部分车轮在原地打转，到 20 帧时汽车开始向前行驶。

(3) 在主工具栏中单击“按名称选择”按钮，在打开的“选择对象”对话框中选择“车轮1”、“车轮 2”、“车轮 3”和“车轮 4”对象，如图 8.20 所示。

图 8.19 打开后场景

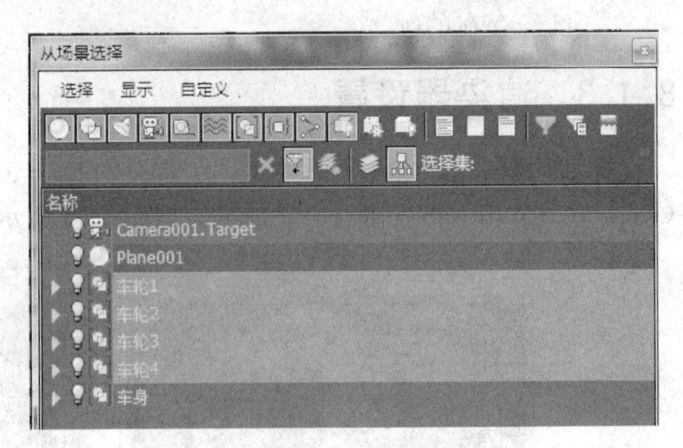

图 8.20 选择对象

(4) 在 Camera01 视口中单击鼠标右键，在弹出的四元菜单中选择“变换”→“对象属性”命令，如图 8.21 所示。弹出“对象属性”对话框，选择“常规”→“对象信息”→“选定多个对象”选项。

(5) 在“运动模糊(Motion Blur)”选项区域中将“运动模糊”类型改为“对象”，如图 8.22 所示。

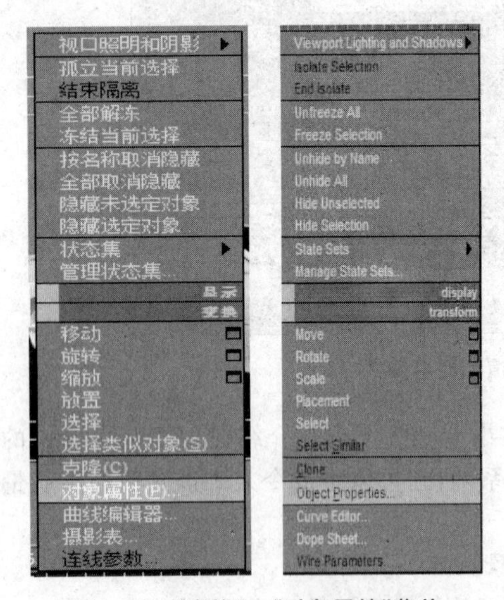

图 8.21 “变换”→“对象属性”菜单

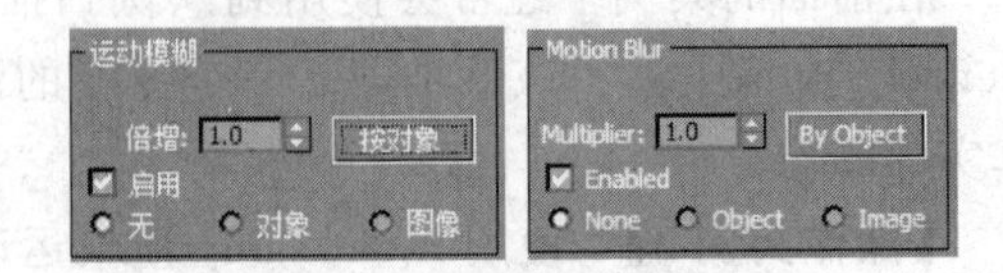

图 8.22 “运动模糊”选项区域

(6) 使用 mental ray 渲染产生运动模糊。单击主工具栏上的“渲染设置”按钮，打开“渲染设置”对话框。

(7) 执行命令面板中的“公用”，在“指定渲染器”中单击“产品级”右边的灰色按钮，在打开的“选择渲染器”对话框中双击 mental ray 渲染器选项，如图 8.23 所示。

(8) 进入“渲染器”面板，在“摄影机效果”卷展栏中的“运动模糊”选项区域中选中“启用”复选框。注意，这时“快门持续时间(帧)(Shutter Duration(Framers))”参数值为默认的 1.0，如图 8.24 所示。

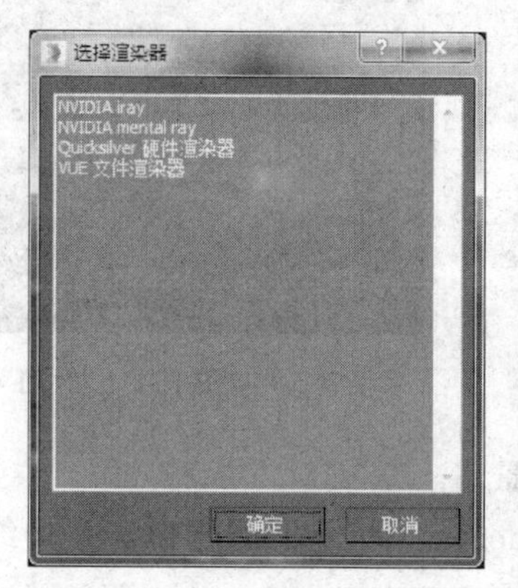

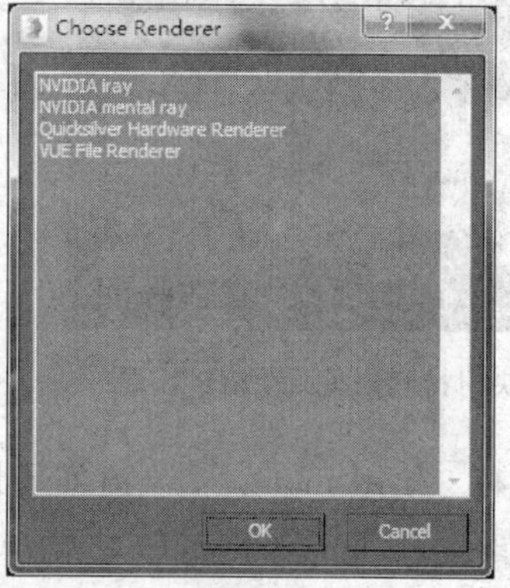

图 8.23　选择 mental ray 渲染器

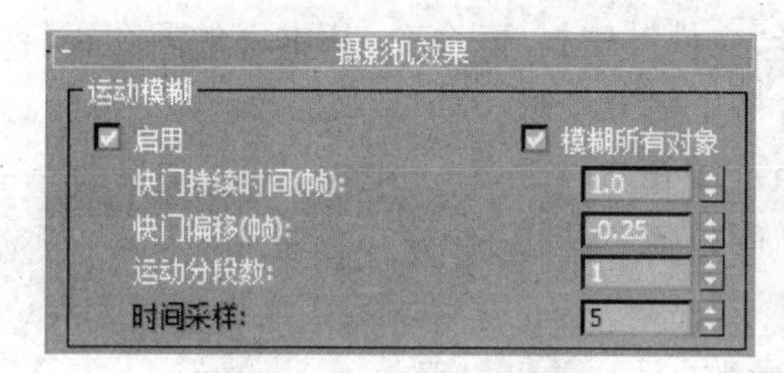

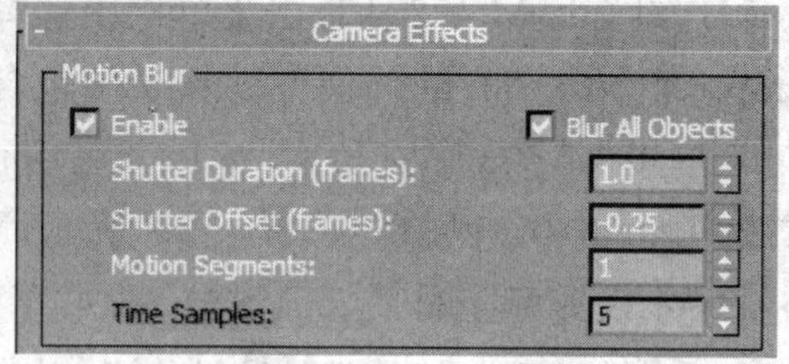

图 8.24　“摄影机效果”卷展栏

(9) 将时间滑块拖到第 38 帧，渲染场景，如图 8.25 所示。在渲染过程中可以看到 mental ray 是按照方形区域一块一块地进行分析渲染的。

(10) 将“快门持续时间”参数值调至 0.1，渲染场景，如图 8.26 所示。

图 8.25　“快门持续时间”为 1.0 效果

图 8.26　“快门持续时间”为 0.1 效果

(11) 将“快门持续时间”参数值调至 5.0，如图 8.27 所示，渲染场景。可见在 mental ray 中，快门持续时间参数值越低，模糊的程度越低。

(12) 将“快门持续时间”参数值调回 0.5，拖动时间滑块至第 25 帧，车轮已经开始向前滚动，再次渲染场景，如图 8.28 所示。本实例动画效果参见本书配套资料的 Sample/Ch08_02f.avi 文件。

图 8.27 “快门持续时间”为 5.0 效果

图 8.28 “快门持续时间”为 0.5 效果

【操作实例 4】 使用 mental ray 渲染场景。

目标：能够完成场景中水材质的设置、mental ray 渲染器的指定并最终完成场景反射腐蚀效果的表现。

操作过程：

(1) 启动 3ds Max 2015，在菜单栏中选择“文件”→“打开”命令，从本书的配套资料中打开 Samples/Ch08_03.max 文件。场景中包含一个浴缸场景。

(2) 单击“渲染产品(Render Production)”按钮，渲染 Camera01 视口，如图 8.29 所示。可以看出，浴缸中水没有赋予材质。

图 8.29 渲染效果

(3) 单击“渲染设置”按钮，选择“公用参数”下的“指定渲染器”，选择 mental ray 渲染器。

(4) 按 M 键打开“Slate 材质编辑器(Slate Material Editor)”对话框。选择一空白材质球，为其命名为“水”。单击右键更换为 Arch & Design 材质，如图 8.30 所示。

(5) 下面就来编辑“水”材质。在“主要材质参数”卷展栏中设置“漫反射级别”为 0，“反射率”为 1.0，“透明度”为 0.8，其颜色设置为 R=0.87，G=0.97，B=1.0。“光泽度”为 1.0，“折射率”为 1.33，如图 8.31 所示。

(6) 在 BRDF 卷展栏中选中“按 IOR(fresnel 反射)”单选按钮，如图 8.32 所示。

注意：IOR 即折射率，选择此种方式使 BRDF 由材质的折射率决定，这意味着 IOR 决定 BRDF。通常透光材质的 BRDF 与 IOR 相关联，所以将带折射属性的材质设置好 IOR 后，用此选项可产生真实的效果，如水、玻璃、钻石等。

(7) 在 Camera01 视图中选择“浴池”对象。单击主工具栏中的“组”→“打开”命令，将“浴池”对象打开。选择 Cylinder01 对象，并赋予刚才做好的“水”材质，如图 8.33 所示。

(8) 这样看起来水的效果比较单一。接下来设置水的焦散效果。选择 Cylinder01 对象，然后在摄像机视口中单击鼠标右键，在弹出的四元菜单中选择“变换”→“对象属性”命令。

(9) 在弹出的“对象属性”对话框中选择 mental ray 选项卡中的“生成焦散”复选框，如图 8.34 所示，单击“确定”按钮。

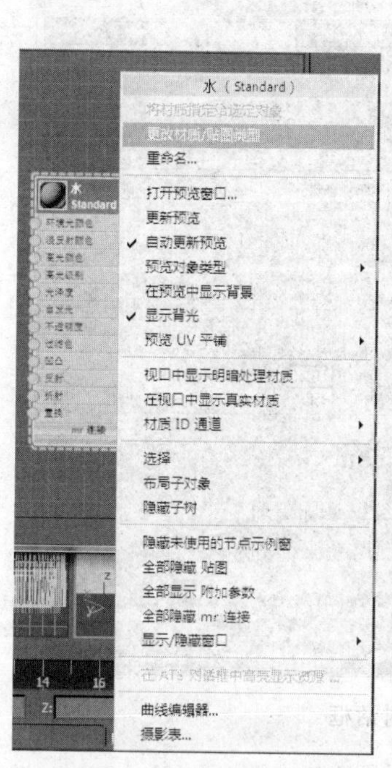

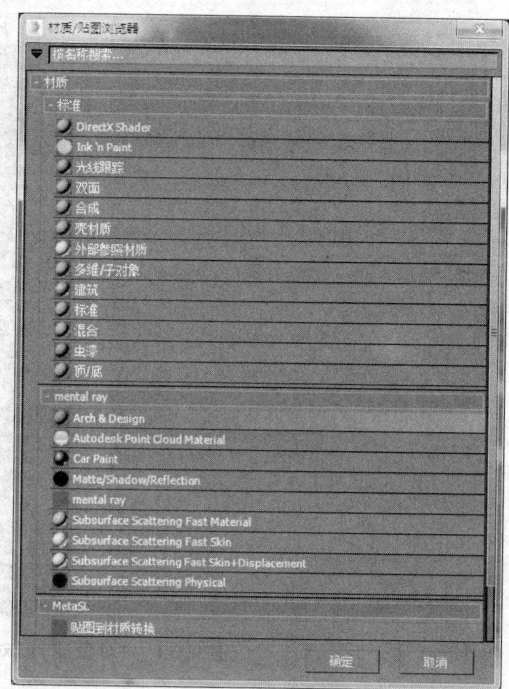

图 8.30　改变“标准”材质为 Arch & Design 材质

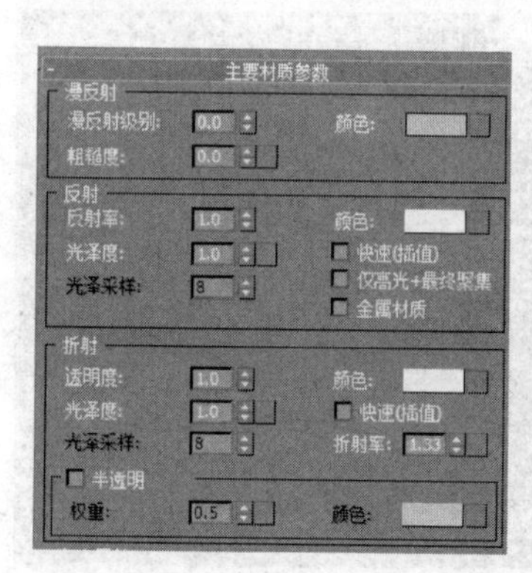

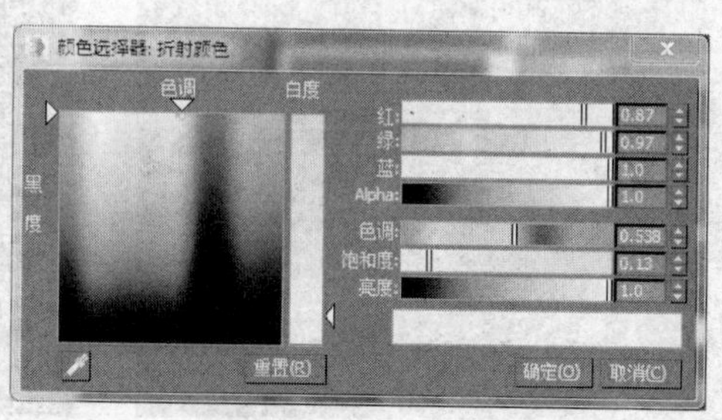

图 8.31　编辑“主要材质参数”

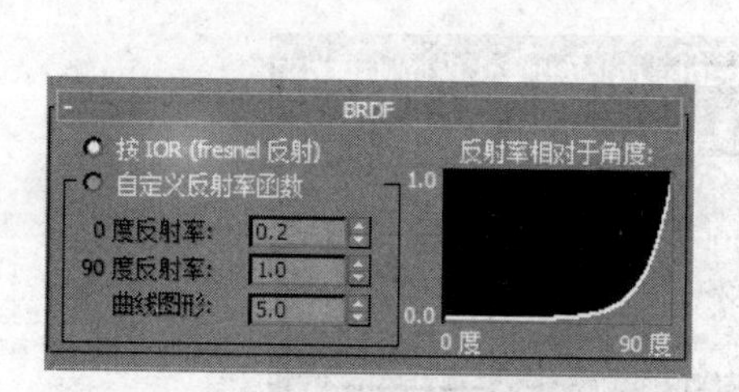

图 8.32　BRDF 卷展栏

图 8.33　渲染效果

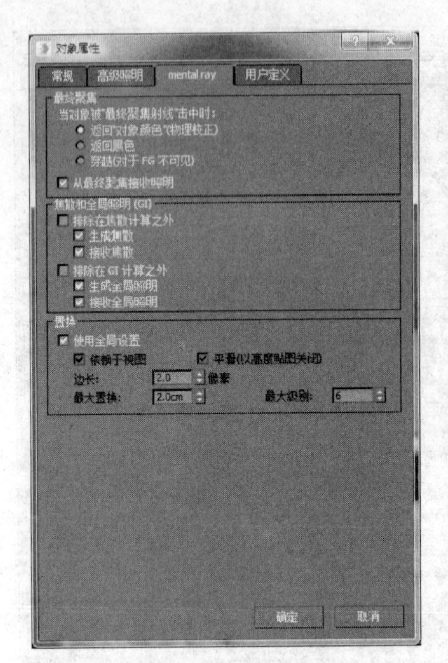

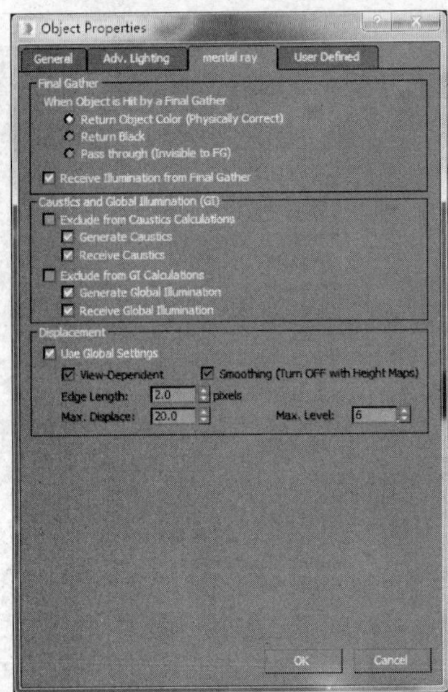

图 8.34　“对象属性”对话框

(10) 在场景中添加一盏目标聚光灯，投射在水上方，如图 8.35 所示。

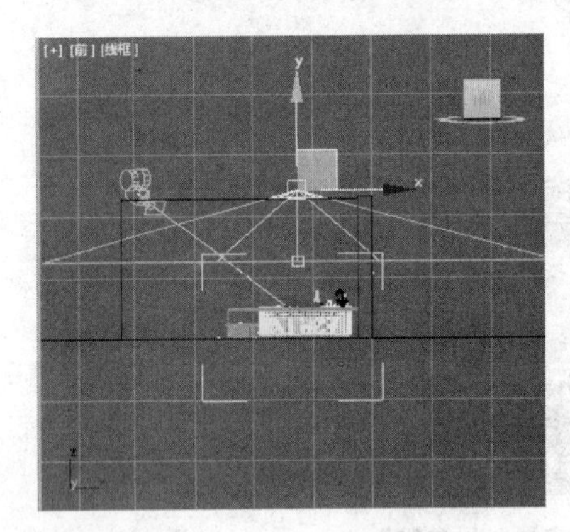

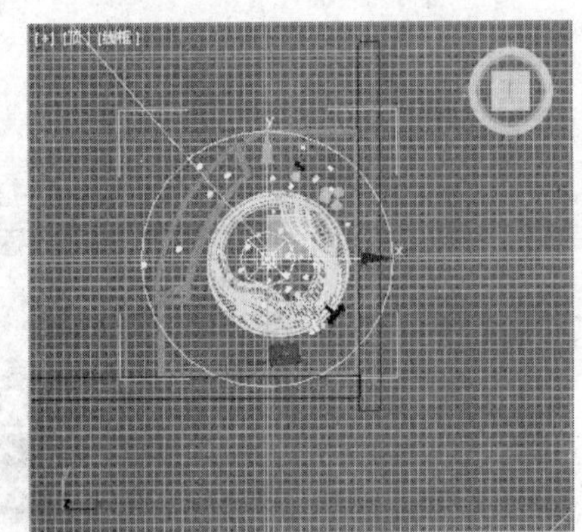

图 8.35　添加一盏目标聚光灯

(11) 选择这个目标聚光灯对象，同样对其选中“生成焦散”复选框。单击按钮，进入修改面板。打开“mental ray 间接照明”卷展栏，改变“能量”参数值为 30，如图 8.36 所示。

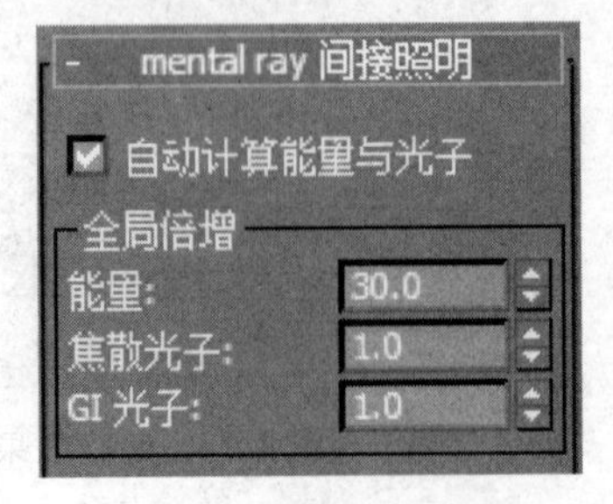

图 8.36　“mental ray 间接照明”卷展栏

(12) 单击“渲染设置”按钮，在“焦散和光子贴图(GI)”卷展栏中的“焦散”选项区域中选中“启用”复选框，如图 8.37 所示。

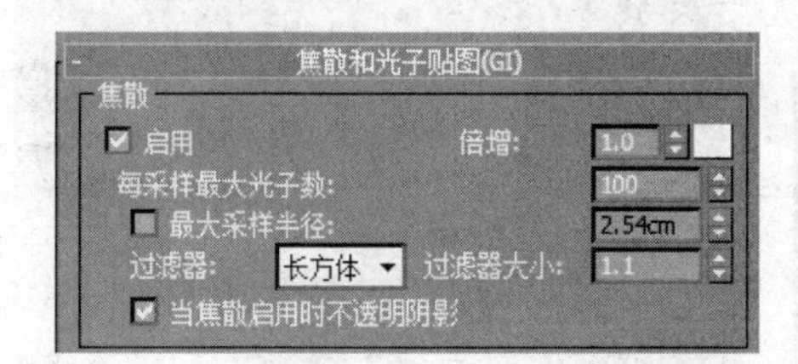

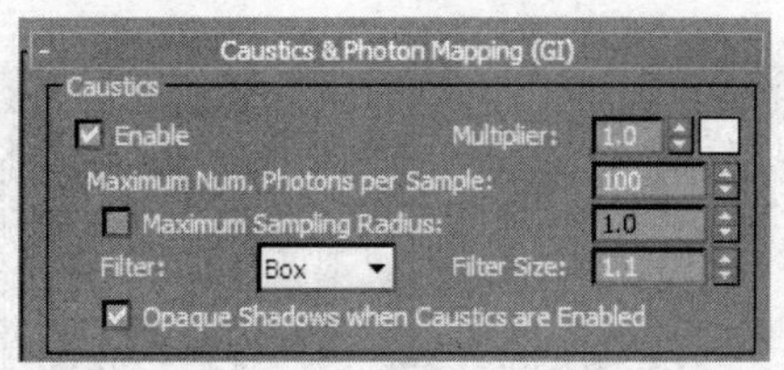

图 8.37　启用“焦散”选项

注意：渲染时，如若出现场景曝光等情况，试着调节灯光的位置及光照强度，必要时可以为场景添加其他灯光，如图 8.38 所示。

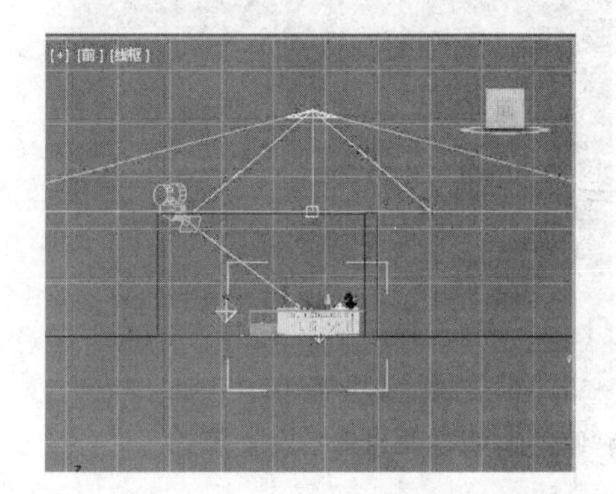

图 8.38　调节灯光并渲染出图

(13) 渲染图像时，发现水面反射到墙壁上的焦散效果扩散的程度很大。下面调整光子的半径。在“焦散和光子贴图(GI)”卷展栏中的“焦散”选项区域中选中“最大采样半径”复选框，并且使其值为 1.0，如图 8.39 所示。

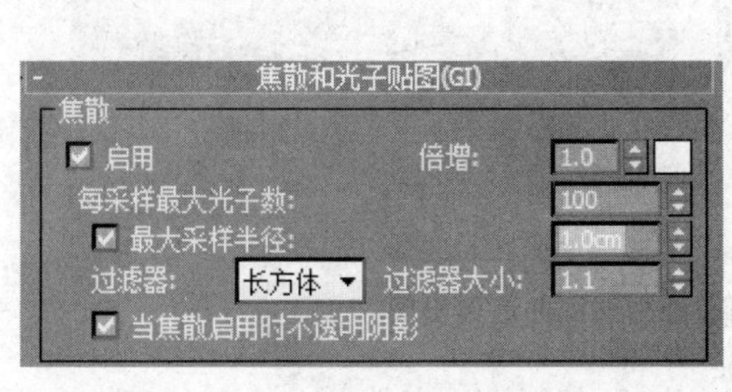

图 8.39　设置“最大采样半径”为 1.0cm 并渲染出图

(14) 将“半径(Radius)”参数值设为 6.0，再次渲染场景，如图 8.40 所示。

(15) 可以看到焦散的效果有些繁乱。在“焦散和光子贴图(GI)”卷展栏中的“焦散”选项区域中选择“过滤器”下拉列表中的“圆锥体”作为过滤类型，如图 8.41 所示，这样可以使焦散看起来更加真实。

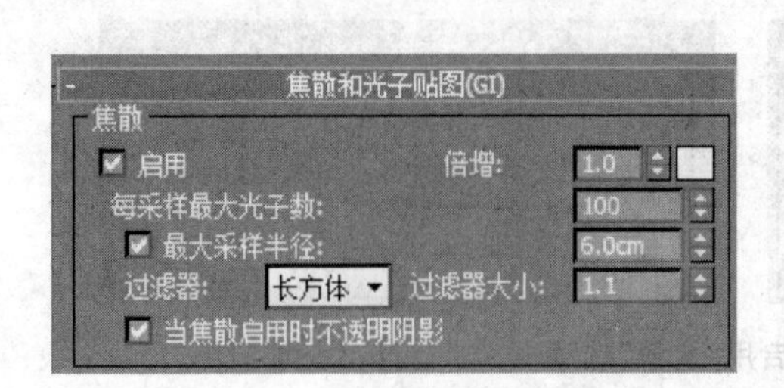

图 8.40 设置“最大采样半径”为 6.0cm 并渲染出图

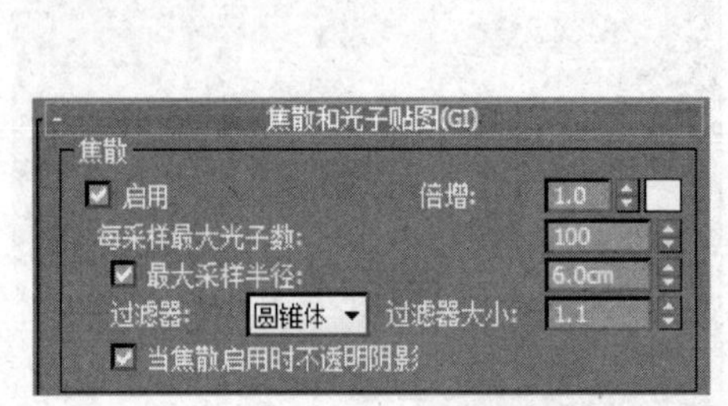

图 8.41 设置“过滤器”为“圆锥体”并渲染出图

(16) 渲染的效果没有表现出水表面的细节,可以在其材质的凹凸通道中添加贴图。

(17) 在“Slate 材质编辑器”中选择“水”材质。在“特殊用途贴图”卷展栏中选中“凹凸”通道,添加“水波.jpg”贴图,并设置其数量值为 3.0,如图 8.42 所示。

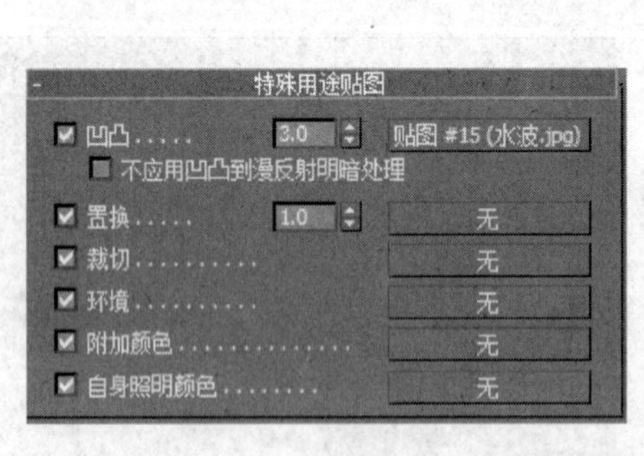

图 8.42 为“凹凸”通道添加贴图并渲染出图

本案例效果可参见本书配套资料 Sample/Ch08_03f.max 文件。

8.2 环境特效

在进行渲染时,为了使渲染的效果更加逼真,还需要对整体环境进行一些设置,比如体积光、雾效果、火效果等。3ds Max 还提供了专门用于设置这些特效的工具——“环境和效果”编辑器。下面将对其进行详细的介绍。

8.2.1　体积光

体积光(Volume Light)是一种比较特殊的光线,它可以指定给任何类型的灯光(环境光除外),这种体积光可以被物体阻挡,从而形成光芒透过缝隙的效果。也可以制作出各种光束、光斑、光芒等效果。

【操作实例 5】 制作体积光效果。

目标:创建场景灯光,并能够运用“环境和效果”对话框制作体积光。

操作过程:

(1) 启动 3ds Max 2015,在菜单栏中选择“文件”→“打开”命令,从本书的配套资料中打开 Samples/Ch08_04.max 文件。场景中包含一个休闲阳台场景。

(2) 单击“渲染产品”按钮,渲染 Camera01 视口,如图 8.43 所示。可以看出,场景中没有灯光对象。

图 8.43　场景渲染效果

(3) 在顶视图中为场景添加一目标平行光,作为整个场景的天光。在三视图中调整灯光的位置,如图 8.44 所示。

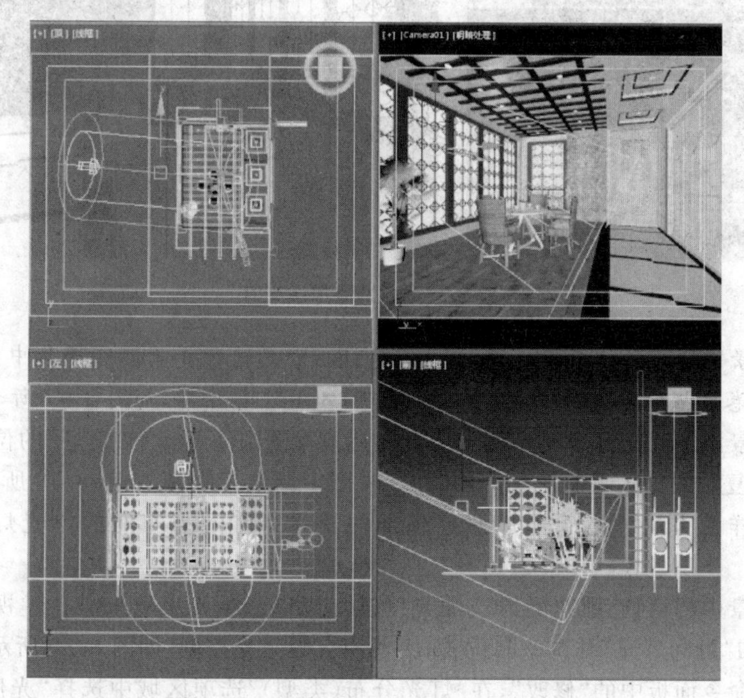

图 8.44　为场景添加一目标平行光作为天光

注意:选中“平行光参数(Directtional Parameters)”卷展栏中的“显示光锥(Show Cone)”复选框。调节“聚光区/光束”和“衰减区/区域”,使聚光灯的灯光区域尽量包含整个窗户。

(4) 从渲染的结果可以发现,场景较暗,需要添加其他灯光为其照亮,如图 8.45 所示。

图 8.45 渲染效果

(5) 为场景添加泛光灯用来照亮屋顶,如图 8.46 所示。

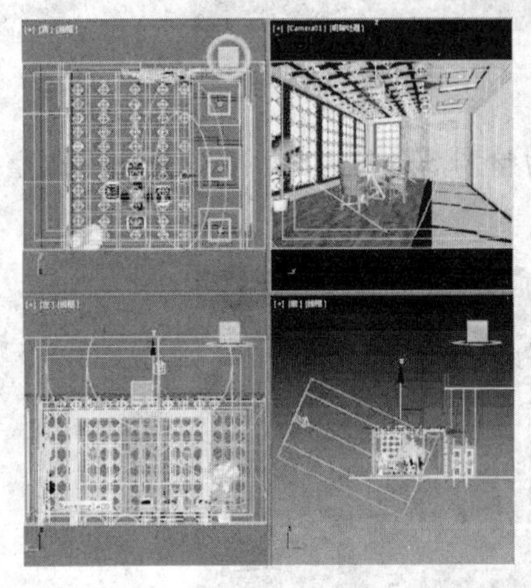

图 8.46 为场景添加泛光灯

注意:场景中的泛光灯最好选用"实例"复制的方式进行复制。选择其中一个泛光灯,在"常规参数"卷展栏中单击"排除"按钮,将屋顶 Group1 排除掉,如图 8.47 所示。

(6) 为场景添加泛光灯来照亮整个场景。在顶视图中任意一个"筒灯"的位置添加泛光灯。以"实例"复制的方式复制泛光灯,并在三视图中调整其位置,如图 8.48 所示。

(7) 以同样的方法为走廊添加照亮顶部的泛光灯和照亮空间的泛光灯,如图 8.49 所示。

(8) 为场景中的植物、雕花屏风添加光度学灯光以产生光束效果。在左视图中创建光度学灯光,添加"目标灯光"并调整其位置,不使用对数曝光控制,如图 8.50 所示。

(9) 执行命令面板中的"修改",在"灯光分布(类型)"选项区域中选择"光度学 Web"选项。单击"分布(光度学 Web)"中的"选择光度学文件"按钮,在弹出的对话框中选择本书配套资料中的 TD-029.IES 文件,如图 8.51 所示。

(10) 在"强度/颜色/衰减"卷展栏中设置,"过滤颜色"为 R=255,G=250,B=230。

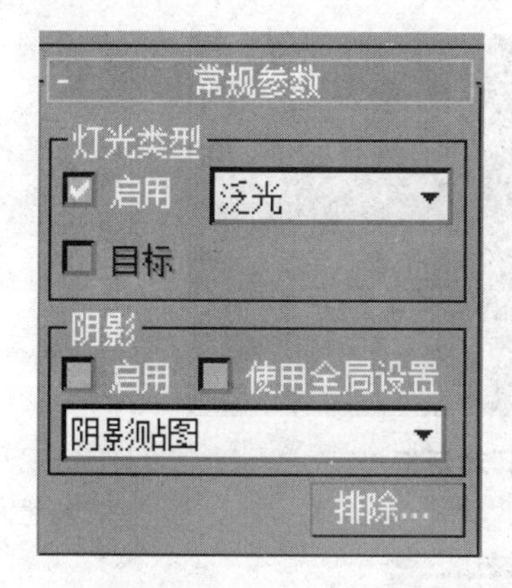

图 8.47　排除对象

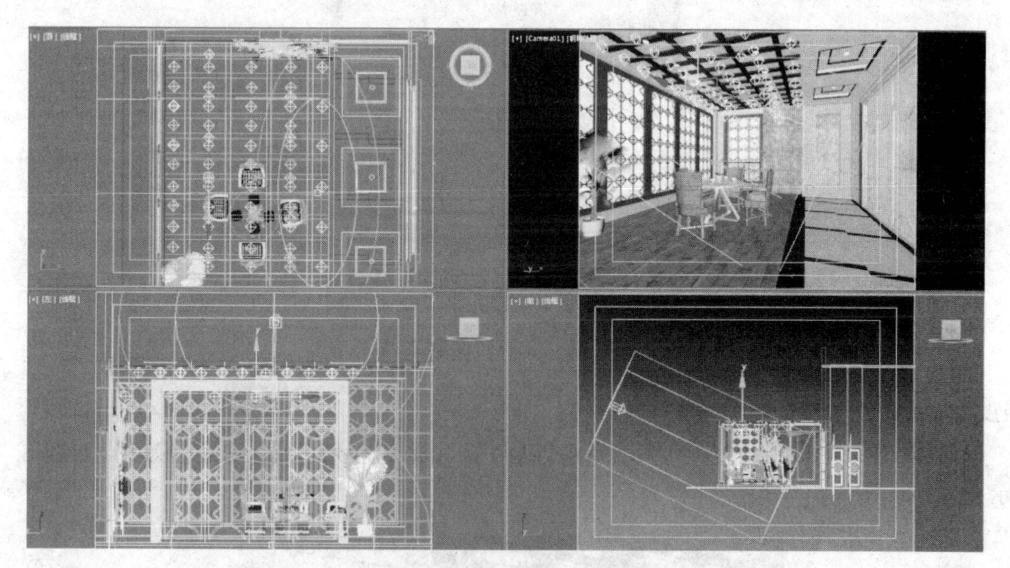

图 8.48　为场景添加泛光灯

图 8.49　渲染效果

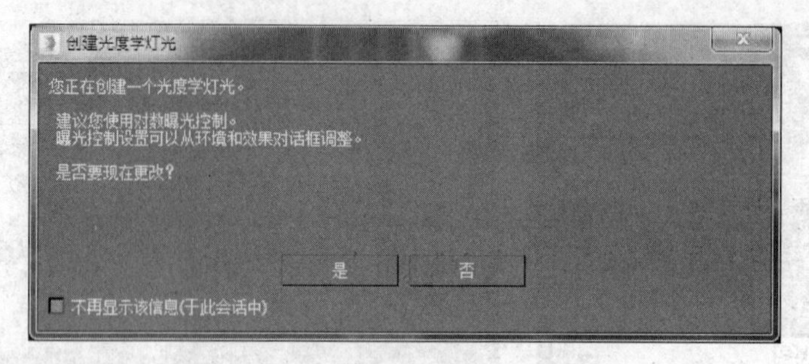

图 8.50 “创建光度学灯光”对话框

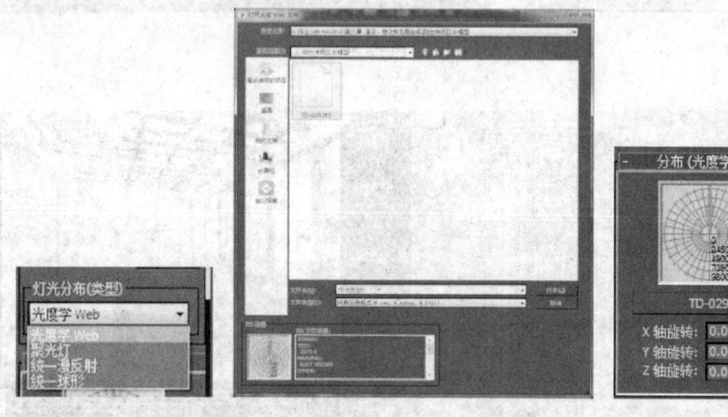

图 8.51 添加光度学文件

“强度”的数值可以根据场景需要自行设定。

(11) 渲染场景,如若发现场景过亮,可以调节目标平行光,以达到最佳效果,如图 8.52 所示。

图 8.52 调整灯光后的渲染效果

(12) 按 8 键,打开“环境和效果(Atmosphere & Effect)”对话框。选择“大气”中的“添加”按钮,在打开的“添加大气效果”对话框中选择“体积光”选项,单击“确定”按钮,如图 8.53 所示。

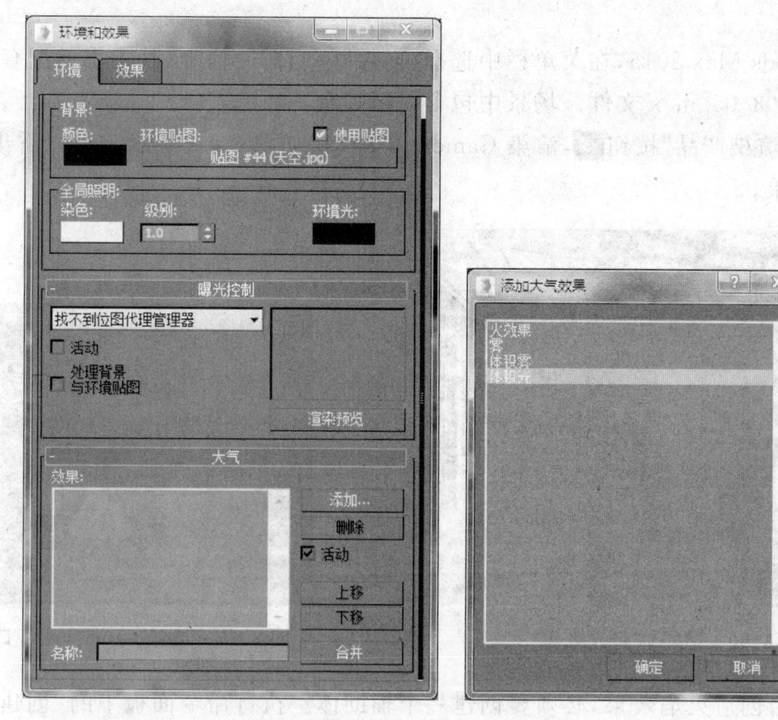

图 8.53　添加体积光

(13) 单击“体积光参数”中的“拾取灯光”按钮，在顶视图中选择创建的目标平行光。设置“密度”为 1，“最大亮度”为 30，“衰减倍增”为 0.5，如图 8.54 所示。

(14) 在“噪波”选项区域中选中“启用噪波”复选框，将“数量”设置为 0.5，“类型”选择“分形”，如图 8.55 所示。

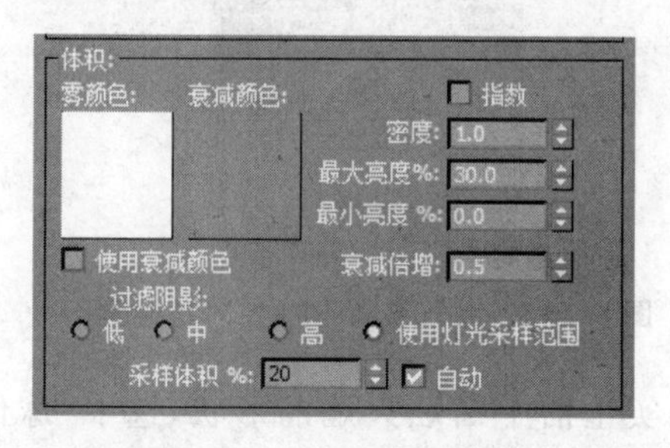

图 8.54　设置“体积”参数

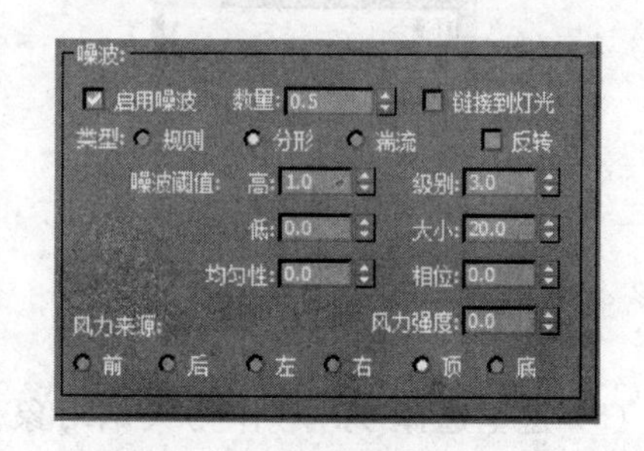

图 8.55　设置“噪波”参数

(15) 最终渲染效果，如图 8.56 所示。

8.2.2　火效果

在 3ds Max 中可以利用系统提供的功能来设置各种与火焰相关的特性，如火焰、火球、爆炸、星云等效果。

【操作实例 6】　制作燃烧的蜡烛动画。

目标：创建火焰燃烧的辅助体，并能够运用“环境和效果”对话框制作火焰效果。

操作过程：

(1) 启动 3ds Max 2015，在菜单栏中选择“文件”→“打开”命令，从本书的配套资料中打开 Samples/Ch08_05. max 文件。场景中包含一组烛台。

(2) 单击“渲染产品”按钮，渲染 Camera01 视口，如图 8.57 所示。可以看出，场景中并没有火焰效果。

图 8.56　渲染体积光效果

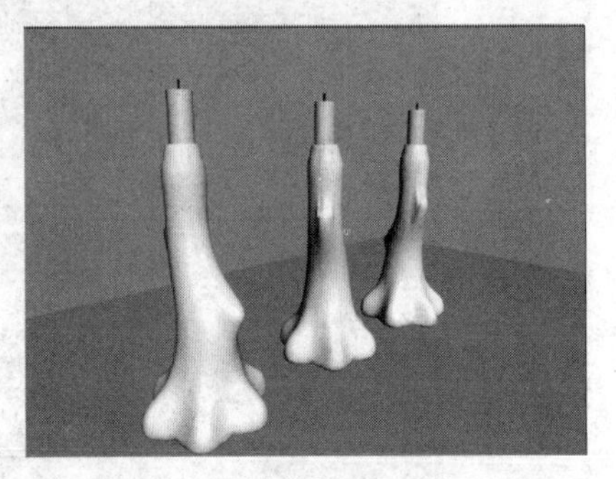

图 8.57　渲染 Camera01 视口效果

(3) 为烛台创造火焰效果，必须要创建一个辅助体。执行命令面板中的“创建”→“辅助对象”命令，在下拉列表中选择“大气装置”选项，如图 8.58 所示。

(4) 系统弹出“对象类型”卷展栏，包含有三个选项，分别决定了所要建立的燃烧设备的基本外形，有长方体、球体和圆柱体。选择每一种，系统都会弹出相应的卷展栏，如图 8.59 所示。

图 8.58　选择“大气装置”选项

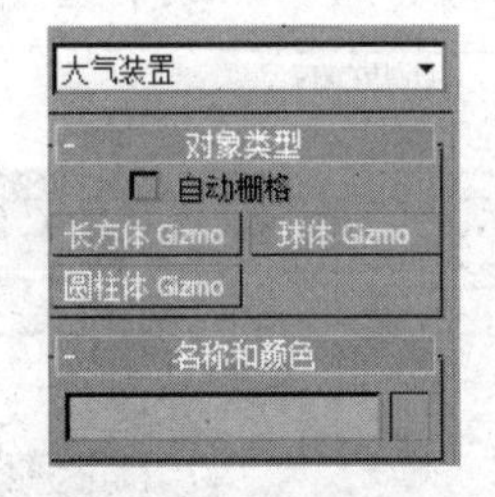

图 8.59　“大气装置”中的“对象类型”

(5) 这里选择“球体”作为火焰对象。根据现实生活中蜡烛火焰的形状，选中“球体参数”中的“半球”选项，目的是为了制作一个半球形的燃烧设备。

(6) 在“顶视图”中的一个蜡烛中心位置绘制出燃烧设备的半球形状，再单击“缩放工具”按钮，对其进行不对称缩放，使将要产生的火焰为细高的形状，如图 8.60 所示。

(7) 按 8 键，进入“环境和效果”对话框，添加“大气”→“火效果”，如图 8.61 所示。

(8) 在“火效果参数”卷展栏中单击“拾取 Gizmo”按钮，拾取场景中已制作好的辅助体，其相对应的名字将显示在右边的下拉列表中，如果有多个，可以多选，如图 8.62 所示。火焰的颜色可自行设定。

(9) 在“图形”选项区域中可以设置火焰的类别，这里选中“火舌”单选按钮。在“特性”选项区域中可以设置产生的火焰尺寸、密度、细节和采样速率。设置“火焰大小”为 20，“密

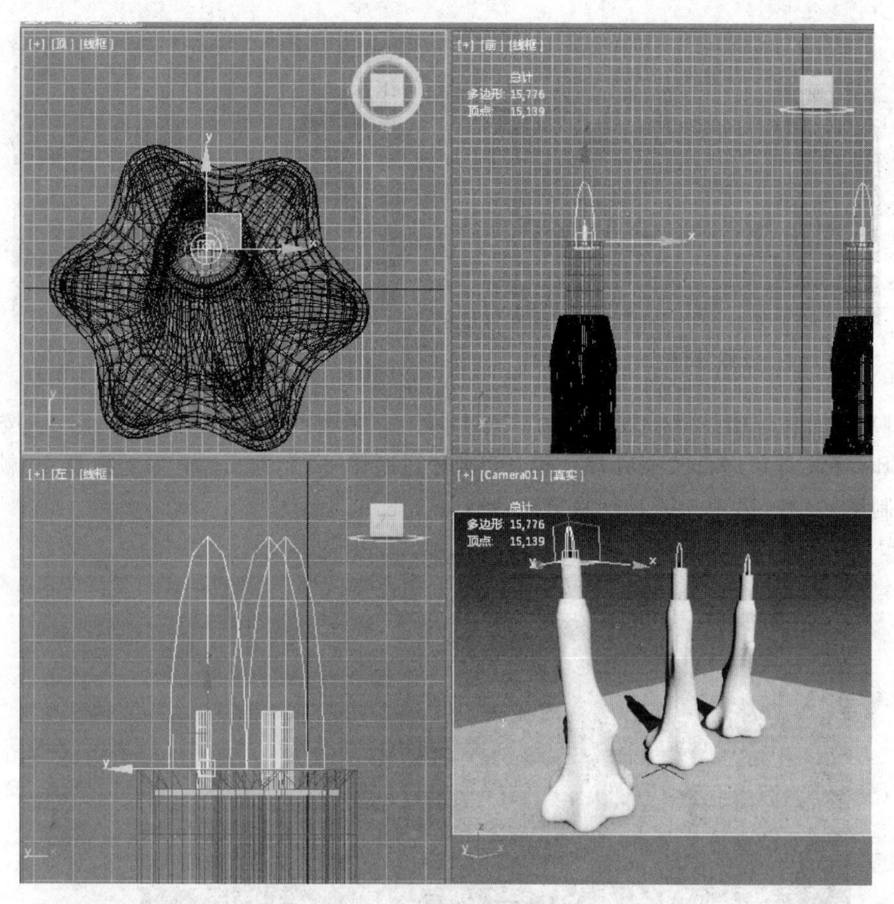

图 8.60　绘制火焰对象的辅助体

图 8.61　添加“火效果”

图 8.62　拾取对象

度”为 30,“火焰细节”为 5.0,如图 8.63 所示。

(10) 在 Camera01 视图中单击“渲染产品”按钮，进行快速渲染，如图 8.64 所示。

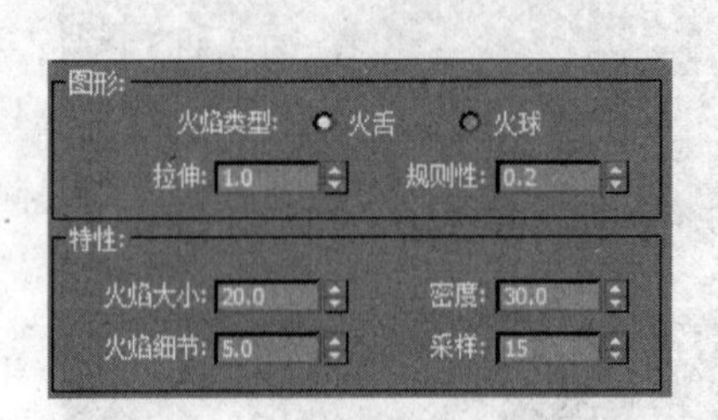

图 8.63 设置"图形"和"特性"值

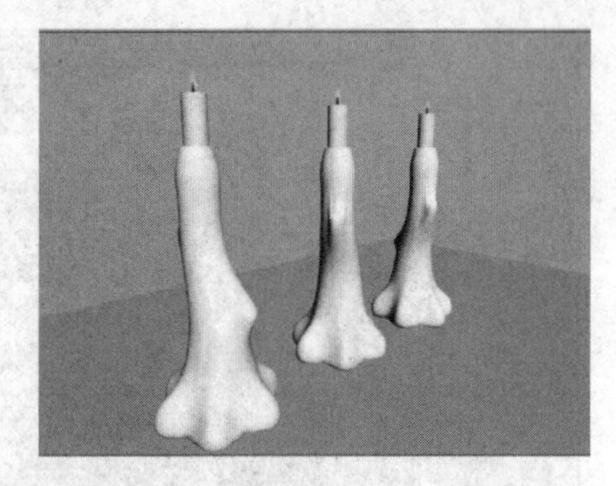

图 8.64 渲染 Camera01 视图效果

(11) 下面制作蜡烛燃烧效果动画。选中其中一个辅助体,打开"自动关键点"按钮。在第 20 帧时将此对象进行放大处理。第 40 帧时复制第 0 帧,第 60 帧时复制第 20 帧,第 80 帧时复制第 40 帧,第 100 帧时复制第 60 帧,如图 8.65 所示。

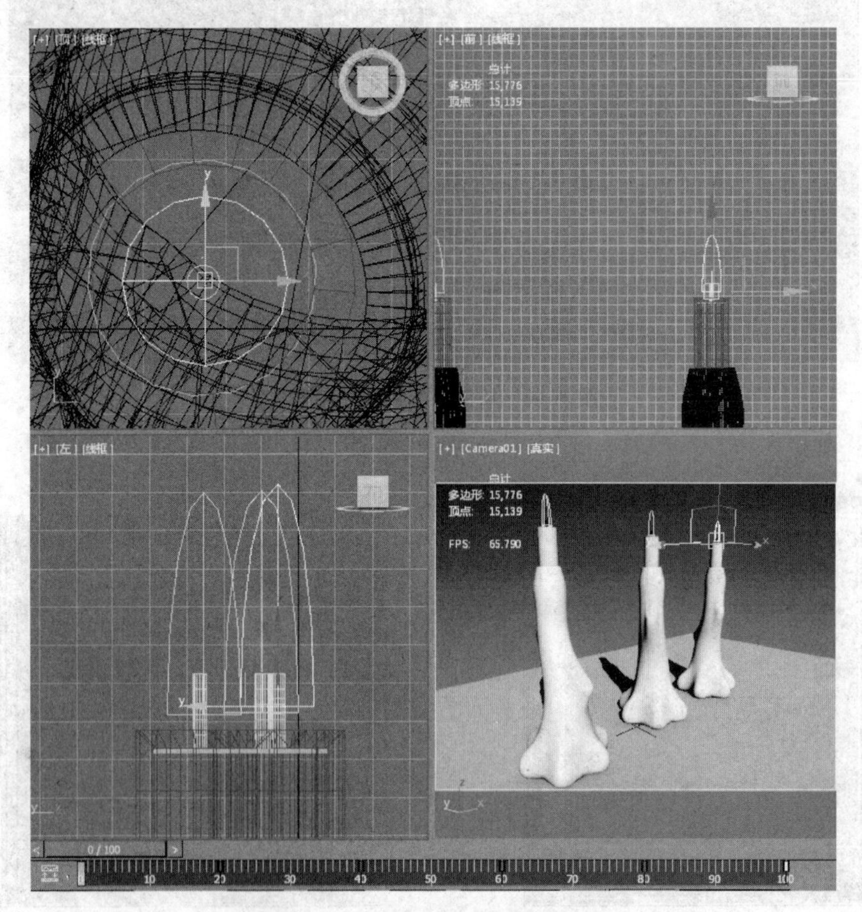

图 8.65 为辅助体添加动画关键帧

注意:为蜡烛火焰添加动画的效果,可以根据个人喜好添加。

制作的动画效果参见本书配套资料 Sample/Ch08_05f.avi 文件。

8.2.3　雾效果

在大气特效中，雾效果可以设置各种雾和烟雾的效果，并能够使对象随着与摄像机距离的增加逐渐褪光（标准雾），或提供分层雾效果，使所有对象部分被雾笼罩。

【操作实例 7】 制作烟雾效果。

目标：利用“环境和效果”对话框中的“雾”为“雪后村落”场景添加雾效果。

操作过程：

(1) 启动 3ds Max 2015，在前视图中创建长度为 200mm，宽度为 300mm 的平面，如图 8.66 所示。

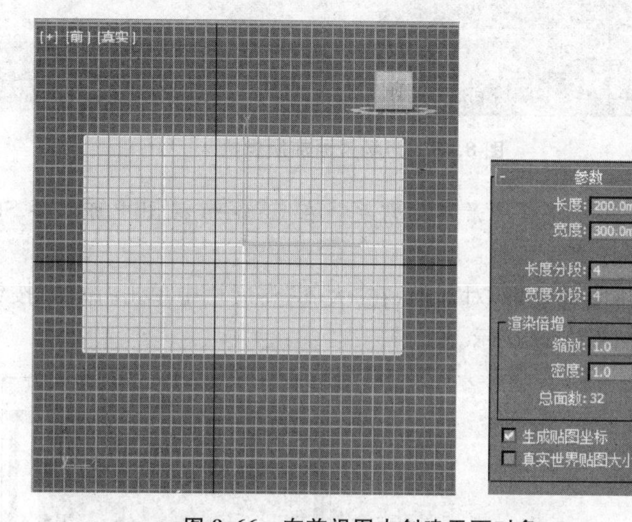

图 8.66　在前视图中创建平面对象

(2) 按 M 键打开“材质编辑器”对话框。打开任意一个样本球，在“参数面板”中选择“漫反射”通道中的“雪后村落.jpg”贴图，如图 8.67 所示。

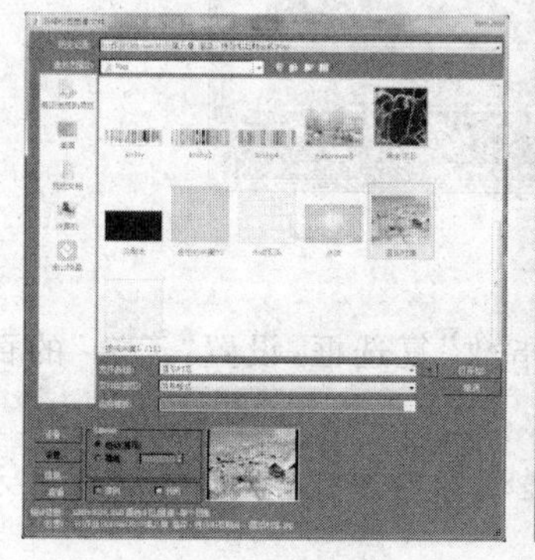

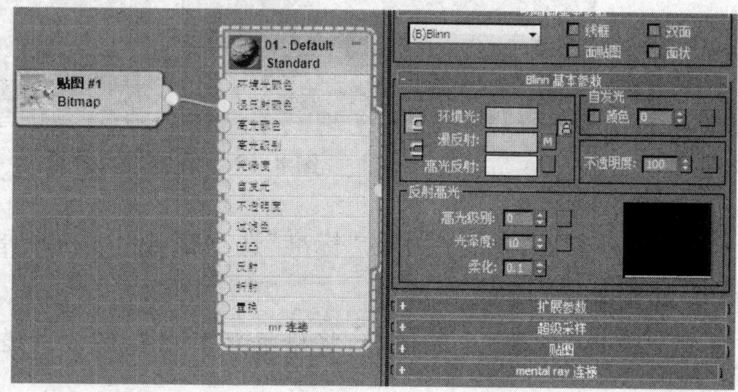

图 8.67　为“漫反射”通道添加贴图

(3) 在“反射高光”卷展栏中将“高光级别”设置为 30，“光泽度”设置为 20。

(4) 将此材质赋予场景中的平面对象。

注意：赋予对象材质时，如果场景中对象出现灰色状态，应在“材质编辑器”中打开“视口中显示明暗处理材质”按钮。

(5) 在“顶视图”中创建一个目标摄像机,如图 8.68 所示。

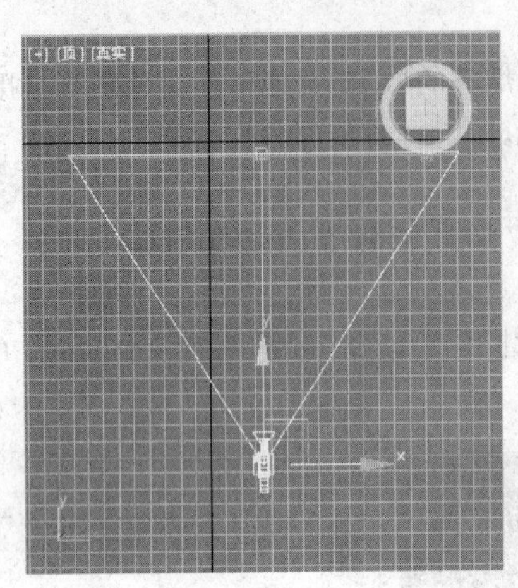

图 8.68 为场景添加摄像机

注意:摄像机的设置可根据场景实际需要。在 Camera 视图中可以按 Shift+F 组合键以显示渲染场景的安全区域。

(6) 按 8 键打开“环境和效果”对话框,在“大气”卷展栏中单击“添加”按钮,选择“雾”选项,单击“确定”按钮,如图 8.69 所示。

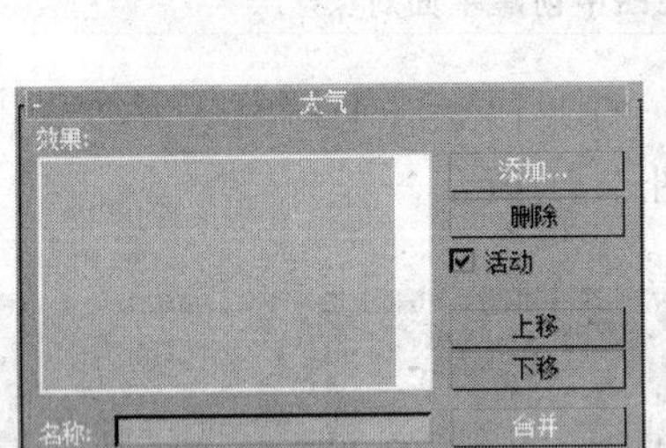

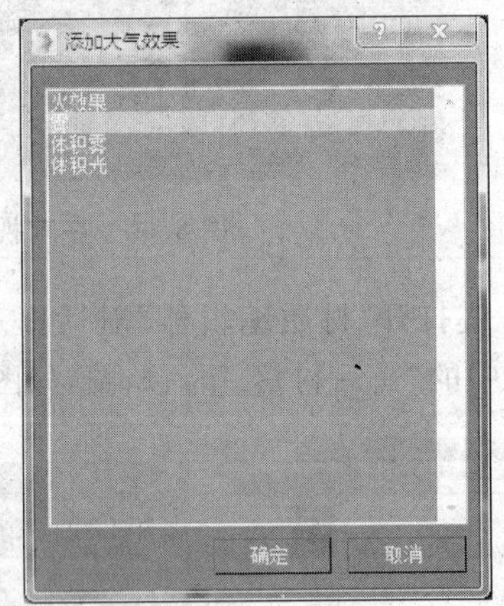

图 8.69 添加“雾”效果

(7) 在“雾参数”卷展栏中的“标准”选项区域中选中“指数”复选框,设置“远端”的百分比为 95,如图 8.70 所示。

注意:选中“指数”复选框后,将根据距离以指数方式递增雾的浓度,否则将以线性方式计算。

(8) 在“雾参数”卷展栏中选择“分层”类型。

注意:“标准雾”是依据摄像机的衰减范围设置,根据物体离目光的远近产生淡入淡出的效果;“分层雾”则根据地平面高度进行设置,产生一层云雾效果。

(9) 在“分层”选项区域中选择“衰减”方式为“顶”。设置“顶”为 100mm,“底”为 50mm,“密度”为 50,如图 8.71 所示。

图 8.70 设置“标准雾”参数

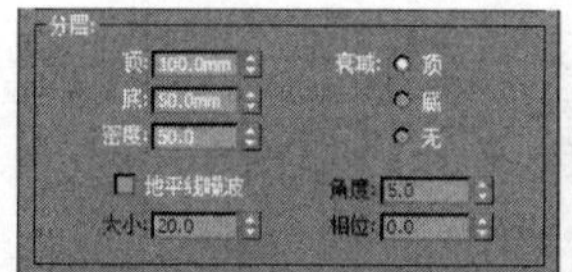

图 8.71 设置“分层雾”参数

本案例制作参见本书配套资料 Sample/Ch08_06f.avi 文件。

8.2.4 体积雾效果

上节介绍的雾效果在空间中形成的是大块、均匀的雾气效果。在 3ds Max 中添加“体积雾”效果，可以在场景中创建四处飘动、密度不等的雾效果。

【操作实例 8】 制作山间云雾动画。

目标：利用“环境和效果”对话框中的“体积雾”为“山间云雾”场景添加体积雾效果。设置动画并最终渲染动画。

操作过程：

(1) 启动 3ds Max 2015，在菜单栏中选择“文件”→“打开”命令，从本书的配套资料中打开 Samples/Ch08_07.max 文件。

(2) 单击“渲染产品”按钮，渲染 Camera01 视口，如图 8.72 所示。可以看出，场景中并没有云雾

图 8.72 渲染 Camera01 视口

效果。

(3) 按 8 键打开“环境和效果”对话框。可以看出，场景运用了一张环境贴“背景蓝天.jpg”。

注意：如若在视口中未显示背景，需要在“环境和效果”对话框中的“环境贴图”通道追加贴图信息。单击主工具栏中的“视图”按钮，在其下拉菜单中选择“视口背景”，并选中“环境背景”复选框，如图 8.73 所示。

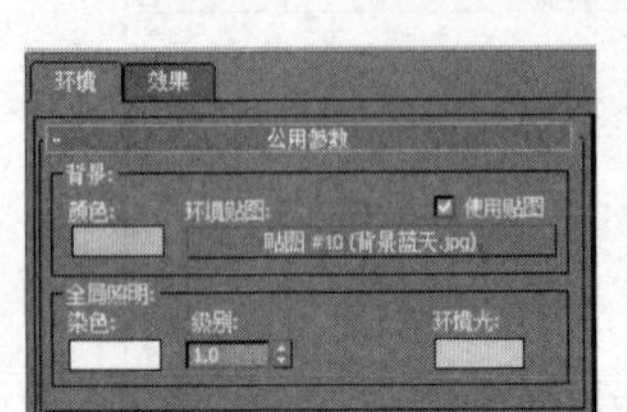
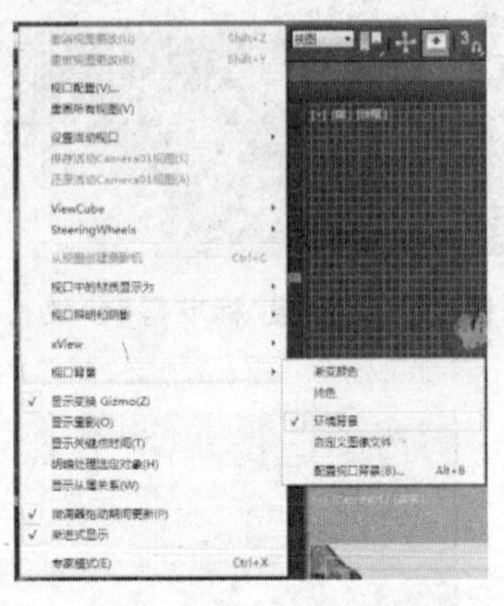

图 8.73　为视口添加环境背景

(4) 在“环境和效果”对话框中的“大气”卷展栏中单击“添加”按钮，在打开的“添加大气效”对话框中选择“体积雾”选项，单击“确定”按钮，如图 8.74 所示。

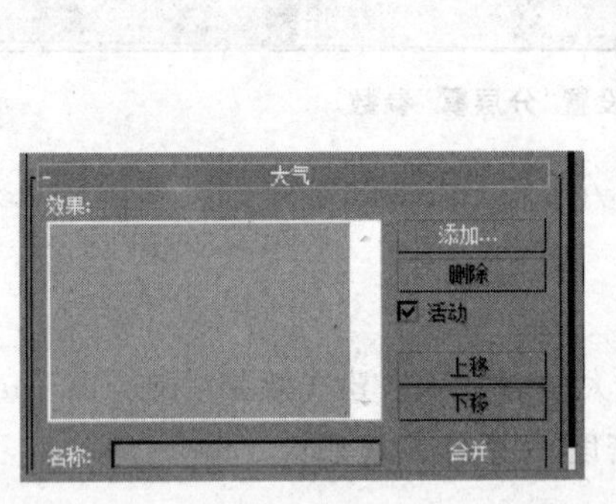

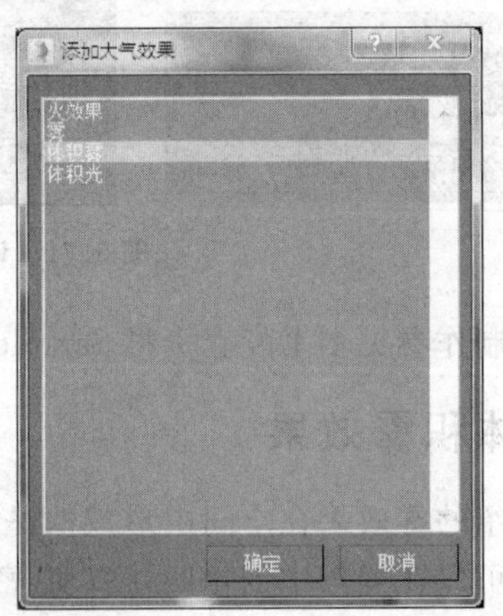

图 8.74　添加“体积雾”效果

(5) 执行命令面板中的“创建”，在“辅助对象”中选择“大气装置”选项，创建出长度为 180mm，宽度为 160mm，高度为 80mm 的长方体，如图 8.75 所示。

(6) 在“环境和效果”对话框中的“体积雾参数”卷展栏中单击“拾取 Gizmo”按钮，拾取刚创建的长方体，渲染场景，如图 8.76 所示。

(7) 选中“体积”选项区域中的“指数”复选框，并设定“密度”为 20，“步长大小”为 1，“最大步数”为 10，如图 8.77 所示。

说明：“指数”值随距离按指数增大密度。取消选中该复选框时，密度随距离线性增大。“步长大小”值确定雾采样的粒度，值越低，颗粒越细，雾效果越优质。“最大步数”值是限制

图 8.75　添加辅助体

图 8.76　拾取对象

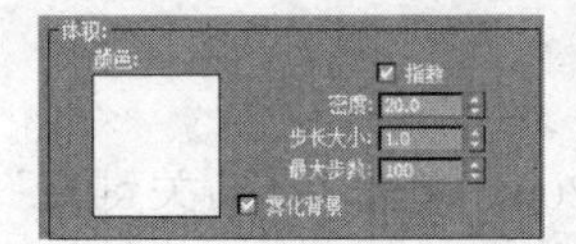

图 8.77　设置“体积”参数

采样量,以便雾的计算不会永远执行。

(8) 在“噪波”选项区域中选中“分形”单选按钮,选中“反转”复选框,设定“噪波阈值”中“高”为 0.9,“低”为 0,“均匀性”为 0.05,“级别”为 6,如图 8.78 所示。

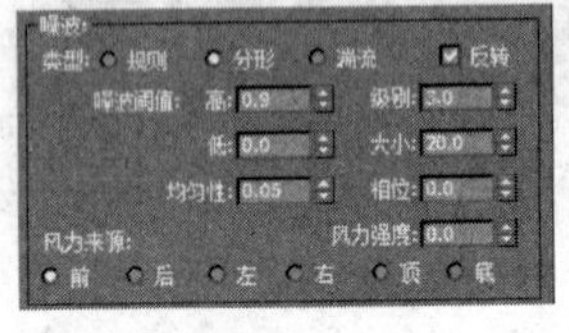

图 8.78　设置“噪波”选项区域

说明:选中“反转”复选框将噪波效果反向,厚的地方变薄,薄的地方变厚。“级别”设置分形计算的迭代次数,值越大,雾越精细,运算也越慢。

(9) 接下来制作云雾在山间飘动的效果。可以在场景中再叠加一个“雾效果”。

(10) 在“大气”卷展栏中单击“添加”按钮,选择“雾”选项,然后选择“上移”选项。

注意:场景效果显示会按照从上到下的顺序进行渲染。

(11) 在“雾参数”卷展栏中设置颜色为 R=60,G=60,B=60。“雾化背景”选择“分层”类型。在“分层”选项区域中设置“顶”为 0,“底”为 100,“密度”为 80。“衰减”方式选择“底”,如图 8.79 所示。

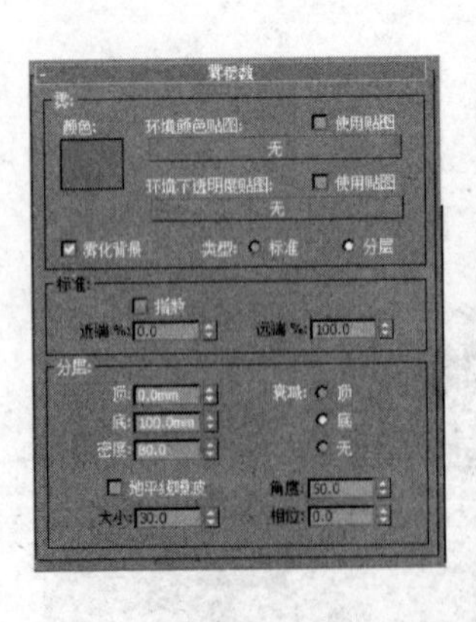

图 8.79　设置“雾参数”

(12) 单击“时间配置”按钮,将“长度”值设置为 200。单击“自动关键点”按钮,将时间滑动块拖到第 200 帧。在“体积雾参数”卷展栏中的“噪波”选项区域中设置“相位”为 5,“级别”为 6。将时间滑动块拖到第 0 帧时,设置“级别”为 2。

(13) 可以先渲染场景观看效果。

(14) 设置“风力强度”为10,“风力来源”为“前”。

(15) 按F10键,在“公用参数”卷展栏中的“时间输出”选项区域中设置“范围”为0～200。在“渲染输出”选项区域中选中“保存文件”复选框,并确定保存文件地址。渲染场景动画见Sample/Ch08_07f.avi文件。

注意:渲染输出时要保存文件。将场景中的“雾”、“体积雾”效果合并到场景中。按8键打开“环境和效果”对话框,单击“大气”卷展栏中的“合并”按钮。在弹出的对话框中选择已保存的文件,在“合并大气效果”对话框中选中,“雾”、“体积雾”,单击“确定”按钮进行合并。

场景最终效果参见本书配套资料Sample/Ch08_07f.max文件。

8.2.5 镜头效果

镜头效果可以模拟那些通过使用真实的摄像机或滤镜能得到的灯光效果。

【操作实例9】 添加镜头效果。

目标:利用“环境和效果”对话框中的“镜头效果”为场景添加体积雾效果。

操作过程:

(1) 启动3ds Max 2015,在菜单栏中选择“文件”→“打开”命令,从本书的配套资料中打开Samples/Ch08_08.max文件。

(2) 单击“渲染产品”按钮,渲染Camera01视口,如图8.80所示。可以看出,场景中并没有添加特效。

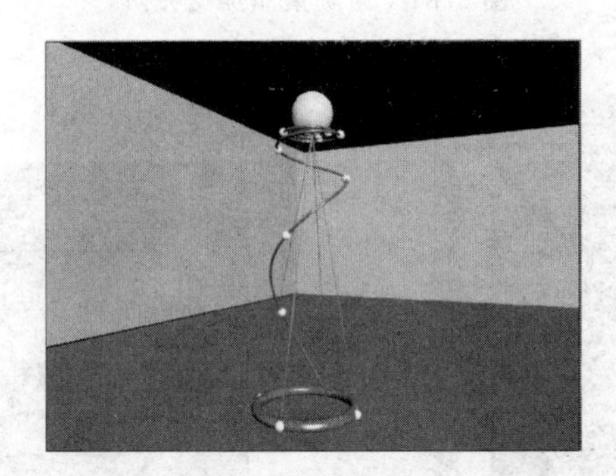

图8.80 渲染Camera01视口

(3) 执行命令面板中的“创建”→“灯光”命令,为场景创建一盏泛光灯,如图8.81所示。

(4) 设置泛光灯的参数。在“阴影”选项区域中选中“启用”复选框,设置其为“光线跟踪阴影”类型,更改其“倍增”值为5。

(5) 按8键打开“环境和效果”对话框,单击“效果”下的“添加”按钮,在打开的“添加效果”对话框中选择“镜头效果”选项,如图8.82所示。

(6) 在“镜头效果全局”卷展栏中单击“灯光”选项区域中的“拾取灯光”按钮,拾取场景中的泛光灯,如图8.83所示。

(7) 在“镜头效果参数”中选择“光晕”选项,单击按钮。

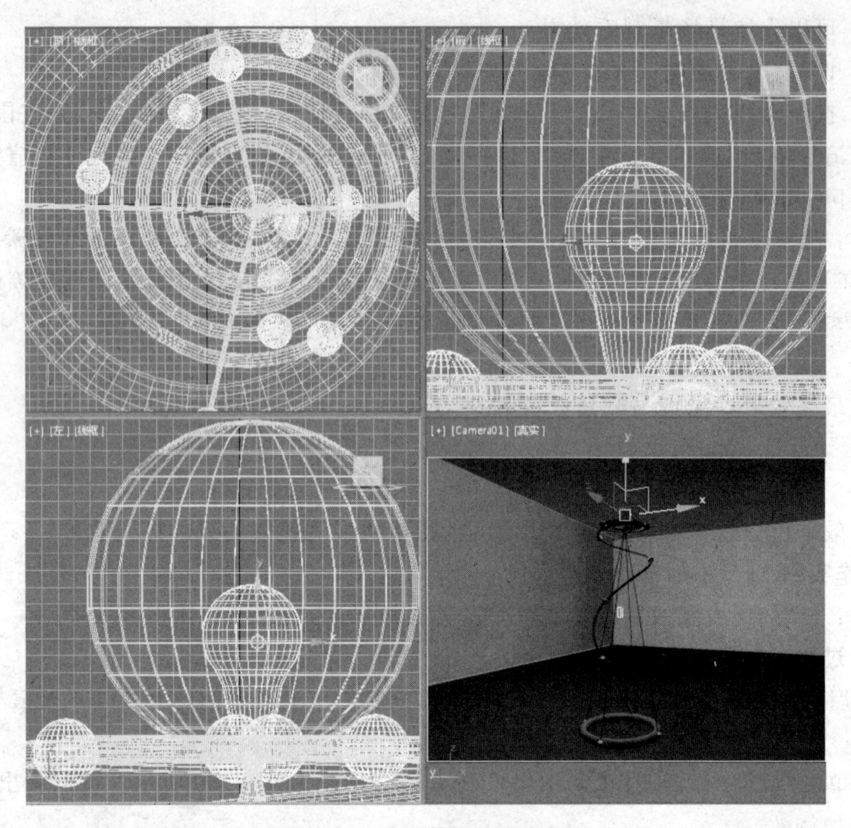

图 8.81　为场景添加泛光灯

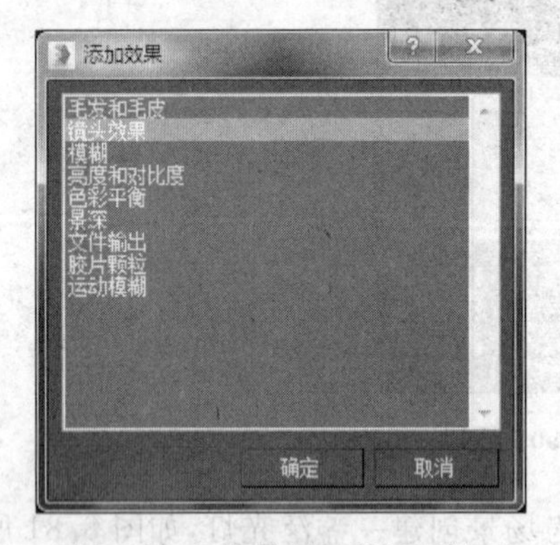

图 8.82　为场景添加“镜头效果”

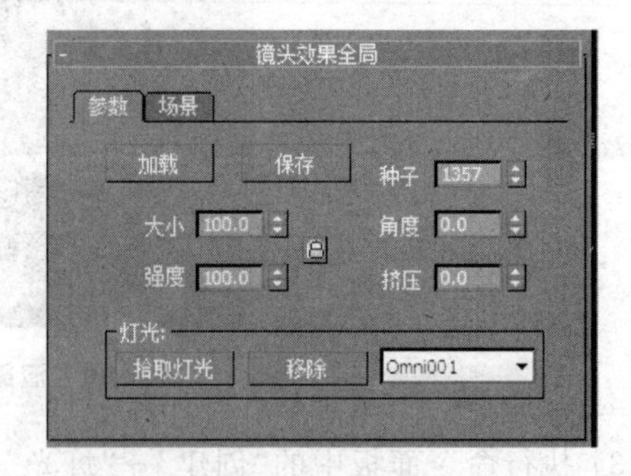

图 8.83　拾取场景灯光

(8) 在“镜头效果全局”卷展栏中选择“场景”选项卡，设置“阻光”选项区域中的“内径”为 20，“外半径”为 40，如图 8.84 所示。

(9) 在“光晕元素”卷展栏中设置“参数”选项卡中的“大小”为 500，“强度”为 500，如图 8.85 所示。

(10) 渲染场景，如图 8.86 所示。

(11) 接下来可以体会一下在“镜头效果参数”卷展栏中其他效果的表现，如图 8.87 所示。

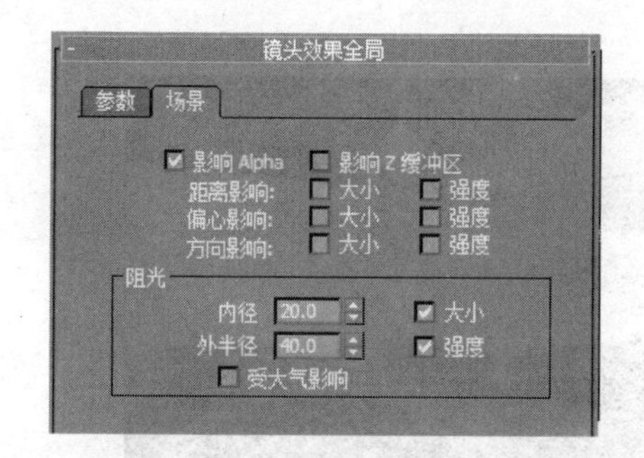

图 8.84　设置"镜头效果全局"参数

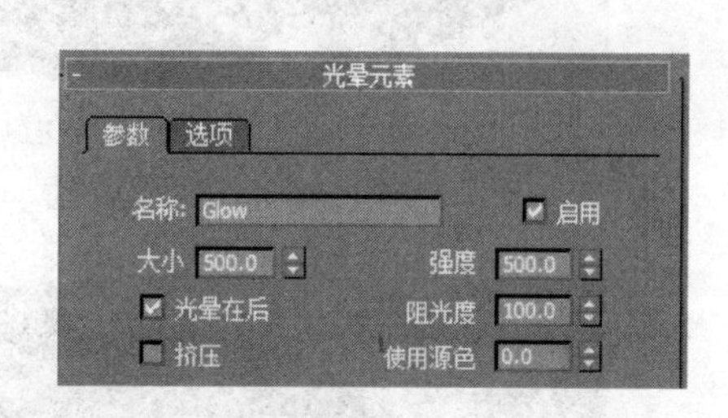

图 8.85　设置"光晕元素"参数

图 8.86　渲染场景

(a) 添加"光环"效果

(b) 添加"射线"效果

(c) 添加"自动二级光斑"

(d) 添加"手动二级光斑"

图 8.87　其他效果的表现

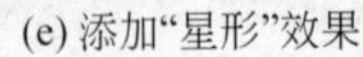

(e) 添加“星形”效果

(f) 添加“条纹”效果

图 8.87 （续）

习题 8

1. 选择题

（1）能够根据相机衰减范围产生淡入淡出效果的是（　　）。

A. 层雾　　B. 标准雾　　C. 体积雾　　D. 体积光

（2）大气装置中需要拾取线框的是（　　）。

A. 燃烧和体积光　　B. 燃烧和体积雾

C. 雾和体积雾　　D. 体积雾和体积光

（3）（　　）操作不在环境面板上完成。

A. 设置背景颜色　　B. 设置背景动画

C. 为场景添加镜头效果　　D. 为场景添加大气效果

（4）关于 3ds Max 插件的下列说法，错误的是（　　）。

A. 所有的 3ds Max 插件都应安装在 3ds Max 根目录下的 plugins 目录下

B. 3ds Max 的插件一般都是由不同的公司进行开发的，主要为 3ds Max 开发插件的公司有 Digimation、Chaosgroup、Afterworks 等

C. 常见的 3ds Max 插件有 V-Ray 渲染器、Brazil 巴西渲染器等

D. Cebas 公司的插件一般放在 3ds Max 根目录下的 Cebas 目录下

（5）如果两个物体互相接触，可以随其中一个物体运动而选择另一个物体上的相应网格点的修改器为（　　）。

A. 面片选择　　B. 网格选择　　C. 体积选择　　D. 多边形选择

2. 判断题

（1）渲染时，灯光本身不可见，可见的是光照效果。（　　）

（2）“大气环境”专门用于制作“雾”和“体光”特效。（　　）

（3）*.avi 文件类型是可以用于音频控制器的。（　　）

（4）要使体积光不穿透对象，需要将阴影类型设置为光线跟踪阴影。（　　）

（5）在3ds Max中渲染生成的PNG文件可以有16位的Alpha通道。（　　）

（6）可以给灯光的颜色参数指定动画控制器。（　　）

（7）在3ds Max中，通过一次设置就可以渲染几个单帧图片和一个时间段的序列，则需要在范围选项中设置。（　　）

（8）渲染决定于图像与动画的输出分辨率。（　　）

3. 简答题

（1）灯光的哪些参数可以设置动画？

（2）Shadow Map卷展栏的主要参数的含义是什么？

（3）简述3ds Max 2015中mental ray的主要渲染功能。

（4）雾效果和体积雾之间最大的区别是什么？

（5）创建一个简单的动画场景，分别渲染输出其中的一个静帧图像和整个视频动画。

4. 答案

选择题：（1）B　（2）B　（3）C　（4）A　（5）C

判断题：（1）T　（2）F　（3）F　（4）F　（5）T　（6）T　（7）F　（8）T

第 9 章

综合实例：别墅场景效果图的制作

本章是一个综合实例，通过创建别墅场景、赋予材质、渲染出图、后期合成等来完成别墅场景效果图的制作。

学习目标

- 创建别墅模型。
- 创建并应用材质、灯光等制作完成场景。
- 使用后期处理软件，制作、合成场景效果图。

本案例为综合练习，将对别墅进行场景创建、材质赋予、渲染出图、后期合成等常规流程来实现一个别墅场景效果图的制作，最终效果如图 9.54 所示。

【操作实例 1】 别墅模型的制作。

目标：能够制作完成别墅场景模型。

操作过程：

(1) 启动 3ds Max 2015，在“自定义”下的“单位设置”对话框中设置绘图单位，将“公制”设置为“毫米”，如图 9.1 所示。单击“系统单位设置”按钮，弹出图 9.2 所示对话框，设置系

图 9.1 “单位设置”对话框

图 9.2 “系统单位设置”对话框

统单位比例，1 单位＝1.0 毫米。

(2) 执行命令面板中的“创建”，单击“图形”下的“线”按钮，应用键盘输入模式，如图 9.3 所示。

说明：在绘制图形具有精确尺寸且尺寸较大的情况下，建议使用“键盘输入”的创建方法。也可使用“捕捉模式”捕捉栅格点绘制，但需注意栅格间距。

(3) 在顶视图中绘制出图 9.4 所示线形，并将其命名为“别墅轮廓线”。

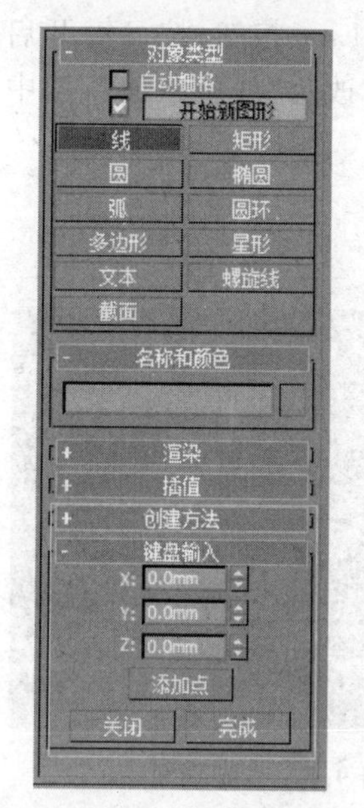

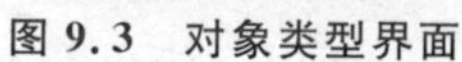

图 9.3　对象类型界面

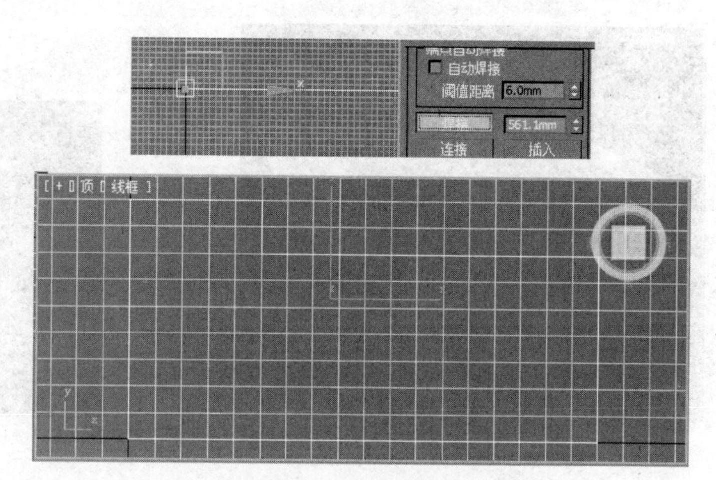

图 9.4　别墅轮廓线

提示：可以输入第一点：X＝0mm，Y＝0mm，Z＝0mm；第二点：X＝0mm，Y＝9000mm，Z＝0mm；第三点：X＝5000mm，Y＝9000mm，Z＝0mm；第四点：X＝5000mm，Y＝7000mm，Z＝0mm；第五点：X＝18000mm，Y＝7000mm，Z＝0mm；第六点：X＝18000mm，Y＝0mm，Z＝0mm；第七点：X＝0mm，Y＝0mm，Z＝0mm。选中第七点与第八点，单击“几何体”卷展栏下的“焊接”工具，将这两点焊接在一起。

(4) 单击界面左上角的“保存”按钮，将场景保存为“建筑线脚.Max”，以备后用。单击应用软件图标，单击“另存为”工具将场景另存为“别墅-模型.Max”。

(5) 选择别墅轮廓线，执行命令面板中的“修改”→Line→“样条线”层级。单击“几何体”下的“轮廓”按钮，在其后的微调框中输入－240，即为墙的厚度，如图 9.5 所示。

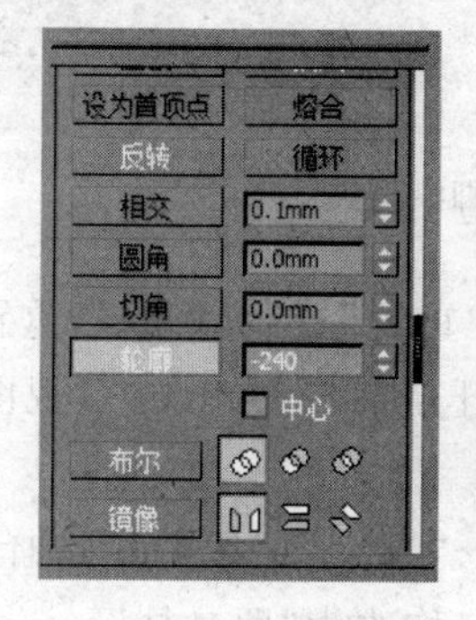

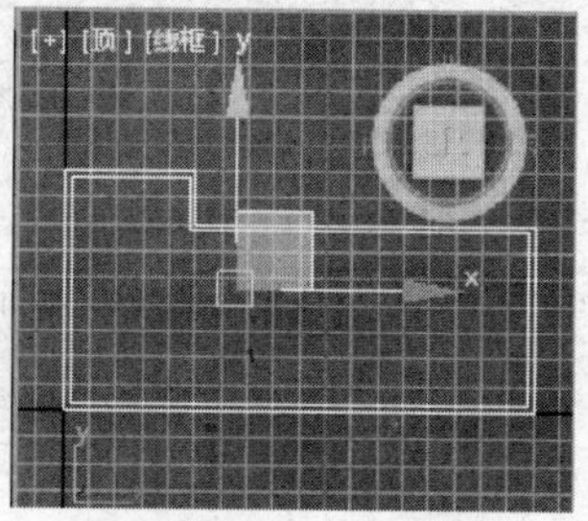

图 9.5　构建墙体厚度

说明：在“轮廓”按钮后面的微调框中输入正值为向外偏移，输入负值为向内偏移。

(6) 同到 Line 层级,选择"选择器列表"→"挤出"命令,在"参数"下的"数量"文本框中输入 7800,并按 Enter 键确定。在透视视图中观看的结果如图 9.6 所示。单击"保存"按钮 ,保存场景。

(7) 下面为场景创建线脚。打开"建筑线脚.max"文件,单击 Line 按钮,按 S 键开启捕捉模式,在前视图中创建线脚截面图形,如图 9.7 所示。并将名称改为"线脚截面",图中一个栅格代表 100mm。

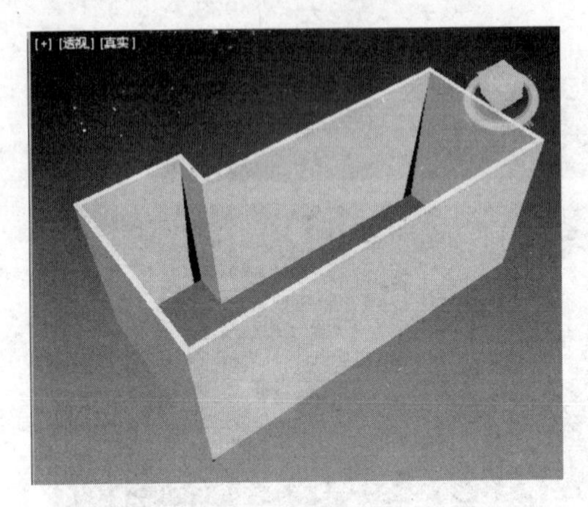

图 9.6　构建墙体高度

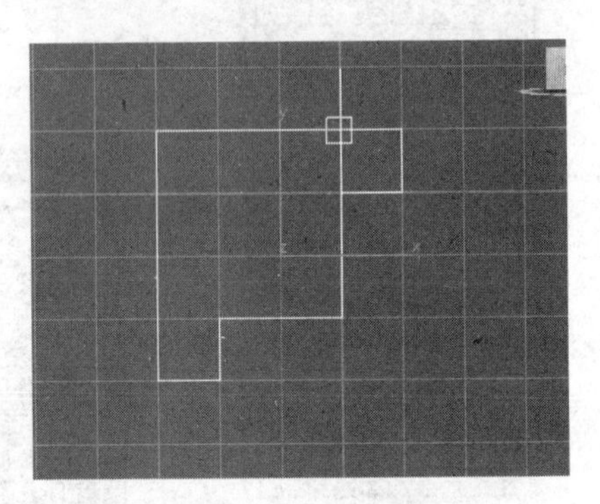

图 9.7　线脚截面

(8) 选中别墅轮廓线,执行命令面板中的"修改"→"选择器列表"→"倒角剖面"命令,单击"参数"卷展栏中的"拾取剖面"按钮,在视图中选择"线脚截面",并将"别墅轮廓线"改名为"线脚",保存场景。切换到透视视图,对视图进行旋转和缩放,得到的结果如图 9.8 所示。对场景进行保存。

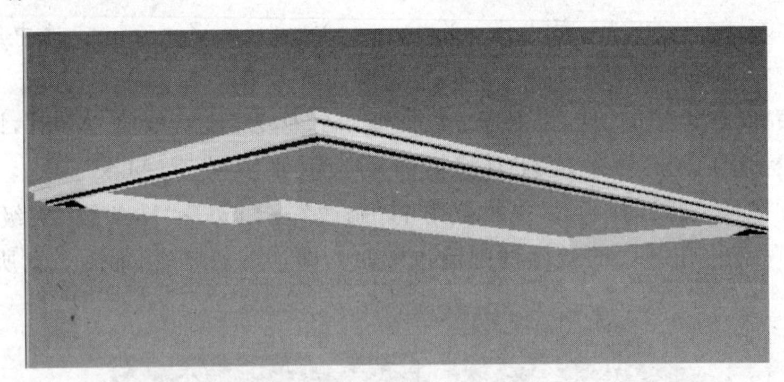

图 9.8　线脚模型

(9) 创建罗马柱。单击软件图标,然后单击"重置"按钮,将场景重置。执行命令面板中的"创建",单击"图形"下的"线"按钮,并按 S 键开启捕捉模式,在前视图中创建罗马柱截面图形。

(10) 执行命令面板中的"修改",展开 Line→"顶点"层级,用"选择并移动"工具编辑截面图形顶点,使之达到图 9.9 所示的效果,并将名称改为"罗马柱"。

(11) 回到 Line 层级,选择"车削"→"参数",选择"焊接内核"选项,设置其分段数为 30,对齐方式选择"最小",生成图 9.10 所示罗马柱,保存并命名场景为"罗马柱.max"。

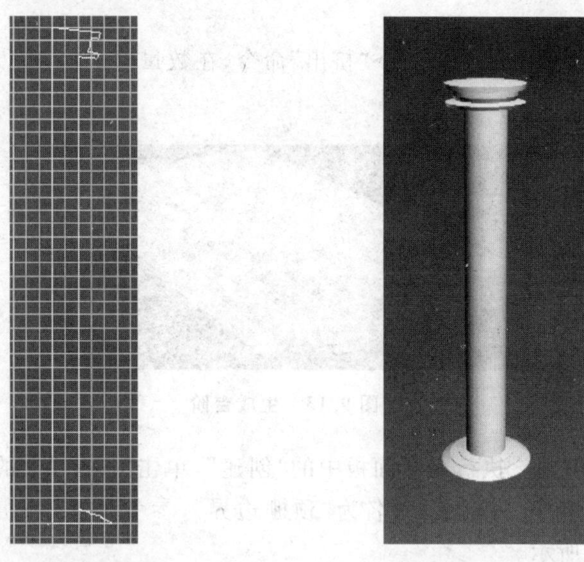

图 9.9　罗马柱截面　　　　图 9.10　罗马柱

(12) 将模型合并。打开已经完成的“别墅-模型.max”场景，单击软件图标，选择“导入”→“合并”选项，在弹出的“合并文件”对话框中选择“建筑线脚.max”文件，并单击“打开”按钮将文件打开。进入到“合并-建筑线脚.max”界面，选中“线脚”、“线脚截面”，并单击“确定”按钮，将建筑线脚合并到当前场景中。按住 Shift 键，应用“选择并移动”工具将建筑线脚移动复制两个，如图 9.11 所示。

图 9.11　加入建筑线脚之后的别墅墙体

(13) 用同样的方法将“罗马柱.max”导入当前场景，以备后用。

(14) 下面制作别墅的门厅。首先来制作台阶部分。执行命令面板中的“创建”，单击“线”按钮，按 S 键开启捕捉模式，在左视图创建门厅台阶截面，并命名为“台阶”，如图 9.12 所示。尺寸参照别墅尺寸，只要大小合适即可，台阶截面可参考尺寸高度 500mm，宽

图 9.12　台阶截面

度 4500mm。

(15) 执行命令面板中的"修改"→"挤出"命令，在数量框中输入 8000，按 Enter 键，则生成图 9.13 所示台阶。

图 9.13 生成台阶

(16) 下面制作顶棚。执行命令面板中的"创建"，单击"图形"下的"矩形"按钮，在顶视图中绘制一个略大于台阶的矩形，命名为"顶棚边界"，参考尺寸：长度为 4000mm，宽度为 8000mm，如图 9.14 所示。

(17) 在前视图绘制一个边长为 400mm 的正方形，命名为"顶棚截面"。选中"顶棚边界"，执行命令面板中的"修改"→"倒角剖面"→"拾取剖面"→"顶棚截面"，则生成顶棚立体边界，如图 9.15 所示。

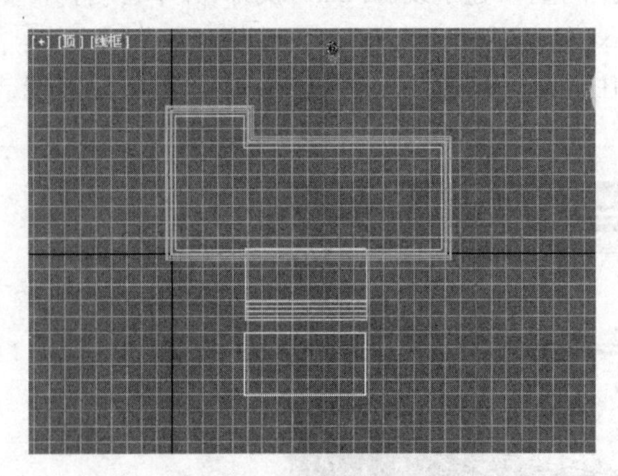

图 9.14 绘制顶棚边界

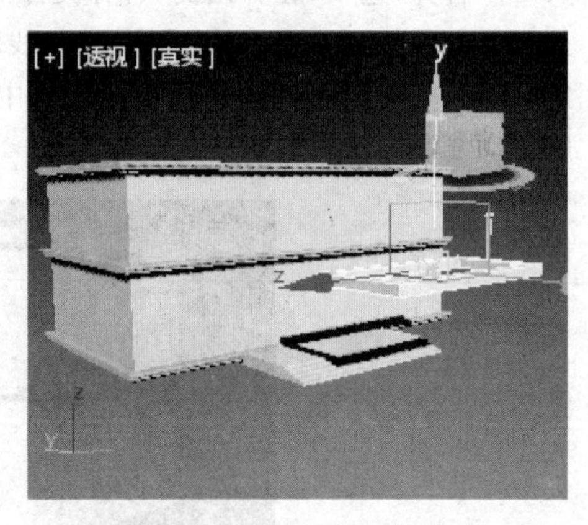

图 9.15 制作顶棚立体边界

(18) 根据顶棚边界大小，执行命令面板中的"创建"→"几何体"→"平面"命令绘制一个略小于顶棚边界的平面，命名为"顶棚面"，并应用"对齐"工具将其与顶棚边界对齐。

说明："对齐"命令下的对齐当前选择中，用户可选中当前对象以 X、Y、Z 的任意一种或多种方式进行与目标对象的对齐操作。

(19) 选中顶棚边界与顶棚面，选择工具栏中的"组"→"成组"，并命名为"顶棚"，如图 9.16 所示。

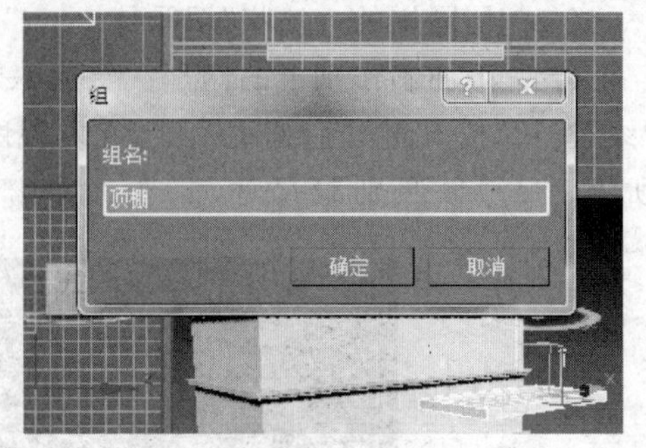

图 9.16 "顶棚"成组

(20) 选择台阶、顶棚及罗马柱并移动到合适的位置，门厅及别墅组合图如图 9.17 所示。

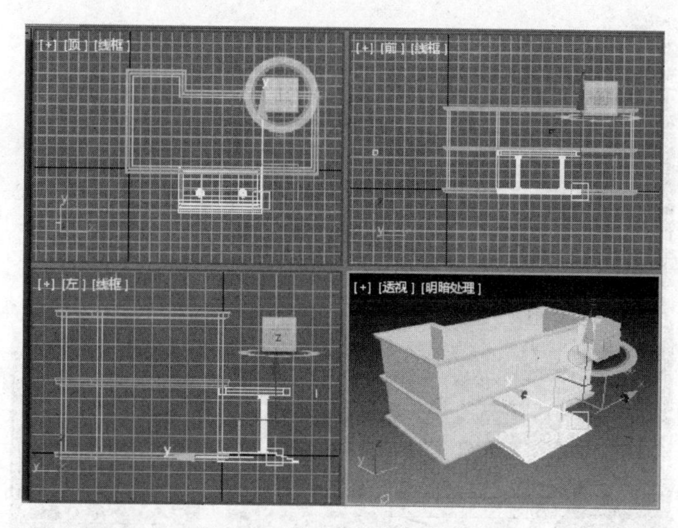

图 9.17　门厅及别墅组合图

说明：罗马柱在另一个 max 文件中创建，其大小可能与别墅尺寸不匹配，在使用过程中可以应用“选择并均匀缩放”工具进行调整。

(21) 接下来绘制门窗。首先在墙上开出门洞、窗洞。选中别墅墙体及脚线，单击鼠标右键，在弹出的快捷菜单中选择“隐藏未选定对象”命令，将除墙体和脚线以外的对象隐藏。在前视图中，执行命令面板中的“创建”，选择“长方体”工具在窗户及门的位置创建几个长方体，按住 Shift 键并使用“选择并移动”工具平移来复制长方体，如图 9.18 所示。

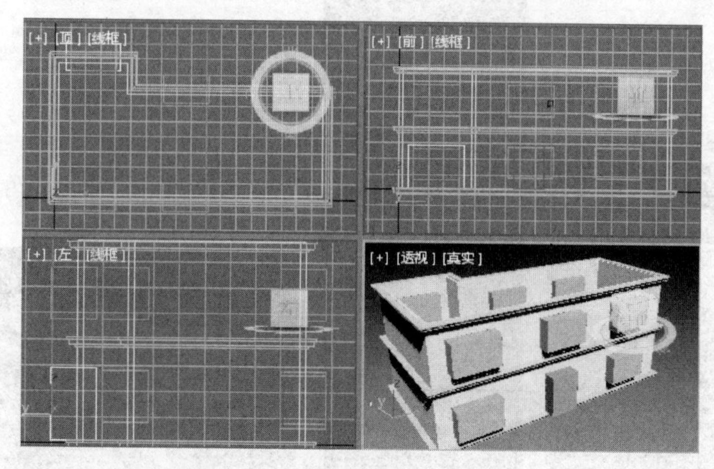

图 9.18　在门窗的位置创建长方体

说明：窗户位置的长方体参考尺寸为长度 2000mm，宽度 3000mm，高度 1800mm；正门位置的长方体参考尺寸为长度 2800mm，宽度 2000mm，高度 1800mm；车库后门位置的长方体参考尺寸为长度 2800mm，宽度 3600mm，高度 1800mm。

(22) 选中其中的一个长方体，单击鼠标右键，在弹出的四元菜单中选择“转换为”→“可编辑网格”命令。执行命令面板中的“修改”，单击“附加”按钮，依次选中各个长方体，或单击“附加列表”按钮，从列表中选择所有其他长方体，将这些长方体附加为一个对象，如图 9.19 所示。

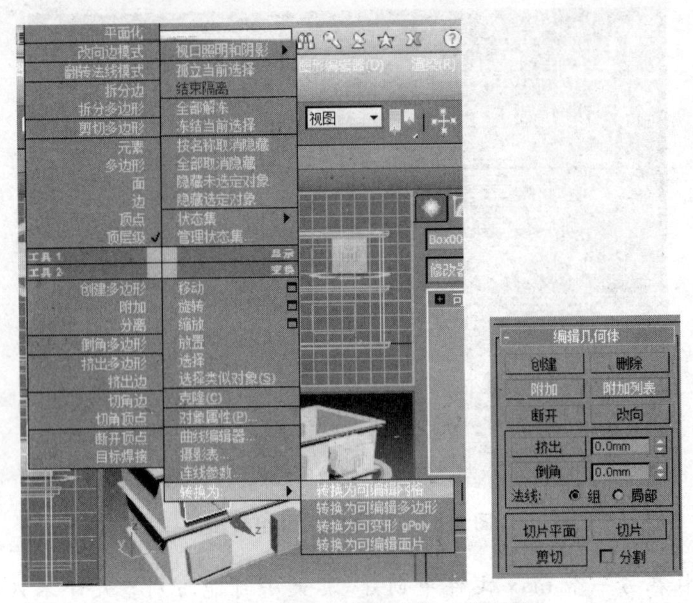

图 9.19　将长方体合并为一个对象

(23) 选择别墅墙体,执行命令面板中的"创建",在"几何体"下选择"复合对象"选项,在"对象类型"卷展栏中单击"布尔"按钮。默认操作为"差集(A－B)",单击"拾取操作对象 B"按钮,选择合并在一起的长方体,如图 9.20 所示。

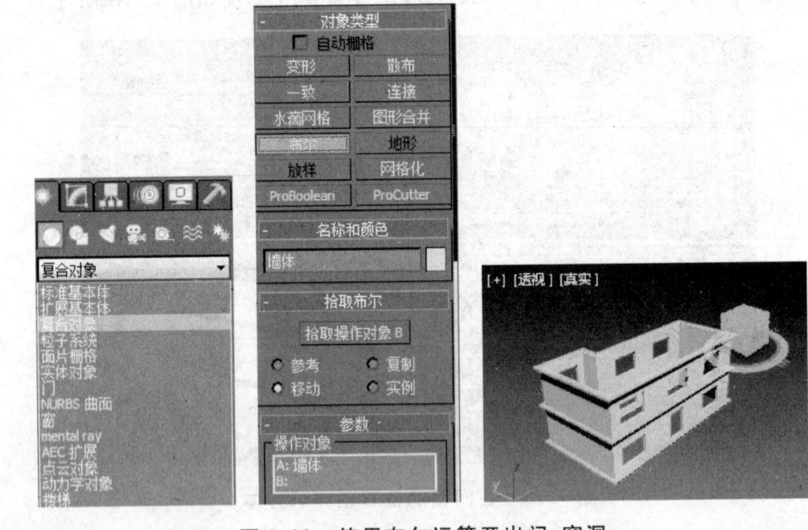

图 9.20　使用布尔运算开出门、窗洞

(24) 下面绘制门、窗。在前视图中,根据窗洞的大小绘制矩形,并命名为"窗框外";将该矩形复制一个,命名为"窗框内",单击鼠标右键,在弹出的四元菜单中选择"转换为"→"可编辑样条线"命令,将"窗框内"由"矩形"转换为"样条线"。执行命令面板中的"修改",展开"编辑样条线"→"线段"层级,选中窗框的顶边及侧边,应用"选择并移动"工具复制出窗框水平及垂直位置的中线,则窗框由矩形框变为了田字框,如图 9.21 所示。

(25) 在前视图绘制长为 100mm 的矩形和边长为 200mm 的矩形各一个,分别命名为

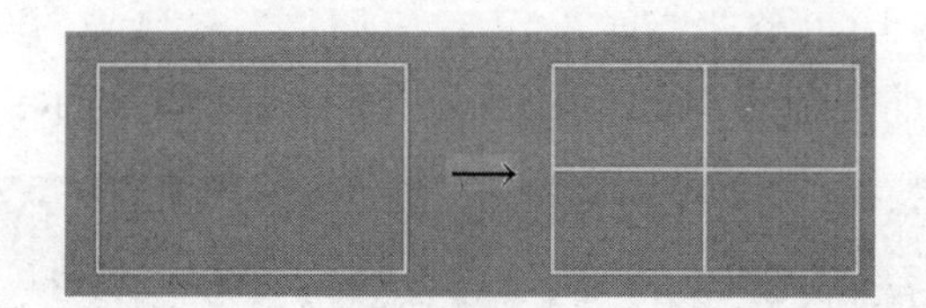

图9.21　窗框内由矩形框编辑为田字框

“窗框截面100”和“窗框截面200”。选中“窗框外”，应用“倒角剖面”，拾取剖面“窗框截面200”，则生成外窗框；选中“窗框内”，应用“倒角剖面”，拾取剖面“窗框截面100”，则生成内窗框，将“窗框内”和“窗框外”中心对齐，如图9.22所示。

图9.22　内外窗框组合成完整窗框

(26) 应用“平面”命名，根据窗框的大小绘制平面，命名为“玻璃”。应用“组”→“成组”将窗框内、窗框外、玻璃组合为“窗户”。应用“选择并移动”工具将其复制到其他窗洞位置。应用同样的方法绘制正门及车库门，如图9.23所示。

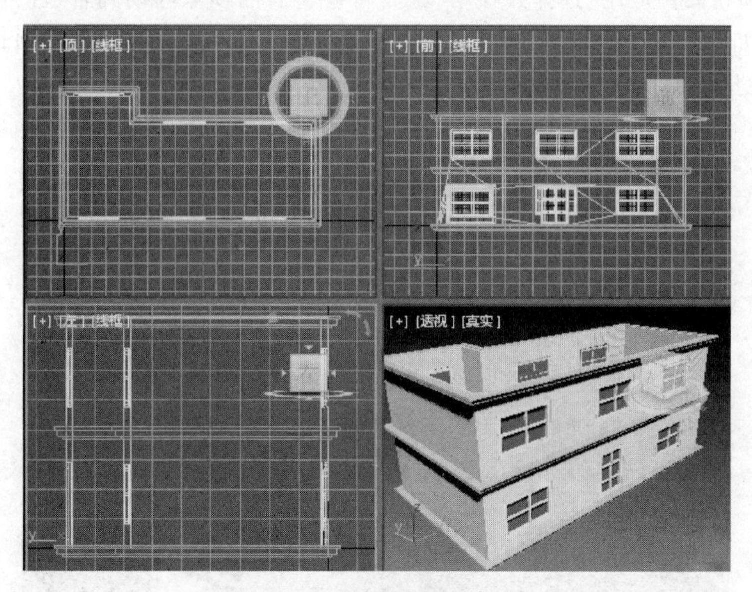

图9.23　装上门窗后的别墅

(27) 下面绘制房顶，本例中的房顶为四坡房顶，别墅的户型为刀把型，因此可将房顶分为两部分来制作，一为刀把部位，二为刀头部位，绘制方法相同。下面以刀把部位为例讲述房顶的绘制方法。

(28) 在顶视图中应用“长方体”命令绘制一个与别墅刀把部位相同的长方体作为房顶的基础模型，命名为“房顶1”，单击鼠标右键，从弹出的快捷菜单中选择“转换为可编辑网格”命令。

(29) 执行命令面板中的“修改”，展开“可编辑网格”→“顶点”层级，选中网格的 4 个上层顶点，并应用“选择并非均匀缩放”按钮进行缩放，如图 9.24 所示。

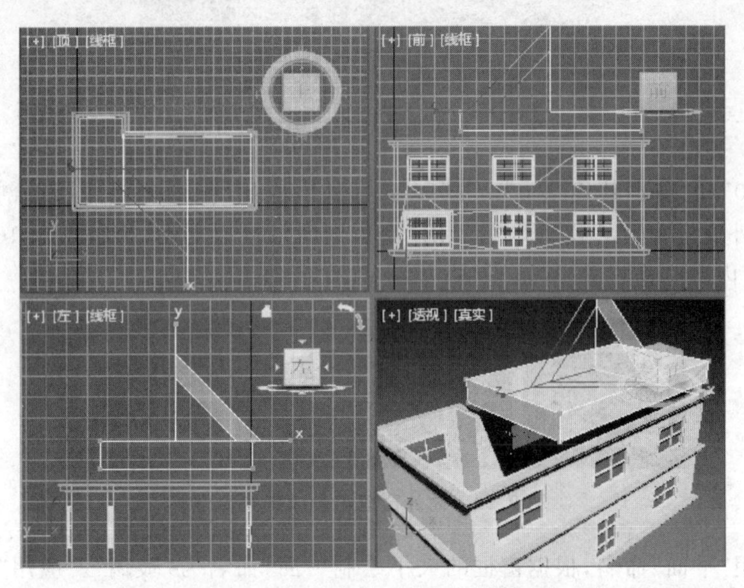

图 9.24　选中可编辑网格的上层顶点并应用非均匀缩放

(30) 在前视图中应用“选择并移动”工具将调整后的顶点移动到合适的位置以表示屋顶坡面高度，如图 9.25 所示。用同样的方式绘制别墅刀头位置的房顶，并通过可编辑网格的顶点使两个房顶能良好地结合在一起。

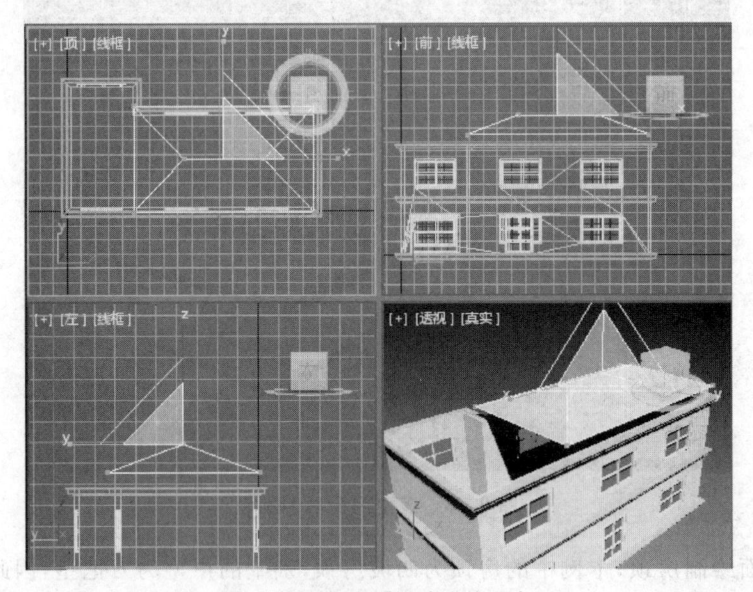

图 9.25　非均匀缩放后的顶点

(31) 应用“复合对象”→“布尔”中的并集运算将两个房顶组合在一起，加上房顶后的别墅如图 9.26 所示。

(32) 完成别墅房顶的制作后，取消对门厅的隐藏。单击“保存”按钮，保存当前场景到

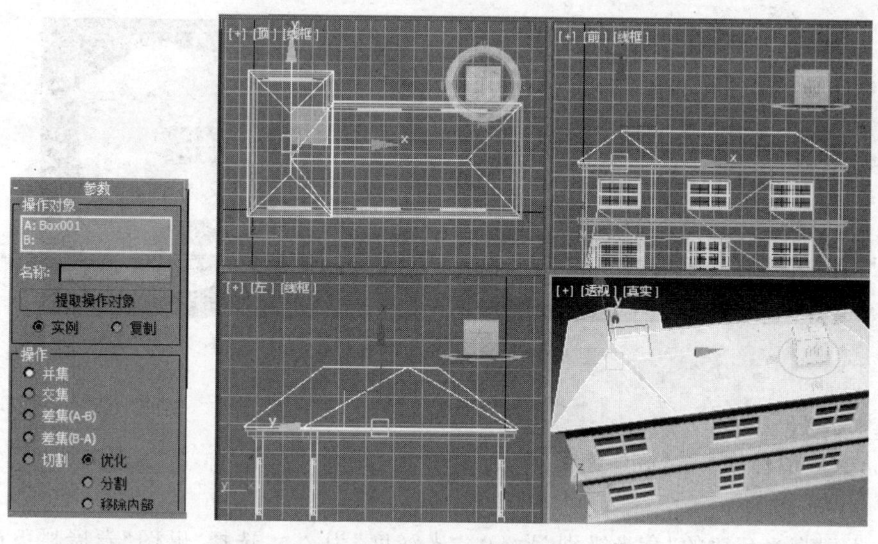

图 9.26　加了房顶的别墅

“别墅-模型.max”文件中，如图 9.27 所示。

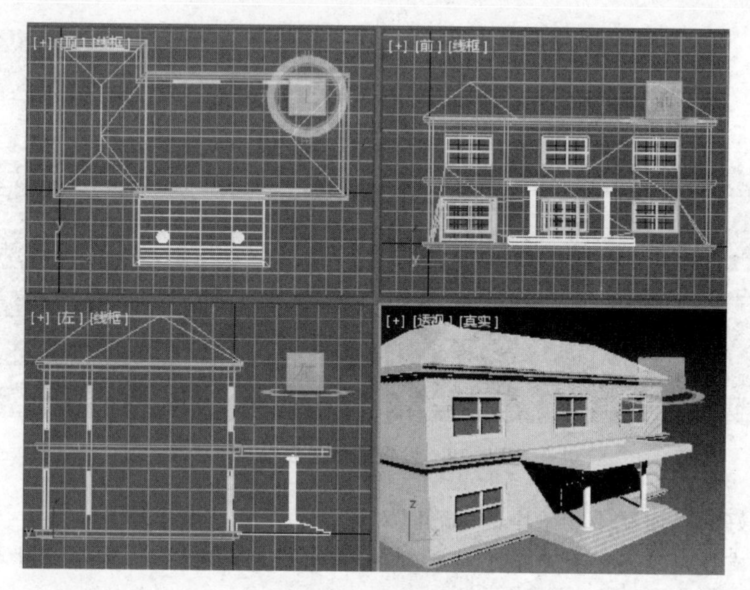

图 9.27　别墅模型

(33) 渲染别墅正面与背面效果图，如图 9.28 所示。

【操作实例 2】 别墅场景材质的制作。

目标： 能够制作完成别墅场景材质，并对其进行材质的赋予。

操作过程：

(1) 分析得出别墅的材质由墙面材质、玻璃材质、房顶材质、线脚材质、台阶材质等构成。

(2) 打开已经保存的“别墅-模型.max”文件。

(3) 单击工具栏上的按钮或者按 M 键，弹出“材质编辑器”对话框。创建一个标准材

图 9.28　渲染别墅正面与背面

质，命名为“墙体”。

(4) 选择“墙体”材质，在“漫反射”通道中选择“位图”选项，并为其添加“墙体.jpg”文件。

(5) 设置高光反射的“高光级别”为 50，“光泽度”为 30。选择“贴图”卷展栏下的“漫反射颜色”，将“贴图类型”复制到“凹凸”通道的贴图类型上，并设置凹凸值为 15，如图 9.29 所示。

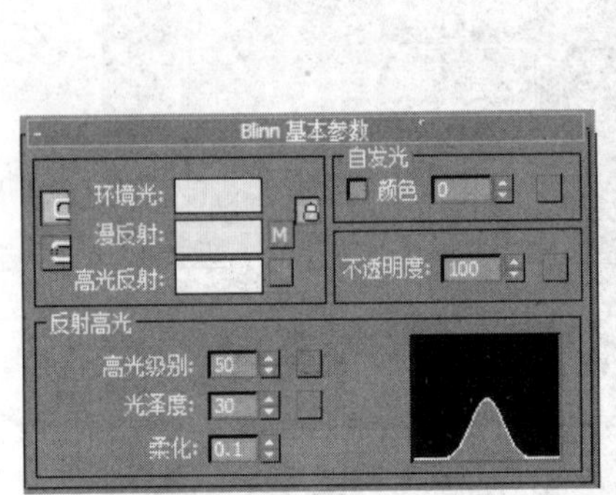

贴图

	数量	贴图类型
环境光颜色	100	无
✓ 漫反射颜色	100	贴图 #0 (墙体.jpg)
高光颜色	100	无
高光级别	100	无
光泽度	100	无
自发光	100	无
不透明度	100	无
过滤色	100	无
✓ 凹凸	15	贴图 #1 (墙体.jpg)
反射	100	无
折射	100	无
置换	100	无
....	100	无
....	100	无

图 9.29　设置墙体材质参数

(6) 将做好的材质赋予场景中的“墙体”对象。

说明：带有纹理贴图的材质赋予对象时，如若出现无纹理效果，需要为对象添加“UVW 贴图”以矫正纹理，如图 9.30 所示。

图 9.30　使用“UVW 贴图”矫正纹理

(7) 同样新建一个标准材质，命名为“线脚”。在“Blinn 基本参数”卷展栏中设置“环境光”、“漫反射”、“高光反射”的值皆为 255，255，255；设置“高光级别”和“光泽度”皆为 20。

(8) 在场景中选择“别墅轮廓线”、“罗马柱”、“门厅顶棚及边界”、“窗框”、“门框”，单击“材质编辑器”对话框的按钮，将制作好的材质赋予所选对象，如图 9.31 所示。

图 9.31　赋予场景“线脚”材质

(9) 下面来制作房顶材质。在“材质编辑器”中新建一个标准材质，命名为“房顶”。选择“Blinn 基本参数”卷展栏下“漫反射”中的“位图”选项，并为其添加“瓦.jpg”文件。

(10) 设置高光反射的“高光级别”为 35，“光泽度”为 25。将“贴图”卷展栏中“漫反射颜色”下的“贴图类型”复制到“凹凸”通道的贴图类型上，并设置凹凸值为 100。

(11) 将制作好的材质赋予到场景中的“房顶”对象上，并为对象添加“UVW 贴图”。在 UVW 贴图的“参数”卷展栏中设置“长度”为 3000，“宽度”为 3000，如图 9.32 所示。

图 9.32　赋予场景“房顶”材质

(12) 下面为窗户设置玻璃材质。在“材质编辑器”中新建一个标准材质，命名为“玻璃”。

(13) 在“Blinn 基本参数”卷展栏中设置“环境光”和“漫反射”的 RGB 值为 45，175，45；设置“高光反射”的 RGB 值为 229，229，229；设置“高光级别”的值为 40，“光泽度”的值为 20；设置“不透明度”为 50，如图 9.33 所示。

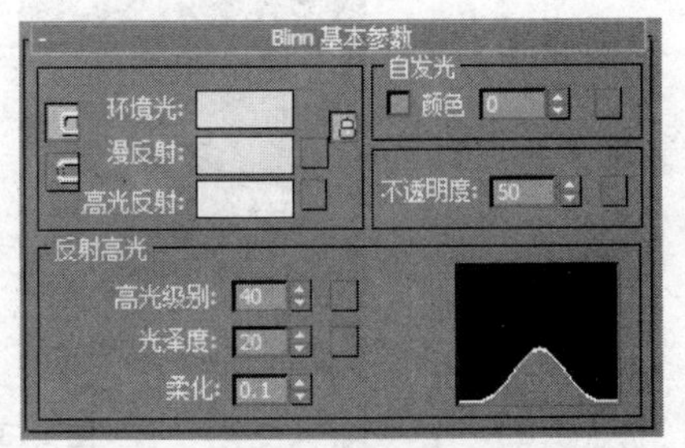

图 9.33　“玻璃”材质的明暗器基本参数设置

(14) 选中场景中门、窗的玻璃，单击材质编辑器对话框的按钮，将制作好的“玻璃”材质赋予选中的对象，如图 9.34 所示。

图 9.34　赋予场景“玻璃”材质

(15) 接下来制作车库卷帘门材质。在“材质编辑器”中新建一个标准材质，命名为“卷帘门”。选择“Blinn 基本参数”卷展栏中“漫反射”下的“位图”选项，并为其添加“卷帘门.jpg”文件。

(16) 设置高光反射的“高光级别”为 50，“光泽度”为 10。将“贴图”卷展栏中“漫反射颜色”下的“贴图类型”复制到“凹凸”通道的贴图类型上，并设置凹凸值为 100。

(17) 选中场景中的车库门，单击材质编辑器对话框的按钮，将制作好的“卷帘门”材质赋予选中的对象，如图 9.35 所示。

图 9.35　赋予场景“卷帘门”材质

(18) 在材质编辑器对话框中新建一个标准材质，命名为“大理石”。选择“Blinn 基本参数”卷展栏中“漫反射”下的“位图”选项，并为其添加“大理石.jpg”文件。

(19) 设置高光反射的“高光级别”为 25，“光泽度”为 10。将“贴图”卷展栏中“漫反射颜色”下的“贴图类型”复制到“凹凸”通道的贴图类型上，并设置凹凸值为 30。

(20) 将制作好的材质赋予到场景中的“台阶”对象上，并为对象添加“UVW 贴图”。选择 UVW 贴图的“参数”，在“贴图”选项区域中选中“长方体”单选按钮，并设置“长度”为 1000，“宽度”为 5000，“高度”为 8000，如图 9.36 所示。

图 9.36　赋予材质并设置参数

(21) 单击主工具栏上的渲染按钮，渲染出别墅正面与背面图，如图 9.37 所示，并保持场景到“别墅-模型.max”文件中。

图 9.37　渲染别墅正面与背面

【操作实例 3】 别墅场景摄像机和灯光的设置。

目标：能够制作完成别墅场景摄像机和灯光的设置。

操作过程：

(1) 打开已经保存的“别墅-模型.max”文件。

(2) 执行命令面板中的“创建”→“摄像机”→“对象类型”→“目标”命令，并在顶视图中创建一台目标摄像机。

(3) 使用工具栏中的“选择并移动”工具，分别调整相机的投射点和目标点到图 9.38 所示位置。激活透视图，按 C 键将透视图转换为摄像机视图。

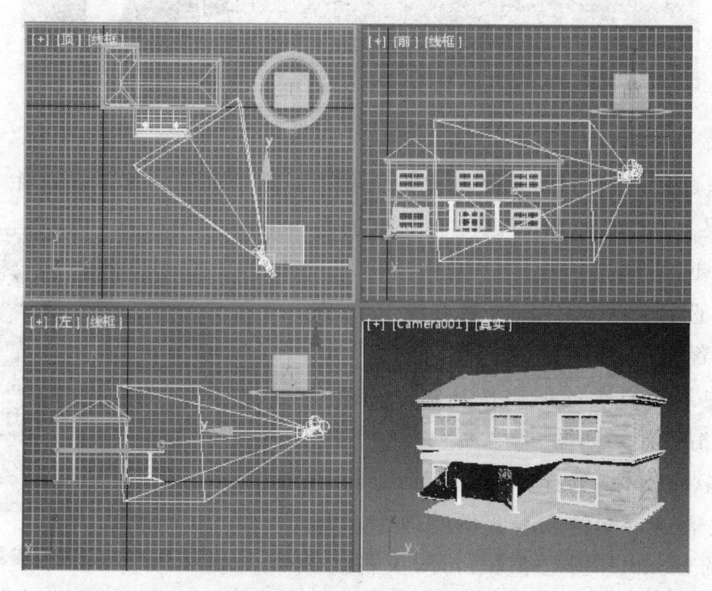

图 9.38　调整摄像机的位置

(4) 下面创建别墅灯光。执行命令面板中的“创建”，单击“灯光”按钮，选择“标准”灯光。选择“对象类型”中的“目标平行光”按钮，在顶视图中创建一盏目标平行光作为主光源，模拟太阳的照射效果。

(5) 在“修改”命名面板中修改目标平行光的各项参数，如图 9.39 所示。

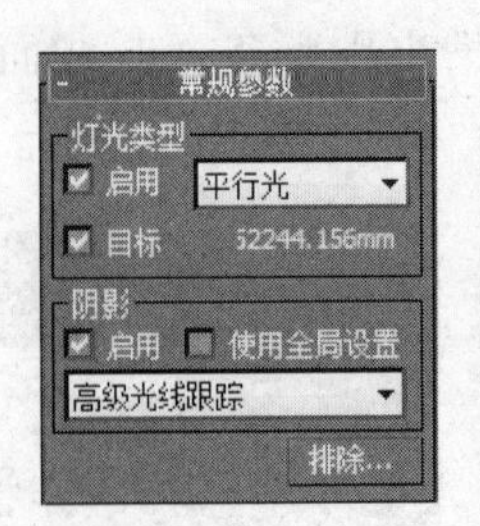

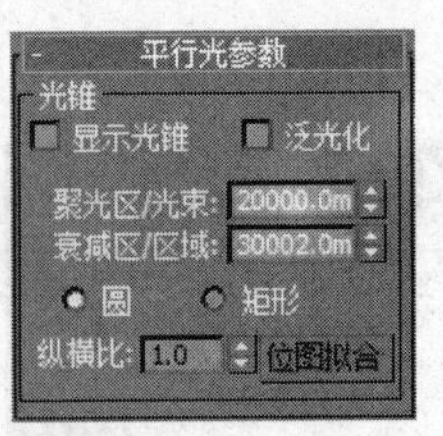

图 9.39　目标平行光的参数设置

(6) 使用"选择并移动"工具调整目标平行光到图 9.40 所示位置。

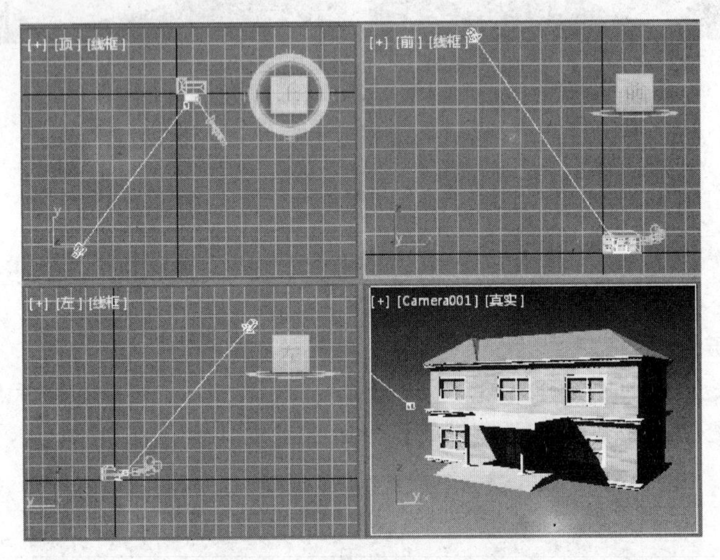

图 9.40　目标平行光的位置

(7) 在标准灯光创建面板选择"泛光灯",在顶视图中创建一盏泛光灯作为辅助光源,提亮整个场景效果。在"修改"面板修改泛光灯的各项参数,如图 9.41 所示。

(8) 使用"选择并移动"工具调整泛光灯到图 9.42 所示位置。

(9) 单击主工具栏上的渲染按钮,快速渲染摄像机视图,渲染效果如图 9.43 所示。

(10) 单击软件图标,选择"另存为"命令将场景另存为"别墅-渲染. max"。本实例的效果参见本书配套资料的 Sample/别墅-渲染. max 文件。

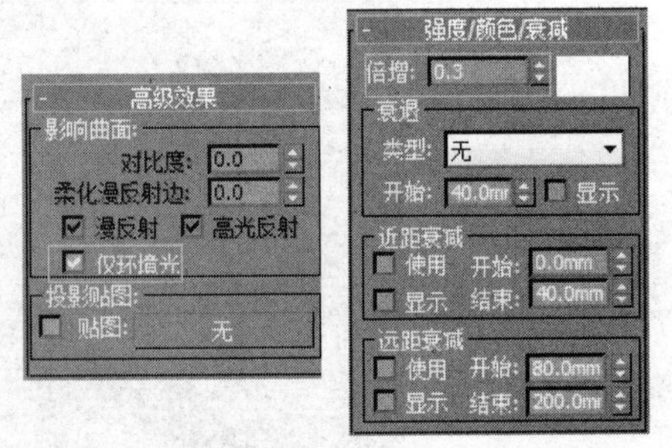

图 9.41　泛光灯参数设置

【操作实例 4】 别墅场景渲染输出及别墅效果图后期处理。

目标:能够制作完成别墅场景的渲染输出。运用后期处理软件制作完成别墅效果图。

操作过程:

(1) 打开已保存的"别墅-渲染. max"文件,按 F10 键打开"渲染设置"中的"公用"面板,

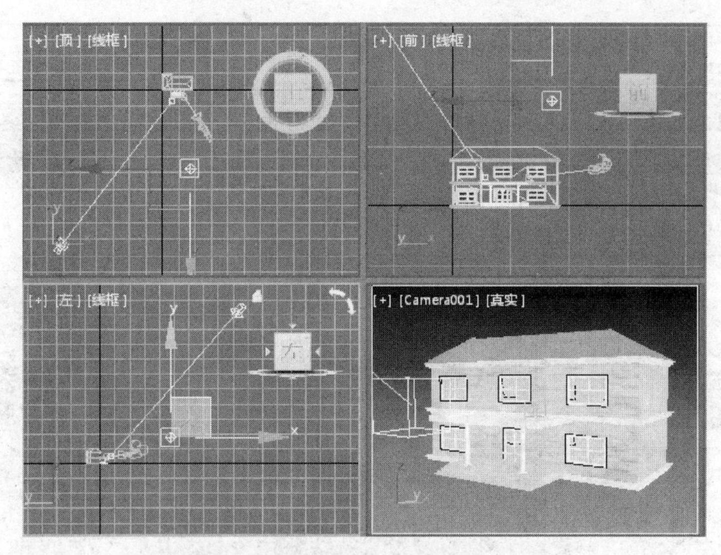

图 9.42　泛光灯的位置

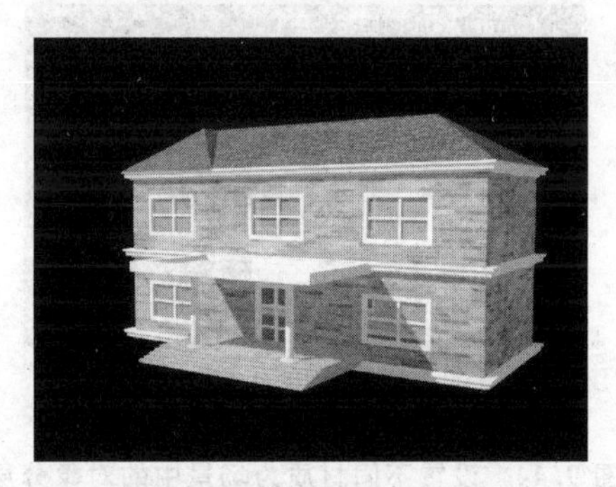

图 9.43　别墅渲染效果图

在“公共参数”卷展栏中将输出大小设为宽度 2400，高度 1800。选择保存文件，并设置文件名与文件类型为“别墅.tga”，然后单击“渲染”按钮就可以渲染出图了。

(2) 单击快速访问工具栏按钮保存场景。

(3) 将“别墅-渲染.max”场景中的灯光移除。单击应用程序图标，选择“另存为”命令将场景另存为“别墅-分层.max”。

(4) 在材质编辑器中新建一个标准材质，将漫反射的 RGB 值设置为 255，246，0，其他的值保持默认状态，将此材质赋予“房顶”对象。用同样的方法设置不同的颜色为场景中的其他对象进行分层处理，如图 9.44 所示。

(5) 按 F10 键打开“渲染设置”对话框，在“公用”面板上的“公共参数”卷展栏将输出大小设为宽度 2400，高度 1800。选择保存文件，并设置文件名与文件类型为“别墅-分层.tga”，然后单击“渲染”按钮就可以渲染出图了。

(6) 一般情况下，使用 3ds Max 系统制作的效果图都需要使用 Photoshop 软件进行后期处理，包括调整渲染图的颜色、亮度，为效果图添加天空、树木、人物和环境或配景等，以及制作光晕、阴影等特殊效果。

(7) 启动 Photoshop CS3，并选择“文件”→“打开”命令，打开“别墅.tga”、“别墅-分层.

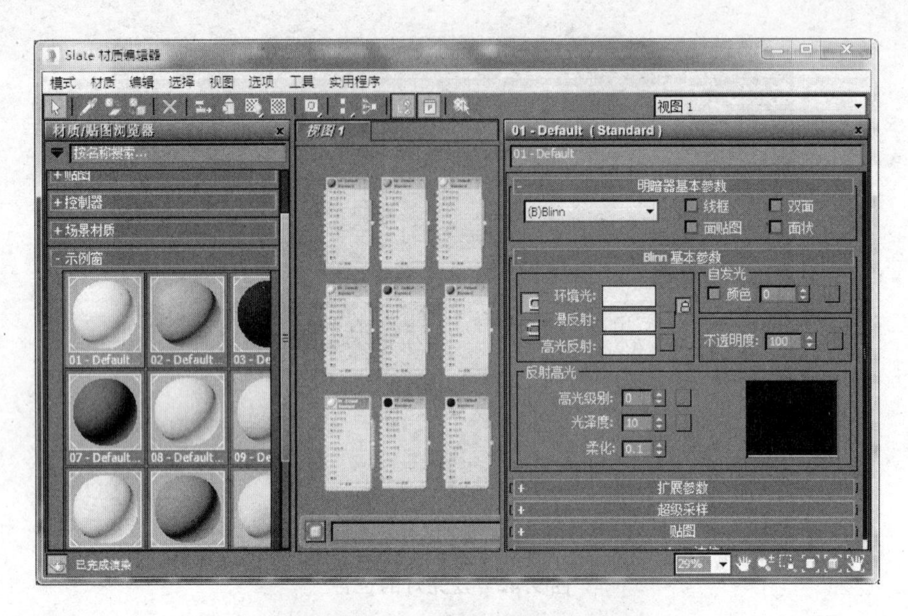

图 9.44 设置不同材质为场景中的对象分层

tga”,各复制图层。

(8) 隐藏下面的图层,选中最上面的图层,应用下拉菜单中的“图像”→“调整”命令调整图像的亮度/对比度、色阶,达到一个较优的显示效果。利用工具箱中的魔棒工具,选择背景建立选择区,如图 9.45 所示。按 Delete 键删除选中区域,则修改后的模型如图 9.46 所示。

图 9.45 建立选择区

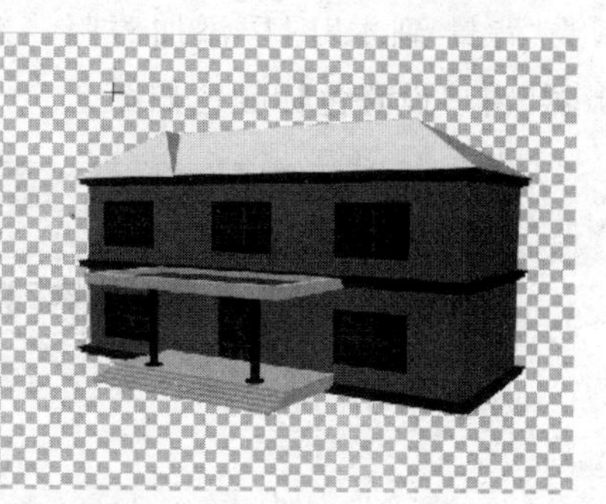

图 9.46　修改后的图像

说明："别墅-分层.tga"文件不需要进行亮度/对比度、色阶的调整。但需要注意的是，用魔棒工具选择时，要将图中窗框、罗马柱等黑色区域剪去，只建立别墅轮廓线以外的选择区域。

(9) 打开"背景.psd"、"草地.psd"文件，将"草地"图层拖曳到"背景"图层之上并调整位置，如图 9.47 所示。

图 9.47　完成背景与草地的拼贴

(10) 拖动"背景"图层到新建图层按钮上，为"背景"图层复制一个副本图层作为太阳直射的受光效果，如图 9.48 所示。

(11) 选中"背景 副本"图层，单击"图像"→"亮度/对比度"，设置亮度为 85，对比度为 10，如图 9.49 所示。

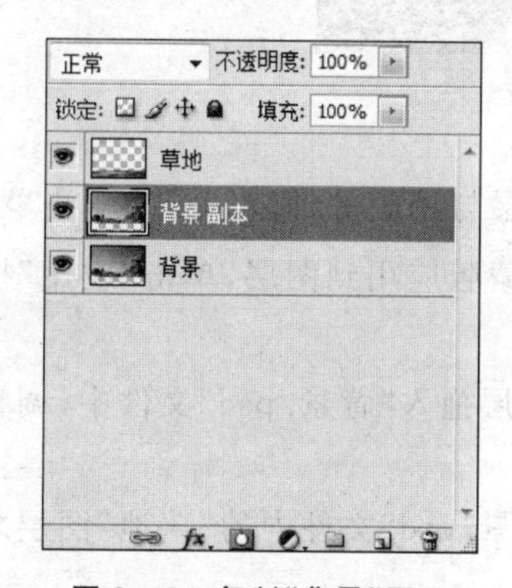

图 9.48　复制"背景"图层

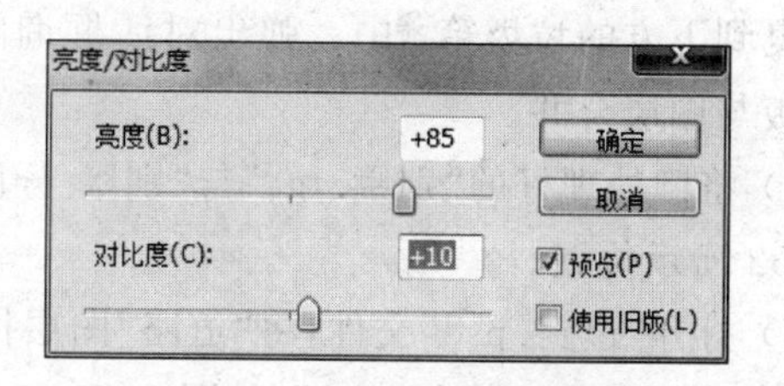

图 9.49　为"背景 副本"图层添加"亮度/对比度"

(12) 为“背景 副本”图层添加蒙版。选择渐变工具并单击颜色选择框，在弹出的“渐变编辑器”窗口设置色标颜色如图 9.50 所示。选择渐变方式为径向渐变。

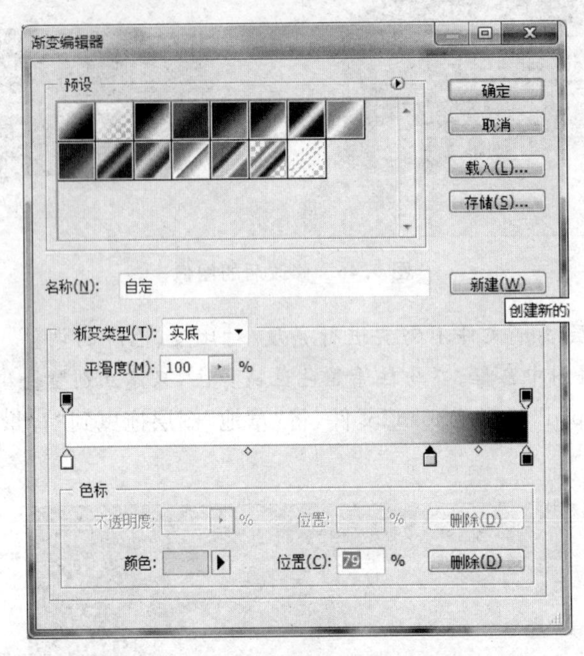

图 9.50　调整渐变颜色

(13) 按住鼠标左键进行拖动，其结果如图 9.51 所示。

图 9.51　应用蒙版创造效果

(14) 单击“背景 副本”图层中间的链锁标志，将图层与蒙版的锁链解开。单击蒙版，将其拖曳到下方的垃圾箱中。弹出对话框询问是否将蒙版应用到图层，单击“应用”按钮即将蒙版与图层合并。

(15) 将已处理好的“别墅.tga”与“别墅-分层.tga”图层拖入“背景.psd”文件中，调整到如图 9.52 所示位置。

(16) 打开“道路.psd”文件，将“道路”图层拖曳到“背景.psd”文件中的“草地”图层之上并调整位置。同时调整别墅位置，如图 9.53 所示。

图9.52　将别墅拖入背景文件中

图9.53　拖入“道路”图层并调整位置

(17) 打开“树.psd”文件，按如图9.54所示的方式调整树木位置。

图9.54　导入树木素材

(18) 为树木添加阴影，如图9.55所示。

(19) 选择“别墅-分层”图层，用魔棒工具选择蓝色区域，对场景中的窗户进行美化处理，如图9.56所示。

(20) 用同样的方法对房顶、窗户等进行美化处理，如图9.57所示。

(21) 将做好的场景另存为“别墅效果图.psd”文件。本实例的效果参见本书配套资料的Sample/别墅效果图.psd文件。

图 9.55 制作树木阴影

图 9.56 利用分层为场景中的窗户美化

图 9.57 整体美化别墅

参考文献

1 黄心渊,杜萌,董芳菲. 3ds Max 2011 标准教程[M]. 北京: 清华大学出版社,2011.

2 徐亚非. 三维动画设计[M]. 上海: 复旦大学出版社,2008.

3 唯美映像. 3ds Max 2014 入门与实战经典[M]. 北京: 清华大学出版社,2014.

4 孙立军,贾云鹏. 三维动画设计[M]. 北京: 人民邮电出版社,2008.

5 陈世红. 3ds Max 9 命令参考大全[M]. 北京: 电子工业出版社,2007.